U0162166

苏州园林艺文集丛编委会

2004.6.28世界遗产大会在苏召开

与联合国教科文组织执行局主席章新胜在巴黎总部办公室合影

联合国教科文组织总干事伊琳娜·博科娃2012年5月13日来苏州考察亚太世界遗产中心（苏州）

参加中国世界遗产保护管理研讨会（太原）

考察罗马中心

参加亚太地区世界遗产培训与研究中心挂牌仪式

在世界遗产青少年夏令营仪式上授旗

中国风景园林师联合会第 47 届世界大会在苏州召开

IFLA 大会闭幕式

有关领导在大会纪念墙留影

古城墙修复竣工仪式

与市领导在石湖风景名胜区一起植树

在荷塘月色湿地公园

考察天平山风景名胜区

在相门城墙建设工地上

在石湖风景名胜区滨湖区域拆迁建设工地上

陪同罗哲文、曹南燕检查石湖风景名胜区

干将路道路绿化

枫桥风景名胜区

虎丘风景名胜区

同里风景名胜区

枫桥风景名胜区

全国生态园林城市试点工作研讨会

亚欧城市林业国际研讨会于 2004 年 11 月 29 日在苏州召开

创建国家生态园林城市工作汇报

在北京人民大会堂，吴江市领取国家园林城市奖牌

全国绿化委员会验收绿化模范城市

国家生态园林城市考察

荣获全国绿化奖章

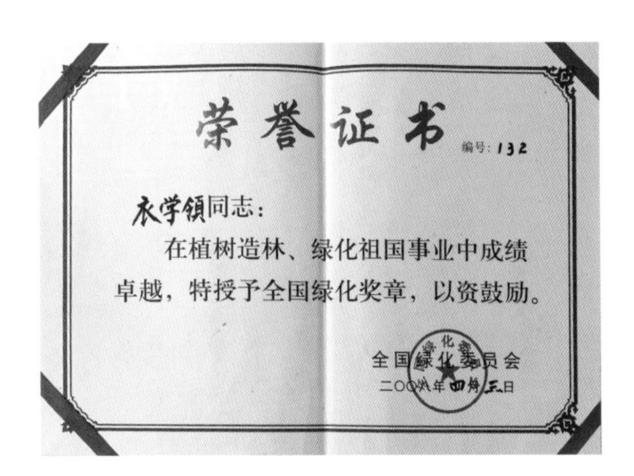

荣誉证书

编号：132

衣学领同志：

在植树造林、绿化祖国事业中成绩卓越，特授予全国绿化奖章，以资鼓励。

全国绿化委员会

二OO八年四月三日

荣获全国绿化奖章证书

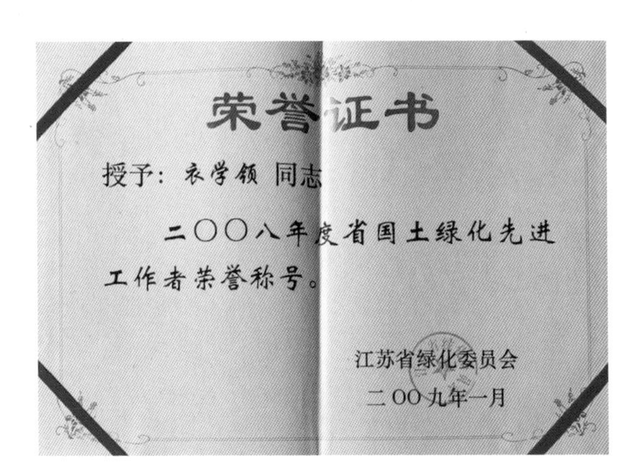

荣誉证书

授予：衣学领 同志

二〇〇八年度省国土绿化先进工作者荣誉称号。

江苏省绿化委员会

二OO九年一月

荣获国土绿化先进工作者证书

城市小游园

道路绿化 1

道路绿化 2

环古城风貌带

东沙湖公园

园博小品

与孟兆祯院士在一起为苏州园林遗产保护研究所揭牌

2007 年 12 月 4 号苏州园林博物馆开馆

苏州盆景陈列馆开馆暨加入世界盆景友好联盟仪式

苏州园林杂志季刊

《苏州园林风景绿化志丛书》(共21卷，其中18卷)

贝聿铭回苏州 2006 年

与两院院士周干峙在一起

与四老在一起：谢凝高、罗哲文、郑孝燮、谢辰生

与孟兆祯院士在一起

与中国风景园林学会理事长陈晓莉、副理事长王翔在一起

学会领导与中国园林界资深专家施奠东在苏州园林高级研修班

陪同中国风景园林学会副理事长周如雯、中国盆景专家胡运骅等在苏州考察工作

接待外国领导人

与国民党领导人连战合影

接待政治局原常委尉健行

接待国务院原委员唐家璇

接待国防部原部长迟浩田

接待原总政治部主任于永波

苏州市委书记蒋宏坤检查指导工作

苏州市市长周乃翔检查指导工作

苏州市市长阎立检查指导工作

2007年与苏州市副市长朱建胜参加厦门国际园博会

局 2011 年度总结大会

全国荷花展在拙政园开展

陪蒋宏坤书记、周乃翔市长检查刚竣工的相门古城墙修复工程

检查五峰园维修工程

苏州市风景园林学会常务理事会议

2016年苏州市风景园林学会工程建设企业专委会第一次会议合影

2017 年与苏州风景园林终身成就奖获奖者集体合影

2017 年参加全国省市园林绿化行业协会工作交流会苏州与会代表合影

考察加拿大温哥华中山公园（苏州援建）

在意大利罗马中心考察取经

与局领导班子成员考察扬州园林绿化工作（左起张永清、吴素芬、衣学领、方佩和）

考察世界文化和自然遗产地·印度尼西亚婆罗浮屠寺庙群

考察世界文化遗产地·巴黎凯旋门

考察世界文化遗产地·泰姬陵

考察世界自然遗产，阿根廷罗斯·格拉西亚雷斯冰川国家公园

在世界大陆的最南端好望角自然保护区

肯尼亚马赛马拉国家公园 · 世界自然遗产（2011 年 6 月 20 日）

西班牙 Segovia 水渠 · 世界文化遗产

考察中国遗产地·北京故宫天安门城楼

考察中国遗产地·西安秦始皇陵兵马俑

考察中国遗产地·西藏拉萨布达拉宫

与老领导和战友们在一起，前排（左起）朱文泉、吴铨叙（夫妇）、马骥良（夫妇）、刘兴龙、陈传发，后排（左起）侯继江、衣学领、王海涛、运新宇、李学民、成效禹

演习期间与政治部研究战时政治工作

绿色回响

苏州园林行思录

衣学领 著

中国水利水电出版社
www.waterpub.com.cn
·北京·

内 容 提 要

中国园林是世界园林之母，苏州园林是中国园林的典型代表。本书记录了主编衣学领从事苏州园林工作16年，主持苏州园林和绿化管理局工作以来在苏州园林绿化领导体制机制上的坚守与创新；在世界遗产苏州古典园林群体性的保护与修复；在城市绿化建设和管理上的先进理念和机制创新；在风景名胜区的科学性规划建设和管理；在苏州园林文化的深度研究挖掘和传播；在苏州园林同世界同行的广泛交流与影响等方面的实践与思考。它得到了中国乃至世界同行们的认可和赞誉，有的则被称为“苏州经验”。

图书在版编目（CIP）数据

绿色回响 ：苏州园林行思录 / 衣学领著. -- 北京 ：中国水利水电出版社，2020.9
（苏州园林艺文集丛 / 衣学领主编）
ISBN 978-7-5170-8866-0

Ⅰ. ①绿… Ⅱ. ①衣… Ⅲ. ①园林艺术－中国－文集
Ⅳ. ①TU986.62-53

中国版本图书馆CIP数据核字（2020）第175205号

书　　名	绿色回响：苏州园林行思录 LÜSE HUIXIANG: SUZHOU YUANLIN XINGSI LU
作　　者	衣学领　著
出版发行	中国水利水电出版社 （北京市海淀区玉渊潭南路1号D座　100038） 网址：www.waterpub.com.cn E-mail：sales@waterpub.com.cn 电话：（010）68367658（营销中心）
经　　售	北京科水图书销售中心（零售） 电话：（010）88383994、63202643、68545874 全国各地新华书店和相关出版物销售网点
排　　版	北京水利万物传媒有限公司
印　　刷	北京蓝图印刷有限公司
规　　格	185mm×260mm　16开本　31.25印张　536千字
版　　次	2020年9月第1版　2020年9月第1次印刷
定　　价	168.00元

苏州园林永恒之魅
艺文
总序

世界建筑大师贝聿铭说：艺术与历史才是建筑的精神。这句话完全可以引申来说苏州园林精神。

无独有偶。1997年，联合国教科文组织世界遗产委员会在批准苏州古典园林列入《世界遗产名录》时的评语说：“没有哪些园林比历史名城苏州的园林更能体现出中国古典园林设计的理想品质，咫尺之内再造乾坤。苏州园林被公认是实现这一设计思想的典范。这些建造于11—19世纪的园林，以其精雕细刻的设计，折射出中国文化中取法自然而又超越自然的深邃意境。”这段评价翻译成中文尽管只有100余字，但字字珠玑，把苏州古典园林诞生的时代，历史背景，艺术特点，特别是蕴含其中的精神遗产——“咫尺之内再造乾坤”的理想品质和深邃意境，阐述得淋漓尽致，也是对苏州园林精神最精辟的诠释。

自从苏州古典园林列入世界遗产以来，关注、研究的人越来越多，出了很多好作品。但我们也发现，关于苏州园林，总有说不完的话题，写不尽的文章。这是因为，人们的认识总是在不断深化的，甚至是螺旋式的，对苏州园林的研究和理解也是如此。苏州园林作为一个历史代名词、文化符号、人居样板，内涵深厚而又多姿多彩，博大精深而又引人入胜，因此我还说过，无论是管理工作还是研究工作，必须“十年磨一剑”，方能获得“真经”。

有关苏州园林文化艺术的研究，从古到今，文献资料浩瀚如海，传世之作亦是丰富多彩，如明代计成的《园冶》、文震亨的《长物志》，为世界园林学界所推崇。近现代以来，不仅名园遍布苏州古城内外，园林文化艺术亦至臻至美，炉火纯青，达到顶峰。在研究领域，远的不说，1979年出版的刘敦桢《苏州古典园林》巨著具有里程碑、教科书意义，把苏州园林学术水平从一般的“闲雅文化”推向科学文化高峰，从而获得了当年的国家科学技术一等奖。此后，一大批国内著名学者的重要著作问世，如周维权的《中国古典园林史》、陈从周的《说园》、彭一刚的《中国古典园林分析》等等，均有大量篇幅研究苏州园林，影响甚远。

在众多研究苏州园林的学者中，不乏苏州的专家学者，他们占了天时地利，又以勤奋精神耕耘在苏州园林的天地里，日积月累，硕果累累，如金学智的《中国园林美学》，曹林娣的《苏州园林匾额楹联鉴赏》，还有苏州人邀请罗哲文、陈从周担任主编、苏州作者撰稿的《世界文化遗产苏州古典园林》，苏州市园林局编撰的《苏州园林风景绿化志丛书》(21卷)，以及一大批文史、旅游类专著，极大丰富了当代苏州园林文化艺术宝库。这些研究成果，有的已出版发行，还有一些却“藏在殿堂”无人识，甚至可望而不可即，极为遗憾，极为可惜。

为了把更多的园林文化艺术研究成果推向社会，发挥多重效益，2007年，我在担任苏州市园林局长期间，曾组织编写了一套《苏州园林文化丛书》七册，第一辑3本书出版后竟然大受市场欢迎，不到一年就售罄，当年还被澳大利亚国家图书馆收藏。之后又编辑出版了第二辑4本书，亦受到读者喜爱，被不少读者奉为自己的“案头书”，成为他们的工具书、参考书。其间这套丛书还先后获得江苏省档案图书精品奖。一转眼，十几年过去了，还常有人向我讨要这些书，只可惜早已难觅了。

这几年，我已离开行政岗位，担任了苏州市风景园林学会领导工作。学会是一个以学术研究为主的社会组织，经常要围绕学术问题进行讨论，因此，这几年我对苏州园林研究工作有了更直接更深刻的感受。我们经常讨论诸如如何将近些年具有代表性的新成果推介给社会的问题，由此萌生了再编辑一套苏州园林艺文丛书的想法，很快得到学会班子成员的一致认可。适逢中国水利水电出版社、北京文通天下图书有限公司有意围绕苏州城市品牌“园林”出版图书。我们见面一谈，一拍即合，随后双方就此进入合作进程。研思路，订方案，选作者，出样稿，拟书名，筹经费，签协议，经过半年多磨合，终于在2018年底前将一切事宜敲定下来。总书名《苏州园林艺文集丛》，第一辑6本书，即：董寿琪编著的《林泉卧游：苏州园林山水画选》、茅晓伟、周苏宁、沈亮编著的《史迹留痕：苏州园林名胜旧影》、詹永伟编著的《经典营构：苏州园林建筑鉴赏》、金学智撰作的《诗心画眼：苏州园林美学漫步》、衣学领撰作的《绿色回响：苏州园林行思录》、周苏宁编著的《名典品读：拙政园文史揽胜》，并确定2019年下半年陆续出版，以此作为苏州市风景园林学会献给新中国成立70周年的礼物，同时也是苏州市风景园林学会成立40周年的纪念。

苏州园林文化艺术是一个挖掘不完的宝库，我们计划将陆续安排丛书的第二辑写作和编辑工作，为广大园林研究者、爱好者和旅游读者提供更多苏州园林的精神产品，不断耕耘丰富园林文化艺术园地。

相信这套由苏州地方专家学者和管理工作者精心写作、并由出版社精心编辑的丛书，一定能得到社会欢迎，得到读者的认可、喜爱。亦敬请读者品鉴。

谨此为序。

衣学领

2019年5月30日于苏州三亦书斋

（作者系苏州市风景园林学会理事长，苏州市园林和绿化管理局原局长）

序 | 想啥·做啥·写啥

苏州是我去得最多的城市之一。作为园林学科的学者，苏州城市山林是中国园林研究的基础之一。苏州园林兴自宋代，发达的农业和丰富的文化生活促成了苏州园林的大发展，而且，1949 年新中国成立之后，在政府和专家们关注下，苏州古城和园林保护管理方面的工作做得很好，这是有目共睹的。

苏州是典型的江南水乡、江南私家宅园的发源地。在城市水资源综合利用方面，尤其是在利用山水资源兴造园林方面，树立了“天人合一”的文化艺术和工程技术的榜样。苏州园林达到了“人的自然化与自然的人化”的境界，即便现代生活方式改变了，但人和自然的关系并没有变。人们仍然向往“望得见山、看得见水”的园林城市。所以我们现在要做的工作是将古代园林文化与现代生活结为一体，更好地服务人民的生活，争取为后人留下有价值的现代园林作品，使中华民族独特、优秀的园林艺术永远屹立于世界民族之林。

1959 年，刘敦桢先生对当时苏州古城范围内的古代园林进行了全面考察，尚存古典园林和庭院 181 处。到 2007 年苏州市园林和绿化管理局第三次普查时，古代园林仅存 53 处，古典庭院仅存 20 处。从 60 年代算起，我探走于苏州大街小巷，50 多年下来，我一共看到了数十处古代园林和风景名胜区。这是幸运的，让我认识到管理保护和研究工作的重要性。

近十几年来，由于学术上和工作上的需要，我经常往返北京和苏州，与当时的苏州市园林和绿化管理局局长、现在的苏州市风景园林学会理事长衣学领由认识而逐渐熟悉。在他的主持下，我给苏州园林绿化系统做过《传承与创新》的讲座。在他的带领下，我曾实地考察过建设中的石湖风景名胜区、三角嘴湿地公园，他也虚心地向我咨询过一些问题，后来这两个景区在他的主导下都建得很好。2007 年，我参加了在他主持下建造的苏州园林博物馆的开馆仪式，给我留下了深刻的印象。

在参加中国风景园林学会期间，我们还一起到武汉园博园考察，并对园博园规划方案提出了一些建议。给我印象最深的莫过于2010年在苏州召开的全球园林界盛会——国际风景园林师联合会（IFLA）第47届世界大会，苏州作为承办地、苏州市园林局作为承办单位、衣学领局长作为承办会务的具体负责人，凭着一股热情和扎实的作风，克服了很多困难，把一个2000多人的国际大会会务工作搞得有声有色，收到了不同寻常的奇效，成为几十年来IFLA最成功的一次全球大会，获得国内外代表的一致好评，其影响至今令人难忘。

衣先生是河南人，典型的北方汉子，却在苏州园林行业任职。似乎本人性格与苏州柔情似水的风格相去甚远。但与他接触多了就会发现，他表面是中原地区的“粗犷”性格，其内心颇具江南地区“细腻”气质。首先，他是一个实干家。在他任职苏州市园林局局长的十年中，以勤奋、钻研的精神把事业做得有声有色、非同寻常，很多方面都达到较高水平。比如创建成为全国首个“国家级园林城市群”、在全国首创世界遗产预防性保护的“监测预警系统”、在遗产管理部门创建国际机构——亚太地区世界遗产研究培训中心等，都走在了全国的前列。这些实实在在的行动都与思想分不开。我们常说思想是行动的先导，有什么思想就有什么行动。衣局长遇事多喜“琢磨”，好学好研，善于调查研究，善于总结提炼，始终把工作当作学术来研究，又把学术融入工作之中去。这种工作形态的学术研究，使他成为一个有思想的行政领导者，具备了对园林、风景和城市绿化领域诸多问题的颇多见识，多有独到之处。他先后组织编写了《苏州园林文化丛书》（7本）、《苏州园林风景绿化志丛书》（共21卷）等众多著作，有的还获得省部级大奖，而且他每做完一件事，都会留下一些笔记或总结一些材料，既是自用，也是给他人查检或借鉴，慢慢地竟积少成多、由博求精。

2012年，我读到他出版的第一本专著——《园耕》，从中不仅可以读到他在园林事业上的奋进，而且还了解到苏州园林事业的发展历程。现在令我更为惊喜的是，他的第二本专著《绿色回响：苏州园林行思录》即将出版，并嘱我写序，我遵嘱乐为。他对《园耕》中有关文章做了修改而重新收录，又增加了一些新的重要内容，实属不易。从这部专著的书名上，就能看出他孜孜不倦的学习态度和精神，也证明了“行与思”是多么重要！从某种意义上说，任何一个行业的最终取胜者，必是行动中的思想者。在当下为实现“中国梦”的伟大征程中，如何更好地继承、保护和发展苏州园林，园林同行包括我即使已是耄耋之年，既要努力实践，也要深入思考，不能放松对园林的研究工作。特别是习主席提出“培根铸魂”的感召，钱学森先生曾说过园林是科学的艺术，我们的责任光荣而艰巨。前进路上有险滩，越是艰险越向前。中国梦必成。为此，作为中国风景园林学会名誉理事长，我要借此序特别向衣学领同志表示诚挚的感谢！一句老话：活到老，学到老。

是为此序。

中国工程院院士 孟兆祯

2019年8月1日于苏州孟兆祯工作站

目 录

艺文：苏州园林永恒之魅 衣学领 / I

想啥·做啥·写啥 孟兆祯 / IV

一、经典增辉

苏州园林 60 年历程 / 002

苏州古典园林的有形遗产与无形遗产的价值 / 013

建立技术和人才高地——为世界遗产可持续发展奠定坚实基础 / 038

运用国际理念，坚持科技领先 / 044

苏州古典园林修复工作价值及对策研究 / 055

履行政府职能，强化世界遗产保护责任 / 065

记住历史，记住文化——写在 IFLA 第 47 届世界大会之后 / 072

对国际承诺的思考和实践 / 080

突出“三化”管理，提升园林绿化质量 / 091

艺术精华的展示 / 106

世界遗产，要完整地留给下一代 / 116

苏州园林文化与旅游结合发展的对策研究 / 118

回眸监测预警系统建设 / 128

二、山水文章

苏州市风景名胜事业科学发展的战略选择 / 138

苏州市湿地和湿地公园保护与发展的几点思考 / 150

虎丘，永远是苏州的文化标志 / 168

三角嘴——苏州城中的湿地公园 / 184
石湖随想——写在石湖滨湖区域开园时 / 196
做出精品，不留遗憾——相门、平门城楼城墙修复记 / 209
“易园”捐赠始末 / 221

三、古韵今风

确立新理念，建设绿苏州
——确立城市森林新理念，建设人与自然协调发展的绿色苏州 / 238
苏州创建国家生态园林城市战略研究 / 244
努力构建传统与现代相融的生态园林城市 / 256
论园林绿化在城市化中的地位和作用 / 268
努力把苏州城市园林绿化工作提高到新水平 / 272
“苏州园林甲天下”再续新篇——苏州创建国家生态园林城市，共筑幸福新家园 / 287
古韵今风干将景——苏州市干将路景观绿化工程回顾 / 294

四、追根溯源

苏州园林，华夏瑰宝 / 304
苏州园林，魅力永存 / 306
百年诗文，其泽也长 / 310
如诗如画，理想家园——苏州园林文化丛书总序 / 312
说不完的话题，写不尽的文章 / 317
经典传承 / 319
诗意再现 / 322
园林青史荫后人——苏州园林风景绿化志丛书序 / 324
苏州园林风景绿化分卷志序（节选） / 327
虎丘志序（节选） / 328
拙政园志序（节选） / 330
留园志序（节选） / 332
网师园志序（节选） / 334
狮子林志序（节选） / 336

沧浪亭志序（节选） / 338
艺圃志序（节选） / 340
环秀山庄志序（节选） / 342
五峰园志序（节选） / 344
耦园志序（节选） / 345
怡园志序（节选） / 347
石湖志序（节选） / 348
天平山志序（节选） / 350
东园志序（节选） / 352
枫桥风景名胜区志序（节选） / 353
苏州公园志序（节选） / 354
桂花公园志序（节选） / 355
苏州动物园志序（节选） / 356
苏州市城区绿化志（节选） / 358
《环秀山庄文选》序 / 360
名花异木的魅力 / 362
胸有丘壑可造园——明代造园大家计成 / 365
吴门画派之沈周 / 368

五、时代脉搏

苏州园林绿化部门在政府机构改革中巩固提升 / 374
加强世界遗产管理体制建设的一点思考——以环秀山庄为例 / 383
关于加强苏州市城乡园林绿化管理一体化的意见 / 388
改革，要有利于事业发展 / 397
创新检查考核方法，规范园林绿化工作 / 405
努力破解城市绿化难题 / 415
我在苏州市风景园林学会 / 424
新角色，新征程 / 438

后记 / 450

一、经典增辉

苏州园林60年历程

1949年4月27日，苏州解放。在中国共产党的领导下，市委、市政府在大力发展苏州社会主义经济建设的同时，将苏州园林的恢复与保护作为市委、市政府的工作重点，做了全面的规划和设计。50年代始，即开始修复了一批古典园林和风景名胜，并向公众开放。

一、园林恢复

1949年后，市委即将闻名世界的苏州园林的恢复、保护、发展提上议事日程，做出规划设想。1949年7月，市政府决定在苏州市人民政府文教局（以下简称“市文教局”）专设公园管理处，负责管理苏州公园等。1952年10月，市政府根据苏州市的具体情况，设立市园林管理处，负责苏州园林的各项具体工作。原有私人和会馆公所等众多的园林名胜或献交国家，或由政府接管，或在私人出租房屋社会主义改造中实行公私合营、国家经租，许多在机关、工厂、学校、寺观内的中小园亭则由各单位管理。大量庭院依旧散落民居。针对这些情况，市委、市政府责成市园林管理处尽快开始对苏州园林及名胜古迹开展较为全面的调查工作，并尽力展开园林、风景名胜区的保护和修复工作。

1952年底，市委、市政府拨款修复苏州园林。时中共华东局负责人来苏视察，对苏州园林的状况及修复后的定位作出明确指示，并增拨修建款。后来党和国家领导人相继视察苏州，并对恢复、保护和发展苏州园林作出重要指示。1953年6月，主要由专家、学者组成的“苏州市园林修整委员会”成立。7月，市委会议确定重点修整留园及对一批园林、风景名胜区进行维修的计划；拟定经费分配和各园林名胜的主要修建项目；强调市委要加强对园林修整委员会工作的领导，并明确市委有一名常委分管园林工作。

1954年1月1日，修复并正式对外开放的留园，是这一阶段工作的重要成果。留园素有“吴下名园之冠”的美誉，在三四十年代曾多次遭受破坏，以致毁坏严重。在党和政府的领导下，市园林修整委员会聘请园林专家，招募技术工人，将留园的修复与新中国成立初期“以转业训练为主，继续以工代赈，生产与自救相结合”的工作方针相结合，充分调动干部和职工的积极性和创造性。仅7个月时间，就完成了清理、修复工作。留园的修复，被称为“建筑史上的奇迹”。

1954年，市园林管理处接管了由苏州市文物保管委员会（以下简称“市文管会”）移交的拙政园；市园林修整委员会移交的留园、怡园、沧浪亭、虎丘、天平山；贝氏捐献的狮子林。在党和政府的感召下，一些大中型园林的园主纷纷捐出园林，除狮子林外，还有张氏的补园（今拙政园西部）、何氏的网师园、顾氏的怡园、刘氏的耦园等。至此，市园林管理处共管理9个园林、风景名胜区（包括动物园和苏州公园）。同年，市政府发布公告，对风景名胜区的保护作出规定。

1953年6月至1954年8月，拙政园、苏州公园、虎丘、怡园、留园、沧浪亭、狮子林、动物园、天平山陆续向社会开放，带动了园林名胜区周边商业、服务业等行业的发展，丰富了人民群众的娱乐生活，为新中国成立初期的繁荣、苏州地方经济和社会发展起到了促进作用。

在1956年1月召开的中共苏州市第四次代表会议工作报告中首次指出，苏州市“文化遗产极为丰富”，提出了对苏州园林名胜及古代建筑“要根据一般维护重点修建的方针，继续进行绿化和修建”，并明确指出“今年以整修虎丘为重点，并进行孔庙、玄妙观、北寺塔、五人墓等名胜的维护与修建”。市园林管理处根据市委要求，提出了“不仅要加强开放园林的建设，还将着重建设现代公园和儿童园地，对其他确有价值保存的园林名胜和古代建筑加以必要的维修，继续抓紧园林的修建工作”的工作方针。

此阶段重要的修复项目有：抢修云岩寺塔（俗称虎丘塔）。云岩寺塔建于北宋初。砖结构。塔身年久失修，塔基东北角有所下沉，倾斜达1.82米。为确定抢修方案，市园林管理处与市文管会邀请专家、学者和经验丰富的建筑工人进行现场勘察，并多次召开座谈会进行磋商，最后决定采用贴箍灌浆法。修塔工程于1957年3月动工，9月竣工。

与此同时，还先后整修天平山、狮子林、拙政园（并扩建其东部）、环秀山庄、寒山寺、西园寺、香雪海、瑞光塔、枫桥铁岭关等，为全面恢复、保护和发展苏州园林名胜奠定了良好的基础。

在党和政府的号召下，人民群众和社会名流也积极参与到这项工作中，有的担任顾问，出谋献策；有的捐出家中的名贵家具和装修陈设；有的积极提供访购线索，征购园林修建材料；有的甚至献出从前重金购买的名人字画（如怡园八景等）。社会各界的积极参与，为苏州园林的修复开放作出了极大的贡献。

在大规模修复的同时，市园林管理处重视日常管理工作，修建和维护园林建筑设施，配置和养护花木等植物，制定、完善与实施安全、卫生等工作制度。1954—1957年，在留园等处举办菊花等各类展览13次，为园林的规范化保护、管理、展示、利用进行积极的探索和完善。1956年，成立苏州花木公司，为园林艺术走向市场进行探索，为美化市民生活创造条件。

园林劳动者也焕发出空前的工作积极性和创造性。花卉工濮根福精心培育花卉，积极培养艺徒，为苏州园林花卉工队伍的迅速成长和花卉生产的发展做出了突出贡献，1956年赴北京参加全国先进工作者代表大会，成为园林行业第一个“全国先进生产者”。1959年，盆景工朱子安由于成功开创培育现代苏派盆景的新路子，在北京举行的全国“群英会”上被授予“全国先进生产者”称号。

1958年7月，为维护苏州园林的风貌及建筑技艺，苏州市成立了专业园林修建队。1959年，刘敦桢教授主持的苏州园林调查工作结束，统计有古典园林、庭院181处，其中园林91处，庭院90处。此数据成为后来统计的依据。1959年12月，市园林管理处再次将拙政园东部扩建工程、虎丘基建工程、网师园、苏州公园、留园整修工程、扩建城东公园、开辟金鸡湖风景区作为进一步开发建设的项目。

1961年，国务院公布第一批全国重点文物保护单位名单，云岩寺塔及其古建筑（虎丘）、拙政园、留园被列为全国重点文物保护单位；拙政园、留园与同批列入名单的颐和园、承德避暑山庄被誉为“中国四大名园”。

1963年3月，市人委公布苏州市第一批文物保护单位，共48处，包括：沧浪亭、狮子林、耦园、艺圃、网师园、怡园、上方塔、楠木观音殿（北寺塔公园内）、盘门、塔影桥（虎丘）、行春桥（石湖边）、范成大祠堂（石湖边）、“石湖”题词石刻（上方山麓）、虎丘摩崖石刻等，标志着各级党委和政府对园林名胜保护工作的重视。

20世纪60年代初，国家经济处在暂时困难时期，市委、市人委贯彻党的“调整、巩固、充实、提高”八字方针，园林修建贯彻以养护维修为主，以抢修危险建筑为重点的原则，决定缓建城东公园等一批项目。同时，园林修复有关人员总结《修建园林的几点工作经验》，归纳出古典园林修复的十条经验。

1965年，整修园林工程再度展开，在市委、市人委的正确领导和决策下，抢修、保护、管理园林名胜卓有成效，展示了苏州园林“诗情画意”的本质特点。此阶段，确立了“苏派盆景”在中国盆景界的地位；调整补充了一批具有文化内涵的花卉植物；清查、登记和整理各园厅堂的陈设。

（1966年至1976年，苏州园林遭到破坏，园林工作陷入困境；此时的绿化工作也处于停滞状态，发展缓慢。但在市委、市人委加强园林保护管理、更好地“古为今用”思想指导下，市园林管理部门开始加强文物园林、风景名胜区的修复工作，群众性绿化工作掀起高潮。70年代末起，在党的十一届三中全会精神指引下，苏州园林绿化的各项工作逐步走向正轨，呈现新的面貌。）

二、园林保护

1966年8月起，红卫兵发起“破四旧”运动，市园林管理处根据周恩来总理“苏州要保护”的指示和中共中央有关精神，组织干部职工昼夜突击一周，将各园林的

“书条石”、匾联等文物，或藏匿，或用石灰纸筋涂盖，或用三夹板罩封，写上“老三篇”和革命口号，予以保护，使破坏减到尽可能低的程度。当时，尽管采取派员劝说、关门闭园等措施，但园林名胜作为封资修的代表，仍受到冲击和破坏，如虎丘、天平山摩崖石刻被砸毁；惠荫花园水假山被填埋；不少园林厅堂陈设遭损坏；怡园被红卫兵司令部占用；寺庙园林遭冲击被查封。

造反派夺权，干部遭批斗，党政机构陷于瘫痪，园林工作陷于困境；经费匮乏，维修积欠严重；规划中的基建项目被搁置、中断。

1972年7月，市革委会发出《关于加强文物保护工作的通知》，要求对园林等古建筑做好保护工作。市园林管理处贯彻“加强园林保护管理、更好地‘古为今用’的指导思想”，克服阻力和困难，尽可能做好开放工作。

这一阶段，西园寺、寒山寺、怡园先后得到修缮，城东公园工程动工。沧浪亭在整修过程中，将埋在土中、铺在路中、砌在墙中的原五百名贤祠碑石一一收集，恢复原貌。与此同时，市园林管理处坚持文物保护的意识和原则，对文物园林周边违规建楼的行为提出质疑，上报市革委会。

70年代初起，园艺、绿化、植保工作逐步得到恢复，并取得实质性进展。市园林管理处从上海等地引进优质盆景陈列；在天平、灵岩山林地全面开展松干蚧虫害等防治工作；在虎丘后山等处补植花灌木及大片竹林；大量培育观赏性菊花品种。

同时，市园林管理处在《苏州市园林风景区建设规划（十年）》中，针对园林名胜现状和管理中存在的问题，以及苏州园林名胜游览人次逐年增加、外事活动日益频繁的现象，提出新建、扩建规模较大的公园和郊区风景区，扩大公共绿地、抓紧风景园林修建的思路。

70年代后期，市委、市革委会十分重视园林管理职能对城市建设发展工作的作用。1978年，成立苏州市园林管理处。园林管理处的职能得到全面提升，其工作从原来的保护管理发展到外经合作。

1978年，市园林管理处受国家委托，为美国纽约大都会艺术博物馆建造一所“中国庭园”。翌年4月，以网师园殿春簃为蓝本设计的“明轩”1:1实样在东园落成。1980年5月，“明轩”竣工。在安装过程中，美国总统尼克松、国务卿基辛格曾前往工地参观。“明轩”开创了园林外经合作的先例，搭建了中外文化交流的桥梁。在此基础上，成立苏州古典园林建筑公司，负责承接对外古建筑、园林工程业务。

市园林管理处还根据国家要求，委派园林花卉技工赴中国驻加拿大、日本、澳大利亚、瑞士等使、领馆，栽培、养护、管理花木，使“苏州园林”进一步走向世界。

1979年始，市委、市革委会根据中共中央的指示精神，开始恢复城市各项建设工作。虎丘山麓的万景山庄建设、耦园的修复工程、东园建设、北寺塔修整开放都是体现这一精神的重要成果。

与此同时，根据市委要求提交的《苏州市园林、风景绿化三年修建规划一览表（初步方案）》中，对现存的以及在“文化大革命”中受损严重的苏州园林和风景名胜区进行全面恢复和修建，对市区道路及公园绿地进行绿化。

随着党的十一届三中全会的召开，党的工作重点转移到社会主义现代化建设上，苏州园林各项工作从恢复、完善到提高、发展。市园林管理处根据发展需要，建立和健全了机关各职能科室，配备中层干部，调整和充实了各园林党支部。1979年，市劳动部门安排一批回城知青参与建设、管理工作；在“文化大革命”中被分散到各地的园林技术工人陆续归队；为园林绿化事业增添了新鲜血液。

（在此阶段，国家出现了相对稳定的局面，外交事务也出现了良好的转机，苏州作为全国“对外宾开放”的城市之一，先后接待了一批到中国访问的国家元首。如柬埔寨国家元首诺罗敦·西哈努克亲王和夫人、尼泊尔国王比兰德拉和夫人、新西兰总理罗伯特·马尔登和夫人、英国保守党领袖撒切尔夫人、墨西哥总统何塞·洛佩斯和夫人，等等。苏州园林以其精湛的艺术和深厚的文化内涵，为国际交流、国际友好事务做出了贡献。）

三、再次恢复与持续性发展

“文化大革命”结束后，中央和省市各级领导特别关心苏州园林、风景名胜区的

恢复与发展工作，党中央主要负责人对苏州的园林名胜作出专门指示。

苏州园林名胜经历从保护、恢复，到发展、提高的过程：对“文化大革命”时期受到破坏的园林名胜逐个进行修复；对苏州园林走出国门、落户海外进行初步尝试；对苏州古典园林列入联合国教科文组织《世界遗产名录》进行申报。这些工作都取得了世界瞩目的成果。

太湖风景名胜区被国务院列为第一批国家重点风景名胜区，苏州市政府对所辖范围内的太湖风景区的风景点实施重点改造建设工作。

中共苏州市第五次代表大会确定苏州城市建设的目标为：“经济繁荣、文化发达、环境优美的拥有轻纺为主体的现代化工业的园林风景旅游城市。”根据党中央领导的批示，苏州园林名胜的保护恢复工作再次全面开展。

（一）园林的保护、管理与建设

这一时期，苏州园林的恢复、保护与管理逐步进入提高、发展的阶段。首先，加强、健全组织机构，大量充实技术骨干和管理人员。其次，通过调查、摸底，排出急需恢复、修复的主要园林建筑和主要景观（1986年完成第二次古典园林普查，苏州存有古典园林69处、庭院20处）。

此外，根据“调整、补缺、充实、提高”的原则，市园林管理处采取一系列措施加强对园林古树名木的保护与管理；加强、补充、调整有文化内涵的景观植物；加强培养符合各园林特点的花卉品种。

同时，恢复园林家具陈设和匾额对联。为此，市园林管理处于80年代初下发《关于认真做好家具和陈设工作的通知》，要求各园林管理部门把恢复园林家具和陈设提到加强园林文物保护、提高管理水平的高度。1981年起，园林管理部门重点抓各园林的古典家具维护和陈设，并根据历史记载恢复、新增匾额楹联。一些著名人士也应邀为园林题书，如张爱萍将军为虎丘题写“孙武子亭”、胡厥文副委员长为北寺塔题写“北塔胜迹”等。

中央对苏州城市的定位及保护提出明确的指示与要求后，1981年春，市委、市政府进一步加大园林保护和管理力度，将市园林管理处改为苏州市园林管理局。同时，市政府决定拨款200万元，用于古典园林、文物古迹的抢修。随后，市园林局制定《苏州市园林、绿化、风景区建设“六五”初步计划（1981–1985）》对园林、绿化、风景区在未来五年中的工作进行规划。

1981至1982年间，根据初步规划，市园林局相继建成苏州公园儿童乐园、万景山庄、青少年天文观测站和运河公园。位于虎丘东南山麓的万景山庄，集中陈列展示700余盆苏派盆景精品，有获全国最佳盆景奖的“秦汉遗韵”“巍然侣四皓”等艺术珍品；位于苏州公园内的苏州市青少年天文观测站，是江苏省第一座青少年天文观测站，为培养青少年热爱科学，学习天文知识，探索大自然奥秘提供了专业场所。

市园林局还主持修复了一批著名的古典园林，如艺圃、耦园、鹤园和曲园等。修复艺圃（始建于明代）时，遵循文物修旧如旧的原则，在动工前制作1：100的模型，保存了明代木柱础、明代苏州彩绘。该工程被建设部评为优秀设计、优秀工程三等奖，同时被评为江苏省优秀设计一等奖。

拙政园在恢复文物古迹时，把两方在“文化大革命”初期被砌上砖、涂上石灰保存下来的清代书条石《八旗奉直会馆记》和《八旗奉直会馆四宪创建记》清理恢复。

晚清朴学大师俞樾故居曲园，在园林局完成修复工作后，被移交市文管会管理、开放。

为保持苏州古典园林“宅园一体”的完整性，1988年省城镇建设局的发文《关于苏州市园林，文物古迹修复项目的审核意见》中明确：“同意由园林部门收回工艺美术学校使用的李宅、留园医药仓库的盛家祠堂、网师园文教仓库使用的古建筑。”是年，原狮子林贝氏义庄和族校、原拙政园李宅、原留园祠堂等，均被收回，整修后向公众开放，使这些园林恢复了“宅园一体”的风貌。

1990年，为适应不断发展的国际旅游业的需要，市园林局发扬古典园林的优势，推出有古典园林艺术特色的各类活动，如网师园古典夜园游、狮子林迎春时令花展、拙政园姑苏菊会，等等。

1990年4月，市委发出文件，要求坚持党的十三届五中、六中全会精神，培养“四有”新人，不断提高干部职工的思想素质和技术水平，增强“天堂、名园”意识，为提高“窗口单位”的公众文明形象，要求各有关单位开展“满意在苏州”的活动。

市园林局党委根据市委的指示精神，开展“满意在苏州，满意在园林”活动，并明确这次活动要把“双满意”活动作为园林系统精神文明建设的一项经常性、群众性活动深入持久地开展下去。

20世纪80年代初起，继“明轩”后，苏州园林出口外经工作持续发展，主要有：1986年，加拿大温哥华中山公园内建成“逸园”；1992年，新加坡裕华园内建成“蕴秀园”；1993年，美国佛罗里达州建成“锦绣中华”微缩景区；1999年，美国纽约史坦顿岛植物园内建成“寄兴园”；2000年，苏州友好城市美国波特兰市建成“兰苏园”等。

（二）申报世界遗产

苏州古典园林是古代先人留下的经典的人居环境，其精湛的造园艺术与丰富的文化内涵成为中国传统文化的一种典型。1993年，在市委、市政府的领导下，市园林局启动苏州古典园林申报联合国教科文组织《世界遗产名录》工作。

申遗工作分为两个阶段。

第一阶段，典型例证的申报。先后召开不同层次的园林历史文化研讨会，从世界遗产的角度和高度，对苏州古典园林的历史、艺术和科学价值进行专业探讨，撰写申报文本，提交联合国教科文组织；同期进行内外环境整洁。

1997年12月，意大利那不勒斯召开的联合国教科文组织第21届世界遗产委员会会议正式批准以拙政园、留园、网师园、环秀山庄为典型例证的苏州古典园林列入《世界遗产名录》。

第二阶段，1998年起，苏州市开始以沧浪亭、狮子林、艺圃、耦园、退思园作为扩展项目增补列入《世界遗产名录》的申报工作。2000年11月，澳大利亚凯恩斯召开的联合国教科文组织第24届世界遗产委员会会议正式批准将苏州园林的扩展项目列入《世界遗产名录》。这次申报工作，开中国世界遗产扩展项目申报之先例，影响深远。

苏州古典园林申报世界遗产，对苏州市产生了巨大影响。

其一，市委、市政府对申报工作高度重视，成立“苏州市古典园林申报世界文化遗产领导小组”，在广泛听取国内外专家的意见后，确定拙政园、留园、网师园、环秀山庄四个全国重点文物保护单位作为苏州古典园林的典型例证进行申报。这一决策，为苏州古典园林的成功申报迈出了第一步。

其二，按照《保护世界文化和自然遗产公约》，根据《城市规划法》《文物保护法》等，苏州市各有关部门联手对园林内外环境进行整治，使之达到世界遗产的要求。1996年，苏州市制定并出台《苏州园林保护和管理条例》，为古典园林申报世界遗产奠定了法律基础。

其三，通过媒体等各种途径，对公众开展世界遗产的宣传、教育活动，使世界遗产的理念深入人心，使保护世界遗产成为公众的自觉行为，进一步提升了苏州市民的精神文明素质。

其四，挖掘古典园林文化内涵，提升古典园林文化品位。申报工作的过程，使公众再一次认识、理解苏州古典园林的历史、艺术和科学价值，也使苏州古典园林走上国际舞台，纳入国际化管理轨道，成为苏州的一张“国际名片”。

（三）展示与利用

苏州园林的研究性展示，不断深入发展。80年代起，成立“苏州园林科学研究所”；开展编史修志工作；建成开放“苏州园林博物馆”。

苏州园林的拍摄、出版活动进入了新阶段，硕果累累。2001年，由苏州电视总台和市园林局联合拍摄的《苏园六纪》电视艺术片，获中国电视文艺政府奖“星光奖”的专题节目一等奖、优秀撰稿最佳奖和优秀摄影最佳奖。

主题为“吴中园林闻名天下，吴中园林天堂明珠”的苏州园林的标志图（Logo）诞生，增强园林系统的凝聚力，进一步提高了苏州园林的知名度。

这一时期，市园林局组织、参加各种展览和活动，进行等级、奖项的评比，激发艺术创作，推动创新发展。主要有：1984年在东园举办了“文化大革命”以来第一次大型菊展；建设部主办的中国盆景评比展览（自1985年在上海首次举办，后每四年一届）；中国花卉协会主办的全国盆景展（自1987年起，每三年举办一届）；建设部主办的中国国际园林花卉博览（自1997年起，每两年举办一届）。据统计，共获得一等奖23个，二等奖15个。

1989年9月，建设部城建司与中国风景园林学会首次授予10位园艺家“中国盆景艺术大师”称号，周瘦鹃、朱子安获此项荣誉。2001年，朱永源获此项荣誉。

（本文节选自《苏州园林和绿化事业发展60年》
2011年，中共党史出版社）

苏州古典园林的有形遗产与无形遗产的价值

文化遗产是物质和精神的高度提炼和浓缩，是有形和无形的密切结合，是人类精神创造在物质社会中的结晶。苏州古典园林正是中国人精神生活的高级形式，人与自然和谐的范本，物质与精神的完美结合。

1997年12月4日，在意大利那不勒斯召开的联合国教科文组织世界遗产委员会第21届会议上，批准将以拙政园、留园、网师园、环秀山庄为典型例证的“苏州古典园林”项目列入《世界遗产名录》。3年后，2000年11月30日，在澳大利亚凯恩斯召开的世界遗产委员会第24届会议上，又通过把沧浪亭、狮子林、艺圃、耦园和退思园作为“苏州古典园林”的扩展项目，列入《世界遗产名录》。联合国教科文组织在审定这一项目时对苏州古典园林的评价是：“没有哪些园林比历史名城苏州的园林更能体现出中国古典园林设计的理想品质，咫尺之内再造乾坤。苏州园林被公认是实现这一设计思想的典范。这些建造于11—19世纪的园林，以其精雕细刻的设计，折射出中国文化中取法自然而又超越自然的深邃意境。”

一、苏州古典园林是有形遗产与无形遗产的结合体

在人类珍贵的文化遗产中，园林是一种很独特的文化现象，是人类文明发展到一定阶段的产物。园林既是一种文化产物，又是一种文化载体，它既是以各种物质形态

有机组合而成，又蕴含着许多人文精神和社会内容，成为有形文化遗产和无形文化遗产的结合体。1954年，国际园景建筑家联合会在维也纳召开第四次大会，英国造园学家杰利克G.A.Jellicoe在致辞中说，世界造园史三大流派是中国、西亚和古希腊。这三处古老的地区，都曾经产生过灿烂的古代文化。世界园林发展的历史告诉我们，园林从它诞生开始，就包含着人类在物质和精神两个层面上对它的需求，在其逐渐演变发展的过程中，园林物质建构和文化内涵始终是融为一体的。苏州古典园林所包含的有形文化和无形文化在传承中逐步达到了高度完美的和谐统一。作为一种物质和精神遗产，不仅是世界造园的范本，而且延续至今，一直影响到当代社会的物质需求和人文精神需求。这一特征表明，研究园林有形遗产和无形遗产的关系对今天来说，不仅有着重要的历史意义，而且有着重要的现实意义。

（一）园林是一个广义的文化形态和现象

在世界园林史上，东西方造园艺术胚胎的形成时间大致相似。当然，在中国的春秋战国乃至以前虽有一些园林的记载，但都还是自发的、零散的，到公元1—2世纪中国西汉和罗马帝国时期，在罗马和长安，规模宏伟的帝王御苑和私家花园相继出现，这是一个人类史上从思想到物质都高度文明发达的时代。丝绸之路的开辟，使中国的艺术流传到了波斯和西亚。公元5世纪，西亚造园艺术传入欧洲，现存于西班牙的伊斯兰庭园“红堡园”和“园丁园”，庭与庭之间以洞门漏窗相通，花街用鹅卵石铺成。布局手法、花纹图案与中国古典园林对照，从形态到寓意都极其相似。公元16世纪中叶，当苏州古典园林蔚然焕发的时候，日本禅宗山水和文人庭院也日趋成熟，此时，西方造园艺术也达到了一个辉煌的阶段，不仅庄园极盛，大型宫苑（如凡尔赛宫等）也陆续建成。而伊斯兰花园在印度西北部、克什米尔、巴基斯坦等地大放异彩。百余年间，东西并举，将世界造园艺术推至一个高峰，成为世界造园史上的一大奇事。中国园林、欧洲园林、伊斯兰园林作为世界三大造园体系的论断已被世界所公认。

作为一种物质存在，园林本身是一种很脆弱的文化载体。由于各种原因，特别是战争和自然灾害的破坏，千年历史，沧海桑田，世界三大造园体系中令人注目的园林实体遗存已经不多。仅以中国为例，曾经显赫一时的六朝园林、唐宋园林大多都已不存。即使明清时期北京的三山五园等皇家园林，也仅晚清重修的颐和园等数座幸存。因此，在传统的中国古典园林中，目前保存完好的苏州古典园林尤为珍贵，成为人们了解、研究有形遗产和无形遗产及其相互关系的实物代表和范本。

苏州古典园林的历史可上溯至公元前6世纪春秋时吴王的苑囿，私家园林最早见于记载的是东晋（4世纪）的辟疆园。苏州两千多年来绵延不断的造园历史，典型地展现了中国园林史的一个缩影，在世界园林发展史上占有重要的地位，从这方面来说，苏州古典园林是与西方造园体系并驾齐驱的东方园林的主要代表，是世界园林发展的主要渊源之一。

苏州古典园林的产生和发展，不是一种孤立和静止的物质现象，而是从一个侧面反映了中国物质文明和政治、经济、思想和文化等精神文明的发展进程，是苏州作为历史文化名城的主要元素之一。园林作为一种特殊的遗产类型，它的建构内涵覆盖了自然科学和社会科学领域的众多方面，现存的苏州古典园林，结构完整、保存完好，是研究和了解中国建筑学、造园学、植物学、水利学、环保学等学科的物质构件，也是研究和了解历史、社会、人文、美学、哲学、民俗等文化形态的重要参照物，还是研究和了解中国园林文化对世界，特别是东亚地区文化影响的难得的实物活化资料。

苏州古典园林作为一种广义的文化形态和现象，是中国造园艺术的结晶，是古老而常新的文化综合体，体现了人类对自然的亲和观念和再塑自身环境的美好追求。从园林发展史上看，古典园林是现代园林的基础，是景观艺术之母，她凝聚了人类文化创造的长期积累和成果，是当代建造优美城市环境、居住环境的设计源泉之一，也是后工业化时代如何建设人文环境的生动借鉴，可以说，苏州古典园林文化是全人类取之不竭的精神财富。

（二）园林承载着大量的中国传统文化信息

苏州是一座具有2500余年历史的文化古城，地处长江下游的太湖之滨，自然条件和地理环境十分优越。自公元前514年春秋吴国在此建立都城以来，一直是中国南方地区经济和文化中心，工商繁荣，人文荟萃，尤其在园艺、建筑、工艺美术和绘画方面，水平高超，名家辈出。特别是在明清之际，不管是当政在位或是下野退休的官

员，还是知识分子，都是这种物质和精神财富的创造者，他们对优美人居环境——物质自然环境和人文精神环境的追求，从物质到精神两个层面上都为园林发展提供了必要的社会和人文条件。文人和画家参与造园，或构思，或设计，使苏州园林饱含着典型的文人气息，诞生了一种别开生面的园林文化体系，承载了大量有形和无形的中国传统文化信息。

苏州古典园林的重要特色之一，是作为客观物质建构的造园要素，不仅是组成园林的精美艺术品，同时包容了大量的历史、文化、思想和科学信息，有着极其深广的物质内容和精神内容。园林的命名、匾额、楹联、书条石、雕刻、装饰，以及花木寓意、叠石寄情等，有的反映和传播了儒、释、道等各家哲学观念和思想；有的宣扬了人生哲理，起到陶冶高尚情操作用；有的借助古典诗词文学，对园景进行点缀、生发、渲染，使人于栖息游赏中，化景物为情思，产生意境美，获得精神满足。更为重要的是，苏州古典园林作为宅园合一的宅第园林，其建筑规制又反映了中国古代江南民间起居休闲的生活方式和礼仪习俗，是了解和研究古代中国江南民俗珍贵的实物资料。

苏州古典园林的建筑、山石是物质存在，但无不注重表达意境。造园者通过建筑、山石等物质，用艺术的营造手法，来寄托和表现精神世界，其表达方式又有多种。

其一，广泛运用中国文学的各种修辞手法，如比喻、象征、比拟、对偶、借代、夸张、引用……对园林、景点进行含蓄高雅的命名，使人未进园门，仅从园林名称即开始诵读诗文，如沧浪亭；而景点的名称则大多从诗句中或古代文章中来，如“网师小筑”“看松读画轩”（网师园）；“雪香云蔚”“荷风四面亭”（拙政园）；“濠濮亭”“汲古得修绠”（留园）；立雪堂、真趣亭（狮子林）；“闹红一舸”“退思草堂”（退思园）……往往是仅几个汉字，就浓缩着一个历史故事，一段中国古代的伦理思想。

其二，借助文学诗词等多种形象语言，使园林诗情更加浓郁而上升为艺术的意境。苏州园林中收纳着自然界各种自然景色，实景有风、霜、雨、雪、石、水、花、树，虚景有风声、雨声、鸟声、虫声，有月影、树影、雾景、雨景……这些自然景象因为产生在园林环境里，人们在感受时、在欣赏时，也就自然地联系到文学诗词中的句子，来构成与客观情景紧密结合的联想空间。自然的景物借助了诗词的形象语言，成为艺术的意象，如拙政园的留听阁，因建在水池边，就借助唐代诗人李商隐的著名诗句“留得残荷听雨声”命名了。每至此，游人就会联想起诗人借助诗句而生发的孤独、凄零的感受，而园林中一池枯败的荷叶，成为一片诗境。网师园的主题是隐居，园中小路仿照真山中的小路而建——樵风径。樵夫是中国古代隐士的一个典型形象，网师园小路以此命名，不仅展示了园林隐居的主题，还含蓄地为这个主题带上了诗的色彩。中国古代诗歌十分发达，读书开始就要学诗、背诗，更何况园林是诗人一起参与设计的，其园林景观名称借助文学诗词等形象语言也是理所当然的。

其三，充分运用其他艺术门类，如植物配置、建筑装饰、石刻、绘画、音乐等，互相配合，多种艺术交融一体，使园林面貌丰富、多姿多彩，表现出十分广泛的艺术形式和艺术内容，享用者从局部到整体、从小空间到大空间、从有限到无限，从有形到无形，都可以得到享受，得到感悟。

其四，苏州古典园林中的花草树木，特别是古老树木，是不可再生的自然生物的遗存，有“活化石”之称。园林花木是人格化的物质，以花木植被组景和配置，除了能使景观更绚丽生动和富于变化，还能创造出一个舒适宜人的自然环境，同时植物还可以用来寄托人的美好情感，创造有诗情画意的主题景观。古人通过借花寄情、以花言志，或把花木拟人化，或引花木自况，以表达自己的理想和情操。在造园者和欣赏者眼中，古柏绿竹、茅亭竹篱、荷塘月色……都有特定的内涵，而经过精心设计栽种的植物也确实能成为有艺术情调的环境。这种艺术情调成为造园者追求的艺术效果和艺术境界。因而，苏州园林中的植物景观生发出更为深刻的精神内涵，具有写实和写意的双重功能。在苏州古典园林中，花木被人格化，人们借花木寄情，以花木言志。花品即人品，菊、梅、莲、兰、海棠等同被看作花中上品。许多建筑、景观常以周围所植花木而命名。如在门外栽种槐树，“槐”和封建社会读书中“魁”发音相近而受到广泛喜好乃至成为定式。厅堂前种植玉兰、牡丹、桂花，以植物的读音或者颜色来祈愿吉祥富贵。小空间的植物也大多用芭蕉和翠竹，以它们的颜色和文化含义表示园林主人清丽高雅的艺术品位。

其五，在苏州古典园林中，往往采用书法艺术和诗词文章结合的方法，既表现形式美，又表现内容美。如园林墙壁上镶嵌的青石制作的书条石，完好地汇集保存了中国历代书法名家手迹，既是珍贵的艺术品，同时又是园林文化中人文精神的映现。书条石中还保留着大量园林的历史资料、园林的设计思想、造园的过程和当时园林大小变化等广泛内容，还有法帖、诗文、历史文献、名人轶事等，如留园的王羲之《奉橘帖》、文徵明的《兰亭序》，狮子林的颜真卿《访张长史请笔法自述帖》，都是十分珍贵稀有的书法作品。而匾额楹联则是中国园林独有的具有民族特色的“标题风景”，由著名人物用书法艺术写成，再制作在名贵木材或竹片，或刻在砖石上，成为欣赏园林文化启发式的点拨。

其六，苏州古典园林内的陈设布置，亦体现了浓郁的人文精神和地方习俗。主要建筑中的陈设讲究规整、气派，按礼仪规制布置，一般呈对称性的组合。同时，家具陈设的材质、尺寸都能显示身份、地位、财富以及文化品位。相比之下，其他建筑的陈设则较自由活泼，如花厅、书斋的陈设，材质做工特别讲究，造型则显示主人的个性和品位。小型轩馆家具少而小，以做工精致、布置协调取胜。园林建筑的陈设，通常都要使用匾额、对联、书画、瓷器、砖刻、摆件等艺术收藏品，它们与周围环境相结合，既是典雅的装饰，又是建筑四周景观的描绘和说明，富有浓厚的文化气息。

室内的陈设布置处处体现主人的精神追求，在几案上摆设若干古玩，如瓷器、玉器、景泰蓝、赏石、盆景等，种类繁多，这些摆设不仅是日常生活的起居用品，也是文化用品，因人而异，具有很强的园主个性特色。

苏州古典园林现存的家具多是明清两代遗存，用料上等，大多是印度酸枝，俗称老红木，也有少量极珍贵的紫檀、黄花梨等。苏州明式古典家具，是中国家具史上一个巅峰，其款式具有浓重的文人气息，明式家具不仅造型美观，线条流畅，而且其款式设计还具有极其深厚的文化——有的宽硕，主要为显示身份；有的精雕细镂，主要为展现工艺；但总的是少雕镂，重线条，即有雕镂，也极具文化气息。明代人在书中写道：“姑苏（即苏州）人聪慧好古，亦善仿古法为之。……又如斋头清玩，几案床榻，近皆以紫檀花梨为尚。尚古朴不尚雕镂。即物有雕镂，亦皆商、周、秦、汉之式。”

苏州古典园林，明清始对家具陈设极其讲究，为何？明代文震亨在《长物志》中写道：“夫标榜林壑，品题酒茗，收藏位置图史、杯铛之属，于世为闲事，于身为长物，而品人者，于此观韵焉。”中国古代文人，最重个人素养。陈设，正是个人素养表现的一个有效形式。

（三）园林体现了“天人合一”的中国传统文化精神

中国传统文化中最重要、最深刻的人文精神就是“天人合一”的哲学思想，人与自然的和谐相处。苏州，在中国古代就被称为“天堂”；苏州古典园林，就是“天人合一”的典型体现场所。

世界各国宗教中对天堂的描述，其实是来源于人们在现实生活中的物质向往和精神向往。西方拼音文字拉丁语系的“园林”一词，是Garden、Garten、Jardon等，源出于古希伯来文的Gen和 Edne二字的结合，前者指围墙，后者指乐园。而英语里的天堂——“Paradise”一词，是来自古希腊语的Paradeisos，这个词又系由古波斯文Pairidaeza发展而来，意思就是“豪华的花园”。东、西方的文化各自发展，数千年后竟殊途同归地认识到：园林就是造在地上的天堂，是一处人类最理想的生活乐园，最完美的生活场所。中国对天堂的向往，从秦汉到明清整整两千年总是体现在对东方神山的憧憬，认为，海上有蓬莱、瀛洲、方丈三座神仙居住的神山。这种憧憬体现在园林建造中，就是只要条件许可，就仿造东海上的三座仙岛，构置“一池三岛”的景点，或采用它们的意境题写景名。在中国的古代传说中，海上的蓬莱、瀛洲和方丈三个小岛是世外仙境，那里居住着神仙、长满了长生不老的药草。

从苏州古典园林的发展历史可以看到，虽然苏州园林因功能区分有“衙署园林”“寺庙园林”“山庄园林”“第宅园林”等，但它的设计建造总是有较为固定的原则，总是以水、石、植物、建筑作为建造要素，它不仅有起居休憩的功能，其宗旨是给城市居民提供具有自然要素的生活空间——即使是在城市中，也要常常和自然亲近，享受到自然美景——不出城廓而获山水之怡，身居闹市而得林泉之趣。只有这样，才能真正做到“天人合一”，达到享受“天堂”之乐的境界。

假如把自然、理想理解为“天”，把城市生活理解为“人”，那城市中具有自然要素的理想环境就是“天堂”，就是“天人合一”；苏州园林所展现的是具有自然物质的环境，追求的是现实世界的升华——理想。生活的现实和生活的理想相结合，仅这点，苏州园林跨越了现实和理想的距离，实现了现实和精神的结合，对人类居住文明做出了重大贡献。

在古人的理想中，天堂也是现实的。古人用自己的理解和想象，把天堂想象成：有四季不败的鲜花绿树，有昼夜变化的山林野趣，它是一种极舒适、极方便的居住环境，开门就踏进现实，是车水马龙；关门就自成一体，是鸟语花香。物质与精神融为一体，人与自然和谐相处，无论是在造园思想上，还是在造园的实践中，都体现了“天堂”理念和“天人合一”的中国传统的精神追求。

园林的类型虽多，但都十分重视与自然的融合，布局需要因地制宜，建筑要求适度和谐，景观设计追求天然形胜。在一个不大的空间中，建筑、山水、植物相得益彰，虚实疏密。在达到功能的同时，天、地、人保持着平衡、适度、和谐的关系。

历史上数以百计的苏州古典园林，形成了苏州整个城市“园林化”的特征，也因此影响和塑造了苏州城市的格调、品位和气质，中国传统文化“天人合一”的哲学思想，人与自然的和谐相处的理想，对于当今的城市建设和城市发展，无疑仍具有很大的借鉴价值。

（四）写意山水园林是中国传统艺术的精华

中国园林最早见于史籍的是公元前11世纪西周的灵囿。“囿”是以利用天然山水林木，挖池筑台而成的一种游憩、生活境域，主要功能是供君主贵族狩猎游乐。

中国的造园艺术与中国的文学和绘画艺术具有深远的历史渊源，魏晋以后，一直到唐宋，是中国历史上诗词文学的极盛时期，绘画也达到一个相当水平的高度，出现了许多著名的山水诗、山水画，乃至“山水诗人”和“山水画家”，整个社会的审美水平大大提高。在富裕的物质生产带动下，人们普遍追求诗意的、艺术的生活，各种艺术创作由此得到迅速发展，造园活动更是这样。画家不满足仅仅在平面上创作，只要条件许可，他们即参与园林设计，这种立体的艺术创作往往更吸引人，更能体现画家的艺术造诣，也更能实现画家的艺术理想。诗人们则在画家的艺术创作上加上表现自我理想精神的诗词，但这种艺术创作和加工的自我色彩极其强烈以至于带有夸张、想象的成分，这些由文人艺术家合作设计建造的园林被称为“写意山水园林”。中国传统文化艺术中，“写意”一直占有主导地位，具有“写意山水”特征的文人园，也因此成为中国园林的主要审美趋向。

中国江南私家园林，从南北朝（420—589）开始，趋向“文人化”的道路。经过近千年的衍化，寄情山水成为文人士大夫普遍的雅好；山水诗、山水画也成了文人诗、画永恒的主题，艺术创作灵感的源泉；山水诗画的创作运用在造园中，成为文人写意山水园林。明清两代，位处长江三角洲的苏州一带出现资本主义萌芽，经济发达，手工业、商业十分繁荣，城镇建设空前发展，居住环境进一步得到关注，第宅园林的建造达到了新的高峰。在相当长的一段时间里，苏州的绘画、书法和其他艺术处于全国领先地位，名家荟萃，高手辈出。园林兼容文学、绘画、书法、工艺等多种艺术形态，形成了具有苏州园林艺术特征的一门新的艺术形态——在模拟的自然环境中，以山水为源，以诗画为本，展现写意的山、写意的水，展现立体的诗、立体的画，但这山水，这诗画已经是文人的再创作，是文人心中的山水诗画，带有鲜明的个人艺术审美倾向。

为表达自然山水意境，用多种艺术手法，如借景、对景、分景、隔景等来组织空间，形成巧于因借、曲折多变、小中见大、虚实相间、移步换景的景观艺术效果，表现出具有中国民族传统特点的空间意识和空间美感，最终达到“虽由人作，宛自天开”的艺术效果。在近千年造园实践基础上，园林审美观念基本定型，与散文、诗歌、绘画等艺术形式趋于同源，如景观从“画境”始，上升到“诗境”，再升华为“意境”，最终达到人、情、景交融一体的境界。

写意，是建造苏州古典园林多种艺术手段运用的目的，其过程，则是通过有形艺术文化和无形艺术文化的结合而形成的造园艺术体系的运用。这一体系的形成和运用成果，确立了苏州古典园林的历史地位和艺术地位，使之最终成为东方园林的典范。

二、苏州古典园林是人与自然和谐相处的优美人居环境

苏州古典园林，其本质功能是中国江南地区私家住宅的附属部分。江南物质丰富，天然风景秀美，除原住民外，每逢战争，总有大批的北方世族阖家逃难至此。北方世族大多接受上等文化教育，文化、天然条件、经济基础，使得原来仅为居所附属建筑空间的园林逐渐发展为居所的一部分，成为良宅的标志，并形成精神理念，形成独立的建筑艺术体系。在精神上，它体现了古人对于人与自然相和谐的美好愿望和对

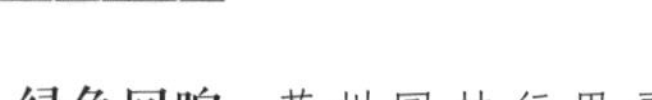

生活质量的执着追求；在这种愿望和追求的思想下，园林逐渐建造得美轮美奂，成为人与自然和谐相处的优美人居环境。

（一）园林是苏州城市风貌特色的浓缩

按史书记载，苏州城已经存在了2500多年。今天能够真正领略古城风貌的历史实物是成于南宋（1229）的石刻“平江图”，图上有组成城市形态的街巷河道，各类建筑、仓署寺庙等，还显著地标示出了园林和风景区的名称和位置，如南园、沧浪亭。在清代名画《盛世滋生图》（又名《姑苏繁华图》）上，则以写实的方法，生动地描绘了城市中的园林风光和人们在园林里的生活状态。

“法天象地，相土尝水”，是当年在自然环境里建造苏州城的指导思想，也是尊重自然、适应自然的人文精神高度提炼。园林被称作“城市山林”，原则也是“因地制宜”，在城市中营造具有自然风光的理想生活场所。苏州郊外虽无名山大川，但也有太湖和蜿蜒秀丽的小山脉，还有江河纵横、湖泊密布，各类植物长势良好。这些不仅奠定了苏州城市优美自然环境的物质基础，也为建造园林景观提供了丰富的资源和生动的天然画本。

园林存在于苏州古城内，历史上不仅在街坊林立的市井中保留了相当一部分自然风光，而且还保存了能自行进行循环的生态环境，如宋代沧浪亭（世界遗产）建造时保持了“草树郁然，崇阜广水”的景象；明代前期的东庄，实际上是一座庄园式园林；明代中后期所建的拙政园（世界遗产），依然保持了唐代的“不出郛郭，旷若郊野”景观现象；清代的环秀山庄（世界遗产）假山，模拟城西大阳山堆叠而成。

有学者对历史记载进行统计，明代后期苏州城内私家住宅中有园林270多座，如以苏州古城14.2平方公里计算，平均每0.053平方公里即有一座园林，由此可想见，即使它属私家性质，但其绿化功能却超越了私家所有，起到了调节苏州城市生态环境的作用，成为公众共享。因此，历史为苏州戴上“园林城市”的桂冠，是名副其实的。

就城市物质而言，苏州城市的地理位置决定了苏州“园中之城”的城市特点。苏州几乎是天然的大园林，其西南的太湖和天目山余脉所形成的天然形胜和城市相连接，自然山水、城市几乎融为一体，形成了“园中之城”的整体格局和风貌——城市、城市园林的水系和太湖相沟通；园林景观设计也模拟西南郊真山而作（环秀山庄假山，仿西郊大阳山堆叠而成）；园林中种植的植物，也大多是生长在当地自然界中的乡土品种，它们随自然界气候变化而变化；园林建筑则采用苏式建筑，色彩是粉墙黛瓦，式样是飞檐翘角。山、水、植物、建筑等物质要素，既是园林构成要素，也是自然界乡村的构成要素，“园中之城”由此可见。

上述所提到的城市中的园林密度，已无可辩驳地显示了苏州城市风貌特色——园林化。入门即是园林，几乎家家皆庭园，有古诗赞咏道：“苏州好，城里半园亭”，如按苏州所有的270处园林计算，这个“半”已经褪去了夸张的文学色彩，而是真实的写照。这种在私家住宅中用造园的方法引进生态、调节气候的古代城市自觉的绿化方法，不仅是中国历史上的城市建设的特殊实例，也为21世纪的城市建设理念发挥了巨大的积极作用。

（二）园林是苏州民俗生活的映现

苏州古典园林作为宅园合一的第宅园林，从功能上来说，首先是一个生活场所，是住宅的附属建筑空间。因而，保存到今天的实体，印证了相关的历史资料，这个建筑空间清晰、生动地反映了苏州的地方风土人情、苏州的民俗生活方式、苏州的民间礼仪习俗。在中国历史上，苏州人高品位、高层次的生活方式曾经影响广泛而深远，有形的苏式建筑、苏式家具、苏式菜肴和无形的苏州工艺、苏式习俗等，都被收纳于苏州园林中。园林，正是苏州民俗生活的综合展示场所。苏州的生活方式，不仅为各地争相仿学，甚至影响到皇家。

1. 苏州古典园林的建筑形制，反映了传统家庭的生活理念

苏州古典园林以宅为主、园为辅的建筑格局，反映了中国古代江南民间起居的生活方式和礼仪习俗。根据具体的地形，或是前宅后园（如留园），或是左宅右园（如网师园），或因家族庞大，以小巷将宅与园相隔，以便各房活动。像耦园住宅居中、两侧园林和退思园住宅居西、庭园、园林依次展开的，都属于特殊格局。

苏州传统民居建筑形式上力求正统，而园林布局构造上则不拘形式。住宅部分都以轴线居中，各类用房沿轴线按礼仪、功能作用的大小由南而北逐步延续。住房的位

置、面积、造型、尺度、装修等，因人而异，因功能而异，总之都反映着具有时代特征的家族宗法观念、伦理观念、等级观念等。如网师园的住宅部分的厅堂是传统的三进模式：大门内是轿厅，轿厅后是主人会客应酬用的大厅，大厅后是专供女眷起居应酬的女厅，三者相连，有一条明显的中轴线，从平面、立面看，大厅最高大，主要为男人服务；女厅则低暗，是女主人会见客人朋友的处所，在封建时代，带有一定的私密性。门厅因功能是供下人听差传达，故相对简朴。这组建筑，明确展现了古代男主外、女主内的分工及封建社会男尊女卑的伦理观。

留园的东宅，采用的是“三落五进”的平面格局，“落”为横向单位，“进”为纵向单位。主落居中，轴线明确，在纵向进深的方向上，分为第一进门厅、第二进轿厅、第三进正厅、第四进内厅、第五进楼厅，从中可看到封建社会世家长幼、尊卑、男女、主仆的生活秩序。在园林中，有一种专门体现男女有别的观念的特类建筑，其外观为一座大型厅堂建筑形式，内部则以脊柱作为中界，一室隔成两厅，有两架屋顶，一厅梁架采用圆形木材，另一厅梁架则用扁作，经常供男女主人分别接待宾客使用，称作“鸳鸯厅”。“鸳鸯厅”因功能多变和外观华美而受到推崇，园林几乎都要建造，拙政园、留园、狮子林的“鸳鸯厅”，装修华美，各有特点，被推崇为此类建筑的范例。

作为附属建筑空间的园林则是一个相当随意自在的、模仿自然界的空间，它是园主和几个知心密友非正式聚会或者研究诗词艺术的小型空间，也常作为家人或者亲友聚会的地方，相对在正式厅堂里的礼仪式的拜会，此种聚会更注重的是娱乐和情感交流。在园林中随意地接待客人的场面，我们在清代小说《红楼梦》中可以清晰地看到。

《红楼梦》的作者曹雪芹少年时曾长时间地居住在苏州园林中。据学者考证，他在《红楼梦》中的很多描写均来源于他少年生活的记忆。即使在今天，仍有《红楼梦》学者到苏州园林来寻找研究“红学”的蛛丝马迹。

2.苏州古典园林是士大夫雅致生活的理想场所

苏州古典园林可居、可行、可赏、可游，既能满足各类生活起居的日常需求，又是赏心悦目的优美环境；特别是在这个充满着诗情画意的艺术天地中，普通的日常生活也变成艺术了，成了“有意味”的生活。士大夫们在充裕的物质基础上，不问世事，不理政事，只是在自己构建的园林中诗意地栖居着，尽情享受生活、享受艺术。

园林，是士大夫雅致生活的理想场所，使他们对雅致生活的憧憬成为现实。

明代文震亨（1585—1645），“吴门四家”之一文徵明的嫡曾孙。他是苏州文人的典型，出身书香门第，家境优裕，一生主要生活内容即吟诗、作文、绘画、造园。诗画园林是他的生活，他也生活在诗画园林中。晚年，他撰写了《长物志》，书中阐述了园林的设计原则、陈设规范、使用要素等，记录了明代士大夫雅致的园居生活的要点、过程以及各类常识。该书是一部经典的明代文人园林的艺术总结。成稿之初，就受到了当时文化界的推崇。而今再来品味其义，更让人深觉该作不愧为上乘作品，其中一位文人写到——

爱好园林、写文章、饮酒、品茶、收藏文物，人们称为是闲事，但评判人品，却从中可看出。为什么呢？他们呼吸着大自然的气息，他们把玩着小小的古董，他们不重金钱，而把不可穿不可用的收藏品供奉起来，以此寄托自己的情感，如果不是有真才华真性情能这样做吗？

这段话言简意赅地写出了苏州园林的真谛，园林不仅是居住场所、艺术环境，园林更是主人高逸品位的显现，只有对自然、艺术具有真韵真才真情者，才能真正享用园林。

文震亨就是这样一位真韵真才真情的人，史载，他相貌英俊，我行我素，追求精神生活。有洁癖，有文才，喜著书，也曾参加科举，但考场失利即回家学器乐，培养演员，或者游山玩水去了。他从未刻意研究园林的建造方法，而是凭着自己的素养和积累，稍一出手，就得到赞誉。他设计建造的园林，一座被称赞为“苏州的名胜地”；一座被称赞为“人在图画中”。

文震亨在自己建造的具有个人品位的园林中诗意地栖居着，他在园林中实现了自己艺术化的生活。作为明代士大夫的一位典型人物，其素养、品位、才情、人格均超出常人，他对园林的见解堪称“园林气质”，他最终留下了一部融汇着园林气质的园林艺术经典著作——《长物志》。

园林具体的、艺术化的、精致的生活方式，最主要的有琴、棋、书、画、茶、音乐、戏曲等。

琴，中国古琴，会弹古琴在古代是一个人品行高尚的标志。中国历史上有著名的用琴声寻觅知音的故事，并成为典故“高山流水”。明代之前，琴始终被列为高雅艺术之首，作为高雅生活场所的园林，往往有专门听琴的建筑。如网师园的“琴室”，还有因园林曾收藏古代著名古琴而成立“琴社”，以此延续古风。

棋，弈棋是中国古代的主要文化娱乐活动，其过程需要高超的智慧。中国古代流传着很多关于神仙高士“弈棋”的故事。苏州古典园林中常专辟出空间作为学棋、弈棋场所，如网师园的“小山丛桂轩”即是一例。

书，含有两重含义：一是读书著述；二是研究练习书法艺术。这是中国古代文化中两项中心内容。无论是读书还是练习书法，园林中都有“书房”作为专用场所，如留园“还我读书处”，拙政园的“听雨轩”等。

画，主要指绘画的画室。古典园林以画为蓝本，绘画又是古代精雅生活的基本素养，故园林中往往设置画室，以优雅的环境培育高雅的情趣和审美能力。

茶，喝茶是一项实用性较强的日常生活内容，但在数千年的衍化发展中，历代文人不断地在喝茶过程中加入个性化的文化色彩，最终形成了茶叶、茶水、茶具、茶艺、茶道等一整套内容。中国历史上，关于茶的记载十分丰富，作为文人雅致生活场所的园林，也必定有“茶”的痕迹。明清园林记载中，几乎每个园林都有“茶”的建筑，也常常在古代园林图画中看到喝茶的场景（见文徵明《拙政园图》，唐寅《事茗图》）。

音乐，苏州一带，古代主要以竹制管乐为主，即“江南丝竹”。因园林的私家性质，常常在园林中举办小型的礼仪庆贺活动，邀请专业的乐队演奏。作为精神层面的音乐，则常以“天籁”为音乐，即风声、雨声、鸟鸣声、秋虫声等自然之声。还有专为听“天籁”而建的景点，并栽种阔叶植物，以增强视听效果，如拙政园“听雨轩”即是一例。

戏曲，在苏州古典园林是举行“昆曲”演出的主要场所。中国昆曲（已列为UNESCO无形遗产）诞生于苏州昆山。清后期至民国初期，昆曲已从民间艺术转为高雅艺术，其演出也从大众舞台转向私家园林，现存的苏州古典园林中，大多存有古代供昆曲演出的场所。如留园有私家专用戏台（现已毁，仅存照片），拙政园西部有昆曲表演的专门场所“卅六鸳鸯馆”。

园林与戏曲有着天然的联系，很多昆曲剧本描写的故事就以园林为背景，如《牡丹亭》中的杜丽娘，因为春天到园林游玩，发出了“不到园林，怎知春色如许？”的感慨，最终与梦中情人也是在园林中相见；《墙头马上》《西园记》的故事也发生在园林中。可以这么理解，园林的景观环境更能萌发感情、抒发感情。因此，现实的、感情色彩浓重的昆剧往往就选择园林作为故事情节展开的场景。

除此之外，其他如饮酒、品茶、纳凉、赏月、观鱼，甚至饲养有传统文化含义的宠物（如仙鹤、白鹿、鸳鸯等），用今天的话来说，都是高档的、有品位的休闲活动，在苏州古典园林里也被赋予了很明显的文化色彩。这些活动又与具体的建筑物联系在一起，如耦园的“载酒堂”——以酒为题，述说了和朋友一起饮酒的友情；虎丘的“云在茶香”——通过茶，叙述了虎丘栽茶的历史；拙政园的“与谁同坐轩”——通过赏月，表达了想融进自然界的愿望；留园的“鹤所”——饲养仙鹤来祈求长寿……

由此看出，园林内精雅的生活，不仅休闲，还浸润着文化和艺术的养分，是一种品质高贵典雅的理想生活。这种生活，除了稳固的物质基础外，享受者还必须具备高雅的情趣，高雅的文化素养，高雅的精神追求。

（三）园林是传统工艺技术的“文化记忆”

在苏州古典园林的兴盛时期，苏州的经济、文化处于全国领先地位，涌现了大量全国一流的文学家、诗人、书画家、建筑师、工艺师、音乐家、戏剧家……园林既是他们创作的源泉，也是展示他们优秀作品的场所。这些传统工艺技术的成就被完整地保存在苏州园林之中，成为今天的“文化记忆”。

苏州古典园林是一个精美的艺术生活空间，其精美除体现在设计、施工上，还体现在作为景观主体的建筑细节、装修局部、陈设制作等上面。如做工精美的门窗梁柱、生动细腻的屋脊泥塑、图案多变的花街铺地等，还有室内的各式家具、陈设、摆件、匾额、楹联、砖细、石作……无不体现了园林传统工艺技术的博大，这些凝结着古代工匠精湛技艺的留存，成为园林中极有价值的“文化记忆”。

1.苏州古典园林是各种传统工艺的汇集地

自唐宋以来，苏州一直是中国经济最发达地区之一，因而在手工业时代，苏州工艺不仅品类繁多，行业全面，而且整体水平高，在中国一直处于领先地位。这些工艺制作进入园林后，更加精致，并因使用者的要求，还带上了明显的文人气息，成为“苏州风格”。在苏州古典园林里，到处能够找到手工艺技术的作品。以传统建筑“香山帮”为例：

香山是苏州郊区太湖边上的一个乡间村落，自15世纪起，男性多自小学习建筑施工，在长期的建筑实践中，工人技艺精湛，且世代相传，史书上有“江南木工巧匠皆出于香山”的记载。香山帮建筑又称“苏派建筑”，大致是指以苏州为中心的江南一带的传统建筑。

在苏州古典园林里，色调和谐、结构紧凑、制作精巧、形式多变的“香山帮”建筑随处可见。如：

厅堂，梁架结构恢宏奇巧，梁架根据不同功能分制成圆作、扁作；梁面还雕刻着各类吉祥图案。

门窗，可分为墙门、框档门、将军门、矮挞门，长窗、半窗、和合窗、纱隔等。

木制辅助设施，有栏杆、挂落、飞罩等装饰物，均造型玲珑，工艺精致，极具灵动感。

“香山帮”建筑还有一类小品，虽体量不大，但极其精雅，略举数例。花窗，即在白墙上开窗框，再以砖、瓦、泥塑做成各种式样，不仅可使空间沟通，园林也更加雅致。

木雕，即在木制设施上雕刻，有几何图形，有随意图形，还可利用木雕展示长篇故事。

砖雕，即在砖制构件上雕镂，用作建筑装饰，有砖雕门楼，砖雕门框、窗框，色彩素雅，雕镂细腻，是苏州园林的一大特色。

石雕，苏州出产花岗岩和石灰岩，作为建材也大量用在园林中。石灰岩质软，易于雕琢，是加工建筑艺术品的上等材料。此类石雕仍可看到，但已是珍贵的陈列品，如石井栏、石基础、石花台等；花岗石质地坚硬，颜色美观，不易风化，明末清初起被大量使用，苏州古典园林中随处可见花岗石平台、栏杆、柱础等。

苏州园林必有山。用碎石叠山，是一门技术与艺术高度融合的工艺。叠山没有固定模式，需要匠师经验丰富，对大自然真山有整体的感受和把握，在掌握“意在笔先”“胸有丘壑”，才能将碎石进行微缩性的艺术再创作，此外，叠山还要掌握物理力学的原理。

2.苏州古典园林是“文化记忆”的载体和基础

大量带有先人制作“记忆”印记的工艺作品现在仍存在于苏州古典园林中，在今人的关注下，其已承担了博物馆的职能，向公众进行古典园林历史艺术的展示、普及和研究工作。它还承担了年轻建筑师和园艺师学习教材和课堂的职能。他们在园林里，考察古代实物，研究造园理论；出版编撰者从园林的各学科、各角度、各层次将园林分析、归纳，整理出版了一系列苏州园林著作。

苏州古典园林是“文化记忆”的载体，这已毋庸论述，并且随着当今世界对自己民族历史文化的重新审视，承载着印记的遗存显得尤其珍贵。这些遗存又是今人记忆历史、研究历史的基础。诚如第21届世界遗产委员会会议对苏州古典园林的评价——“……这些建造于11—19世纪的园林，以其精雕细刻的设计，折射出中国文化中取法自然而又超越自然的深邃意境。”

苏州古典园林作为“文化记忆”的载体，曾作为学者研究的基础，择要论述。

《园冶》，作者：计成（1582—？），明代苏州吴江人。史料对计成的记载并不多，据留存的一鳞半爪的资料看，他通过自学能书画，能设计建造园林。中年后在镇江、南京、皖南一带以造园为生。计成集毕生造园经验，撰写了《园冶》，专题论述了造园的各类技艺和艺术原则，特别是“掇山”篇，被称之为“此书结晶”。因年代久远，《园冶》几乎失传，直至20世纪30年代才在日本被发现而重新刊印，得以传世。

《长物志》，作者：文震亨（1585—1645），明代苏州人。《长物志》共十二卷，分别是一、室庐；二、花木；三、水石；四、禽鱼；五、书画；六、几榻；七、器具；八、衣饰；九、舟车；十、位置；十一、蔬果；十二、香茗。从书的分类可看出，该书不仅记录了明代造园的原则，更重要的是记录了作为士大夫本身对园林的理解、欣赏和精雅的生活方式。这点更是弥足珍贵。

《江南园林志》，作者：童寯（1900—1983），中国著名建筑学家。20世纪30年代，对江南苏州、扬州、南京、杭州、无锡等14城市进行园林调查，其成果《江南园林志》于1937年由中国营造学社出版。书中除记载了当时江南一带的历史园林遗存的状况，还对造园、叠山、园林历史、园林史料等均有独特的论述。书中对当时苏州园林状况也做了真实的记载——虽因国势衰退，经济萎缩而少有人家再大兴土木建造园林，但著名的园林仍有17座，“而私人宅第之附有园亭者，盖比比皆是矣”。

《苏州古典园林》，作者：刘敦桢（1897—1986），中国著名建筑学家，建筑史学家，中国科学院院士。1925年起任教于苏州工业专科学校建筑科，即开始对苏州古典园林进行调查，积累史料。1930年加入中国营造学社。20世纪50年代，在南京工学院任教时，又多次带领学生对苏州古典园林进行全面调查，并出版专著《苏州古典园林》。书中对当时苏州古典园林的状况进行了详尽的记载，并对每一座园林进行了测绘，对造园艺术进行了分类评述。1997年苏州古典园林申报UNESCO世界遗产时，即以刘敦桢的《苏州古典园林》为依据撰写申报文本。

无论是诞生于古代造园活动中的著作，还是20世纪的园林调查专著，都是真实的“文化记忆”，它们和当今研究者出版刊行的一批园林研究专著共同成为苏州古典园林传承的基础。

三、苏州古典园林生态环境和精神文化的价值

在世界进入了工业文明时代300年，人类以科学理性态度和科技手段来认识自然，利用自然，使社会生产力得到空前的发展。短短几个世纪，创造了高度的经济、物质繁荣，极大地提高了人类物质生活水平。与此同时，城市人口急剧增加，城市建设突飞猛进，各种新型建筑材料、建筑形式层出不穷；在满足了人类衣食住行各项必需的生活功能后，城市环境、人文环境、文化环境建设的各种矛盾也越来越凸现。尤其是人类的生存环境的需求和自然生态环境的恶化之间的矛盾已到了濒危的地步。在各类矛盾中，人们惊讶地发现：中国传统园林的文化特性和艺术特征正显示出生机活力，对当代人类生活、特别是人类居住环境理念具有相当的启迪。

当前的城市建设，有许多不同的提法：山水城市、园林城市、生态城市、宜居城

市、绿色城市……但核心思想都是相同的，就是最大限度地追求人与自然环境的和谐关系，倡导“绿色城市、绿色经济、绿色生活、绿色文明”的城市发展新理念逐渐深入人心，城市园林化、大地生态化，已成为城市建设的主要方向，城市可持续发展的基础。苏州古典园林所具有的生态环境价值和精神文化的价值，不仅体现了自古以来东方生存智慧和生存艺术，也与当代城市发展理念和发展文化精神相一致。

（一）园林，当代社会人文精神需求的热点

自苏州古典园林于1997年被列为UNESCO世界文化遗产后，人们对园林——这种生存环境开始了再认识。原来仅把它作为古代民居，现在认识到它是古人在民居中追求理想生存环境所做出的努力的结果；原来仅把它归类为建筑学的一门分学科，现在把它同艺术学、植物艺术学、传统文化学等结合起来研究；原来把它的当今利用价值定位在旅游，现在把它提升到了解传统文化的博物馆的层面。总之，随着列入《世界遗产名录》，人们特别是苏州的管理者对“苏州古典园林”的认知在提高，理解在增强，利用也更为科学化。苏州古典园林自列入《世界遗产名录》至今已经历了10年，这10年，也正是人类对人文精神进一步审视、追求的10年。

1.对传统文化的追寻，是现代人对历史文明价值的再次认同

从形式上看，园林无论大小，美观、典雅、大方，是其有形的独特风格。苏州园林“虽由人作，宛自天开”、充满着“有意味”的景观。这可以认作无形遗产的体现。园林中的各类建筑从造型到色彩，除它特定的景观作用、功能作用外，还具有各自的文化内涵，它是有形遗产和无形遗产的结合体。特别是一些体量小，又建在不起眼的偏僻处的小型建筑，如备弄、下房（网师园均有遗存），构造轻巧简洁，虽然体积不大，尺度不高，但天井、庭院也一如园林般清新雅洁，酷似图画的窗景使室内外的空间通透舒畅。这些园林是居住环境静谧、安宁、舒适的构成要素，也是构成苏州“枕河人家”“园林城市”特色的要素。

在以“水”为灵魂的苏州古城中，私家园林也往往利用天然地形，前街后河，临水构屋，建成的园林（即住宅）也有水墙门、水埠头、水榭楼台，临河水阁、甚至水巷穿园而过，天然地形与生活需求、文化需求巧妙搭配；在旖旎的风光中透出了长江

三角洲城市居所的文化韵味和人文关怀。

这些曾经的普通的城市设施和构建，其内在的历史文明因素现在引发了当代人的兴趣，人们一次次回首，一次次追寻，甚至兴趣盎然地模仿、建造。这充分说明，历史文明价值已得到现代人的再次认同。

2.对传统文化的尊重，是现代人文化心理日趋成熟的表现

中国自20世纪70年代末实行改革开放，至今已经30年了。这30年，苏州经济持续健康地发展。苏州城市建设和旅游开发也经历了一个螺旋式发展的过程。改革开放之初，无论是中心城市，还是边远乡镇，高楼大厦快速地拔地而起。此时的苏州，封闭了百年的心理刚打开，他们充满着新鲜和好奇，把眼光投向西方——在学习西方先进的科技和管理时，却无意中丢失了自己文化中的精华，如古典园林，如昆曲，如传统手工艺，而追慕着主题雷同、形式雷同的人造仿古景点或游乐场所。在20世纪行将过去时，人类再次回访自我，反思自我，再次认识到曾经被忽视的传统文化是如此珍贵，应该把它们再次寻找，回归到历史博物馆，回归到公众的日常生活。

苏州也同样经历了这样的文化发展、回归过程。20世纪后期建造的人工景观旅游点除个别外，多数因文化上缺乏内涵而很快遭到冷落，几乎纷纷关闭或转向。公众从对新奇的狂热中冷静下来，成熟起来，终于发现文化遗产所独具的永恒的历史价值、艺术价值、科学价值。苏州古典园林，包括古镇、古村落、古巷、古街坊、古河道、古老树木，它们身上都刻录着苏州的历史，苏州的礼俗。它们是苏州传统文化艺术的珍贵遗存。

对传统文化艺术，是尊重还是轻视？是保护还是舍弃？这是衡量一个社会、一个政府文明程度的标志之一，也是谋求发展的根基之一。1995年，苏州市政府启动了《苏州古典园林》申报世界文化遗产，这说明苏州市已将苏州古典园林放入国际文化层次来再认识，已经认识到这一项文化遗存所具有的重要性和无法再生的唯一性。这项工作标志着苏州将重新全面认识自己所固有的文化遗存的多重价值，并还这些遗存应有的历史地位。1997年，苏州古典园林被列入《世界遗产名录》，UNESCO对苏州古典园林的认可和推崇为苏州的传统文化保护注入了新的活力。近几年的“古园、古城、古镇”热逐年兴起，旅游事业逐年提高，苏州文化遗产的影响力也逐年增强，以2007年为例，苏州市共接待入境游客206.18万人次，同比增长13.61%；国内游客4792.39万人次，同比增长15.89%；实现旅游总收入638.09亿元，同比增长21.53%。

3.对传统文化的继承，显示了地方、民族文化恒久的生命力

苏州是个具有2500多年历史的古城。2500多年的积淀，形成了一套成熟的传统、文化、习俗。从苏州古典园林→苏州古城→江南古镇→长江三角洲传统建筑，可以看到，它们在外观、色彩、尺度、功能等方面都有类似的特点——外观秀雅内敛，色彩素雅恬静，尺度高低适当，功能注重日常生活，体现了苏州、江南一带地区古代生存者生活安定而富裕的状况，以及在此基础上产生的高品位、高质量的生活方式和生活环境、生活习俗、生活情趣。

苏州在清代晚期和民国时期，因政治、经济原因，没有大规模的造园活动，现存的怡园是苏州历史上建造最晚的古典园林，成于1882年。古典园林是凝聚着一个地方历史文化精华的居住形态，也是苏州人数千年积累的传统文明。当改革开放再次为人们提供了建造高档住宅的机遇时，潜伏在苏州人血液中的"园林情结"被唤醒，园林、琴、棋、书、画、茶、昆曲等传统文化与当代人精神需求的会合，一幢幢新的园林式住宅受到欢迎，一个个传统文化社团成立，一批批学生、年轻人开始热衷于传统文化技艺，特别是苏州古典园林被列为UNESCO世界遗产，昆剧、古琴艺术被列为UNESCO无形遗产后，研究、回归传统文化成为新的风尚。这再次显示了传统文化的价值和生命力，证明了它在当代可持续发展战略中不可替代的重要性。

（二）园林，当代"人与自然和谐"的范本

"人与自然和谐"的主题是当今世界发展中的一个重要话题，本段落仅从该主题和人的居住处所略加论述。

该主题在中国3000多年以前即已提出，中国古代哲学著作《易经》，就提出人与自然要和谐的观点。在当代全球一体化的发展背景下，人与自然、人与资源、人与环境的矛盾越来越激烈，从人的基本居住要求来讲，居所与自然相和谐是人类最大的愿望，也是生存的最高境界。

由此观之，苏州古典园林是"天人合一"的艺术环境。这一环境的创造体现了古人多重艺术观和价值观，它所具有的中国传统文化中的生态美学和生活哲理，正与当

今全人类的普遍价值观相吻合，稍加分析，有以下几方面：

1.“宛若天开”的居住环境和生态意识

无论是古代还是现代，人类大多选择在城市生活。因为，城市有安全方便的生活条件，有充分的就业机会，有利于自己及后人的发展空间，但城市生活也有缺点，无法享受充满生机的自然界（包括新鲜的食物等），无法满足精神上对超脱尘世的愿望（包括对美丽自然景观的欣赏），无法保证无生态污染的生活（包括对新鲜氧气、洁净的饮用水的需求等）。苏州在历史上一直具有天时、地利的优裕的自然条件，当古代的士大夫阶层在政治、经济上都有足够的积累后，即向往在城市中享受自然界的生活。明代文震亨在《长物志》中提到对居所的理想是：“居山水间为上，村居次之，郊居又次之。”他的居所理想极具有代表性，其内容不仅包含了文化人对环境精神的需求，也包含了对各自然要素的需求——食物、水、空气，而这种需求因为代表了政治、经济都有相当基础的士大夫阶层，所以对可以用经济手段换置的安全、交通等生活基本需求则相对弱化。于是，中国古人就创造了能把自然界的天、地浓缩到一个小空间的园林，通过模拟自然，叠山、理水、栽种植物、再建适度的建筑，使园林达到“虽由人作，宛自天开”的艺术效果。这些园林多以山水取胜，构成江南水乡野趣、山光水色、鸟语花香、泉声石韵……在这个宛若天开的人造生态环境中，人工山水、植物等同样也能提供新鲜的食物（明清私家园林中，都有菜园）、新鲜的空气和水，最重要的还可以按照自己的审美观，通过设计构建满足自己的精神享受。

“宛若天开”追求的是自然生态环境。这种追求的实现就在身边，城市居民在居所中就能获得一方可以亲近自然的场所，可以满足居、赏物质和精神的生态空间。所以古典园林又被誉为“城市山林”。当代人对具有自然意趣的“城市山林”这一特殊概念的肯定，意味着它既是对条件优越的城市生活的保留，又是对喧嚣污染的非理想、非生态城市环境的扬弃。

2.“返璞归真”的主观能动的精神再创作

苏州古典园林还蕴涵着“返璞归真”的生态美学观念。“返璞”，也就是回归自然；“归真”，就是回到自然的真实状态。园林的“返璞归真”的构想设计，实际是古人主观能动的精神再创作。

凡造园林，无论是利用现有条件，还是在平地上挖池叠山，其目的都是“返璞归真”，物质形态上建造居所，精神上回归自然。但这种回归，是主观能动的再创造——模仿自然山水，创造艺术的山水；模仿乡野村居，创造“写意山水园林”。一般说来，园主都有很高的文化修养，能诗善画，造园时都有很强烈的主观意识。他们多以诗为题，以画为本，把自己的生态观、艺术观融入凿池堆山、栽花种树之中，创造出具有“诗情画意”的写意式园林生态景观。因此，园林的自然之趣，既来源于大自然，又是艺术化了的大自然。这种源于自然又高于自然的园林生态景观，与中国古代哲学、文学、书法、绘画、音乐、戏曲……尤其与中国传统的山水诗、山水画相互渗透，被人称作“无声的诗，立体的画”，园林的立意、布局、命名无一不是园主文化素养、精神追求的物化；园林的生态景观是园主主观能动的精神再创作。

略以苏州古典园林的园名为例。拙政园，退休回乡的御史（国家监察官）要种菜当菜农了；耦园，夫妻和谐愿望过并肩耕种的生活；退思园，退休后造个园林，反思自己往日的过失……

住所，是“返璞归真”的园林化的艺术环境；建造这环境的意图各不相同，——在城市中当隐士过平民的日子，和所爱的人平静地白头偕老，退休后独自不断地忏悔过去。环境艺术形态虽有雷同，但建造的目的却各有想法——在“返璞归真”的艺术环境中，既过着“人与自然和谐相处”的生活，又达到自己的主观愿望。这正是他们能动的再创造的成果，也是园主建造园林的终极目的。

3.“小中见大”的实际效果和艺术境界的创造

苏州古典园林由于其私家所有，客观上面积不可能无限制扩展。在千百年的造园历史过程中，造园家们形成了完整的造园方法——在小空间内用多种手段，创造出“小中见大”的实际效果和艺术境界。

私家园林是个小空间，苏州现存最大的古典园林拙政园也仅5.3公顷，一般的园林大多1公顷左右。为了在小空间中创造“大”效果，设计师在设计构筑中，因地制宜，采用对比、衬托、借景、增加景观层次等多种手法来组织空间，常用的是用廊、墙、桥、屋宇将园林分成一个个小空间，再在有限的空间内创造出丰富的景观，造成曲折多变、虚实相间，最终达到“小中见大”的实际艺术效果。它不同于规则的几何

形的西方古典花园，也不同于中国北方宏大、严整的皇家园林，其自然灵活、“小中见大”的造景手法，越来越为当代人运用于现实生活的居住环境中。

同时，“小中见大”的造景手法也是创造园林意境的有效方法。小空间的曲折变化形成了园林的幽深，产生了“庭院深深深几许”（北宋·欧阳修）的诗境；围墙的阻隔形成了由昏暗转为明亮，产生了“柳暗花明又一村”（南宋·陆游）的诗境……观景者在体会诗境的同时，最后达到精神融入自然、“与自然融合”为一体的境界。

4. 自然生物对城市生态环境创建的意义

生态环境的构成，除山、水外，植物是主体。无论从历史记载还是现存的实例中，都可以看到园林植物的重要地位。中国地域辽阔，地形、气候、土壤多种多样，植物资源十分丰富；长江三角洲地区气候温湿，植物生长繁茂，以此为“天然画本”设计建造的苏州古典园林十分注重植物种植，有用于铺地遮墙的藤本草本，如薜荔、络石、书带草；有用于观赏花卉的灌木小乔木，如桃花、李花、海棠花；也有用作遮阴造景的高大乔木，如枫香、梧桐、榉树、朴树、银杏树。明代文震亨《长物志》“花木篇”中，列举了园林常用植物47种，但这47种仅是牡丹、芍药、海棠、玉兰、蔷薇、玫瑰、石榴、茉莉、杜鹃、萱花等已被文人化的花卉树木。有学者曾作粗略统计，园林植物，有花木类76种，花果类44种，草花类74种，藤蔓类72种，如此计算，园林植物将有266种之多！园林中有了数百种花卉植物，一年四季花开飘香，一年四季花红叶绿。

茂盛的植物吸引了大自然中各类小昆虫、小爬虫、鱼类、贝类、鸟类、龟鳖等生灵在园林中安家栖息繁衍；同时，园主也豢养一些有象征寓意的温顺动物，如鹤、鹿等。有意和无意，野生和豢养，动物和植物，共同构成了一个个生态小环境。假如每0.053平方公里就有一座园林，即一个小生态环境，那数百个生态小环境就在古城中连接成一条自然生物链，调节着古城的小气候、保持着古城的生态和谐。

需要指出的是，中国花卉植物资源丰富，历史久远。20世纪初，美国植物学家亨利·威尔逊（E. H. Wilson）18年中5次到中国进行植物调查，并撰写了《中国·园林的母亲》（*China, Mother of Gardens*），说：“中国的确是园林的母亲”。苏州古典园林不仅植物种类多，而且北半球其他地区早已灭绝的一些古老孑遗类群，如银杏、金钱松等，直至今天仍有栽种。如留园中部3棵银杏树龄都已达300年以上；金钱松则制作成盆景供人观赏。

（三）园林，当代“历史记忆”和文化传承的范例

1992年，UNESCO发起“世界记忆”项目，来保护不可替代的图书善本和档案馆藏。之后，世界各国有识之士将此项目外延扩大，发展为“历史记忆”，以保护各国、各地的文化遗存。

园林是“历史记忆”的主要内容。

从历史看，它是中国古代人居环境延续至今的一项杰出成果。这项成果诞生在2000多年前，约800多年前被理性地加入了人文内容，约400多年前被公众普遍接受。社会经济发展达到一定程度，社会文明发展到一定高度，再次被重视、被推崇。其发展过程本身展现了中国江南一带先民对居所从感性到理性的认识过程，从功能性建造到艺术性创造的发展过程，从为生活舒适性服务到为生活精神性服务的过程。俯视这段“历史记忆”，将对人类的生存意义和生存价值的思考提供参考。

同时，“历史记忆”的当代价值还有另一层意义，它是文化传承的范例。尽管这一意义的阐述需要较大篇幅，但简单地说，要进行人类未来发展的思考，需要寻找人类已经历的历程，特别是文化历程的线索、佐证。现存的世界文化遗产——苏州古典园林的实体正是这样的佐证，而园林的设计理念、建造方法、欣赏内容和所蕴含的精神价值等，正是有形和无形遗产的结合体。从这一意义上说，它是当代“历史记忆”和文化传承的范例。

苏州古典园林作为苏州古城最大的特色，作为东方园林的代表作品，作为一个历史时代的文化符号，其有形文化遗产的精神价值和无形文化遗产的载体价值，正越来越彰显出其深刻内容。相信随着园林研究的深入发展，必将有更多的收获。

本文为2008年向第16届国际古迹遗址理事会会议

（魁北克会议）提交的论文；曾在2009年苏州大学学报节选发表

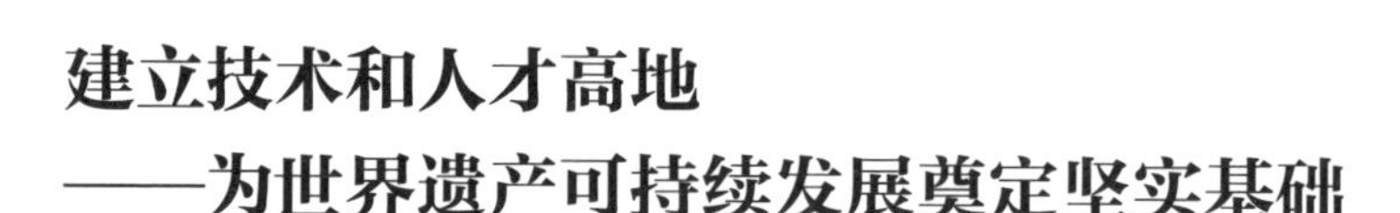

建立技术和人才高地
——为世界遗产可持续发展奠定坚实基础

世界遗产作为一项系统工程，涉及的领域非常广泛，几乎包罗了人类文明的全部内容。人才水平的高低，直接影响世界遗产的真实性和完整性，直接影响世界遗产可持续发展。中国的世界遗产正面临着数量上成为世界遗产大国、保护管理上还是“第三世界”的局面，培养高素质、高水平的遗产保护专业人才是当务之急。

经过30多年的努力，世界遗产事业已经成为全人类“和平发展”中极为重要的内容，受到世界各国越来越广泛的关注和重视，保护全人类的共同财富——世界遗产，已成为当今世界可持续发展的重要理念，成为世界各国共同行动的目标。亚太地区世界遗产培训与研究中心的建立为这一共同行动提供了新的平台。

2004年，胡锦涛主席向在苏州召开的第28届世界遗产委员会会议发来贺辞，强调中国政府将“保证文化和自然遗产的充分保护和适度利用，进一步促进人与自然和谐发展。”这充分表明了中国政府高度重视遗产保护事业，将其作为实践科学发展观、实现可持续发展的一项重要战略措施。按照《保护世界文化和自然遗产公约》的要求，保持文化遗产的完整性、真实性和连续性，坚持可持续的科学发展观，确保世界文化遗产的永续利用，是所有文化遗产工作应遵循的最高原则，也是我们进行各项具体工作的指导方针。

联合国教科文组织于2007年召开的第31届世界遗产会议上提出了世界遗产保护“5C”战略:

第一条，增强《世界遗产名录》的可信性，对遗产的保护管理提出了更高要求;

第二条，保证世界遗产的有效保护，关键是监测制度;

第三条，推进各缔约国有效的能力建设，重点是培训与研究;

第四条，通过宣传增强大众对世界遗产的认识、参与和支持，重点是青少年;

第五条，加强社区在履行《世界遗产公约》的职责，可见社区在保护世界遗产上的作用已被高度重视。

前4条是2002年制定的内容，第5条是2007年新增加的内容。我想结合亚太地区世界遗产培训与研究中心的工作，重点谈谈能力建设问题。

参加世界遗产保护高峰论坛

2004年6月，在苏州召开的第28届世界遗产会议上决定在中国建立一个二类国际机构——亚太地区世界遗产培训与研究中心，这是给苏州留下的一份厚重遗产。看一个城市的国际化程度，不仅是看它的经济发展水平，还要看它的教育、科学、文化发展的国际化水平，而教科文的国际机构在一个城市的建立，正是这个城市国际化的标志之一，如纽约有联合国总部、巴黎有教科文总部、日内瓦有世界卫生组织等。因此，建立国际机构对一个历史文化名城来说，具有战略意义。

但是要真正建立一个国际机构并非易事。2005年7月，我局接到中国教科文全委会的通知，国际组织将来苏州实地考察中心筹备情况。由于时间紧迫，我们一方面着手开展筹备方案工作规划和中心选址及办公楼规划；另一方面，我们需要立即与市政府有关领导汇报，既要讲清楚建立国际机构的意义和作用，又要讲清楚一旦开办后的经费、人员和工作重点。

当时，我虽然意识到建立国际机构对苏州来讲具有深远意义，但依然不敢保证上级领导能否同意。这里面主要涉及两个问题：一个是人。培养人才，首先要有人来做这件事，而这样的人一定要有稳定的环境和基本条件，才能有效地、可持续地做好这件事情，这就涉及我们如果要建立这个机构，势必需要申请事业单位编制，但是在当下的国情里，申请事业单位编制的难度有时要“跑断腿”。第二就是经费。培养人才需要基本的物质保障，要有一定的财力支持。在这方面，不要说国家对教育科研的投入长期处于低水平，即使在地方亦是如此，比如园林系统的2004、2005年总支出中，科研教育培训的投入仅占0.6%左右。科研教育的低投入，实际已制约了一个地方、一个系统的可持续发展。但是，作为地方政府特别是地方财政，考虑最多的依然是GDP。国内的实际与国际的要求之间就有一个很难逾越的鸿沟。国际组织主要是为国外服务的，说得难听点儿就是拿自己的钱办外国人的事，有点儿“买炮仗给别人放”的味道，上级领导和有关部门能同意吗？犹豫之间，我与茅晓伟副局长进行了深入研究，他的一席话让我增强了信心，他说：“我觉得这是一件功在当代福及子孙的事业。退一万步说，万一市领导不同意，我们园林系统有一个科学研究和人才培养的机构，对园林事业大有益处。即使上面不支持，我们养几个人还是养得起的，而且随着国家综合实力的提高，科学研究工作必然要发展。”

这正对我思路，真可谓不谋而合！一项事业不能没有人才，不能没有培养人才的机构和机制，十年树木，百年育人，这样一个机构虽然不能马上给我们带来见得到的实际好处，但我相信，今后的竞争就是科技的竞争、人才的竞争，一个科研和人才培训机构的潜在效益和后发力是不可估量的。于是，我下定了决心，要力争把这件事办成功。随后，我分别向阎立市长、朱建胜副市长做了专题汇报。值得欣慰的是，这两位领导都十分支持！我再一次体会到“领导支持是事业成功的一半”这句话的分量。

接下来就要看我们自己的能量了。说起来容易，办起来并非简单。从2004年6月提议建设亚太中心开始到2008年7月正式挂牌，用了整整四年时间。在整个申办过程中，给我印象最深的是接受国际专家的审评。与国际专家的正面交流，使我更加强烈地意识到人才的重要性。

在紧锣密鼓的筹备中，2005年12月5日，我们迎来了教科文组织特派员赫伯·多威先生。这是一个严谨而不苟言笑的大白胡子专家，在国际组织中是有名的倔老头，对学术专业问题从来不含糊其词。据说要让他满意的事情都很难。这是我经历的第一个如此严谨的专家考察。这一次，他几乎没有多说什么话，除了看，还是看，看材料、看现场，反反复复，然后给我们留下一团迷雾就走了。

2007年6月15日，赫伯·多威第二次来苏州考察。这次我们来了个"以其人之道还治于其人之身"，进行了严密的安排，从设计方案、工作计划汇报，到实地考察、会议交流，都做了精心的准备。第一天赫伯·多威一到苏州，就马不停蹄进入考察程序，并以十分专业又挑剔的眼光逐一审视，不时提问。特别是在世界遗产地耦园考察时，他问了很多苏州如何保护世界遗产的专业问题，诸如耦园的历史，现存建筑的年代、维修的方法以及用什么材料等，甚至连现在还有多少老工匠、他们的年龄都问到了。第二天下午的汇报交流会，赫伯·多威更是连连发问——从政府的态度、法规建设执行情况、遗产保护现状，到中心建设后的组织架构、人员编制、经费安排等。大家都感到十分紧张，因为很多问题上级还没有明确意见。但我当时想，如果我回答的问题都是模棱两可的"糨糊话"，看上去圆满了，但在国际专家眼里肯定就不够及格了。况且，事先我已经和上级有关领导做了沟通，虽然还没有讨论到那么细，但开展研究和培养人才的大方向是明确的。只要我们在大目标上有眼光和胸襟，我相信自己能够把握住回答问题的尺度。经过一番不容我多思考的答问，赫伯·多威终于情不自禁地说出了"OK"！

事后，有同事说我的临场回答"精彩"，打动了国际专家，但我想这更多的是事先的"功课"准备得好吧！

这几年的筹备，我们做了很多扎实的工作。为了确保建立一个真正的国际机构，我们在国际理念、法律、规则、方法等各方面进行了深入研究，并先后派出两批专业人员专程考察位于意大利罗马的国际文化遗产保护修复中心（ICORMO），我们都简称为罗马中心。罗马中心已经有50多年的历史，是联合国教科文组织在世界文化遗产保护方面最权威的国际机构，国际上很多世界遗产保护法律、规则、方法都出自罗马中心，特别是在古建筑、古遗址的保护方面是全世界最权威的机构。所以，当时我们去罗马中心是带着一种“朝圣”的心情去的。去了以后确实让我学到很多东西，从某种程度上讲，到过罗马中心，对世界遗产保护的感觉就不一样了。也正因为此，我又下决心专门派出一名年轻的专业人员，把他送到罗马中心进行为期2个月的系统培训，这也是一个很重要的人才培养途径。

世界遗产保护既是一项崇高而光荣的事业，又是一项艰巨而复杂的工作，如何确保世界遗产的真实性、完整性，使世界遗产完好地一代一代传承下去，是我们每一个世界遗产保护管理者的首要任务。为了有效地提高遗产工作者的认知和理念，教育是必不可少的重要环节和重要手段。没有教育，就不可能有正确的认识和理念，没有正确的认识和理念，世界遗产可持续发展也就没有扎实的基础。世界遗产教育作为一项系统工程，涉及的领域非常广泛，几乎包罗了人类文明的全部内容。我们苏州中心仅仅担负着其中一个方面的工作，虽然只是一个局部，但是我们感到极为重要，因为在保护领域里，修复技术的好坏、技术人才水平的高低，直接影响世界遗产的真实性和完整性，直接影响世界遗产可持续发展。

2008年7月正式挂牌的联合国教科文组织亚太地区世界遗产培训与研究中心（苏州），担负着亚太地区的世界遗产、古建筑保护和修复技术的研究和人才培训，以及世界遗产青少年教育。这是历史赋予的使命，时代赋予的责任。短短的一年多时间，我们团结协作、奋发进取，扎实工作，初步取得了一定成效。

首先是制定了技术研究和人才培训、遗产教育的战略计划，主要有四个方面：一是充分发挥中国（苏州）在该领域中的专业技术优势作用，通过开展世界遗产保护和修复技术的培训和研究及人才培养，建立和完善现有亚太地区世界遗产保护和修复技术的培训系统，满足亚太地区在该领域的人力资源和修复技术的需求，改善亚太地区世界遗产保护质量；二是充分运用现代传播技术和手段，促进世界遗产保护和修复技术与知识信息的传播和发展；三是充分开展国际合作，通过与国际项目合作伙伴联手，改善亚太地区、国家的文化遗产保护和修复水平的不平衡性。四是根据教科文组织关于要特别重视青少年的教育和培训的要求，加强世界遗产青少年教育活动，使世界遗产保护和修复技术后继有人。

在国家有关部委的直接领导下，在UNESCOD、ICOMOS、ICCROM等国际机构的指导帮助下，在各世界遗产地的大力支持下，苏州中心从无到有、从弱到强，通过整合国际国内资源，全方位协调联络，与有关院校和机构合作，在实现全委会、中心管委会确定的国际化目标上，取得了初步成果。在世界遗产主题培训和研究的国际化程度上逐步提高，举办了亚太地区古建筑保护与修复技术高级人才培训班，承办了国际组织ICCROM和国家文物局“世界遗产监测管理国际培训班”“世界遗产监测国际研讨会”，协办了“建筑遗产预防性保护国际研讨会”等一系列中高级人才培训班和国际研讨会。同时，我们本着世界遗产的未来在年轻人的理念，致力于对青少年的教育，筹划了一系列主题教育活动，采取多种形式进一步扩展了世界遗产教育普及化的范围，截至2011年，已先后举办了八届中国世界遗产国际青少年夏令营。我们还举办了三届世界遗产教育联席会暨世界遗产教育论坛，开展了联合国教科文组织世界遗产历险动画片脚本绘画活动（中国赛区），举办了首期世界遗产教育教师培训班，深入开展了世界遗产教育课题研究，这些成绩都已经得到国家部门和国际组织的充分肯定，走出了具有自身特点的国际化人才培养的路子。

现在看来，我们当初的选择和努力是对的，真正与国际接轨，就要首先在理念上接轨，自己首先要有国际理念、知识、胸襟、眼光，才可能建成具有国际水准的机构和做出一番事业。也许建立亚太苏州中心，既是完成历史赋予的任务，也是个天赐良机吧，让我多了一份思考“国际”的责任。

（本文为2009年12月在武夷山世界遗产保护
高峰论坛上的发言节选，收录时有删改）

运用国际理念，坚持科技领先

实现世界遗产保护和更高水平的发展，理念决定行动。有多高的理念，就有多高的行动。理念的重要可见一斑。世界遗产保护是一项国际事业，运用先进的国际理念来开展保护管理，是我们每一位文化遗产保护管理者必须具备的基本素质之一。

作为国内以古典园林群列入《世界遗产名录》为特色的城市，苏州市始终围绕“保护”这个核心，认真履行《保护世界文化和自然遗产公约》，坚持“真实性、完整性”原则，更新保护理念、创新监测手段、探索管理机制、挖掘文化内涵，进一步塑造了苏州园林的品牌形象。特别是近几年来，我们注重把世界遗产保护纳入国际大体系中，运用国际理念，坚持科技领先，探索苏州古典园林保护新思路，以实现世界遗产保护在更高水平上发展。

在近几年的实践中，我们主要在理念和实践几个方面做了一些探索。

一、注重理念提升，把握六个关系

我们始终有一种危机感，在当今社会中，世界遗产一直面临着各种威胁，而人为因素对文化遗产的破坏、损害更为主要和突出。所以，世界遗产保护的关键还取决于社会层面，理念提升非常重要。

对照国际、国家有关遗产保护规则，以及苏州的现状，苏州的遗产保护在体制机制和工作层面等仍然存在不足，如，遗产所在地周边环境的控制还存在欠缺，一些古典园林的实际保护状态还不尽如人意，资金问题使某些重要园林的恢复保护难以尽快实施，旅游业所带来的负面影响还难以消除，等等。在整个社会环境不断变化、经济持续快速发展、城市现代化建设加速的背景下，要保持遗产的完整性和真实性的最终目标，就必须在更高层次上构建遗产保护与社会经济发展和谐共通的良性互动局面。为此，我们认为要把握好六个关系。

（一）遗产保护与经济发展的关系

实践表明，世界遗产的价值主要体现在精神与文化层面，但与经济活动有直接关联，保护遗产与发展经济应是互动互进、最终达成一致的关系。遗产保护得越好、精神文化价值越高，越于经济长远成长繁荣有利。经济发展的层次越高，就越是需要有包括世界遗产在内的高质量文化资源的辅助，进而获得持久而强盛的能量与动力。10多年来，苏州的遗产保护实践表明，遗产保护是经济向更高水平跃升的有利条件，保护世界遗产，实际上就是在培植、提升苏州的核心竞争力。在谋求科学发展、注重提升发展质量的环境下，保护遗产对于经济发展的意义更加突出。苏州的遗产园林已成为21世纪地方可持续发展的重要资源和不可替代的品牌。

在协调共处的基础上，实现遗产保护与经济发展的共同进步，我们认为，首先，旅游开发应合理有序。不能把世界遗产当作一般的旅游景点，避免因旅游经济过度发展而对遗产造成破坏。其次，开辟多种利用方式。世界遗产具有丰富的文化内涵与价值功能，发展旅游并不是唯一的利用形式，除了参观游览之外，还有多种利用途径，如科学研究、专业教学、产品出口、场所使用、图文出版等，通过社会与人文环境建设转化为对经济发展的推动力量。再次，经济发展要容纳遗产保护。发展经济应充分考虑遗产保护的重要性，给遗产保护足够的地位。最后，经济发展需反哺遗产保护。经济发展了，应将更多的资源投向遗产保护工作，让遗产保护分享经济增长的成果，获得更好的保护条件。

（二）典型例证与群体基础的关系

苏州古典园林的典型例证被列入《世界遗产名录》，反映了国际间有关遗产保护的通用理念和方法，即通过个别典型例证来反映某一类遗产的特色和全貌。苏州古典园林作为苏州古城风貌的浓缩和传统文化的精华，就是这一国际理念的体现，也体现了苏州古典园林群体和苏州古城整体价值。

要把握好典型例证和群体基础的关系，就要在现有的基础上，同时推进遗产园林、古典园林群体、苏州古城“三位一体”的保护。在继续加强对世界遗产园林保护的同时，对古典园林群体、古城的保护修复投入更多的关注和资金。由于体制方面的原因，在现有53处古典园林中（2007年第三次园林普查），尚有数十处园林分属不同部门和单位管理，有待修复的尚有20余处。这些都是园林群体的一部分，不可忽视。另外，还要加紧落实苏州古城保护的长远计划。2004年，市政府向国家上报了苏州古城申报世界文化遗产计划。古城保护的各项工作应与古典园林保护及其周边环境整治结合起来，以古典园林周边地区为古城保护的核心区域，在此基础上逐步扩大保护范围，最终形成对古城的全面保护。

（三）有形遗产与无形遗产的关系

古典园林虽然是作为物质遗产而受到保护，但园林建筑、山水、花木等要素中又蕴含着大量无形的文化要素，与造园技艺、建筑工艺、园艺和传统生活方式、人文精神等文化要素密切联系，两者缺一不可，而这些无形遗产早在《世界遗产公约》中就已经加以强调，过去没有引起我们足够的重视。近几年来，我国公布了“国家非物质遗产”，创造了很好的社会环境。我们在遗产保护中更趋向于国际理念，即把有形遗产与无形遗产紧密结合起来。正因为古典园林实际上是有形与无形遗产的集成者和承载者。在古典园林保护过程中，就必须充分尊重和体现这一特性，兼顾有形的遗产构建与无形的文化精神，增加和提升遗产的价值含金量，依托有形遗产的保护，凝聚、传承和展示无形遗产，进而实现世界遗产的精神价值传播。

（四）遵循传统与推陈出新的关系

遵循传统是实施遗产保护的指导思想。作为世界遗产，保护必须体现《世界遗产公约实施行动指南》精神，在设计、材料、工艺及技术方面须符合真实性的原则，尽可能保持遗产自身关键要素的完整，以及与所在环境的完整。作为文物建筑，其保护维修时又必须满足“修旧如旧”的原则，采用传统材料，沿用传统技艺和手法，完整保留传统文化元素和语言。基于此，我们一直坚持文物保护修复原则，大至全园布局，小至细微装修、一石一木，都采用传统材料和传统技艺手法。同时，随着科学技术特别是遗产保护领域新型材料和技术手段的不断发展，在遵循传统实施遗产保护的同时，推陈出新、追求更为理想的保护效果，同样应是遗产保护所应努力思考的问题。

（五）保护遗产与传承人才的关系

古典园林主要以古代造园技术和技艺为基础框架，以丰富多样的传统文化为基本内涵，其修复保护需要有掌握传统技艺与传统文化的专门人才。从5C战略看，保护能力建设至关重要，遗产保护需要有具备现代遗产保护理论、保护方法及掌握相关技艺的人才。近年来，苏州传统型人才逐步老化减缩，传统技艺面临着断档失传的危机。同时，因教育培养机制缺乏和流动引进渠道的不畅，新型技术人才不足，难以满足遗产保护的需要。培养人才，传承技艺，事关遗产保护的大局。世界遗产的保护必须与专业人才的培养紧密结合，通过人才培养，提高管理者综合能力，从而提高保护水平。我们多方采取了一些措施，如建立古典园林的研究机构、开展教育与培训、与大专院校合作、外部引进等。

（六）调动民间资源与强化政府主导作用的关系

自20世纪50年代开始对古典园林修复起，始终贯穿着一条民间各界参与的脉络，民间在古典园林保护方面拥有丰厚的资源。近年来，社会各界对世界遗产的关心越来越多，参与保护热情越来越高。我们认为，在遗产保护过程中，必须把握好民间资源与政府主导的关系，通过政府的组织和调控，鼓励更多的民间力量投入遗产保护。一

是政府组织领导要加强，法律法规要完善，相关政策要到位；二是管理体制要规范，实施统一的管理；三是资金投入要有保障，可通过设立世界遗产保护基金、吸收社会和民间捐款、引导民间资本，争取国际支持、征收遗产周边商业经营保护税等多种渠道筹集经费，还可以通过相关政策的制定或调整，通过产权交易、置换等形式，将社会团体以及个人所拥有的古典园林转换为国有资产，扩大政府统一管理的覆盖范围。

二、注重文化背景，寻求特色之路

遗产保护应该体现世界遗产组织的统一要求，遵循国际通行规则。但是，遗产类型的多样性、遗产所在地自然条件的差异、历史传统与文化背景不同，决定了遗产保护既要符合国际规则，又要具有遗产个性。多年来，我们在这一思路的框架下，围绕“文化苏州”品牌建设展开工作，走出了一条具有自己特点的遗产保护之路。

（一）专业保护之路

政府全面承担世界遗产的保护职责，由政府专业职能部门负责实施具体的管理和保护工作，并在机构设置、人员配备、技术运用等方面建立专业化、系统化的运作模式。

苏州园林保护长期以来一直受到市委、市政府的高度重视。早在20世纪50年代初，苏州就设立了园林保护部门，此后，虽然机构名称与行政隶属关系有所变化，但政府设立专职机构对古典园林实施保护管理的模式始终没有改变。特别是苏州园林被列入《世界遗产名录》之后，苏州进一步健全与加强古典园林保护的组织管理体系，成立了苏州市世界遗产暨古典园林保护工作领导小组；几次机构改革，尤其是2009年的机构改革，苏州市园林和绿化管理局的政府职能得到进一步的加强，地位得到提高，管理权限更加明确，管理方式也愈趋科学规范，执法职能和力度得到强化。专业之路保证了遗产保护指导思想的统一贯彻和工作部署的有效落实，强化了保护工作的稳定性和延续性，既有助于建立权责明晰、分工明确的遗产保护机制，也有利于协调各方力量、组织集中各种资源，汇集专业人才。

（二）依法保护之路

地方政府承担世界遗产保护责任。首先是在法律和制度框架内的行动。针对苏州遗产的特点，苏州先后出台《苏州市园林保护和管理条例》《世界文化遗产苏州古典园林监测工作管理规则（试行）》《世界遗产苏州古典园林保护规划》等文件，划定古典园林绝对保护区和建设控制地带。同时苏州各政府职能部门密切配合，先后出台了《苏州市古建筑保护条例》《苏州市文物保护管理办法》《苏州市历史文化名城名镇保护办法》《苏州市风景名胜区管理条例》等地方性法规。苏州还有针对性地制定旅游规划与采取相应的具体措施，针对古典园林这一品牌和占有绝对旅游市场的优势，有效利用价格杠杆作用，控制入园人次，提高游览品味，达到既保护好又利用好的目的。

（三）开放保护之路

被列入《世界遗产名录》的9处古典园林都是对外开放的景点，每年要接待近千万名来自国内外的旅游者，因此，将遗产保护工作置于开放状态之下，一方面注意学习借鉴先进的理念与经验，另一方面主动接受社会公众对保护成果的评价与检验，以开放的心态和姿态，从而赋予了遗产保护工作的动态修正功能，不断学习，不断改进，发现不足，调整方向，明确更高的目标。

我们通过这种开放型、学习型的建设，形成遗产保护的一种挑战，一种动力，并将挑战转化为动力，开辟国际国内多种渠道，借助外界的作用和影响促进遗产保护工作日臻完善。在开放和学习中了解国际国内最新趋势和情况，学习国际国内先进经验，并在比较中形成对自身工作的客观评价，收获颇大。多年来，我们积极开展各种学习交流活动，多次承办遗产保护的国际会议、全国会议，比如，先后承办了中国风景园林学会主办的第二届“中日韩风景园林学术讨论会”；中国联合国教科文组织全委会、国家建设部、文物局主办的第一届“中国世界遗产工作会议”；2004年承办联合国教科文组织第28届世界遗产大会；2007年承办“世界遗产保护论坛”；2010年承办“国际风景园林师大会”等。

（四）社会保护之路

在充分发挥专业职能部门主导作用的前提下，组织协调各类政府资源、鼓励动员各种民间力量参与遗产保护工作，使遗产保护成为全社会的共同目标和一致行动。

5C战略特别强调社区在遗产保护中的作用，最大限度地利用社区社会资源。实践证明，遗产保护并不局限于园林范围，而是涉及社会各方面。我们十分注意苏州全体市民对遗产保护的广泛参与。在政府的大力推动下，苏州形成了各个职能部门协作配合、共同参与的保护机制，文物、规划、建设、城管、旅游等相关部门以各种方式参与保护，对专业管理部门提供支持与配合，政府资源的统筹协作能力和水平得到了进一步的提高，形成了更大的合力。另一方面，开展宣传教育及各项实践性活动，动员、鼓励、引导社会公众关心、支持和参与保护工作，最大限度调动遗产保护资源。全民保护之路不仅聚集了更多力量投入遗产保护，而且还营造了遗产保护的良好社会环境。

三、注重实践创新，坚持科技领先

面对国际标准和日趋严峻的保护压力，我们坚持科技领先方略，注重遗产保护科学研究和先进方法、先进设备的引进和运用，做到决策正确、方法科学、技术先进，确保遗产保护的质量和水平。

（一）实施遗产管理科学化

注重管理工作的科学性、规范性以及制度化、系统化，逐步建立了多项管理制度和规定。比如，拙政园等一批园林通过ISO9002质量体系认证，建立4A、5A旅游景点，各园林建立健全安全保卫监控系统，在管理的规范化和科学化方面迈出了重要步伐。2007年5月，对原来实施的《苏州市园林和绿化系统单位管理工作检查考核办法》进行修订，考核体系指标达8大类54项，对各个园林的管理工作进行系统严格的打分考核，使保护管理更趋科学化、规范化。2008年下发了《世界遗产苏州古典园林监测工作管理规则（试行）》，用严格而科学的方法全面监测9个遗产单位保护情况。

我们始终保持一支专家顾问队伍，成为科学决策与科学管理的高级咨询团。我们还注意发挥园林学术团体的作用，不定期召开学术研讨会。在平时的遗产保护管理或实施重要工程时，通过专家或学术团体的广泛讨论、集思广益，最后确定最佳方案。同时我们注重引进和发挥职能部门和专业技术人员作用，目前全系统有专业技术人员200多名。

（二）建立科学的遗产监测体系

世界遗产监测是联合国教科文组织在20世纪末提出的一项世界遗产保护的重要措施，也是我国在近几年提出的世界遗产保护新要求。在市政府的支持下，我局于2005年成立了苏州市世界遗产古典园林监管中心，开展了一系列工作，经过近五年的努力，初步建立起一个体系较完善、功能较科学的监测体系。

一是在体制上确保人财物落实到位。局有监测工作领导小组，有分管局长和专业部门负责，下有监管中心和园林监测站点，有专人从事监测工作；每年都有工作计划和专项经费安排。有正式编制和财政预算，有责任和工作目标，从而确保遗产监测的可持续性。

二是在长远规划上制订总体目标和阶段计划。开展世界遗产监测的基本思路是“三个全方位”，即：全方位数据采集、全方位实时记录、全方位监测预警，围绕这个目标，制订了世界遗产监测长期规划和分步实施计划。

三是在监管工作上提高科技含量。与信息科技公司紧密合作，利用现代技术和先进的设计理念，自主开发世界遗产监测预警系统软件，研究出一套符合苏州古典园林特点的监测软件、监测指标和监测预警标准。经过几年摸索和创新，第二代软件已开发成功，今年开始在遗产园林中全面使用。根据近年来物联网与互联网的发展趋势，我们还投入资金与有关大专院校合作，研究三维扫描仪在古典园林保护中的运用，力求监测手段科技化，监测数据科学化，监测结果时效化，为逐步实现从传统到数字化和现代化的转变打下坚实的基础，使遗产管理、维护、决策、执行的科学化和现代化程度大为提高。

监测预警系统的建设，为实现“世界级园林要有世界级保护管理水平”的目标提供了坚实基础，将过去经验型、被动式的保护管理模式引向了标准化、规范化、数字化的方向，也使世界遗产保护具备了科学性和预防性，从而使遗产的真实性和完整性得到充分体现。

（三）建立信息管理体系

从确保世界遗产永久保存、永世相传的目标出发，我们十分注重加强苏州园林基础信息的收集积累和分析整理，同时按照遗产保护标准对古典园林的状况进行实时动态监测，实现遗产保护的长效管理和全景管理。

园林档案馆、园林博物馆、“数字园林”建设、园林普查、编制规划和建立遗产基础数据库和预警系统，是苏州对世界遗产实施信息化的主要举措。近年来，从遗产保护的高度出发，我们按照现代化的标准，加强了对全市所有现存古典园林信息资料的收集整理工作，园林管理部门安排专业人员，对全市的历史园林、园林遗存进行认真全面的调查摸底，对园内的古建筑、家具、字画、碑刻、书条石、古树名木等建立了“四有”档案，从整体上建立完整的档案资料，为保护和维修提供史料。

（四）深入开展科研工作

近几年来，我局积极开展科学和技术研究，围绕世界遗产保护主题，对苏州古典园林的历史、文化、建筑、植物、山水以及遗产监测、遗产教育、遗产旅游等课题，进行多角度、多学科的学术研究，深入挖掘园林文化内涵，探讨遗产保护理念和保护方法，促进了遗产保护学术水平的提高。

（1）世界遗产管理研究。先后开展“水环境治理”“古树名木复壮技术”“家具陈设三定布置”“世界遗产监测”“生物技术保护古树名木”等专题研究。

（2）世界遗产保护与维修研究。从确保世界遗产原真性的目的出发，结合遗产维修工程的实践，摸索苏州古典园林维修的科学方法。2007年编制《世界遗产维修课题大纲》，2008年实施“维修工程监测研究”。2009年加强对国际文件和动态的研究，完成了国家文物局下达的《世界遗产苏州古典园林定期报告（2003–2008）》试点研究课题的任务，获得国家文物局的好评，认为此报告符合国际标准，在遗产监测工作中具有一定的示范作用。

（3）园林文化研究。注重挖掘园林文化的内涵，收集、整理历史资料；编修园林志稿（21卷）；召开各种类型的园林文化座谈会；编辑出版苏州园林杂志、园林文化系列丛书（共7本）。

（4）与高校、研究机构合作开展课题研究。如2007年与苏州大学合作开展苏州古典园林普查（第三次普查），进一步摸清了家底。与市委政策研究室合作，研究现代化条件下进一步加强古典园林修复的价值和对策，为市委、市政府决策提供了科学依据，获得江苏省社科联学术论文一等奖。

（五）广泛进行教育与培训

教育与培训是遗产保护科技领先的一个重要环节。

一是加强职工教育，不断提高职工的保护管理水平。2005年以来，我们不仅积极派员参加国家文物局、建设部、中国文物学会、中国文物研究所举办的业务培训班，还认真对职工进行岗位培训，加强专业知识教育，如举办了苏州园林造园史、园林文化、古建筑、植物、陈设布置等方面为内容的系列讲座。

二是广泛开展公众教育，提高民众保护意识。根据《世界遗产公约》和5C战略，注重公众参与的社会化保护，是遗产保护的重要内容。多年来，我局联合苏州市有关部门、街道开展共建活动，对苏州古典园林周边社区居民进行遗产保护知识宣讲，发放遗产保护宣传材料5万余份。组织“让新苏州人了解苏州园林，共享世界文化遗产”活动，宣传世界遗产保护知识。与苏州社会团体合作，举办万名中小学生绘画“我心中的世界遗产”画信活动，组织全国遗产地学校开展“我与世界遗产”作文比赛。遗产教育普及到一批大中小学校，与遗产园林结成对子，开展互动活动。

三是承担国际义务，开展国际活动。近几年来，我们按照《世界遗产公约》的相关要求，在国家有关部门和苏州市政府的指导和支持下，建立了旨在开展世界遗产保护和管理培训、教育和研究的联合国教科文组织二类国际机构，针对不同人群开展了不同的培训、教育工作，发挥了较好的作用。2008年7月，联合国教科文组织世界遗产培训与研究中心在北京建立，确定了苏州中心的主要任务为古建筑修复技术的培训与研究，以及世界遗产青少年教育两个方面。

我们充分发挥苏州在古建筑和传统工艺保护研究方面的优势，于2007年、2008年先后举办了两届世界遗产保护国际论坛，围绕古建筑保护与修复技术、世界遗产教育开展学术交流，逐步打造成世界遗产专题学术交流的品牌论坛。

2009年11月，我们与东南大学合作，举办“首届世界遗产古建筑保护与修复技术高级人才培训班”，邀请英国、韩国以及国内有关院校、研究机构、故宫博物院专家学者授课，并组织国内外实地考察，取得了良好的效果。今年11月我们将继续举办第二届培训班。

在青少年教育方面，我们延续了苏州多年的经验，支持教科文组织出版中文版的《中国遗产与年轻人》，连续举办了六届具有特色的中国世界遗产国际青少年夏令营，共有中外学生600余名获得由中国教科文联合会颁发的“世界遗产青少年保卫者证书”，为未来培养人才受到国际组织的高度评价。今年7月我们将结合上海世博会，举办第七届中国世界遗产国际青少年夏令营和第二届世界遗产青少年教育联席会议。

我们清楚地看到，在当今中国国力不断提高、影响力不断加强的形势下，对照5C战略和国际先进水平，还需要不断学习、借鉴、创新，为增强苏州世界遗产保护能力和国际水平、提高综合竞争力做出新的努力。

（本文为2010年4月23日在国家住建部山西太原《世界遗产保护管理研讨会》上的发言，收录时有增删）

苏州古典园林修复工作价值及对策研究

世界遗产——苏州古典园林是苏州弥足珍贵，不可再生，不可替代的文化财富。随着社会进步、时代发展，文化遗产已成为综合国力的重要组成部分，如何保护好苏州古典园林，使其为苏州的经济、社会、文化发展发挥出更大的品牌效益，正成为我们必须认真对待而又亟待解决的课题。

苏州是举世闻名的园林之城。园林历史最早可追溯到春秋时期，北宋时期的沧浪亭是苏州现存最古的园林。16世纪至18世纪，苏州造园达到全盛时期，私家园林遍布古城内外，当时有园林200余处。经历史变迁，目前，古典园林尚有53处，保存较好的23处，一般的9处，濒危的13处，其中，已修复开放的20余处，这些文化遗产是苏州弥足珍贵，不可再生，不可替代的文化财富。随着社会进步、时代发展，文化遗产已成为综合国力的重要组成部分，如何保护好苏州古典园林，使其为苏州的经济、社会、文化发展发挥出更大的品牌效益，正成为我们必须认真对待又亟待解决的课题。

20世纪50年代修复后的网师园冷泉亭

一、新中国成立以来苏州古典园林保护工作概况

新中国成立后，党和政府一直致力于苏州古典园林的严格保护和科学管理，努力保护其文化资源的真实性和完整性。50年代初就设立了园林管理（修复）机构，积极抢修了一批古典园林。1961年，拙政园、留园被国务院列入全国重点文物保护单位，与当时的颐和园、承德避暑山庄并列为“全国四大名园”。1985年9月9日，苏州园林被评列入“全国十大风景名胜”。

改革开放以来，苏州市按照国务院批复的《苏州市城市总体规划》中关于每年修复一座古典园林的要求和“保护为主，抢救第一”“修旧如旧”的原则，有计划地修复了艺圃、环秀山庄、曲园、鹤园、听枫园等。1997年12月4日，联合国教科文组织世界遗产委员会第21届会议批准，以拙政园、留园、网师园、环秀山庄为典型例证的苏州古典园林被列入《世界遗产名录》；2000年11月30日，沧浪亭、狮子林、艺圃、耦园、退思园作为“苏州古典园林”的扩展项目，被列入《世界遗产名录》。苏州有9处古典园林被列入世界文化遗产，是国内拥有文化遗产单体最多的城市。

苏州古典园林被列入《世界遗产名录》以来，苏州市园林主管职能部门根据《保护世界文化和自然遗产条约》《中华人民共和国文物保护法》《苏州园林保护和管理条例》等法律法规的要求，划定古典园林界址，限定绝对保护区和建设控制地带，并集中有限的资金，有重点地实施修复和环境保护工作。先后投入近2亿元，拆迁居民400余户，完成了五峰园、艺圃住宅、留园住宅及“射圃”、网师园内西南角庭院修复等一大批工程，以及拙政园东部“园外苑”和南部“园林博物馆扩建”的综合环境改造工程、留园东部居民区的改造及停车场工程、沧浪亭西部居民区及商业用房的改造工程、狮子林西南部办公区及停车场工程等；还重点开展了古典园林监测预警系统的建设，有效地提高了对古典园林的保护力度。

然而，苏州古典园林也面临着自然的或人为的威胁和挑战，生存状态不容乐观。主要表现在：

①自然毁损，古典园林本体日趋衰弱。苏州古典园林建筑均为砖木结构，在长期的兴废盛衰的变迁过程中，古典园林经历着风雨雷电以及病虫害等自然灾害性的侵蚀、

风化、毁损，时至今日，待修复的古建筑中，部分已岌岌可危，面临生命周期的危点。

②城市快速发展，与古典园林修复相对滞后。在城市现代化高速发展中，散落在社会上的一些古典园林普遍存在着保护意识淡薄，重开发、轻保护、轻管理，以及商业化开发、环境污染等问题，与古典园林保护的矛盾日益突出，与20世纪50年代和80年代相比，古典园林修复呈滞后状态，加之古典园林赖以生存的文化背景、文化环境、传统风貌正在现代化中逐步蜕化，历史文脉渐逝，致使有待修复的苏州古典园林完整性和真实性日趋消退，保护形势更加严峻，遗产资源面临消逝危机。

③旅游压力，使热点园林不堪重负。苏州古典园林成为世界文化遗产、名满天下后，一些开放的热点园林游客量急剧增加并持续保持在高位，对文化遗产的管理运行特别是文物、公共设施和游客安全、游览环境也造成了巨大压力。超负荷使用遗产，使世界文化遗产的自然度、美感度和灵感度都不同程度地下降，带来难以弥补的缺憾。

④管理体制不顺，使一批古园遭遇“遗弃”。现存的53处古典园林中除12处直接归属市园林主管职能部门管理外，其他分属学校、企业、医院、科研单位、图书馆、私宅等，由于历史和现实原因，这些非专业部门管理的古典园林普遍遭遇不堪，由于这些单位或个人专业水平、管理意识和资金保障等均不到位，甚至极差，致使这些园林保护管理水平普遍较差。园林周边环境，更因为管理机构的不统一，政出多头、问事无门、整治乏力，成为城市管理的“死角”，成为被遗忘的角落。

上述问题的出现将会产生三种后果：一是历史文化遗产在人为或自然中消失，出现“断根”毁灭的危险；二是历史文化遗产周边的环境遭到彻底的破坏，改变了它原有的风貌，使之“失真”；三是历史文化遗产因得不到有效保护，促进其“老化”，逐步走向“死亡”，等等。这些问题如不迅速、妥善解决，它将阻碍苏州历史文化遗产保护工作的进步和保护工作的质量，更谈不上可持续发展。

二、古典园林修复的价值和必要性

在当今世界的发展进程中，文化与经济社会是互进互荣的，文化影响力更具有深远而持久的力度。作为传统韵味浓厚的苏州，古典园林是苏州核心竞争力中最具鲜明特色的物质存在和文化品牌。对古典园林的保护和修复，其实就是在弘扬苏州的文化传统，增强苏州的文化实力，扩大苏州的文化影响，提高苏州的综合竞争能力。因此，在新的历史时期，进一步加强苏州古典园林修复工作有着多重价值和必要性。

（一）承前启后的文史价值，可以满足现代人的回归感

文化传承需要载体。作为历史珍贵遗产，中国古典园林有其世界地位，为海内外学者所公认，被称为世界三大造园体系之一，有“世界园林之母”的美誉。苏州园林又是中国园林的典型代表，其数量之多、艺术造诣之精，在当今世界上任何地区都少见。苏州古典园林不仅艺术杰出，人文精神深厚，而且是人类居住文明的优秀范本，它的发展过程反映了各个历史时期的经济形态、政治观念、社会风尚、审美情趣、建筑技艺诸多方面的状况，融建筑美、自然美、人文美为一体，涵盖了历史、建筑、文学、艺术、社会、宗教、民俗等各个方面，在文化传承上具有独特的地位和作用，具有极高的历史人文价值。

这些园林大多数集中在城内，以观前和阊门之间的地区数量最多，观前与东北街之间次之，城东南部又次之。古典园林承载了城市历史风貌信息，成为见证古城风雨繁荣的不可移动文物，是苏州特有的城市公共空间，历史和现代的苏州人都以此为傲。进一步加强苏州古典园林的修复工作，可以使历史得到更好的延续、传承，起到承前启后的作用，可以进一步提高市民的自豪感、认同感和团结意识，有助于创建和谐社会。

（二）提高城市品位的艺术价值，可以成为城市的升级之作

苏州古典园林是中国园林艺术的精华，它的艺术体系蕴含隽永，诗情画意，独树一帜。苏州古典园林的艺术品位，还体现在它的综合多学科性质，既有高雅品位，又有民俗之乐，是有形的物质遗产与无形的精神遗产的完美结合。进一步加强古典园林的修复，使现存的20余座尚待抢修的古园逐步修复，并加以综合开发，与原已开放的拙政园、留园、网师园、环秀山庄等20余座古园汇合一体，真正形成“满城庭院满城花”的景观，成为世界独一无二的园林城市景观，可以大大提高城市的艺术品位和城市个性，凸显文化强市的第一品牌效应，成为21世纪苏州城市的升级之作。

同时，国务院1986年6月批复的苏州市城市总体规划，明确苏州的城市性质是中国重要的历史文化名城和风景旅游城市，规定要保护好古城风貌和优秀历史文化遗产。在新时期的新的保护实践中，要在依然保持着“水陆平行”“河街相邻”的路河格局、古典园林交织布局其间的特色上，更加鲜明地突出城市特色，把古代盛世的景象再现出来，修复古典园林是一条既能保护文化遗产，又能改善古城环境的有效途径，成为古城保护的新举措。

（三）服务城市发展的多元价值，可以产生综合效益

苏州古典园林核心价值又具有辐射作用，产生综合效益，实现多元价值。

一是区位价值。苏州古城是国务院首批公布的24个历史文化名城之一。自春秋以来，经历了2500多年风雨沧桑，至今还较完好地保留了自宋以来“河街并行的双棋盘”格局。“苏州好，城市半园亭”，古典园林依托于古城，与古城环境不可分割，具有重要的区位价值，如：尚待修复的五峰园（二期）位于苏州古城内桃花坞地区，毗邻泰伯庙、艺圃以及阊门等，随着阊门地区的逐步成形，以及泰伯庙地区的逐步建设，五峰园将和留园、艺圃一起构成苏州西部旅游的园林版块和亮点之一，极具旅游与人文地理上的区位优势。又如，苏州有两座“半园”，名气很大，一座建在城南的俗称“南半园”，一座建在城北的俗称“北半园”。北半园于1992年维修后已经向公众开放，园中花木繁盛，面积虽小，但布局紧凑，环境雅致。而待修复的南半园目前是营业场所，历史风貌破损，如能得到修复，可与北半园形成呼应。再如，有待修复的可园南接沧浪亭，东与结草庵毗邻，西与文庙相邻，具有得天独厚的区位优势，是苏州古城城南版块的重要园林之一，是城南网师园、孔庙、沧浪亭历史文化街区的重要组成部分。

二是旅游价值。苏州旅游可以打水乡牌、古镇牌，也可以打太湖牌，然而水乡、古镇、太湖旅游其他地方也可以做，只有苏州古典园林是唯我独有的品牌。苏州古典园林作为姑苏传统文化的精华，其独一无二的垄断性决定了它的不可替代性，成为苏州旅游促销的金字招牌。1993年以来，国内游客的70%以上，境外游客的90%以上都慕名游览苏州古典园林，其在旅游市场上的战略地位可见一斑。

苏州古典园林的独特魅力吸引了络绎不绝的游客，这使古典园林的保护工作大大

加重。古典园林保护是旅游业可持续发展的前提，而通过发展旅游业，古典园林在扩大知名度的同时也可获得维修资金，两者相辅相成、密不可分。由于苏州市开放的古典园林有限，因而几处著名园林在旺季时常人满为患。因而，需要对古典园林进行深度开发，优化园林旅游资源的时空配置。加强古典园林修复，并将修复的园林也逐步推向市场，一方面减轻名园压力，另一方面扶持小园林，增加园林多样性，整合园林旅游资源，拉动本地旅游市场。

三是经济价值。除了旅游产生的经济价值之外，还有一些间接的经济价值。苏州古典园林的经济价值如何考究，是很难用精确的数字衡量的。古典园林历史悠久，积淀深厚，具有文人写意色彩，在苏州的整个发展中，其直接的经济价值也许是有限的，但其间接的经济价值却是巨大的。“园林城市”的品牌效应几乎反应在各行各业。在当代苏州发展史上一个最典型的例证，就是当年在苏州——新加坡工业园区谈判举步维艰的时刻，网师园发挥了独特的作用，充满中国传统文化气息的网师园再次激起新加坡总统李光耀谈判的热情。十多年后的今天，工业园区的经济发展已经以百亿计算，而网师园永恒的魅力也更显光华，已经成为国际旅游的主打节目。其中的关联说明，保护和修复古典园林与经济发展完全能够互相推动、互相促进，在最终目标上达成一致。文化遗产保护得越好、精神文化价值越高，越于经济长远成长繁荣有利；经济发展反哺文化遗产，最终能使社会得到全面发展。

四是人居价值。苏州古典园林已经成为人们追求优美的居住环境的典范。有待修复的苏州古典园林大多为散落于古城的小型园林和庭院。在古代，这些园林是在人口密集和缺乏自然风光的城市中，人类依恋自然，追求与自然和谐相处，美化和完善自身居住环境的一种创造。而在当代，修复这些园林，不仅可成为古城中的公共空间，为人们提供优美的居住环境，而且可将古典园林“咫尺之内再造乾坤”，取法自然而又超越自然的理念融入城市建设中，为打造现代居住文明提供服务。

（四）提升保护理念价值，可以展现良好的国际形象

古典园林申报世界遗产的成功，使苏州市保护世界遗产工作迈上了新的征程。特别是在经济社会发展的形势下，加强古典园林的修复就更显紧迫和必要。

首先，作为世界文化遗产管理的政府主管职能部门，必须履行国际义务，严格按照国际公约的要求，从遗产不可再生的高度来认识保护工作的重要性，扎扎实实地落实市政府对国际社会的承诺，完成时代赋予的重任，展现良好的政府部门形象。

其次，保护与开发，必须要走可持续发展之路，按照国际标准，依靠科技进步，加强遗产资源的科学管理。依法做到对苏州古典园林的恢复性保护，结合苏州古城保护，有计划、有步骤地恢复尚待修复的古典园林，落实责任，逐步实施古典园林修复工作，确保苏州世界文化遗产的永续传承。

第三，在日益国际化的当代，必须坚持科学发展观，以政府之力，抢救、保护、修复古典园林，抢救和保护与其相关的修复技术和技艺，充分发挥苏州特有的修复古典园林的传统技术力量和人才，与国际社会合作，运用国际先进理念和方法，用科学的精神和态度对修复工作进行总结、提高、规范，最终形成具有推广价值的“苏州标准”和“苏州经验”。

三、推进古典园林修复工作应采取的措施

列入《世界遗产名录》的宗旨，是使全人类公认的具有突出和普遍价值的文化遗产和自然遗产，在国际法律的约束下，得到确认和保护、保存、展示。在深入贯彻落实科学发展观的过程中，苏州市有责任把这些瑰宝管理好，并且完整、真实地留给后人。我们认为，必须做好以下四个方面的工作：

（一）创新投资方式，实施综合开发

世界遗产的可持续性保护，必要条件之一是在资金上要有保证。

一是加大政府投入力度。古典园林作为苏州的第一品牌，市政府应加大保护投资力度，特别是在GDP逐年上升的同时，让古典园林分享经济增长的成果获得更好的保护条件，按一定比例投入古典园林修复是时代的要求，使更多的古典园林能够保存下来。因此，应在开展普查和调研、制定具体方案的基础上，由市财政设立专项资金用于古典园林的修复工作。

20世纪50年代修复后的留园中部园景

二是多渠道筹资。借鉴国内外对古城、古建筑保护资金采取多渠道融资的成功经验，古典园林修复资金除争取政府财政经费外，还可以采取与企业、民间、基金等多方合作的方式，加大修复资金的筹资渠道，确保资金到位。

三是实施综合开发，创造综合效益。在市政府支持下，以古典园林修复为核心，探索多种使用功能，同时带动周边环境整治。在不改变园林原真性的前提下，进行本体修复前，充分考虑现代社会不同人群的不同需求的使用功能，尽可能产生最大的综合效益。如近期规划修复的可园，可与沧浪亭、文庙、工人文化宫的功能相结合，配套改造，既可恢复该地区原有的历史文化特色，又可激活该地区的旅游市场。又如，以五峰园二期修复为龙头，结合泰伯庙的修复以及周边环境的整治，可以大大提高该地区的环境质量和当地居民的生活质量。再如，以修复南半园为基础，结合工厂的搬迁，在使用功能上进行新的定位——传统手工艺展示园，形成一个有文化特色的园林，同时可以带动该地区的古街小巷周边古建筑的保护。其他待修复的瑞云峰、慕园、朴园、残粒园、万宅、塔影园、柴园等均须综合规划，逐步落实。

（二）完善管理体制，提高科学管理水平

制定完善的法律法规，健全合理的管理制度，切实落实保护为主、合理利用的方针是政府的职能。

一是实施统一的行业管理体制。苏州作为世界特有的“园林之城”，保护世界遗产和古典园林是苏州市政府实施可持续发展战略的重要内容之一。针对苏州市古典园林众多、分散于各个不同的部门和单位的情况，可由园林管理职能部门制定统一的管理标准，实行统一的行业管理，定期检查，以督促各责任部门和单位的管理工作和实效。

二是加大执法力度。依据《苏州园林保护和管理条例》《苏州市古树名木保护条例》等地方法规，认真履行市政府赋予园林主管职能部门的职责和任务，强化苏州市世界遗产暨古典园林保护领导小组办公室、市世界遗产暨古典园林监测管理中心、市园林和绿化监察所等部门和单位的职能，根据古典园林目录和保护要求定期进行执法检查，做到有法必依、执法必严，采取有力措施，加强苏州古典园林的保护，坚决制止破坏古典园林的行为。在做好修复保护工作的同时，按照保护法规的要求，对修复的园林界址进行划定，限定保护范围。针对城市化快速发展的情况，进一步强调对历史名园的保护，凡在界址范围内对原有风貌和布局，以及历史文脉产生影响的建设方案，必须经过专家论证，并按照规定程序审批。

三是实施先进的监管手段。依据国际先进理念，苏州已初步建立起“世界遗产——苏州古典园林管理动态信息系统和监测预警系统”，计划在今后3—5年时间里，进一步提高监管工作的现代化和科学化，采取新的技术和手段，对古典园林保护管理工作实施全方位的监测。同时通过把此项成果扩大到其他园林的保护管理上，使苏州市的古典园林保护在整体上达到国际水平。

（三）保护园林环境，加大古城申遗力度

古典园林周边环境是文化遗产不可分割的一部分，在《保护世界遗产公约》中已经明确被列入保护范围。保护世界遗产、文物古迹周边环境，已成为当代国际社会遗产保护的特别关注的问题。为此，要按照国际公约和国家有关法规，进一步加强古典园林周边环境保护工作力度，特别是已经对外开放的古典园林周边环境问题已成为当务之急。鉴于目前这方面的问题较多，情况较复杂，需安排具体计划，多方配合，逐步实施。

一是修复古典园林住宅部分，加强宅园一体保护工作，体现苏州古典园林的完整性。

二是加大古典园林周边环境整治力度。由市政府牵头，协调规划、市容市政、房管、公安、国土、文广、旅游等有关部门以及相关区政府，对园林的周边环境逐个进行整治，以改善园林周边的环境。对一些紧迫的问题，应加强各区、各有关部门的协调与配合，搞好综合整治工作。

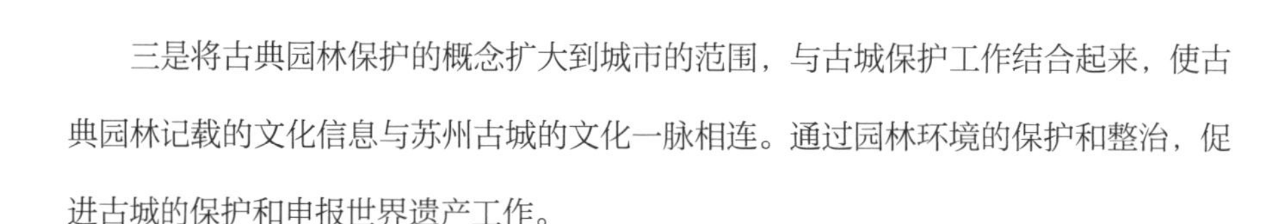

三是将古典园林保护的概念扩大到城市的范围，与古城保护工作结合起来，使古典园林记载的文化信息与苏州古城的文化一脉相连。通过园林环境的保护和整治，促进古城的保护和申报世界遗产工作。

（四）加强宣传教育，提高保护意识和理论水平

公众的认识水平和参与程度，是古典园林保护的一个不可忽视的方面。苏州市作为江苏省两个世界遗产地之一（南京明孝陵是“明清皇家陵寝”的扩展项目），应更加重视社会公众教育工作，特别是青少年教育工作。

一是要进一步挖掘园林文化内涵，有效展示古典园林的历史遗存，开展苏州古典园林保护公众教育，不断强化公众对古典园林的保护意识，不断提高人民群众对历史遗产的尊重和热爱，以保证人类的优秀遗产世代流传。

二是要做好经常性、阶段性、节日性的全社会参与的保护世界遗产的宣传教育工作，以利于形成“尊重世界遗产、热爱世界遗产”的良好社会氛围，为构筑可持续发展的“文化生态”环境，促进“文化苏州”的繁荣和发展，不断做出贡献。

三是要充分发挥亚太地区世界遗产培训与研究中心（苏州）的作用，在保护、修复和培训教育、科学研究方面走一条国际化道路，充分借鉴和运用先进的国际理念和有效方法，提高修复技术培训和研究水平，提高古典园林修复的整体质量，提高保护的理论水平，形成具有国际水准和推广价值的“苏州标准”和“苏州经验”。

我们坚信，按照《保护世界文化和自然遗产公约》、国家《文物保护法》和《苏州古典园林保护和管理条例》的要求，在市委、市政府的正确领导下，坚持可持续科学发展观，坚持苏州世界文化遗产和古典园林的永续利用，就一定能够在新的历史时期，使古典园林的保护修复取得较快发展，为又好又快地推进文化苏州、绿色苏州、和谐苏州的建设做出新的贡献。

（为向苏州市委、市政府撰写的调研报告，
经修改后发表在《城市评论》2008第11期，《江苏建设》2009第11期，
《江苏建设者》2009第5期刊物上）

履行政府职能，强化世界遗产保护责任

承担保护世界遗产责任是各国政府加入《世界遗产公约》对国际社会的承诺，保护世界遗产是政府的首要职能。因此，一地的历史文化遗存一旦被列入《世界遗产名录》，就意味着政府成为世界遗产保护的主体，遗产只能在政府部门的严格管理下，强化责任，实施有效保护，才能确保世界遗产可持续发展和世代相传。

一、承担保护世界遗产责任是政府的国际承诺

联合国教科文组织的“世界遗产委员会”是政府间的国际组织。《保护世界文化和自然遗产公约》明文规定，各国政府成为缔约国后都有义务履行《公约》的有关条款，在各国政府的管辖内实施保护。

国务院办公厅2004年2月转发九部委《关于加强我国世界文化遗产保护管理工作意见的通知》强调：“世界文化遗产保护管理属于社会公益性事业，是政府的职责。地方各级人民政府必须加强领导，统筹规划，统一管理，落实责任。”2005年，国务院又根据我国的实际情况下发了《关于加强文化遗产保护的通知》（国发〔2005〕42号），进一步强调了上述精神。

江苏省人民政府根据国务院的指示精神，2006年向全省发出了《省政府关于加强文化遗产保护工作的意见》（苏政发〔2006〕144号），进一步明确了政府的职责和主导作用。

苏州市人民政府根据中央和省政府的指示，2006年召开的专题会议（《市政府专题会议纪要18号文》），文件明确：对世界遗产实行“由政府职能部门（市园林和绿化管理局）统一管理，直接负责世界遗产地的保护、监测和管理工作”和“加强领导、统筹规划、统一管理、落实责任”。

二、履行职责，强化责任的具体工作

苏州古典园林于1997年被列入《世界遗产名录》（1997年4处，2000年增补5处），在市委、市政府的直接领导下，我局根据市政府赋予的职能，积极努力，主要开展了以下几个方面的工作。

（一）加强法规建设

在申报世界遗产之初，苏州市高度重视地方性法规建设，依据国家文物保护法、建设部风景名胜区管理条例，并参照国际有关法律（如《世界遗产公约》《佛罗伦萨宪章》等），起草了《苏州园林保护和管理条例》，经江苏省第八次人大常务委员会第二十五次会议于1996年12月13日批准，1997年4月1日施行，为成功申遗提供了法律保障，是当时全国第一部地方性园林专业法规。

申遗成功后，我局始终把执行和完善法律法规放在重要位置，坚持依法保护，有针对性地制定出台了一系列地方性法规，如《苏州市古树名木保护管理条例》（2001）、《苏州市园林保护管理细则（试行）》（2006）、《世界文化遗产苏州古典园林监测工作管理规则（试行）》（2008）、《苏州市风景名胜管理条例》（2010），以及相关的一系列行业配套文件。“十二五”期间，我局将会同市有关部门，进一步修改和完善相关法规，使相关“试行”文件成为正式法规。

（二）理顺管理体制

苏州古典园林管理体制比较完善。新中国成立初期苏州市政府就高度重视古典园林保护，成立了相应的管理机构，1953年成立市园林管理处，1981年建立市园林管理局，2001年改名为市园林和绿化管理局至今，其职责始终未变，是市政府主管园林、风景名胜和城市绿化的职能部门。苏州古典园林被列入世界遗产名录之后，意味着是全人类的共同财富，在工作中我们坚持与国际接轨，逐步建立具有国际先进水平的保护园林管理体制。

申报期间，苏州市政府成立了申报领导小组，下设申报办公室。申报成功后，于2002年更名为市世界遗产保护领导小组，下设办公室，常设机构设在园林局内，配备了专职人员。2005年4月经市编委批准，成立了“苏州市世界文化遗产古典园林保护监管中心”（苏编办〔2005〕28号文），确定了机构性质、编制、人员、经费。2006年初，各遗产单位也建立了相应的组织机构，初步建立了局、各遗产单位两级监测组织机构和监测站点。2006年3月，市政府明确将原由刺绣研究所股份公司代管的环秀山庄，收回由政府职能部门（市园林和绿化管理局）统一管理，直接负责这一世界遗产地的保护、监测和管理工作，于2007年6月完成交接工作，环秀山庄正式纳入政府管理体制内。2008年7月建立亚太地区世界遗产培训与研究中心（苏州），为联合国教科文组织二类国际机构，是苏州目前为止唯一的联合国驻地机构，成为苏州国际化的标志之一。

2009年新一轮机构改革，我局的园林、风景名胜和城市绿化管理职能进一步得到明确和加强，为此，我局在内设机构中为对应住建部风景和园林处、国家文物局遗产处、国家世界文化遗产监测中心，专门设置了“遗产监管处”。

目前，市园林和绿化管理局有干部职工1400余人，专业技术人员200余人（此数据系2010年统计数），其中正高1人、副高8人、中级63人、初级125人。专业分类：工程49人、农林28人，科研2人，卫生3人、教育1人、经济28人、会计30人、统计2人、翻译2人，图书档案、文博人员19人、工艺美术5人、政工30人。另有一批特聘的社会技术骨干力量为古建筑、园林、文史、文物等专业顾问。

（三）修订保护规划

苏州古典园林成为世界遗产后，星罗棋布的园林及其周边环境也就顺理成章地成为遗产不可分割的组成部分，切实做好遗产的保护规划是保护好、管理好的前提。

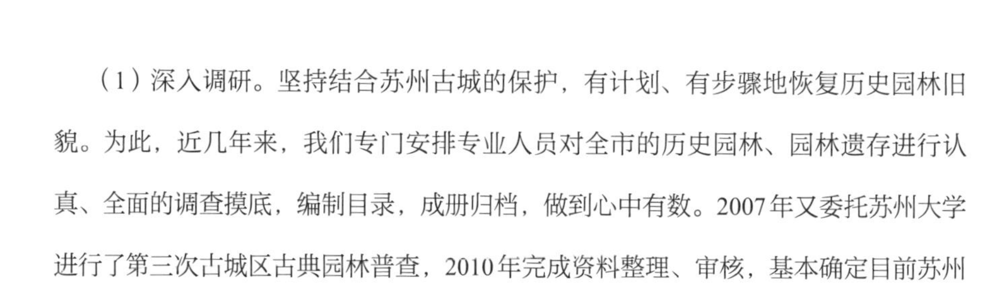

（1）深入调研。坚持结合苏州古城的保护，有计划、有步骤地恢复历史园林旧貌。为此，近几年来，我们专门安排专业人员对全市的历史园林、园林遗存进行认真、全面的调查摸底，编制目录，成册归档，做到心中有数。2007年又委托苏州大学进行了第三次古城区古典园林普查，2010年完成资料整理、审核，基本确定目前苏州古城范围内有古典园林53处（不含庭院20处）。

（2）确定保护范围。根据《保护世界文化和自然遗产公约》《中华人民共和国规划法》《中华人民共和国文物保护法》，以及苏州地方性法律法规的要求划定界址，限定绝对保护区和建设控制地带，确定文物保护紫线；强调保护范围的生产、商业、居住等各行各业都必须符合保护要求。2010年已完成拙政园等9处《世界遗产苏州古典园林保护规划》。

（四）实施保护工程

多年来，我局坚持认真执行“保护为主，抢救第一”“修旧如旧”的原则，有计划地逐年实施园林修复工作。拙政园等9座园林被列入《世界遗产名录》后，我们把园林保护的定位放在完整性和真实性上。我们认为，申遗时我们强调古典园林是一个群体，申遗成功后更应该把那些尚待修复的园林列入议事日程，让它们重现在世人面前，在最完整的概念上把苏州园林保护好。

（1）修复工程。十年来，在多方积极配合下，园林部门先后投资修复了畅园、五峰园、艺圃的住宅部分、留园西部的“射圃”、网师园花圃内的“露华馆”等。这些修复性的工程从根本上保护了苏州古典园林的真实性、完整性。“十二五”期间，将修复历史名园“寒山别业”、可园、艺圃住宅二期、五峰园二期等。

（2）环境整治工程。对照《世界遗产公约》中关于遗产周边环境保护的规定，定期、不定期地进行执法检查，对园林内外各种不符合遗产保护规定的各种情况，提出具体的整改意见，列出项目，落实责任，逐步实施。为此，近年来，我们有重点地加强了园林周边环境保护工作。从1999年起，着手整治拙政园东面环境，用3年时间完成了占地13700平方米面积的综合改造，拆迁面积1200平方米，建成与拙政园风貌相协调的旅游休闲购物餐饮配套区；2005—2007年，又重点进行了拙政园南部环境整治，修复原拙政园住宅部分，改建成苏州园林博物馆，于2007年12月4日建成开放。我们还先后完成了留园东部居民区的改造、沧浪亭西部居民区及商业用房的改造、狮子林西南部的停车场建设等。“十二五”期间，将配合苏州古城申报世界文化遗产，进一步加大古典园林周边环境整治力度，确保苏州“园林之城”这一世界独特的城市形态的真实性和完整性。

（3）水质治理工程。园林水质量由于受到大环境的影响，近十年来变化较大，成为社会和专业部门都关注的重点。为此，我们开展了一系列的水质治理工程，2003年在拙政园开展了水质净化和生态修复研究与示范项目。在此基础上，近几年来先后完成了留园、艺圃、狮子林、网师园、沧浪亭的水环境综合治理。

（五）搞好监测管理

1994年，联合国教科文组织修改《保护世界遗产公约》章程，将其工作重点从以往主要是申报，逐步转向以保护为主，提出了建立各遗产地监测预警系统的保护要求，教科文组织将每6年一次、国家每2年一次对遗产地实施监测。我局根据国务院、省、市有关文件精神，加强运用现代科学手段，提升遗产保护管理水平，从2005年起，在全国率先开展世界遗产监测管理工作，通过5年努力，基本建立起世界文化遗产——苏州古典园林信息动态管理和监测预警系统，受到中国教科文全委会、国家住建部、国家文物局的充分肯定，2011年被确定为全国世界文化遗产2个试点单位之一，通过两三年努力，把遗产监测的“苏州经验”推广到全国文化遗产地。

（六）注重研究教育

加强研究与教育是保护世界遗产的重要内容之一。苏州市根据世界遗产公约有关精神，利用一切合适的方式，加强世界文化遗产的研究，挖掘文化内涵，开展公众教育，不断提高遗产管理者和人民群众对历史文化遗产的尊重和热爱，以保证人类的优秀遗产世代流传。

（1）开展学术研究、交流和培训。在研究方面：多年来，为配合世界遗产保护管理工作，我们先后召开十余次研讨会，邀请文物、历史、文化、园林等方面的专家学者，从世界遗产的角度探讨苏州古典园林的历史、文化、艺术价值，对列入世界遗产的9个古典园林进行深入研究。我们还承办了一些重要的国际国内活动，主要有：成功承办了由中国风景园林学会主办的“第二届中日韩风景园林学术研讨会”、第一届中国世界遗产工作会议；2004年成功承办了联合国教科文组织第28届世界遗产大会；2007、2008年先后成功承办了两届由中国教科文全委会、苏州市政府主办的“世界遗产传统建筑保护论坛”；2010年，成功承办国际园林师大会（IFLA大会），再创苏州承办国际大会之最。

在教育培训方面：我们十分注重遗产教育培训，申报世界遗产成功后，从1998年起，举办了“苏州世界文化遗产保护管理培训班”和知识讲座，先后为园林职工、大专院校、中学学生讲授课；每年举办专题研讨会。

2009年、2010年我局根据中国教科文全委会的指示，成功举办了两届“亚太地区世界遗产古建筑修复技术高级人才培训班”，共有世界各国的60多名专业人员在苏州接受培训，受到联合国教科文组织、国际著名机构的肯定，标志着苏州市的世界遗产事业在国际合作方面迈出了新的步伐。

“十二五”期间，我局将进一步整合社会资源，把“苏州中心”打造成有中国特色的世界遗产研究培训国际平台。

（2）挖掘园林文化内涵，加强宣传和推介。十年来，我们十分注重挖掘园林文化内涵，收集、整理历史资料，修编志稿，不断丰富园林文化积累。先后编辑出版了苏州园林文化丛书7本，《苏州园林》刊物，完成了《苏州园林志》《苏州风景志》《苏州城市绿化志》，与中央和地方电视台合作制作《苏州园林》艺术片、风光片，建立苏州园林网站，开发有特色的苏州园林特色纪念品等。

我局还有组织地参加国内外大型展览活动，通过整合世界遗产园林资源，整体推介，优势互补，有效地提高了宣传的广度和深度，使国内外公众进一步加深了对世界文化遗产的理解、认识和热爱，同时也赢得全社会对我们保护世界文化遗产工作的支持。

（3）在园林陈设上下功夫，加强专业馆场建设。陈设布置是园林文化中的精华，匾额楹联是园林文化中的点睛之笔。十年来，我们注重在陈设布置上下功夫，逐步恢复历史文化旧观，向公众展示园林文化。

在专业场馆建设上，先后建成园林专业档案馆（2004）、苏州园林博物馆新馆（2007）、天平山范仲淹纪念馆（2007）、石湖范成大纪念馆（2008），通过挖掘古典园林浓厚的文化底蕴、历史渊源，重点加强园林文物的收集、整理、研究和利用，力求为人们多层面展示园林历史文化。

（4）承办遗产教育公益活动。我局从2001起先后承办了7届由中国联合国教科文组织全国联合会主办“中国世界遗产国际青少年夏令营”。来自近10个国家以及国内十几个省市的600多名中学生参加，获得中国“世界遗产青年保卫者”国际证书。举办两届“模拟教科文组织世界遗产委员会会议”，举办两届中国世界遗产教育联席会议。同时，我局还承办了协助出版联合国教科文组织编写的《世界遗产与年轻人》中文版、中国地区英文版的出版发行任务。

与教育界合作，在中小学生中开展“我心中的世界遗产”画信活动，特别是2008年北京奥运会期间，精选1000张画信作品送到北京展出，受到中外人士的广泛好评。我局承办的“‘我与世界遗产’中国校际作文征集活动”，受到全国35个遗产地学校、共计一万余名学生的热烈响应和积极参与，达到了非常好的教育目的。

（本文为2011年5月26日在成都“中国世界遗产工作会议”上的发言提纲，收录时有删改）

记住历史，记住文化
——写在IFLA第47届世界大会之后

IFLA第47届世界大会在上级领导和政府各部门的支持配合下，各项议程进行得很顺利，创造了IFLA历史上会议规模最大、参会国家最多、活动内容最丰富、文化体验最深刻、组织工作最成功的多个第一。主办单位和中外代表对这次会议的办会水平给予了高度评价，达到了“中国水平、苏州特色、历届最好、中外满意”的办会目标。

2010年5月，IFLA第47届世界大会在苏州市隆重召开了。在上级领导和政府各部门的支持配合下，会议的各项议程进行得很顺利，尤其是会务服务保障工作扎实有效，创造了IFLA历史上会议规模最大、参会国家最多、活动内容最丰富、文化体验最深刻、组织工作最成功的多个第一。主办单位和中外代表对这次会议的办会水平给予了高度评价，达到了“中国水平、苏

在IFLA大会上听主题报告

州特色、历届最好、中外满意”的办会目标。

这次大会取得了圆满成功，国家住房和城乡建设部仇保兴副部长特地给苏州市委、市政府发文，要求要表彰为大会成功举办做出贡献的部门和人员（我们局是这次会议承办的主力）给予奖励。

会议结束了，任务完成了，但对近两年的会务筹备工作的辛苦和大会给苏州市特别是园林局留下的宝贵财富，当永远记取。

以前不知道IFLA是什么组织，通过这一次会议筹备，我们才真正有了认识。

IFLA是“International Federation of Landscape Architects”的英文简称，中文译名为“国际景观设计师联盟”。国际景观设计师联盟（IFLA）于1948年在英国剑桥成立，为了重建战后的欧洲而建立的机构，是一个非营利、非政治、非政府性质的民主性国际组织。

国际景观设计师联盟（IFLA）的目标是：促进景观设计学专业和学科及与之相关的整个世界的艺术和科学的发展；建立景观设计职业，使之成为获取美学成就并促进社会变化的公共福利工具；为确定并保持那些未来的文明所依赖的生态系统的复杂平衡贡献力量；在景观的规划设计，景观的管理、保护和发展方面设立高水平的执业机构，并规定人为改变的相应职责；促进景观设计学领域知识、技能和经验，以及景观教育和职业方面的国际交流。

随着各国人民的长远健康、福利和快乐越来越依赖于与自然环境的和谐以及对资源的明智利用，并且在快速发展的技术的助推下，人口的增长产生在社会、经济和物质上的对各种资源的日益增长的需求，同时能够满足人类需求而又不会危害环境和浪费资源的未来的发展，需要专门的知识、技能和经验，与自然系统、物质过程和人类社会发展相关等，这些都是在IFLA的专业实践中注重的。

这个组织以前由于中国台湾一直是它的成员，故中国大陆没有参加。直至2006年，原住建部副部长周干峙带领中国风景园林界人士参加该会，该会才把中国台湾的资格取消，正式接纳中国大陆为该组织的正式会员，并在该会议上确定要在2010年在中国举办一次IFLA大会。

周干峙是苏州人，又是多年主管中国风景园林事业的领导，当时他是中国风景园林学会的理事长，他对苏州的风景园林资源和保护管理情况非常熟悉，遂建议此次大会要在苏州召开，并专门给苏州市政府发来了征求意见函。原来以为这个大会是应该由规划部门负责筹办的，市领导批给了规划局，时任规划局局长的邵建林给我打了电话，商定建议市政府同意此次会议在苏州召开，并由苏州市园林和绿化管理局负责承办会务上的具体工作。市委、市政府同意了我们的意见，向国家提出了申请报告，于2007年7月得到国务院正式批准。

自此之后，我们开始了繁杂的筹备工作。2008年上半年，我们专门派了一位副局长带领考察团去巴西和阿根廷考察，拜会了时任IFLA大会的主席和秘书长，请他们对此次会议提出意见和要求。2009年下半年，省住建厅副厅长王翔与我等一行6人参加了在巴西召开的第46届IFLA大会，带去了苏州的宣传片，了解了会议的组织、接待等事项，也了解了当今世界在风景园林界的一些趋势和理念。

回国后，我们向市委、市政府做了专题报告。

2009年，以住建部为主，专门成立了IFLA大会筹备工作的领导小组，由国家住建部副部长仇保兴任组长，城建司、外事司、中国风景园林学会、江苏省住建厅、苏州市政府、上海市市政园林局领导任成员。中国风景园林学会和苏州市园林和绿化管理局承办具体会务，双方并就经费和工作进行了分工。

经过我们局和中国风景园林学会多次对接，确定大会的主题为：和谐共荣——传统的继承与可持续发展，还研究了7个分论坛的论题。我们两家也做了分工：中国风景园林学会负责论文的征集与收集，对国际组织的沟通与协调，会务通知和召集；苏州方面负责会务筹备、会场准备、接待工作、安全保卫、参观点的准备等。任务十分繁重。

苏州市委、市政府也十分重视，专门成立了领导小组和指挥部，阎立市长任领导小组组长，朱建胜副市长任筹备指挥部总指挥，我任指挥部办公室主任。我们局也专门成立了工作班子，集中办公，把各项工作任务具体化，并提出明确要求。

指挥部分8个小组，即材料组、展览组、宣传组、安保组、后勤保障组、现场准备组等，每个组都有正、副组长，我们局几位副局长都参加了。工作班子交由方佩和副局长负责。

在筹备工作中，我们抽调了由局机关和基层借调的有办会经验和一定文字工作能力的同志10余人，集中办公。主要突出几件事情，一是办了网站，对全世界发布消息，并在网上报名，同时宣传苏州和苏州园林。每天都要上网工作。二是研究了此次会议要给苏州和中国留下点儿什么，遂研究讨论要建造永久性纪念标志，几经讨论确定在石湖景区内建设一座纪念墙，上有各国的国旗、国徽等，后经过住建部外事司联系，报请了外交部，最后决定取消国旗标志，只放各国的会徽。这一动议，还是来自我的回忆：我去美国华盛顿时看到的越战纪念碑（在一个大广场中，挖下一个半圆的沉坑，并在沉坑边一个半圆的墙上作了越战纪念墙，上面记载了越战的经过和牺牲士兵的名字），想以此为苏州做一个纪念，也为石湖景区新建成的北入口留下一处景点。我们多次选址才定下了在地面建一个半圆形的墙；还有一个是铸个纪念鼎，是仿中国国宝司母戊大方鼎的形式和尺寸，上面镌刻有大会的文字介绍和参加国的国名。我们请了几家单位做方案，并召开了几次讨论会，大家感到满意才定下来。随后又请苏州园林股份公司和金螳螂景观设计院负责建设和装饰，建成后效果非常好。三是筹措资金工作。根据我们与中国风景园林学会的分工，他们负责收取会费，并承担论文的刊印，国际邀请客人的来往机票和食宿等费用；我们负责会场、接待、宴请以及交通费用等。经测算，我们的工作需800万元人民币。可市政府在做预算时，只给了我们200万元，其余缺口要我们招商解决。我们借鉴世界遗产大会的做法，把矿泉水等会务用品让有关单位捐赠，在礼品袋、纪念品等上给捐赠单位做了广告，以此节约开销。

最难的算是筹措资金。我们成立了招商组专门负责招商工作。召开了新闻发布会，介绍了大会情况，还请了很多企业参加，答应捐赠款之后，在会议期间为他们做宣传，但资金缺口要600多万元。先是市政府秘书长陶孙贤给苏州电信公司老总李利联系，李利即表示苏州电信愿为大会捐款100万元；我又联系了苏州移动公司的董事长陈玮，她也表示要向大会捐100万元。我还在苏州绿化协会做了动员，这是我当名誉理事长的单位，我向他们下达了200万元的任务，还有各景区、各公园、各县市园林局、各政府有关部门。大家非常踊跃，到后来差不多有600多万元了，还有一些企业来捐，我们就辞谢了。

这次会议，北京方面是中国风景园林学会理事长陈晓丽（原住建部总规划师）负责，她请北京林业大学园林学院的李雄院长等一起工作；苏州方面主要是我负责，当然

在IFLA大会上与陈晓丽合影

是在阎立市长、朱建胜副市长、陶孙贤秘书长、徐刚副秘书长等直接领导和参与下进行的。市有关部门如公安局、外办、接待办、旅游局、市容市政局、市委宣传部等有关部委办局都派了领导和具体工作人员参加。临开会的前半个月，我们集中到会议中心办公。后来我又发现准备工作有些方面的力量不足，又把全局的人集中起来分工负责，如机场、车站接送人员，会场布置、展览布置、参观线路、景点介绍、安全保卫、食品卫生、报到注册、酒店入住等都要有人专门负责。每天晚上开例会，检查当天工作完成情况，布置第二天的工作；每天与北京方面的负责人陈晓丽碰头，互通情况，协调工作。

市委、市政府非常重视，蒋书记虽然刚动过手术，但依然坚持接待外宾；阎市长多次开会议协调工作，并在大会上致辞；分管市长朱建胜和秘书长陶孙贤、副秘书长徐刚更是经常参加例会，协调各部门工作。特别是开幕当天的欢迎宴会，有近3000人，苏州没有办过这样大规模的宴请，也没有这么大的场所。几经研究，最后决定放在工业园区的会展中心，这里不仅是大会会场，又是展览场所，还是宴请场所。但大规模宴请涉及很多问题，没人敢接，最后是胥城大厦和会展中心联合承接才就绪。住建部城建司陈蓁蓁副司长、园林处王香春处长提前三天到苏州，检查我们的准备情况，给了我们很好的指导。会议前一天，全国政协副主席王志珍、住建部副部长仇保兴、城建司司长陆克华、江苏省副省长何权、住建厅周岚厅长、王翔副厅长也相继到来，一切非常顺利。

苏州曾承办过APEC财长会议、第28届世界遗产大会、亚欧城市林业研讨会议等，对举办国际会议有着丰富的经验，故这次准备各方面都非常满意，感到准备工作是一流的。

2010年5月28日，IFLA第47届世界大会在苏州国际博览中心多功能厅隆重开幕，2500余名注册代表参加了会议。

大会还举行了2009年度77个城市（县城和城镇）国家园林城市授牌仪式，重庆市、河南省安阳市、甘肃省华亭县3个获得荣誉的城市代表做了交流发言。

之后，大会按计划进行了主题广泛的分论坛活动和学术考察。IFLA现任主席戴安妮·孟塞斯在市会议中心人民大会堂主持了大会闭幕式。颁奖、汇报、小结及中国风景园林学会与瑞士风景园林师协会举行交旗仪式，播放IFLA第48届世界大会举办城市瑞士宣传片。卸任主席和当选主席均发表了讲话，两位主席由衷的感谢主办单位、承办单位对大会召开所付出的努力，尤其是对举办城市提供最佳的会务服务和会务保障深表谢意。她们说，大会的成果将永远载入IFLA史册，各位代表将永远铭记这座古老而又充满活力的历史文化名城，记住热情、善良、真实、友好的苏州人民。

IFLA第47届世界大会取得圆满成功，主要得益于国家住房和城乡建设部、大会组委会办公室的统筹计划、组织协调和具体指导，得益于中国风景园林学会、江苏省住房和城乡建设厅、北京林业大学等承办单位的密切配合与相互支持，也得益于苏州市委、市政府的高度重视和坚强领导，同时也得益于社会各界的广泛参与和鼎力相助。

这次大会有效提升了苏州的国际知名度。苏州不仅是一座拥有9座世界遗产园林的古老城市，而且是一个现代化的新兴城市。本届世界大会主题“和谐共荣——传统的继承与可持续发展”，与苏州的历史文化和城市发展现状相一致。IFLA组织对本届世界大会在苏州举行表示非常满意，弗吉尼亚·拉博朗迪秘书长还专程来苏对会场等进行考察，戴安妮·孟塞斯主席提出在会议期增加苏州本土文化的文艺演出以加深各国代表印象，IFLA其他执委以及有关国家的理事对具有2500多年历

在IFLA大会期间接受媒体采访

史的小桥流水、粉墙黛瓦、枕河人家的苏州古城召开IFLA世界大会十分赞赏。本届世界大会有来自50多个国家300余名风景园林师参加会议，这是苏州市集聚外宾最多的一次世界性大会。大会的召开对于宣传苏州历史文化、彰显苏州城市个性、增强城市竞争力、提高苏州在国际上的知名度和美誉度产生了重大影响。许多国外代表都是第一次来到苏州，他们对苏州的感受和印象非常深刻。日裔墨西哥代表阿尔索·莫瑞说，他也是第一次来到苏州，看到的景象比想象的更美。

大会突出展示了苏州市生态文明建设和经济社会发展成就。改革开放30年来，苏州市经济社会发展成就在全国名列前茅，备受瞩目。随着工业化、城市化的加快推进，苏州的自然资源和生态环境也面临着巨大的压力，环境容量与经济社会发展的矛盾越来越突出。近年来，市委、市政府高度重视生态环境建设，相继出台了积极推进生态文明建设造福百姓的若干政策规定。特别是市委十届十次全会作出“加快转型升级，建设三区三城”的战略部署后，转型升级，低碳生活、和谐共荣、绿色家园已成为苏州市新一轮经济社会发展目标，建设生态环境最佳宜居城市的步伐正在阔步向前。在本届世界大会地方经验交流中，朱建胜副市长代表苏州市做了题为“保护与发展并举，在传承中走出苏州风景园林的特色之路”的交流发言，全面阐述了苏州风景园林生态文明发展理念。我局在分论坛上作了“以原真性为原则，完善苏州古典园林的维护规范”的报告，介绍了世界遗产——苏州古典园林由经验型向科学型、规范型发展的管理经验。在会议期间，代表参观考察了苏州市的世界遗产园林、历史文化街区、风景名胜区、水乡古镇、城市绿化等景点景区以及苏州风景园林成就展，部分代表亲临现场，体验百姓生活、感受生态文明，是一次苏州市生态文明发展成就最具现实意义的理论与实践的对外宣传和展示。来自瑞士的风景园林师安迪森赞许道，每年他都参加IFLA世界大会，也去过不少国家的城市，这次在苏州召开的大会规模很大，中国在生态文明建设和经济社会发展方面如此之快出乎他的意料。

大会建造并留下了永久性纪念内容。在大会召开前夕，IFLA现任、继任主席和IFLA理事、中国风景园林学会理事等200余人共同为国家级太湖风景名胜区石湖景区内的大会纪念墙、纪念鼎等举行隆重的揭幕仪式。纪念墙镌刻了第47届世界大会主题、LOGO、63个会员中英文名称和大会的中英文简介等。当具有苏州风格纪念墙和中国特征青铜方鼎露出她的芳容时，所有参加揭幕仪式的中外嘉宾非常惊喜，他们赞不绝口，纷纷拍照留影，久久不肯离去。IFLA亚太地区秘书长刘晓明自豪地说，这是IFLA历史上的第一次纪念项目的创意，让中外代表们感受到了苏州的用心、智慧和精致，着实让人赞叹。IFLA主席戴安妮·孟塞斯表示，此次苏州为大会建造纪念墙、纪念鼎很有意义，如同IFLA的职责之一，可以让人们更好地“记住历史，记住文化”。

通过这次会议，我们积极探索了办会经费筹措途径。随着大会人数由最初确定的800人上升到3000人的规模，解决会务经费不足成为苏州市会务指挥部会务筹备工作的一项重要任务。面对对接世博会苏州馆招商、每年一届的苏州国际旅游节招商、首届太湖论坛招商等几乎同期展开、招商资源十分有限、招商环境相对不利的情况下，依然确定了通过招商筹措资金保障本届世界大会顺利召开的目标和任务，通过分析资源，通过多方努力取得了良好的招商成果，为大会的成功召开提供了一定的资金和实物保障，较好地探索了会务经费筹措的有效途径。

大会锻炼了队伍，积累了经验。本届世界大会与往年国际性会议相比，具有参会国家多、规模大、时间长以及活动内容较为丰富、组织形式自由松散、人员变数难以掌控等特点，这对苏州市承办大会的组织工作是一个极大的考验。面对困难，苏州市加强了本届世界大会筹备工作的分析研究，在借鉴以往办会经验的同时，针对本届世界大会的自身特点，把涉及的所有会务工作考虑得更周全、更具体、更到位。苏州市从接受承办IFLA第47届世界大会到大会正式召开的3年时间里，为大会的筹备工作投入的人员计有300多人，这些同志按照分工，采取以老带新的工作方式，参与了大会各项工作。所有参与人员为了一个共同的目的全身心投入，体现了苏州城市精神，体现了苏州的时代精神。

（2010年10月于三亦书斋）

对国际承诺的思考和实践

2003年10月，我刚来到苏州园林绿化管理局工作，担任局党委书记和副局长，正遇上苏州市紧锣密鼓地筹备第28届世界遗产委员会会议。我也参与了一些筹备工作。2004年6月会议正式召开，该会议取得了一系列成果，其中之一就是要在苏州建立亚太地区世界遗产培训与研究中心。

第28届世界遗产委员会会议之后，我被任命为苏州市园林局局长、党委书记。之后此事出现了一系列变化，年底苏州市委书记和市长都先后提拔去外省市上任，而市分管领导却出了经济问题。在这种情况下，一切都是新的开始。市里是新领导，新思路，而我则是初来乍到，忙于调查研究，思考园林发展路径。有关世界遗产的国际承诺问题一时顾不过来。

不久，时任联合国教科文组织执行局主席、教育部副部长的章新胜找到我，要我们园林局承担建设该中心的责任，并要我到罗马世界遗产研究与培训中心考察。

我于2006年对罗马中心做了专门考察，回来后经过思考和研究，决定亚太世界遗产中心地址改在世界文化遗产耦园内。这里有十几间古建筑，原来市政府曾想在此搞一个内部接待场所，后因种种原因半途而废。作为世界遗产园林的一部分，我们一方面是要修复这些房间，另一方面也可利用这些房间作亚太世界遗产中心的办公地点。培训教学用房的地点，原来设想放在刚被我局买回的原苏州商业技校八千多平方米的房子，稍加改造就可作教室和研究场所。章部长、杜越秘书长、国际专家几次来

陪同章新胜和杜越考察亚太中心地址

考察，都十分满意。国际组织认为利用遗产地开设国际机构，是世界遗产保护的一个很好的案例。

可到后来，中国教科文组织，特别是章部长的思想有了变化，确定在中国设一个中心，总部放在北京，下设三个分中心：北京大学分中心负责自然遗产方面的工作；上海的同济大学分中心负责文化遗产方面的工作；苏州分中心负责世界遗产修复技术方面的工作，主要考虑到苏州有“香山帮”的能工巧匠可以发挥很好的作用。

经过多次的酝酿磋商，2007年，在同济大学设主会场，举行了网络电视电话会议，我参加了主会场的会议，并在会上授领了联合国教科文组织执行局主席章新胜的颁牌。北京大学、同济大学同时被授牌。会后我们三家领导还合影留念，印象非常深刻。在苏州的分会场是副市长周人言和我们园林系统的人员参加的会议。之后我们开始了场馆建设，投入500多万元，把耦园内的空房子内部装修一新。同时，任命周苏宁同志为中心主任，并抽调比较全面又懂外语的年轻干部薛志坚同志协助工作（我为名誉主任，后来汪长根同志退休后来中心，也兼任了名誉主任）。

2008年7月，在北京大学的小红楼内，召开了联合国教科文组织亚太地区世界遗产培训与研究中心第一届理事会议，通过了章程和理事会成员名单。苏州市分管市长朱建胜成为理事会成员，我是联络员。会后，我们的工作得到市政府的高度认可，同意亚太中心与遗产监管中心合署办公，还注册为法人事业单位，市编委还给了5个事业编制，市政府也安排了年度经费。这样，苏州中心的人财物都有了，在三个分中心率先解决了国际机构的法律地位和人财物的问题。

但是组织建立起来之后，我们如何履行对国际的承诺？应该做什么？如何去做？我们重点做了以下工作。

一、发展规划

根据中心第一届管委会的工作计划和要求，中心将在北京大学、同济大学和苏州设立三个分支机构。苏州中心的主要任务是承担亚太地区世界遗产及古建筑保护修复技术培训、研究和中高级人才培养，以及世界遗产青少年教育。

作为苏州中心的上级领导，我深感责任重大，这是历史赋予我们的使命，时代赋予我们的责任。苏州中心的重要性是多重的，从世界遗产角度看，就是如何用国际视野、国际理念、国际准则、国际方法来开展保护管理工作，使我们的世界遗产保护工作真正达到国际水准；从地方政府角度看，国际城市的灵魂是文化，一个城市的国际化程度高低，不仅是GDP指数，更重要的是看教育、科技、文化水平的高低，其中的教科文国际机构便是衡量一个城市国际化程度的重要标志之一。因此，建设好苏州中心，其潜在的无形价值将远远超过每年我们计划投入二三百万元的有形价值，我们理当团结协作、奋发进取，要努力把苏州中心建成世界遗产保护和古建筑修复技术、人才培养、世界遗产教育的高地，为亚太地区的世界遗产可持续发展奠定扎实的技术和人才基础。

世界遗产保护既是一项崇高而光荣的事业，又是一项艰巨而复杂的工作，如何确保世界遗产的真实性、完整性，使世界遗产完好地一代一代传承下去，是我们每一个从事世界遗产保护管理者的首要任务。

为了有效地提高世界遗产工作者的认知和理念，教育是必不可少的重要环节和重要手段。世界遗产教育作为一项系统工程，涉及的领域非常广泛，几乎包罗了人类文明的全部内容。苏州中心虽然仅仅担负着其中一个方面的工作，只是一个局部，但是我们感到极为重要，因为在保护领域里，修复技术的好坏、技术人才水平的高低、遗产教育的普及程度，都直接影响着世界遗产的真实性和完整性，影响着世界遗产可持续发展。

然而，万事开头难。如何把苏州中心办成一个具有国际水准的培训和研究机构，克服眼下人才、资金和经验的不足？这是摆在我们面前的难题。我和培训中心周苏宁、周峥等人一起研究决定，拟出了发展规划，主要有以下几个方面的内容。

（一）发展思路

苏州中心将立足苏州，面向亚太，先易后难，先近后远，理念要高，工作要实，打牢基础，逐步扩展，为培养世界遗产古建筑中高级人才做出贡献。

在操作思路上，要坚持苏州特色，先把苏州的古建筑研究好、研究透，形成有分量的教案，开展培训，站牢脚跟。在此基础上，逐步扩展到全国和亚太地区，既为苏州古建筑保护做出贡献，也为亚太地区古建筑保护做出新贡献。同时要充分发挥苏州在教育上的优势，从苏州中小学校开始，把世界遗产教育活动推广开来，逐步走向全国、走向亚太地区。

在发展思路上，还要借鉴罗马中心。罗马中心之所以能成为国际组织的权威专业机构，根本的一点是他们立足罗马古迹保护和研究，并形成了具有普遍价值的“罗马经验和标准”——以石头为主的西方古迹修复标准。苏州中心应立足砖木结构古建筑的研究，形成具有推广价值的“苏州标准”——对亚太地区多数国家以砖木结构为主的古建筑具有参考价值。同时要充分运用好教科文组织主编的《世界遗产与年轻人》这本教材，把国际理念、国际知识、国际规则作为中心开展遗产教育的总方针，逐步形成具有中国特色的世界遗产教育体系。

赫伯多威来苏做成立亚太地区世界遗产培训与研究中心的可行性考察

（二）战略目标

一是建设国际一流的有中国特色的技术培训与研究机构。要充分发挥中国（苏州）在该领域中的专业技术优势，紧密联络亚太地区研究机构和大专院校的专家学者，组成一流的专家队伍，通过开展世界遗产保护和修复技术的培训、研究和人才培养，建立和完善现有亚太地区世界遗产保护、古建筑修复技术、世界遗产教育的培训和研究系统，满足亚太地区在该领域的修复技术、理论教材、人力资源的需求，不断改善和提高亚太地区世界遗产保护质量和水平。

二是积极掌握先进理念、技术和手段实施多渠道传播。要及时了解和掌握国际先进理念，充分运用现代传播技术和手段，依托中国世界遗产网和编辑苏州中心工作动态，使用中、英、法文，逐步覆盖亚太地区，促进世界遗产保护和修复技术与知识信息的传承和发展。

三是稳步推进“请进来、走出去”的国际化道路。充分开展国内、国际合作，采取不同形式，寻找合作伙伴，建立不同类型的基地，通过与国内、国际项目合作伙伴联手，为改善亚太地区国家、地区的文化遗产保护和修复水平的不平衡性发挥积极作用。

四是实施世界遗产保护的未来战略。根据教科文组织关于要特别重视青少年的教育和培训的要旨，充分发挥苏州优势，加强世界遗产青少年教育活动，使世界遗产保护和修复技术后继有人，使苏州中心成为亚太地区世界遗产青少年教育基地。

二、目前状况

根据2007年同济大学授牌仪式上的安排，2008年7月，中心总部在北京建立，苏州中心也通过一年紧张的筹备工作，于当年10月获得苏州市政府批准，正式注册为法人单位，人员编制10人（与监管中心合署办公），固定的办公地点设在世界遗产地耦园内，每年财政预算及项目经费300万元（人民币）左右。先后引进博士研究生1人、硕士研究生4人、本科3人。办公区域建设，于2007年投资500多万元，充分利用世界遗产耦园的优良条件，对古建筑内部进行有效改造，建起中心办公区3000平方米。同时配置了必要的办公设备、图书资料库以及科学研究设备。自开办以来（截至2011年），共计投入各项经费1600余万元（人民币）。

根据中国教科文全委会的工作计划，我们结合中心的工作特点，逐步建立起古建筑保护网络和世界遗产教育网络。在古建筑保护领域，我们先后与国际古迹遗址理事会（ICOMOS）、国际文化财产保护与修复研究中心（ICCROM）、联合国教科文组织北京办事处、英国伦敦大学、英国皇家建筑学会、北京故宫博物院、中国古迹遗址理事会、中国文化遗产研究院、首都博物馆、北京古建筑研究所、上海博物馆、重庆大学、西北大学、东南大学、苏州大学、苏州科技大学、苏州吴都学会等国内外专业研究机构广泛联系，深入合作，建立起以古建筑保护修复技术为主的专业咨询、研究、授课实习为一体的专家网络，并在园林发展古建公司、苏州科技学院、蒯祥园、东南大学建筑学院、同济大学建筑规划学院等5处建立了古建筑修复技术培训实践基地。在世界遗产教育领域，我们充分运用教科文主编的《世界遗产与年轻人》教材，在中国和亚太地区开展世界遗产教育活动，先后为近10个国家和中国十几个省市的700余名青少年进行了专题培训，并在中国十几个省市建立了35处世界遗产青少年教育基地（北京、上海、澳门、广东、辽宁、江苏、安徽、四川、湖北、陕西、甘肃等地）。

三、主要工作

苏州中心建立4年多以来，在中国教科文全委会、中国国家文物局、住建部等主管部门的指导下，在各有关国际机构的大力支持下，我们严格按照教科文组织的理念和世界遗产保护“5C战略”，通过不断探索、实践和创新，逐步形成了具有苏州中心特色的世界遗产古建筑保护技术培训和世界遗产教育的模式。

（一）古建筑保护修复技术高级人才培训。先后举办了三期国际培训班，每期10天，分三个专题从古建筑修复技术理论、木结构修复、砖石结构修复等方面进行培训，为亚太地区印度、泰国、越南、斯里兰卡、不丹、尼泊尔、伊朗、印度尼西亚、马来西亚、新加坡以及秘鲁、智利等十多个国家培训了80余名古建筑修复专业技术人员，初步探索出一条符合亚太地区世界遗产古建筑保护和修复人才培养的路径。

（二）承办"世界遗产监测管理国际培训班"。2011年3月，国家文物局、罗马中心（ICCROM）在苏州中心举办"世界遗产监测管理国际培训班"，来自8个国家和地区的22名学员接受了为期两周的专业培训。这是在中国举办的第一届遗产监测国际培训班，取得了良好的效果，罗马中心（ICCROM）由此与苏州中心达成长期合作的意向。

（三）广泛开展丰富多彩的世界遗产教育活动。在中国教科文全委会指导下，我们开展了一系列丰富多彩的世界遗产教育活动，主要有："世界遗产青少年教育联席会议"（2009—2011）、"世界遗产青少年教育师资培训"（2011）、"世界遗产国际青少年夏令营"（今年将举办第十期）、"世界遗产画信夏令营"（2009—2010）、"世界遗产修学游"（2010）、"世界遗产历险动画片脚本绘画比赛"（2011—2012）等活动。其中2011年的世界遗产历险动画片脚本绘画比赛，我们选送的两幅作品还入围由40个国家参加的、教科文评选的全球46幅优秀作品之中。2012年结合纪念《世界遗产公约》40周年，我们继续在中国开展世界遗产历险动画片脚本绘画比赛，有20个省市上万名青少年参加，我们将在7000多幅入围作品中评出最佳作品，作为中国青少年参与《世界遗产公约》40周年活动的礼物赠送给教科文组织。

（四）研究交流。为了进一步促进亚太地区各缔约国及相关领域专家学者的交流，我们充分发挥苏州的遗产地资源优势，结合联合国教科文组织制定的发展战略，紧紧围绕"世界遗产保护"这一主题，开展研究工作。

（1）举办世界遗产保护论坛。分别举办了两届"世界遗产保护论坛"。论坛主题为"古建筑保护和修复技术""世界遗产青少年教育"。先后有来自中国世界遗产主管部门、UNESCO教育官员、ICCROM专家（Joseph King），以及挪威、加拿大、澳大利亚、拉脱维亚、日本、韩国和国内的专家学者参加，深入探讨了共同关心的传统建

世界遗产国际青少年夏令营

筑保护技术、技艺以及世界遗产监测、世界遗产教育等课题，共收到学术论文100余篇，已经汇编成册。

（2）开展世界遗产监测研究。根据教科文世界遗产中心提出的预防性保护的目标，我们积极开展了世界遗产监测工作研究，先后已投入200余万元，自主开发了世界遗产苏州古典园林监测预警软件；投入200余万元添置三维激光扫描仪、精细测绘仪器等研究设备；投入数十万元开展了“世界遗产动态监测管理系统研究”“古建筑日常监测预警指标研究”“古建筑‘活态’保护调查”等研究项目。同时结合古典园林保护修复工作，对耦园全面整修、留园曲溪楼大修、怡园全面整修进行了全面监测，有效保证了古典园林修复的真实性和完整性。这些研究已得到中国主管部门的充分肯定，2011年被国家文物局确定为世界遗产监测试点单位。

（3）世界遗产教育研究。积极参加中国教科文全委会主持的“世界遗产青少年教育之核心价值观研究”课题，经过两年多的努力，已完成一批学术论文，并带动了苏州一批中小学校全面开展世界遗产教育活动。

（4）广泛交流与合作。为了更好地服务亚太地区各缔约国，我们努力拓展对外

合作，先后举办了“中国古天文遗址模拟申报世界文化遗产专家评审会”（2010年）、“世界遗产建筑遗产预防性保护国际研讨会”（2011年）、“古建筑保护研讨座谈”（2011年）、“新加坡－马来西亚古建筑保护研讨班”（2012年）等国际研讨活动，积极宣传教科文组织的保护理念，不断增进亚太地区学术合作与交流。在合作与交流过程中进一步整合社会资源，发挥社会各界参与和支持世界遗产保护事业，为筹建亚太地区古建筑保护联盟奠定了扎实的基础。

四、未来设想

未来工作，任重道远，仍需努力。

（1）继续举办世界遗产主题培训班。“世界遗产影响因素评估”国际培训班，我们将与ICCROM罗马中心以及上海中心共同合作，现已开始面向亚太地区各国的招生工作。以后将根据现状继续定期不定期地组织各类国际培训班。

（2）深入开展“世界遗产监测预警信息系统平台研究”。主要研究适用于中国各世界遗产地的综合评估管理信息系统，将为推进亚太地区世界遗产保护的可持续发展提供经验。这项研究也是世界遗产保护领域众多专家非常关注的专题，目前已在监测指标分类、预警指标研究等方面有了初步的成果，今年11月份，我们将完成第一期的研究并提供“苏州案例”。

（3）举办各种活动。举办“世界遗产国际青少年夏令营”“世界遗产动画设计活动”“世界遗产青少年教育联席会”、组织编辑再版《世界遗产与年轻人》教材等一系列以世界遗产青少年教育为主题的活动，从多种途径探索和推进亚太地区世界遗产保护事业的未来传承与发展。

（4）成立“亚太地区世界遗产培训与研究中心古建筑保护联盟”。进一步整合社会资源，发挥社会各界力量，全面推进苏州中心工作机制的不断完善。

（5）研究细化中长期发展规划。我们还将专门对照教科文组织、世界遗产中心制定的世界遗产保护事业发展战略，研究和细化苏州中心未来的中长期发展规划，努力使苏州中心的国际组织水平和国际影响力得到全面提升。

联合国教科文组织总干事伊琳娜·博科娃为苏州中心题词

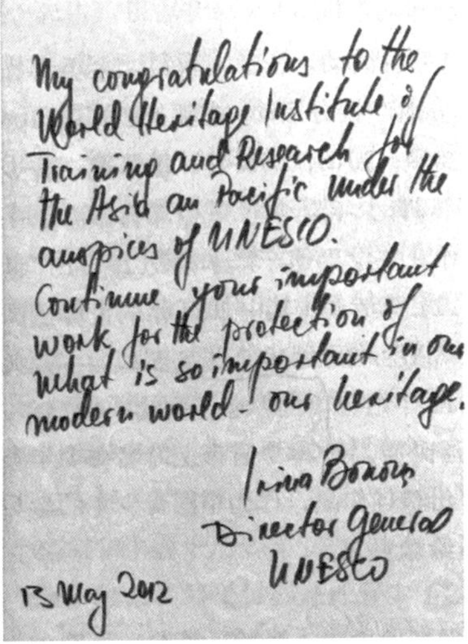

My congratulations to the World Heritage Institute of Training and Research for the Asia an Pacific under the auspices of UNESCO.
Continue your important work for the protection of what is so important in our modern world - our heritage.

Irina Bokova
Director General
UNESCO

13 May 2012

题词

2012年5月13日，联合国教科文组织总干事伊琳娜·博科娃来苏州中心考察，我就亚太世界遗产培训与研究中心的工作作了专题汇报，她非常高兴，在考察结束时，欣然题词留念，她写道——

祝贺联合国教科文组织亚太地区世界遗产培训与研究中心所取得的成绩！在现代社会中，我们的遗产是如此弥足珍贵。因此你们开展的遗产保护工作显得至关重要，希望你们持之以恒！

题词之后，她还勉励我们“让苏州经验与世界共享”！

回到巴黎后，博科娃女士又给我来信，回忆了她的苏州之行，赞赏我们苏州中心为教科文事业做出了重要贡献，同时也希望我们要继续努力，再接再厉。这既是对我们这些年来在承担国际事务上所做的努力给予充分肯定，也是对亚太世界遗产培训与研究中心未来工作的鞭策！

（2012年6月撰2019年5月修改于三亦书斋）

附：博科娃来信

尊敬的衣局长：

您好！

在我今年五月访问中国期间，感谢您对联合国教科文组织亚太地区世界遗产培训与研究中心（苏州）开展的工作所作的全面报告。UNESCO很荣幸拥有这样一个坐落在苏州园林中的二类机构。

您的报告中，苏州中心自成立以来开展的古建保护与培训、世界遗产青少年教育联席会、中国世界遗产国际青少年夏令营、世界遗产教师培训等一系列活动给我留下深刻印象。培养青少年对世界遗产的认知和理解，以及世界遗产保护意识十分重要。我对你们开展的这些活动表示由衷赞许。

亚太地区世界遗产保护还需要大量专业知识，我相信苏州中心有能力进一步扩大这方面的知识传播，协助亚太地区各国开展世界遗产保护能力建设，应对当前世界遗产保护面临的挑战。

最后，我很荣幸能够和您一起共同为联合国教科文组织亚太地区世界遗产培训与研究中心古建筑保护联盟正式揭牌，亚太古建保护联盟受设在中国教育部的中国教科文全委会的领导。

在《保护世界自然和文化遗产公约》颁布40周年之际，我谨祝愿苏州中心在您的领导下万事成功。

伊莲娜·博科娃

2012年6月4日

突出“三化”管理，提升园林绿化质量

自2016年起，中国风景园林学会每年组织1—2期全国风景园林管理干部培训，我每期都受邀讲一课。这是2018年12月在广州培训时的讲课提纲。

2019年第六届全国风景园林管理干部培训班时的讲课

1997年12月和2000年11月，联合国教科文组织世界遗产委员会分两批把苏州的拙政园、留园、网师园、环秀山庄及沧浪亭、狮子林、艺圃、耦园和退思园作为苏州古典园林的典型例证列入了《世界遗产名录》。作为苏州市的园林人，如何保护管理好世界遗产，并注重继承创新在城市绿化和风景名胜区保护管理上有所作为，就成为我们的重大课题。近年来，苏州市园林和绿化管理部门注重在“三化”管理上下功夫，使苏州世界遗产保护、风景名胜区保护管理及城市绿化建设管理上都有了很大的提升。

苏州历届市委、市政府高度重视苏州园林绿化保护管理工作，几代园林人敢为人先、锐意进取、负重奋进，致力于苏州园林的保护、管理、建设和发展，并取得了很大成绩。

20世纪50年代初，苏州市政府就专门设立了园林管理机构，在百废待兴中抢救性修复了留园、拙政园、狮子林、网师园、沧浪亭等12处重点古典园林，奠定了苏州园林保护和发展的重要基础；70年代末开始，伴随着改革开放，又先后修复开放了环秀山庄、艺圃、五峰园等15处古典园林，进一步扩大了苏州园林群体性保护的范围，特别是从90年代初在全国较早启动了世界文化遗产申报工作，历经六年的不懈努力，先后有9座苏州古典园林被列入《世界遗产名录》，苏州成为世界上拥有文化遗产单体最多的城市，奠定了苏州历史文化名城的地位；21世纪以来，苏州进一步加大了古典园林保护管理力度，先后修复了五峰园、朴园、曲园、畅园、柴园、可园等园林，全面开展了世界文化遗产·古典园林监测预警系统建设，所形成的“苏州标准”和“苏州经验”，受到了国际、国内的广泛认同和借鉴推广，特别是第28届世界遗产大会、亚欧城市林业会议、第47届国际风景园林师世界大会在苏州召开，充分展示了苏州园林保护管理方面的成绩，得到了海内外专家学者的充分肯定。2001年以来，苏州市先后被住建部命名为国家园林城市。2006年，苏州市及所辖5个县级市建成国家园林城市群；苏州市，昆山市和张家港市成为首批国家生态园林城市试点市；2010年，苏州市被全国绿化委员会命名为全国绿化模范城市。2015年，苏州市及昆山市又被命名为全国首批生态园林城市。目前，苏州已有4个城市命名为全国生态园林城市，还有1个城市正在创建中，不久的将来，苏州及4个县级市将创建成为国家生态园林城市群。

回顾近年来走过的路程，我们深深感到在风景园林和城市绿化的保护管理上，突出专业化、法制化、科学化管理是至关重要的。

一、专业化管理

风景园林是一门专业性很强的行业，必须要有很强的专业机构和众多的专业人才作支撑，因此，我们始终强调风景园林和城市绿化的专业化保护和管理。坚持走专业化道路。

（一）注重机构建设，强化专业部门主体责任

在政府机构中设立专业部门，并充分发挥职能作用，是走专业化管理的关键。在这一方面，我国由于各地的资源禀赋不同，各个时期的要求不同，也出现了一些不同的情况。

从新中国成立到改革开放前，在国家建设部的统一要求下，全国各城市相继设立有园林绿化部门，但模式很不统一。改革开放以后，管理得到加强，地级市以上的城市大都设有园林局或园林绿化管理局，但也不够规范，有政府部门的，有事业单位的，有内设二级机构的。

到了21世纪，中国政府部门自上而下经历了三次大的改革，前两次是2002—2003年、2008—2009年。园林绿化部门不但没有得到加强，而且有所削弱。有的撤掉了；有的合并了；有的降格了。这一次的机构改革还在进行中。

我认为一个城市特别是中等以上的城市还是需要有一个园林绿化部门的。主要理由是：

（1）园林绿化在城市中所占比重较大，需要有一个专业机构进行管理。国家公布的园林城市标准要求，各城市绿地率要求在31%以上，绿化覆盖率要求在35%以上。国家生态园林城市标准要求绿地率要在36%以上，绿化覆盖率要求40%以上。这将占城市面积的三分之一还要多，没有一个专业机构管理是不合理的。

（2）园林绿化是一个综合学科，内容多、专业性强，也需要有一个专业机构进行管理。从专业上讲，有规划设计、建筑、植物、文化、旅游、水利市政等；从公园门类上讲，有古典园林、现代公园、风景名胜区，以及植物园、动物园、湿地公园等专类园；从城市绿地类型上讲，也有道路绿化、小区绿化、河道绿化、垂直绿化等，还有各种花卉、植物、陈设、匾额楹联等，每一项都有很深的学问，而且在管理上都有不同的要求，这也需要专业的人员进行管理。

在快速城市化过程中，生态文明建设是大势所趋，也是国家战略，是民生改善的需要，是城市环境品味的主要元素，是提升城市综合竞争力的重要内容。

（3）设立园林绿化专业部门也是世界上的一大趋势。如美国等西方发达国家大都

设有国家公园管理局，公园管理人员都是国家公务员。

这些都要求在一个城市中要专门设立一个园林绿化部门。苏州历届市委、市政府是比较重视苏州园林绿化的统一保护管理和专业机构设置的。在新中国成立之初，设立了苏州园林修整委员会；1952年，在市政府机构内建立园林管理处，是当时全国最早成立的政府园林职能部门之一，先后由周瘦鹃、谢孝思等一批专家学者担任领导；1958年11月，成立苏州市园林绿化委员会，初步从体制上保证了园林绿化事业的健康发展。

改革开放后，苏州园林管理机构不断得到加强，1981年，由市园林处升格为苏州市园林管理局（正处级）。2001年，改为苏州市园林和绿化管理局。2003年，进行体制改革，局属企业及企业化管理的事业单位实行政企分开，但园林和绿化管理局仍然得到了保留。到了2009年政府机构改革就遇到一些情况：一方面，上级要求实行大部制，减少政府机构，减少人员编制；另一方面，要求设立的政府部门要有上级的一个对应机构。这对园林和绿化局的保留非常不利，有不少领导提出要撤销园林局。当时，我任苏州市园林和绿化管理局局长，做了一些应对措施。如：注重调研，掌握实情；通过努力工作，让领导和社会看到我们的巨大作用；通过加大宣传力度，营造有利的舆论环境；通过积极向领导汇报情况，赢得他们的认同。因此就有了较好的结果。苏州园林绿化管理部门得以保留并且在市政府部门排序中得到提升，管理权限更明确，管理方式愈趋科学，编制人数有所增加，成为苏州政府中的强力部门。

60多年的实践证明，苏州园林景区及城市绿化保护、建设和管理之所以率先领跑、率先发展，市政府专业机构的职能履行和强化是最根本的原因之一。

（二）注重专业队伍建设，不断提高综合管理能力

要实施园林绿化的专业化管理，抓好专业队伍建设是必不可少的。多年来，苏州市十分注重专业队伍建设，与时俱进，不断提高专业队伍综合管理能力。

第一，建立专业队伍。苏州在解放以后就逐步在各园林和风景名胜区中建立了专业管理处，人员在几十人至几百人不等。90年代初期，随着现代公园的增多、公共绿地面积的增加，又先后建立了一些现代公园管理处（如桂花公园、桐泾公园、石湖景区管理处等），同时还成立了绿化管理站、园林绿化监察大队，对城市绿化进行行业

管理。90年代中期，建立苏州园林博物馆（2007年扩建新馆），2003年建立苏州园林档案馆，2005年成立苏州市世界文化遗产古典园林保护监管中心，2007年建立亚太地区世界遗产培训与研究中心（苏州）。除此之外，苏州社会上的专业队伍也不断壮大，其中有国企，如苏州市风景园林投资发展集团有限公司、苏州园林发展股份有限公司、苏州香山古建工程有限公司、苏州园林设计院有限公司等，还有民营园林绿化企业、园林设计企业都发展得非常迅速，有的规模还比较大，如苏州金螳螂园林绿化景观有限公司、苏州工业园区园林绿化工程有限公司、常熟古建工程有限公司等。这些企业被各级批准为园林绿化一级资质的有32家，二级资质的有90多家，三级资质的近200家，其中一些企业成为上市公司。苏州是全国园林绿化企业较强的地区之一。

第二，对各专业队伍实施标准化管理。在园林和风景区的管理上，注重与国际接轨，逐步建立具有国际先进水平的园林管理机制。从2000年起，逐步开始运用国际标准规范古典园林（包括风景名胜区）管理，拙政园通过了ISO9002质量体系的认证，虎丘通过了ISO9001/14001质量、环境管理体系认证，并接受了BSI英国标准协会的认证。留园、网师园、狮子林、虎丘等申报成为4A、5A级旅游景区（点）和ISO9001质量体系的认证单位。在城市绿化管理上，也先后建立起一整套标准和制度，出台《苏州城市建设项目配套绿地指标踏勘审查规程》《行政许可审批操作规程》《城市绿地系统规划调整审批规程》《苏州市城市绿地养护管理标准》《苏州市城市绿地养护管理检查考核办法》《苏州市城市绿地养护管理招投标评标标准与办法》等75项制度和细则，城市绿化管理更加科学规范。在风景区管理上，结合苏州地区实际，在《苏州市风景名胜区条例》出台后，又先后制定《苏州市市县级风景名胜区审查办法》《苏州市域风景名胜区行政执法规程》《生态补偿办法》等规范和标准，有效提高了市域范围内园林景区的专业化管理水平。

第三，建立专业考核验收管理体系。专业队伍和专业标准都有了，还要抓好专业的考核和落实。多年来，对局下属专业队伍的管理方法，坚持“目标任务导向、执行能力导向、业绩效率导向和结果兑现导向”的管理考核理念，采取听取汇报、查阅台账、实地考察、明察暗访的方法对有关专业队伍进行考核，分为平时检查、阶段督查、半年及年终考核三部分。在考核的组织实施上，高度重视，加强组织，善于发现问题、分析问题、解决问题，以专业能力论高低、凭专业实绩排名次，确保专业考核工作的质量和效果，同时，严格专业考核成果的运用，奖罚兑现，年度先进单位的评定，原则按考核总分排名和单位类型来筛选，真正将专业考核结果与年度奖惩、绩效工资、干部晋升等切身利益挂钩，达到鼓励先进、鞭策后进的目的，从历年的专业考核情况来看，各基层单位对专业管理工作更为重视，园林管理更趋精细，措施更富实效，创新更具动力，为推动专业化管理落实提供了动力、载体和保障。

（三）注重专业人才培养，不断提高人才综合素质

近年来，苏州园林绿化部门以人才战略为指导，不断创新园林绿化人才管理机制，进一步加强园林绿化专业人员的职业教育、培训、管理和考核，专业人才队伍建设不断加强。

1. 建立健全专业人才引入和管理机制

一是完善人才引入机制。近年来，我们在公务员队伍、行政事业单位分不同专业按博士研究生、硕士研究生、本科生学历标准引进人才，逢进必考。企业也十分重视人才引进，设计、施工企业都到大学中去招专业人才。目前，市园林局和各管理机构工作的专业人员占70%以上。制定《事业单位公益性岗位用工招聘规程》，逐步采取公开招考的办法聘用专业人员，从源头上把好专业人员的素质。近年来，园林系统新进人员中有从北京林业大学、南京林业大学、同济大学、东南大学等专业学校走出的研究生和本科生，也有在民企工作岗位锻炼多年经过考试录用的专业人才。

二是建立科学的专业人才管理机制。健全完善专业人才考核评价体系和公开选拔机制。每年结合半年、年终总结都对专业人员进行考核，当岗位空缺时，实行竞聘上岗。近年来，有笔试、有测评、有面试，大部分都是专业上的内容。共有60多名同志通过竞聘上岗，走上各管理机构的领导岗位，还有500余名专业技术人员经过考试录入和提升专技等级，进一步调整和优化了专业人才的年龄、专业和梯次结构。

三是完善合理的专业人才培养机制。每年坚持开展专业技术人才评审申报和工人技术等级考核，尤其是不断加大骨干人才、技术人才和管理人才的培养力度。2013年以来还试行“师傅带徒弟”的方法，通过公开竞选，从青年人中间选拔优秀人才定向

拜师，并制定“满师考核标准和奖惩制度”，既激励师傅，也鞭策徒弟。目前，全系统事业单位一千多名在编工作人员中，专技人才在三分之二以上。每年都举办古建筑保护与修复技术、古典园林监测等高级人才培训班、园林绿化系统科级干部理论培训班，并组织干部职工进行技术比武和岗位大练兵活动，大力营造“尊重人才、尊重知识、尊重创造”的氛围。

2.加强专业人才的培训和教育

按照国际标准和要求，培养适合苏州风景园林和城市绿化保护管理所需要的、具备现代遗产保护理论、现代生态理念、现代科技保护管理方法、以及具备掌握相关传统技艺、具备丰富传统文化知识的人才，使园林保护管理与人才培养形成相互支持和互为保障的关系。

一是充分利用联合国教科文组织亚太世界遗产培训与研究中心（苏州）在苏州市的优势和作用，加强园林专业人员培训教育。从2009年起，每年都举办具有国际背景的中高级专业人才培训班。

二是充分利用园林局行业统领的优势和作用，发挥园林、古建行业以及民间的资源和优势，建立保护修复培训实习基地（6个），为园林人才培养提供实习平台。已连续多年举办园林管理系列培训班、园林文化系列讲座。

三是与国内外大专院校、科研机构开展合作，汲取国内外园林保护的知识与技术，积累管理和技术经验，重点是培养既懂管理又懂技术的复合型人才，为苏州园林保护管理提供更多的人才和技术支撑，扩大人才队伍，实现人才的梯次发展。如与东南大学建筑学院、同济大学规划和建筑学院、苏州大学建筑学院、苏州科技大学、苏州农业职业技术学院合作举办各种类型的培训和讲座等。2018年11月我们还组织了一期苏州园林植物景观高级研修班，邀请了原杭州市园林局长施奠东等专家授课，反响较好。

（四）重视园林绿化科学技术研究，提高专业理论和技术水平

多年来，特别是近几年来，苏州市紧贴城市园林绿化的中心工作和重点项目，积极开展各类学术和课题研究，进一步增强园林绿化建设管理的创新性、适应性和实用

性，并在提高专业水平上取得了一定的成效。

一是加强文化遗产保护研究。积极引进国内外先进理念、保护经验、成熟技术，实施《中国世界文化遗产动态信息和监测预警系统》苏州试点项目，联合西北大学、东南大学、敦煌研究院等7个科研单位完成各项子课题研究，深入开展监测机制、环境容量、基础数据录入和三维扫描数据采集等基础性研究，运用学术研究和科技成果来提升世界遗产的科学保护水平。该课题于2013年3月通过国家文物局专家组验收，9月获中国风景园林学会科技进步三等奖。

二是加强园林景区管理研究。加强苏州园林历史文化资源的保护、挖掘、传承和利用等课题的研究，先后完成《苏州风景名胜事业科学发展的战略选择》《苏州古典园林修复工作价值及对策研究》《苏州市风景名胜区管理现状及对策研究》《四个注重、全面提升，确立世界遗产保护管理国际标准——苏州古典园林保护管理调研报告》《市场经济条件下的园林公益性管理调研》等重点课题，以及《中国古典园林声景研究》《苏州园林古老树木的养护管理措施》《留园古树名木树体现状与保护措施研究》《拙政园古树名木监测预警标准与保护措施研究》《苏州古典园林修复与保护研究——以耦园古建保养及环境整治为例》《菊花与苏州园林》《人工饲养环境下斑鳖采食量与温度关系的初步研究》等专业课题。

三是加强城市绿化管护的研究。积极顺应新时期城市绿化快速发展的需要，大力破解城市绿化管理和养护的难点和热点问题，实施“数字园林绿化”“智慧园林绿化”项目建设，以城市绿化管理为核心，有效地整合全市各类园林绿化数据，有些是委托大学和研究所做的，也有的是我们做调查研究形成的。实现城市绿化“家底”数据的可视化，从根本上解决城市绿化工作所面临的信息采集、更新、管理、分析和利用等方面的问题。同时，组织开展《苏州园林水体水质净化和生态修复研究与示范项目》（国家863“十五”重大科技专项子课题）、《苏州市生物多样性调查及保护对策》、《苏州古树名木保护与监测预警标准研究》、《苏州市热岛效应研究》、《苏州市立体绿化研究及示范区建设》、《苏州城市绿化动态信息管理数字化研究》等专项课题研究，其中部分科研成果已在城市绿化建设和管理中得到了应用和推广。

四是加强园林文史研究。高度重视深度挖掘、整合和丰富苏州园林的历史和文化，先后建成苏州园林博物馆、苏州园林档案馆，完成《苏州园林风景志》《苏州城市绿化志》及各园林、风景区志21个分卷（2016年获中国风景园林学会科技进步一等奖），出版《苏州园林文化丛书》（7本）（2014年获江苏省档案文化精品奖）等；开展苏州园林、世界文化遗产和古建筑研究，编辑出版《苏州园林》杂志、《世界遗产与古建筑》杂志，不断提高在园林、世界遗产行业上的研究水平和学术地位。

二、法制化管理

一个国家的管理依靠法制。城市的园林绿化管理同样也离不开法制。特别是在当前城市化快速推进的过程中，更需要依靠法律法规管理好我们的园林绿化。

在这方面，我们以前也是有一些问题的。如：侵占城市绿地和风景名胜区土地问题；未按城市规划和绿地系统规划建设城市公园和绿地的问题；园林及景区周边环境脏、乱、差影响景观质量的问题；园林及景区不经批准乱搭乱建的问题；景区内建筑设施体量过大，影响景观的问题；园林与景区商业化过浓，过度开发的问题；游客过多，园林与景区过度承载的问题等等。平时很难解决，有时抓一抓，好一点儿，过一段时间又恢复了。要彻底解决这些问题必须要依靠法制，在此方面，我们有一些体会。

（一）贯彻落实好上位法，是做好园林绿化事业的基石和保证

多年来，我们就意识到依法行政是园林保护管理的可靠依据，为此把国家《公园设计规范》《风景名胜区管理条例》《城市绿化条例》《国家文物保护法》等法律法规作为工作依据，积极贯彻落实。

特别是近20年，苏州市园林绿化部门加快了贯彻执行上位法的步伐，根据上位法，加大风景、园林和城市绿化工作力度。一是突出苏州园林的历史文化价值，以申报世界文化遗产为契机，以国际《遗产公约》、国家《文物保护法》为依据，全面提升园林保护管理水平，使苏州园林保护管理水平始终处于全国先进行列。二是以国家园林城市、生态园林城市创建为抓手，认真落实国家《城市绿化条例》《风景名胜区条例》，促进了风景园林和城市绿化从量变到质变的飞跃发展，成为全国园林城市群

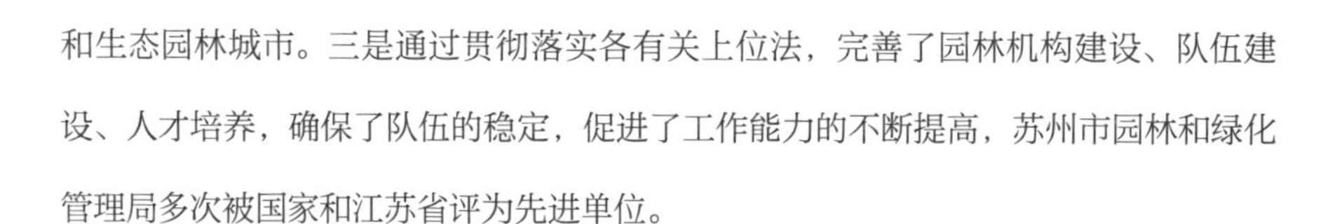
和生态园林城市。三是通过贯彻落实各有关上位法，完善了园林机构建设、队伍建设、人才培养，确保了队伍的稳定，促进了工作能力的不断提高，苏州市园林和绿化管理局多次被国家和江苏省评为先进单位。

（二）建立健全地方法规，是提高工作质量的关键

地方性法规是在执行上位法过程中，结合本地实际情况而制定的符合地方实际的法规，是对上位法的深化和细化，对园林绿化管理更具有针对性和可操作性。由于历史原因，苏州园林的所有权人和使用权人分别隶属于政府、企事业单位、个人等，产权属性和使用单位的不同，带来了苏州园林的保护管理在重视程度、专业水平、资金保障等方面差别很大，这种现象的存在不利于苏州园林的保护管理和永续传承。苏州市是具有立法权的城市。为此，苏州市在20世纪90年代就开始研究启动了《苏州园林保护和管理条例》立法工作，通过大量的走访调研，专家论证、法律咨询等，最终于1996年12月经省人大常委会批准公布了《苏州园林保护和管理条例》，该《条例》明确了园林概念、适用范围、部门职责、保护措施、管理规定、禁止行为、法律责任等，成为当时全国第一部园林类的专业性地方法规。2004年7月，第二次修订又获得批准。

之后，苏州市又根据实际工作需要相继出台了《苏州市城市绿化条例》《苏州市古树名木保护条例》《苏州市风景名胜区管理条例》《苏州市古建筑保护条例》等法规，有的还进行了几次修订，如《苏州市绿化条例》已经过三次修订。与此同时，还制定了《世界遗产苏州古典园林监测工作管理规则》《苏州园林名录》《苏州园林保护管理规范》《苏州园林标准化管理细则》等行业规范。

一系列地方专业法规的建立，为苏州园林绿化依法管理提供了有力的法规保障。

（三）加大依法行政力度，关键在于狠抓落实不放松

依法行政的关键是“咬定青山不放松”，加大力度，狠抓落实。

（1）依法保护好世界文化遗产。1997年苏州古典园林列入世界遗产名录以后，如何以更高的标准来加强园林保护工作？当时我们的工作标准和要求，主要还是依据国

内和苏州的特点制定的，很多还不符合《世界遗产公约》的要求，园林绿化管理部门从一开始就确立了“国际”标准，提出了“世界遗产要有世界一流水平”的管理目标，通过不断探索。2005年，在全国率先建立了“苏州世界文化遗产古典园林保护监管中心”，建成了具有一定科技含量的“苏州世界文化遗产古典园林信息管理和监测预警系统”，并依据《苏州园林保护和管理条例》，对不同权属的园林加强保护管理，走在了全国前列。

（2）依法保护好城市绿地。近20年来，城市化快速发展，城市建设与生态建设矛盾日益突出，占绿毁绿现象时有发生。我局坚持依法行政，加大执法力度，一是依法确定城市“绿线”。坚持把城市总体规划制定的各种指标落实到城市绿地系统规划和实际工作中，再把绿地系统规划中的绿地和现有绿地用绿线画到图纸上。我们用了两年的时间测量城市现有的绿地，并明确以后不得侵占和挪作他用。工作量是很大的，要测绘，要制成绿线图，要向社会公布，接受社会监督确保落实。除绿线外，苏州还有红线——规划线、紫线——文物线、蓝线——水岸线等，有效地保护了苏州的绿地、河道和文物。二是建立全市的绿化责任制，每年都层层签订责任书。主要内容是每年都明确当年增建的绿地指标、现有绿地管理质量指标等。每年初召开一次动员大会，总结上一年的任务指标落实情况，下达新一年度的任务指标，有时书记、市长亲自动员，分管市长与各区县领导签订责任状，较好地推动了工作落实。三是加强教育，使全市人民爱绿护绿，人人皆知。

（3）依法处理各种违法事件。2003年以来，全市共查处各类违法事件500余起，挽回绿地1万余平方米，有力地保护了城市绿化成果。

（四）加强执法队伍建设，是不可或缺的重要保证

一是要有队伍；二是要提高他们的执法能力；三是要督促执法人员履行职责，不要等到别人举报才去查，要不断地巡查督察。1991年，苏州市园林局为了理顺城市绿化管理体制，加强城市绿化管理职能，设立了“苏州市绿化管理站”，承担起全市绿化行政管理工作。1995年，园林局根据风景园林和城市绿化发展的需要，在改革中组建了“苏州市绿化执法队”。2002年，更名为“苏州市园林和绿化监察所”，增加了

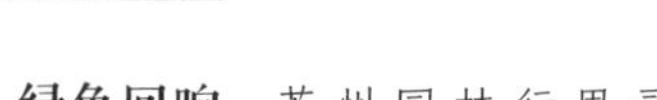

对园林内违法案件的执法权。2011年，再次进行调整，市政府赋予园林局对风景名胜区执法权。2015年又进一步加大队伍建设力度，增加了人员编制，提高人员待遇，部分核心人员由公益性岗位转为“参公”岗位。通过各种措施和手段不断提高执法队伍建设水平，成为维护和保护园林风景和城市绿化成果的重要力量。2006年，苏州市园林和绿化监察所被江苏省建设厅授予“全省建设绿化系统行政执法队伍规范化建设达标单位”。

三、科学化管理

城市园林绿化是一门科学，这就要求必须实施科学化管理。从广义上说专业化、法制化管理也是科学化管理，但从狭义上说科学化管理也有如下内容：

（一）科学规划、科学建设

科学规划是龙头。改革开放以来，特别是近十几年来，苏州园林绿化部门紧紧围绕市委、市政府工作方针，以“精品工程”“国际一流”为目标，积极应对各种挑战，不断提升风景园林和城市绿化规划的科学水平，充分发挥了规划在风景园林和城市绿化建设中的先导、控制和统筹作用。例如，在编制《苏州城市园林绿化规划》（“十二五”“十三五”）和《苏州市绿地系统规划》时，特别注重生态理念，从“人工山水城中园”发展到“自然山水园中城”，把苏州城市四周的山水融入苏州社会经济发展的大格局中来规划，城市与“四角山水”自然生态完美结合，对园林绿化事业的发展重点、空间布局、重大项目和主要举措做出了科学部署，成为推进风景园林和城市绿化转型升级发展的行动纲领。为配合省住建厅开展《太湖风景名胜区总体规划（2010-2030年）》修编及报批工作，指导市域各景区编制与总体规划相配套的区域性规划，市域景区资源结构和布局更趋优化。在各类规划指导下，近年来完成了市辖区范围内的绿线划定，并指导各市（县）城市绿线划定，城市绿线管理逐步纳入城市规划管理的强制性内容。

严格按照规划加强各项重点工程建设。投入约37亿元，大力推进石湖景区滨湖区域整体开发建设，相继建成环湖风光带、环湖景点、东入口、南石湖景观绿化和基础设施等工程，有效提升了景区的生态、文化和景观价值，并于2012年建成，现在是游人如织；从2006年开始，启动城市湿地公园建设。投入十多亿元，分三期完成了三角嘴湿地公园建设工程，对提升城市品位和形象起到了积极作用；现又投入近二十亿元，正在推进湿地公园的后续工程。这项工程是苏州市生态修复的一项重要内容，目前已经取得了较好的景观和生态效果。有序推进虎丘山风景区的综合整治和建设项目，计划总投资约26.31亿元，实施景区景点恢复改造、生态培育、游览服务设施等3类16个项目，其中，目前已完成一榭园、花神庙、孙武祠等项目，塔影园等建设正在推进中。按照规划，2002年以来，大力推进环古城风貌带建设，拆迁建绿、打通水系，恢复一批古城门、古城墙，打通水上、陆地通道，成为苏州的一个重要景观等。通过这些重点工程，我们倾力打造了一批经得起历史、专家和群众检验的精品之作和传世之作，有效提升了苏州风景园林和城市绿化的发展质量和品位。

（二）科学保护、科学管理

科学保护管理是一门系统工程，在实施过程中有很多工作要做，苏州市园林绿化部门十多年来注重做到：

1.在园林景区保护管理上，注重在“精细秀美”上下功夫

苏州人素以精致、精细著称，苏工玉雕、苏式家具、苏绣、苏州丝绸等都闻名于世，也是过去宫廷中的主要御用品。近年来，我们用苏州的“匠人精神”做好苏州园林的保护管理工作，先后组织开展园林景区厅堂陈设“三定”工作，完成留园、耦园、网师园、艺圃等古典园林的陈设调整，再现苏州园林的文化传统和特征。实施园林周边环境综合整治，有重点地恢复虎丘山景区石观音殿、石湖景区申时行墓和治平寺、拙政园李宅、天平山景区“万笏朝天”和桃花涧等历史遗迹，发掘、提炼各文化景点的精华和价值。实施拙政园、天平山景区、留园、网师园等水治理工程和污水管网改造，采取物理、生物手段改善景观水质。加强古典园林古建筑、山池、花木的管护，以及匾额、楹联、陈设的调整，各园林景区更趋“精细秀美”。

2.在市域风景区保护管理上，注重协调与监管并举，不断提升景区管理质量

在二十一世纪初，我们针对市域景区管理体制不顺、规划执行不严、与上位法衔接不顺等问题，深入贯彻落实国务院《风景名胜区条例》，扎实开展景区立法、综合整治、动态监管等工作。结合苏州地区实际，以《苏州市风景名胜区条例》及配套法规为依据，重点在协调与监管上下功夫。其一是有序推进市、县级风景名胜区申报设立工作；其二是建立“市域风景名胜区动态监管信息系统”，从而规范风景名胜区的管理和建设行为，促进了市域景区监管纳入科学化、法制化和制度化轨道；其三是会同省太湖办先后受理审核金庭镇民族风情园、东山雨花景区等120多个项目，从严控制了景区内建设项目的规模、体量和风格，市域风景名胜区的规划、保护、建设和利用工作得到强化。

3. 在城市绿化保护管理上，重点在分级分类管理上下功夫，保持城市绿地的精细化和常态化效果

按照分级管理、分类养护、末位淘汰的要求，健全和完善科学、有序、高效的市场化养护平台，实现了城市绿化养护由粗放型向精细型、突击型向长效型、经验型向科学型的根本性转变。

（三）科学方法、科技手段

1. 注重利用互联网技术，不断提升园林景区和城市绿化预防性保护水平

从2005年起，苏州园林绿化部门开始尝试利用互联网技术开发建设全国第一个“世界遗产监测预警系统”。取得初步成果后，2009年被国家文物局列入中国世界文化遗产监测试点单位，我局再以此为契机，不断提高科学管护质量，继续领跑全国世界遗产监测行业。从2005年开始，在各园林景区实行安全预防可视性监控，安全监管工作得到加强，未发生大的安全事故。设立电子门票系统，提升了入园秩序，使用耳麦和自动化讲解设备提升了服务质量。实施城市公共绿地监控系统，提高了预防性保护的成效。

2. 注重先进科技设备引进，提高保护管理的科技含量

2006年投入200万元，购置和应用激光三维扫描仪等先进监测设备，对苏州古典园林景区古建筑、厅堂陈设、植被等进行全面扫描、测绘和维护。2008年，利用水位水质测量仪，扎实开展园林水位水质的实时监测和预警工作。2010年起，利用游人计数器、电子屏、监控系统和门票自动化系统，实时播报入园人次，在旅游高峰时及时提示管理者采取预案，及时处理突发事件，有效提升遗产保护、利用和遗产监测工作的实际效果。

3.注重科学分析评估，提高保护管理的理性认识水平

科技手段有硬件和软件两个方面。科学分析评估是科技软实力。从2008年起，园林和绿化管理局开始研究古典园林保护管理的科学分析评估，对2003—2008年的世界遗产园林进行监测，并对所有数据进行汇编，形成标准化的监测报告，对十大类进行评估和分析研究，为管理者提出合理化建议。从2010年起，深度开发世界遗产·苏州古典园林监测预警信息系统，建立更加完善的数据全面、功能齐全、监测有效的世界遗产管护体系。在此基础上，每年编制一份年度监测报告，为实时评估分析建立扎实基础，并逐步推广到其他园林和风景区建设管理中去，取得初步成效。如园林维修项目的全程监测已经从遗产园林扩展到其他园林（怡园、可园等）。这不仅及时地提高了工作效率，还能提高管理者的理论认识水平，为长期提高风景园林和城市绿化保护管理水平起到重要的作用。

（本文为2018年12月25日全国风景园林学会在广州市组织的全国风景园林干部培训班上的讲课提纲，收录时有删改）

艺术精华的展示

2007年12月4日，是苏州古典园林被列入UNESCO《世界遗产名录》10周年纪念日。在庆贺这个纪念日的同时，苏州园林博物馆开馆了。

苏州园林博物馆的建成是有个过程的。1988年，时属园林局管辖的北塔公园内建起了“苏州古典园林艺术陈列室”。该陈列室从艺术的角度，对苏州园林的各艺术要素和实例作了简单的介绍，得到了各界的赞誉。1992年，在“陈列室”的基础上，拙政园原住宅区（李宅）内建成了“苏州园林博物馆”，其内容较之“陈列室”进一步扩展深化，对中国园林的起因、发展、成熟及艺术成就一一阐述，初步具备了“为社会及其发展服务的、非营利的永久性机构，并向大众开放”的性质，但“为研究、教育、欣赏之目的征集、保护、研究、传播并展出人类及人类环境的物证”的功能则还没有完全达到。（上述引号内容为1989年国际博物馆协会第十六届大会通过的章程中对“博物馆”的定义。）

2002年，拙政园管理处提出了建设园林博物馆新馆的计划，继而召开了园林博物馆新馆筹建讨论会。市委、市政府在听取了相关汇报后决定：在世界遗产苏州古典园林拙政园历史街区内建设具有国际水平、富有中国特色的园林博物馆新馆。

我回想园林博物馆新馆的筹备、建设、发展，有所体会。

首先，规划先行，征地改造。园林博物馆新馆规划，由南京大学建筑设计研究院设计，虽然面积仅3390平方米，但涉及的拆迁征地总面积竟达3483平方米，其中涉及住房用户31家，商业经营户18家。我们于2005年4月18日发布了拆迁公告。当时正值拆迁政策调整之际，推进的难度相当大，在有关部门的支持下，我们历时半年有余，出资3370万元，将拆迁工作顺利完成。在拆迁过程中，我们保留了民国小洋楼，保护了清代“李宅”，故形成今天“清代——民国——现代”建筑相融的风格。

其次，筹集资金，确保公益。博物馆是个公益性事业，其建设需要无偿地投入。2004年，上级核准批复园林博物馆前期建设资金为3100万元，但随着建设的发展，后增加到4523万元；2005年装修、陈设、布展开始，费用又持续增加追加了1150万元。最后至博物馆开馆，总投入近7000万元。我们向市财政申请了1500万元，自筹了5000多万元，才最终解决了资金问题。

虽然有了资金保障，但无论是布展还是收集展品，都既厉行节约又集中精华，在家具、陈设、书画、版本、杂件等多方面进行了征集，并收集了一部分精粹展品。

其三，多次论证，确定方案。在定位苏州园林博物馆的展示内容和发展方向时，我们征询了一些专家学者的意见，其中既有建筑方面的专家，如罗哲文、郑孝燮、谢辰生、谢凝高等国内一流专家，又有中国博物馆方面的专家，如袁南征等；还有苏州有关行业的各方面专家。前后共召开了几十次各层次、各专业的专家论证会。经过广泛的讨论和无数次的咨询请教，从宏观到微观，从综合到局部，我们在分析现有的博物馆内容（包括资料、文物、展示手段等）、分析博物馆现状的优势和弱势的基础上，最后统一了认识，主要突出了以下要素：

1. 建筑布局

因地制宜是原则。博物馆地块虽然依傍世界遗产拙政园（清代曾属拙政园住宅），但百年变迁，这一地块留存着几个时代的印痕——旧民宅、老住户、拙政园李宅及原张姓民国小洋房（被占住）错综复杂盘缠一起。经过多方论证多次修改，最后确定，保留李宅和民国小洋房，在空余地面再做设计，也就是说新设计部分是在老建筑的夹缝中生成的。经数易其稿，形成了现在的布局：立面参差，以传统苏式建筑为主；建筑内部采用大量的玻璃墙面，使“夹缝”等小空间能有采光；大量的漏窗、空窗、洞门等使用，使建筑与建筑相互间又取得了互为对景和空间流通的效果。所以，此处面积虽然仅3205平方米，但感觉上空间无限。需强调的是，博物馆内多处庭院、天井

园博模型

借助了古典园林的布局手法，几乎是在建筑中间“硬逼”出来的。建筑也是文物，清、民国、现代三个时代的建筑相互融汇，从另一个角度展示了苏州地方住宅（园林）的历史发展脉络。

2. 布展方案

尊重历史是主线。博物馆方案在策划之始就确定，用比较的方法确定苏州园林的历史坐标，展示其艺术价值。首先，从世界层面、全球角度展示苏州园林艺术的起源、发展、形成，及其最终成为世界遗产的价值所在。

（1）比较。1954年，英国造园学家杰利克在国际风景园林师联合会第四次大会致辞时，把世界造园分为中国体系、西亚体系、欧洲体系。中国体系——散点布局、自由灵活、不拘一格，表现一种顺应风景构成规律的自然景观的缩移和模拟，着重显示自然之美以及人与自然的亲近和融合，是东方风景式园林典范。西亚体系——采取方直的规划、齐正的栽植和规则的水渠，园林风貌较为严整，是伊斯兰园林（一般指巴比伦、埃及、古波斯的园林）的主要特征。欧洲体系——轴线对称、几何图形、分行列队，着重显示规整的总体人工图案美，显示人对大自然的改造和征服，表现出一种被人所控制的有秩序的自然、理性的自然。

中国园林在发展过程中，又由于各种要素形成了以皇家园林、私家园林、寺观园林为主体的三个分支，它们都是“虽由人作，宛自天开”的自然风景园，但又各具特色。皇家园林，规模宏伟，富丽堂皇，追求铺锦列绣、错彩镂金之美，不脱崇高严整的皇家风范，荟萃南北园林胜迹点缀景观，以北京颐和园、承德避暑山庄为代表。私家园林，布局紧凑，古朴淡雅，追求自然天真、清水芙蓉之美，具有尘虑顿消的精神境界，宅园结合，营造理想的人居环境，以苏州古典园林为代表。寺观园林，朴实简练，雅致幽静，追求天人合一的理想境界，包括寺观内部庭院和外围地段的自然景观，既是宗教活动场所，又是公共交往中心。

通过比较，苏州园林的历史、艺术价值从世界园林中心凸显出来，即苏州园林因其造园要旨、造园艺术、造园目的而作为一类独特造园体系的存在价值——是指历代建造具有典范性的、以写意山水艺术为特征，由古典建筑、人工山水、花草树木为要素组成的以宅第园林为主的、包括苏州历代遗存的寺庙园林、衙署园林、会馆园林、书院园林等体态。

（2）历史。苏州园林起源于春秋，发展于晋唐五代，繁荣于两宋，全盛于明清，与2500余年的苏州古城基本同步产生发展。历代地方文献记载的园林约千处，其中记录较详的近800处，分布于苏州城乡。民宅小院点缀峰石莳栽花木，更是数不胜数。千百年来的造园实践，逐步形成苏州园林的艺术风格。

春秋时期，吴王的苑囿和离宫别馆是苏州园林的发端。春秋后期，吴地兵雄国富，苑囿宫室也成为吴国强盛的象征。吴国灭亡后，宫室苑囿渐次荒芜。汉时一些吴宫苑囿改建为园，私家造园初露端倪。这一时期，见于记载的苑囿有30余处。

三国以后，吴中宗教盛行，寺观园林渐具风致，舍宅为寺蔚为风气。文人雅士纷纷隐逸江湖，寄情山水。民间造园成为风气，反映隐逸文化的文人写意山水园在这一时期开始显现。据统计，这时期的园墅有20余处。

隋朝开凿的京杭大运河沟通南北，推动了吴地经济发展，唐代著名文人韦应物、白居易、刘禹锡先后任苏州刺史，苏州风物雄丽，园林艺术得到全面发展。五代吴越偏安一方，钱氏治吴，营造多处名园第宅，为苏州园林发展史著录了辉煌一页。

北宋时，民间流传着“天上天堂，地下苏杭”。宋室南渡后，江南成为全国经济中心，吴地造园活动日益兴盛。元朝时，乡村造园呈增加之势。城厢内外池馆相望，叠石艺术蔚然成风，文人画家更多参与造园，而造园多以文人绘画为蓝本。苏州园林艺术由此带上了诗情画意的特点，进入新的层面。

明清时期的苏州，经济繁荣，人文荟萃，官绅豪族争以园亭相竞，名人高士亦以苑圃栖隐。造园之风遍于吴中，造园技艺愈臻完善，造园匠师不断涌现，造园理论结集出版。苏州半城皆园亭，园林艺术达到顶峰。

民国年间，苏州造园之风虽仍有延续，但其规模已远逊于前。此时，受西洋文化影响的现代公园开始兴起。中华人民共和国成立后，人民政府即着手保护并陆续整修园林，历代名园相继修复。苏州成为名副其实的园林之城。

（3）苏州园林的艺术要素。历代名家对苏州园林的艺术类别阐述较多，经反复甄别，现采用的是刘敦桢教授《苏州古典园林》的分类法：布局、理水、叠山、建筑、花木，从这五个方面将苏州园林的艺术性一一展示。漏窗和铺地也都是苏州园林的艺术特色，我们也按刘敦桢教授的分类，将其列入“建筑”类，并在博物馆新馆的建设中，将分隔空间所用漏窗也做成仿古式样，庭院铺地也按照历史典籍铺成，使游客在不经意间即能领略园林艺术的真谛。

（4）利用展厅空间，强化展示效果。运用典型性的造园手法，展示独特的园林艺术，是博物馆个性展示活动的要点。典型性、个性化的展示活动主要有几大部分，以沙盘、实景仿制为例。

①按1:40制作的拙政园中西部模型沙盘，配以后面墙上的投影解说，使游人能鸟瞰式地俯视拙政园的空间艺术，从整体感上加深对拙政园的理解。

②《清代造园场景》沙盘，通过126个各类技艺的工匠现场造园的微缩景观沙盘，重现了清代造园时相地、挖池、立基、上梁、装拆、掇山铺地，油漆、陈设等几大步骤。这组景观虽然仅是“微缩”，但将古代造园过程模拟得惟妙惟肖，常获游人特别是年轻人的赞赏。

③在小天井的空间内，仿制网师园“云冈”假山，通过建筑的玻璃墙从室内观赏，既展示了一项园林艺术典型作品，又使游人有身临其境的感觉。

④利用建筑内的小空间，模拟苏州园林中著名的艺术佳例，如留园“涵碧山房”“华步小筑”实景复制。前者以留园“涵碧山房”南侧庭院仿造的一组景观，融建筑、叠山、理水、花木、铺地等于一体；后者根据留园著名的小品组合而仿造。这组仿造作品既沿承了原作品的构思、构图，又实事求是，根据现在植物选择，将原爬山虎换成一株姿态相似的紫藤。另还有一批著名的园林小品，均采用了仿造的手法展示，并冠以原来的名称，增加了小品的文化意味。博物馆还辟有临时展厅，根据时间调整，可供主题展览。

3. 文物展示

文物展示是根本。虽然我们原来的藏品不多，但仍想方设法用文物来“说话”，用文物来体现博物馆“博物”。

我们梳理了现有的文物，首先，将手中之物分类展示：

（1）书画。我们原有部分旧藏的书画，如扬州八怪之一李鲆的《五松图》、清寒碧庄主人刘恕的书法、盛宣怀题撰的对联等；一批当代名家也绘写了一批书画，如张辛稼根据苏州园林本质特点绘写的松、竹、梅写意立轴；王西野先生题写的园林古诗等。很多大师都已作古，遗留下的作品更是珍贵。日本庭园研究会会长吉河功先生是苏州市风景园林学会的名誉理事，他以庭园研究会的名义向博物馆捐赠了自己珍藏的在海外寻觅到的清代顾原绘《不窥园图》、清代徐坚绘《秋山萧寺图》等古代绘画作品。我们还将当代名家李可染的苏州园林图，请苏州刺绣名家放大制成苏绣陈列在博物馆的入口处。

（2）家具。园林的家具是大类。明清起，苏州就是中国红木家具一大产地，苏州制作的家具因带有书卷气，被称为“苏式家具”，至今仍是国际家具收藏界的“热点”。新中国成立之初，苏州地方政府即很有远见地收藏了一批从旧家流出的红木家具，长期以来，一直作为陈设在各园林中展示。这次我们将各园中的“珍、奇、精”的家具集中到博物馆，有留园的清代红酸枝云石面七拼桌和瘿木面套几，有原网师园的紫檀木半桌，有明代黄花梨书案、小柜，有楠木的禅椅，有其他各类珍贵木材制作的桌、几、椅、凳、柜等，一些清代的红酸枝嵌云石“天圆地方”大型挂屏，也分别挂在博物馆的各处墙面。

（3）匾额楹联。为苏州园林题额撰联，原就吸引了不少文人名家。百年以来，园林的匾额楹联多有佳作。如乾隆南巡，亲自为天平山题写的“高义园”御匾，原来一直悬挂在天平山高义园内，这次作为藏品收入博物馆展示。另外，我们根据园林楹联的种类，还收集了琴对，平对及拙政园的旧“浮翠阁”匾等的展示。有一种用瓦灰制作的屏联，在材质上很有特点，现在市面已不多见，这次也作为文物收藏入博物馆。

（4）社会捐赠。苏州历史上就一直是文人荟萃之地，民国及50年代后，此风仍续。特别是新中国成立之初，以谢孝思为代表的一批文化名人，对苏州园林的修复保护作出重大贡献。谢氏家属将谢孝思用过的毛笔、水盂、摆件等也捐献给了博物馆。又有詹永伟等捐赠的《园冶》民国版本及其他社会捐赠的藏品，我们都将其一一展示。

我们又开始策划创造些“新文物”。所谓“创造”，一是复制，二是请当代大师制作。

①一批硬木制作的建筑模型。建筑模型，北方建筑行业称为“烫样”。古代皇家在建造宫殿或园林时，多先制作“烫样”，经皇上或负责官宦批点改进后再实地建造。但苏州园林或建筑因体量不是很大，建筑工匠又十分娴熟建筑工艺，故江南“烫样”制作不多。此次我们向北方皇家园林学习，用优质木材制作了几处园林建筑模型，有红酸枝制作的拙政园“远香堂”“浮翠阁”，狮子林“卧云室”、网师园“濯缨水阁”、沧浪亭“沧浪亭”，紫檀木制作的留园“林泉耆硕之馆”材质上等，尺寸大，约达1.5乘以0.9米，成为“艺术厅”的镇厅之宝。这些手工制作的苏式“烫样”，十分精致细巧，受到广泛的欢迎。

②“藻耀高翔”砖雕门楼。网师园“藻耀高翔”砖雕门楼是清前期的作品，基本集中了苏式建筑各类青砖雕镂工艺，被誉为苏州园林砖雕精品的典型例证。“文革”时因鼎力保护，仅敲去了砖雕人物的头颅。苏州砖雕技艺虽然尚存，但因材质及市场的原因，近年来已呈退势。这次我们抓住博物馆新馆陈设的机遇，将其按1: 0.8比例复制陈列，这对恢复砖雕技艺将起到推动作用。

③明代计成的《园冶》书中收录了大量的明代门、窗、栏杆、铺地等装拆图式。此次我们尝试着按《园冶》明式漏窗图形制作了几处“变式”。明代装拆和当代园林装拆还是有区别的，此次尝试也是对文物复制的“小试牛刀”。我们还根据苏州建筑传统风格，按1 ： 1的比例尺寸，制作了木构件“戗角”和“斗拱”，未髹漆，显木本色，陈列后十分“抢眼”。

④纸本复制。历史苏州建造园林总是先绘图，然后名士文人再就纸上园林进行修改，最后再由建筑匠人参照绘画进行施工。所以，纸本绘画是十分有价值的文物。我们原藏有一些园林书画，南京博物院、故宫博物院也藏有苏州明清园林的数幅图卷。现在陈列的《兰雪堂图》《求志园图》《怡园图》《狮子林图》均是复制品。现陈列的明代文震亨《长物志》线装版也是复制品。文徵明一脉居苏七世，多喜爱造园，文震亨是其中的佼佼者。他所著《长物志》，被尊为园林艺术经典著作。此次从一私人收

藏者处发现了一本善本，经复制后陈列。

复制文物并以此供游人参观，也是博物馆研究、教育、欣赏功能的有效运用。通过复制，原来文物“深藏”或“孤本”的面貌能为公众所见并提高公众的欣赏水平；通过复制，能提高博物馆的教育功能，很多原仅从书本上看到的古代制品可看到真实的仿品，特别是年轻一代能从这些复制品中得到中华文化艺术的认知和陶冶；通过复制，能培养一批制作者成为传统工艺的传承者，为园林博物馆复制文物的制作者大都是某专类的艺术大师，他们复制的作品再传承数十年，其本身也将彰显文物价值了。

4. 现代手段

多元文化要兼顾。根据博物馆参观者的年龄、文化层次、爱好倾向，博物馆还考虑到兼顾多元文化，使用多种现代手段。

（1）设立电子显示屏，播映园林艺术片。每个展厅内都设电子显示屏或触摸屏可供游人查询；专设播映厅，常年滚动式播放苏州园林艺术片和曾获全国星光奖专题节目一等奖的《苏园六记》。

（2）制作历史动漫片，向幼年参观者普及知识。根据历史记载，策划制作《王献之游辟疆园》动漫片。该片将中国历史上最早的文人写意山水园林——苏州历史上“辟疆园”的历史故事用动画的形式向游客展示，打破了历史故事沉闷的、说教式的气氛，给原本凝重的历史添入趣味性。

（3）专设软件制作室，电脑设计“心中园林”。参观者可在此参与拼装设计“我心中的园林”的游戏，主要增添青年游人对园林设计的兴趣，普及园林设计的原理和知识。

在这次园林博物馆的策划设计时，专辟“人物栏”。中国历来重士轻艺，重文轻工，最著名的明代木匠蒯祥也因高任工部侍郎才青史垂名；明代造园家计成、文震亨则均因著作留名，一位根据毕生造园经验，写了部总结性的著作《园冶》，一位将士大夫的园居生活及园林艺术审美标准写就了《长物志》；但历史上多数造园家已湮没不显。“人物栏”不仅将上述历史知名造园家、园艺家进行了专门的展示介绍，并增添了部分当代对苏州园林作出重大贡献的专家、学者和造诣高超的工匠。从古代到当代，从研究到制作，从学者到工匠，可以说基本给苏州园林的形成和研究作出过贡献

检查苏州园林博物馆建设工地

的“苏州园林人物”一个历史地位。

依靠专家，培养人才，也是这次博物馆建设的收获。园林博物馆新馆的筹建，除了一大批专业工作人员的耕耘，还有一支专家队伍负责博物馆的内容策划、布展程序、展品制作等，他们不仅对整个博物馆方案提出建议，还从学术上、质量上精确地把好关。特别是我局已退休的两位总工程师，为博物馆的筹建开放作出了无私奉献，同时也为自己的专业人生画了一个圆满的符号。

特别值得一提的是，通过博物馆的筹备，一批年轻的工作人员在前辈的培养和熏陶下，从粗浅略知到精通了解，成为懂园林、通博物馆的专业人才；成为年轻一代的苏州园林专业工作者；更有可能在将来成为苏州园林的科学管理和研究者。

带领一批专业工作人员研究布展方案

苏州园林博物馆开馆后，受到了社会各界的一致好评，新颖独特的展区设计是亮点，多种类型展品的虚实展示是特点，其科学性、逻辑性强的文史脉络，使这里成为既是一处新的园林艺术普及场所，也是园林历史和造园艺术宣传的课堂。

但事物总是这样，没有最好，只有更好。回顾一年多来的园林博物馆的展示开放，还有很多有待于改善的内容，如很多历史、艺术内容未能得到展示，一些展览内容应该或必须进一步调整、充实、提高；博物馆的功能还有待于挖掘开展等。

举几例：

苏州古典园林已于1997年被联合国教科文组织列入《世界遗产名录》，2000年又有5处古典园林被展列入《世界遗产名录》。那我们对苏州园林的历史、艺术、科学价值的论述是否应按世界遗产的标准来阐述、展示？

园林博物馆除了目前静态的展示，是否应该再进一步履行国际博物馆协会章程明确的其他几个职能？“为研究、教育、欣赏之目的征集、保护、研究、传播并展出人类及人类环境的物证”，征集、保护、研究、传播……的功能应该是内涵无限。

如此，园林博物馆一定要走可持续发展的道路。根据园林博物馆目前的水准，未来几年应持续做好以下几个方面的工作：

（1）根据“苏州古典园林”世界遗产性质，调整、充实、阐述联合国教科文组织关于对世界遗产——苏州古典园林的定义、评价、要求等。

（2）根据《保护世界文化和自然遗产公约》联合国教科文组织对世界遗产管理单位的要求，通过园林博物馆的平台，增强公众对世界文化和自然遗产的知识的了解，对其价值的赞赏和尊重。

（3）根据国际博物馆协会的章程要求，履行园林博物馆“为研究、教育、欣赏之目的征集、保护、研究、传播并展出人类及人类环境的物证”职责，使园林博物馆除展示苏州园林艺术的课堂外，同时成为研究苏州园林艺术的机构。

（4）加强园林博物馆文物征集、收藏、展示工作。

刘敦桢之子刘叙杰教授为园林博物馆捐赠藏品

（5）和有关大专院校及研究机构合作，结合苏州园林立课题；结合世界遗产保护管理立课题，充分发挥“园林博物馆”的专业潜能和专业价值；同时也为园林研究工作构建平台。

（6）和社会有关部门合作，履行向公众传播苏州园林文化职责；和教育单位合作，履行向青少年传播苏州园林文化职责。

（7）做好博物馆文化题目，建立高层次、高品位的文化消费场所。

（2008年12月于三亦书斋）

世界遗产，要完整地留给下一代

在人类历史长河中，我们的祖先创造了灿烂的文化。世界遗产都是各国历史文化中最杰出的创造或是大自然中最独特的景观。保护世界遗产就是保护人类文明发展的历史记忆，就是保护人类生存和发展的自然环境，也就是保护人类可持续发展的共同的文化物质基础。

世界遗产保护事业，是一项全球性的联合行动。UNESCO认为，保护工作不仅是各国专家和专业人员的工作，也应该成为全民、特别是青少年的自觉行动。

苏州古典园林1997年被列入《世界遗产名录》。这一古人创造的人与自然和谐融合的生活环境，是居所艺术化、自然化的典范，是中国传统艺术文化的综合体。作为苏州古典园林的主管部门，我们在对这一世界遗产保护管理的同时，还十分重视弘扬人类尊重历史、尊重自然、和谐发展的意识；十分重视发动社会公众一起投身于这项事业——特别是青少年的参与——我们知道，青少年是保护世界遗产最主要的力量，世界遗产未来的保护重任，将由他们来担当。

2001年3月，我们受中华人民共和国联合国教科文组织全国委员会的委托，支持出版联合国教科文组织编写的这套全球通用教材的中文本，2003年又支持出版该教材的英文版（中国发行）。结合这套教材的出版推广，由中国联合国教科文组织全委会主办，我局承办了中国世界遗产国际青少年夏令营的组织工作，从2001年起至今，已经连续举办了5届主题夏令营，来自近10个国家和国内10多个省市的500多名青少年，通过学习这套教材和夏令营的系列活动，使他们成为“帕特里模尼托”（世界遗产青年保卫者）。

我们认为，在中国开展青少年的世界遗产教育，是一项意义非凡的事业，作为世界遗产的直接保护者和管理者，我们为能参与这项工作感到荣幸——培养青少年的保护世界遗产意识，增强他们保护世界遗产的自觉行动，是我们应尽的义务，也是我们的历史责任。

人类已经走进了21世纪，随着全球一体化的加快和现代化的迅猛发展，文化和自然遗产在这个地球上越来越显示出无与伦比的价值，我们将义不容辞地肩负着历史责任，为实现UNESCO的崇高理念，为全人类的可持续发展和永久和平，尽一切努力把世界遗产保护好，并把它完整地传给下一代。

[本文为《世界遗产和年轻人（中文版）》前言二，
联合国教科文组织编写，上海三联书店出版，2009年第二次印刷]

苏州园林文化与旅游结合发展的对策研究

苏州园林文化是一个永恒的话题，因为它是中国传统文化集大成者，是中国传统文化的博物馆。如何向公众展示苏州园林文化，发挥其应有的综合效应，让游览者从中得到感官的享受和精神的陶冶，就成为我们追求的目标。

园林和绿化管理局作为主管苏州市园林、风景名胜区、城镇绿化的行政主管部门，主要负有13项职能，概括起来是四个方面：一是保护和管理好现有的古典园林和现代公园；二是搞好市区的绿化建设和管理；三是抓好风景名胜区的建设和管理；四是负责对各县级市、区的行业指导和管理。目前，园林局下属14家基层单位共管理20个风景园林景点，直接管理的公共绿地约一千多万平方米，同时，还负有市域景区836平方公里的监管职能。仅我们负责管理的20个开放的园林景区每年接待游客近千万人次，旅游收入3.6亿元左右。如何处理好保护与利用（管理与旅游）的关系也是我们需要研究的一个重要问题。

一、苏州园林文化与旅游结合发展的现状

苏州作为举世瞩目的历史文化名城和著名的风景旅游城市，沉淀了2500余年吴文化底蕴，素有“人间天堂，园林之城”的美誉。园林历史最早可追溯到春秋时期，

北宋时期的沧浪亭是苏州现存最古老的园林。16世纪至18世纪，苏州造园达到全盛时期，私家园林遍布古城内外，当时有园林280多处。经历史变迁，目前，古典园林尚有53处，保存较好的23处，一般的17处，濒危的13处，其中，已修复开放的20余处，这些历史遗存是苏州弥足珍贵、不可再生、不可替代的文化财富。

苏州园林是一座综合的历史文化艺术宝库，意境深远、构筑精致、艺术高雅、文化内涵丰富。主要体现在三个方面：一是写意的山水艺术思想。中国园林在其发展过程中，形成了包括皇家园林和私家园林在内的两大系列，前者集中在北京一带，后者则以苏州为代表。由于政治、经济、文化地位和自然、地理条件的差异，两者在规模、布局、体量、风格、色彩等方面有明显差别，皇家园林以宏大、严整、堂皇、浓丽称胜，而苏州园林则以小巧、自由、精致、淡雅、写意见长。由于后者更注意文化和艺术的和谐统一，因而发展到晚期的皇家园林，在意境、创作思想、建筑技巧、人文内容上，也大量地汲取了私家花园的“写意”手法。二是完美的居住条件与生活环境。苏州园林宅园合一，可赏、可游、可居，这种建筑形态的形成，是在人口密集和缺乏自然风光的城市中，人类依恋自然，追求与自然和谐相处，美化和完善自身居住环境的一种创造。拙政园、留园、网师园、环秀山庄等古典园林，建筑类型齐全，保存完整，系统而全面地展示了苏州古典园林建筑的布局、结构、造型、风格、色彩以及装修、家具、陈设等各个方面内容，反映了中国江南地区高度的居住文明，曾影响到整个江南城市的建筑格调，带动民间建筑的设计、构思、布局、审美以及施工技术向其靠拢，体现了当时城市建设科学技术水平和艺术成就。三是丰富的社会文化内涵。苏州园林的重要特色之一，在于它不仅是历史文化的产物，同时也是中国传统思想文化的载体。苏州园林表现在园林厅堂的命名、匾额、楹联、书条石、雕刻、装饰，以及花木寓意、叠石寄情等，不仅是点缀园林的精美艺术品，同时储存了大量的历史、文化、思想和科学信息，其物质内容和精神内容都极其深广。其中有反映和传播儒、释、道等各家哲学观念、思想流派的；有宣扬人生哲理，陶冶高尚情操的；还有借助古典诗词文学的，对园景进行点缀、生发、渲染，使人于栖息游赏中，化景物为情思，产生意境美，获得精神满足。而园中汇集保存完好的中国历代书法名家手迹，又是珍贵的艺术品，具有极高的文物价值。

新中国成立以来，党和政府一直致力于苏州园林的严格保护和科学管理，努力保护其文化资源的真实性和完整性。20世纪50年代初就设立了园林管理（修复）机构，积极抢修了一批古典园林。1961年，拙政园、留园被国务院列入全国重点文物保护单位，与当时的颐和园、承德避暑山庄并列为“全国四大名园”。1985年，苏州园林被评列入“全国十大风景名胜”。

改革开放以来，我们按照国务院批复的《苏州市城市总体规划》中关于每年修复一座古典园林的要求和“保护为主，抢救第一”“修旧如旧”的原则，有计划地修复了艺圃、环秀山庄、曲园、鹤园、听枫园等。1997年，以拙政园、留园、网师园、环秀山庄为典型例证的苏州古典园林被列入《世界遗产名录》；2000年，沧浪亭、狮子林、艺圃、耦园、退思园作为“苏州古典园林”的扩展项目，被列入《世界遗产名录》。苏州有9处古典园林被列入世界文化遗产，是国内拥有文化遗产单体最多的城市。

近年来，我们认真执行国家、省、市对风景园林要“保护好、规划好、建设好、管理好”的方针和政策，致力于提升苏州园林的文化品位和艺术水平，致力于塑造园林景区经典形象，致力于加强风景名胜资源监管，致力于促进园林经济发展，致力于加快城市基础环境和人居环境质量的改善，苏州园林已成为苏州最亮丽的、含金量最高的“城市名片”，对于增强苏州的文化实力，扩大苏州的文化影响，提高苏州的综合竞争力，促进苏州的经济社会文化发展，发挥着极其重要的品牌带动作用。对于苏州旅游业来讲，苏州园林以其独特性和文化内涵成为苏州旅游的“龙头”，是苏州发展旅游的独特资源，是苏州拓展旅游市场的核心品牌，是带动苏州旅游经济不断发展的主要动力。苏州园林先后获得“世界文化旅游精品”“世界著名文化旅游景区”“中国旅游文化示范地”“中国最具有国际影响力旅游目的地”等称号。

二、苏州园林发展文化旅游的主要做法和成效

我们认为，文化是旅游发展的灵魂，旅游是文化发展的依托。近年来，随着旅游业的兴起和迅猛发展，文化在旅游业中的地位和作用越来越重要，它正在成为整个旅

游业的灵魂和支柱，决定着旅游业的发展方向和兴衰成败。对此，我们注重依托自身优势，不断设计园林文化新理念，挖掘园林文化新内涵，提升园林文化新品味，赋予园林文化新活力，下大力把园林文化优势转化为旅游产品优势、旅游产品优势转化为品牌优势、品牌优势转化为经济发展优势。

（一）园林景区规划建设加快发展

以生态性、系统性、层次性、城乡一体化为导向，编制《苏州城市绿地系统规划（2007-2020年）》，构建以自然山水为主题的“两带、三环、五楔”的生态空间。指导市域各景区编制与《太湖风景名胜区总体规划（2010-2030年）》相配套的控制性详规，市域景区资源结构和布局更趋优化。加强石湖景区建设工程、虎丘地区综合改造工程、古典园林综合整治项目等重点工程规划编制。先后完成园林博物馆新馆、天平景区范仲淹纪念馆、石湖景区北入口、留园曲溪楼维修、拙政园周边环境整治等重点工程建设，统筹推进桃花坞历史文化片区综合整治、怡园综合整治、联合国教科文组织巴黎总部“易园”等工程。同时，投入2亿多元，完成动物园综合改造、耦园综合整治、环秀山庄综合整治等481个内部基建维修项目。在规划建设中，更加注重园林绿化的发展质量和效益，为苏州园林文化的传承和发展奠定了基础，创造了条件。

（二）公园绿地建设成效显著

突出“生态、文化”两大主题，加大投入、增加绿量、突出特色。近年来，以市政府每年新增500万平方米绿地实事工程为抓手，我们重点实施了三角嘴湿地公园、火车站地区综合改造景观绿化、东南环立交绿化、沪宁城际铁路绿色廊道、沪宁高速苏州东西出入口续建、官渎里立交续建等重点工程，以及东环、南环、西环等市区主次干道绿化综合整治，新建、扩建了西塘公园、三香公园、桐泾公园等一批城市公园，并对北园、盘溪、里河、清塘等一批老新村和背街小巷进行绿化综合改造。在城市绿化建设中，我们善于将历史文化与城市绿化建设紧密结合起来，突出文化主脉、体现地域特色、建设园林精品、改善生态环境，形成城市独有的特色和风貌，进一步推进了“人工山水城中园、自然山水园中城”城市格局的形成。苏州市先后被命名为

国家园林城市、全国绿化模范城市、国际花园城市，以及国家生态园林城市创建试点市等，目前，正在积极创建国家生态园林城市。

（三）园林景区文化挖掘逐步深化

坚持“原真性、完整性”原则，将保护园林文化作为保护苏州旅游的生命线，进一步加大园林文化研究、保护、传承和弘扬的力度。广泛开展园林景区厅堂陈设“三定”工作，先后整治和改造拙政园、留园、狮子林等主要古典园林的四周街景，有重点地恢复虎丘景区石观音殿、石湖景区申时行墓和治平寺、天平景区“万笏朝天”和桃花涧等历史遗迹，发掘、提炼各文化景点的精华和价值。加强古建筑、山池、花木的管理和养护，以及匾额、楹联、陈设的调整和充实，各园林景区更趋“精细秀美”。发挥园林博物馆、园林档案馆保护、研究、教育、展示等功能，概括和提炼苏州园林的丰厚内涵和艺术魅力。编写《苏州风景园林志》，出版《苏州园林名胜旧影录》《苏州园林山水画选》等园林文化丛书七本，深度挖掘、整合和丰富了苏州园林的历史、文化和价值。按照联合国教科文组织《世界遗产保护公约》《佛罗伦萨宪章》等国际法，加强世界遗产的研究和保护，开发世界遗产·苏州古典园林监测和预警系统，创新管理监测手段，世界遗产保护管理工作更规范、更科学、更有效。近年来，10个苏州古典园林被授牌“国家重点公园”，拙政园、虎丘景区、留园成功晋级国家5A级旅游景区。

（四）市域景区监管力度逐步加大

贯彻落实国务院《风景名胜区条例》《江苏省太湖风景名胜区条例》，扎实开展景区立法、综合整治、动态监管等工作。在局内设机构中设立风景名胜管理处，进一步强化对市域景区的监管职能。深入开展为期5年的国家级风景名胜区综合整治工作，以理顺关系、规范管理、加强监管为重点，加强风景名胜区设置、规划管理、资源保护和利用等工作，集中开展拆除违法、违规建筑的活动，制止开山采石、砍伐林木、水面围养和修建坟墓等行为，取得明显成效。推动《苏州市风景名胜区条例》颁布实施，制定《苏州市市、县级风景名胜区审查办法》和《苏州市域风景名胜区行政执法工作规程》，建立和健全风景名胜区法规和政策体系，同时，建立“市域风景名胜区动态监管信息系统”，促进市域景区监管纳入科学化、法制化和制度化轨道。

（五）园林文化保护与旅游发展共同推进

牢固树立“保护第一”的理念，正确处理好依法保护与旅游经营的关系，在保护中求利用，在经营中促发展，实现保护与旅游的“双赢”。紧扣“文化旅游”这一主线，创新和丰富虎丘年会、花会和庙会，拙政园杜鹃花节和荷花节、留园“吴歈兰薰”、网师园夜花园、“石湖串月”、天平山红枫节等传统旅游项目，大力培育“石湖之春”、动物园熊猫展、天平山卡通节等新开发项目，不断推出视觉观赏型、文化探寻型、低碳生态型、互动娱乐型园事活动套餐，进一步增强园林文化旅游产品的核心竞争力。加强导游队伍建设，开展“明星导游”评比活动，增加导游词的文化含量，使之成为园林文化的传播者、中外文化交流的友好使者，进一步扩大苏州园林文化的知名度、美誉度和影响力。

（六）园林文化影响力日益扩大

加强园林文化的交流和合作，成功筹办IFLA第47届世界大会，搭建全球风景园林师交流专业知识和经验的国际平台，达到了“中国水平、苏州特色、历届最好、中外满意”的目标。成立亚太世界遗产培训与研究中心，侧重履行世界遗产保护与修复的职能，举办“世界遗产保护论坛”“近现代历史建筑修缮技术培训班”“青少年遗产教育研究”等，苏州遗产保护的国际影响力逐步增强。顺利接收环秀山庄，实现政府部门统一管理。先后出口美国、加拿大、日本、新加坡等国家60多座仿苏州古典园林建筑，苏州园林代表中华文化精粹亮相国际舞台。举办苏州古典园林列入《世界遗产名录》十周年纪念、第23届全国荷花展暨拙政园建园五百周年纪念、江苏省春兰展等大型活动，完成历届中国国际花卉园艺博览会、江苏省园艺博览会景点设计及布展等，充分展示了苏州园林的精巧雅致和文化内涵，苏州园林文化在国际国内的声誉和影响进一步扩大。

三、苏州园林文化与旅游结合发展的对策研究

当前，如何更好地挖掘、保护、利用丰富的园林文化资源并彰显其价值，大手笔推进大项目建设、大力度推进产业集聚、大动作推进文化与旅游的融合、大强度推动城市品牌的塑造，把苏州建成国际一流的旅游目的地城市。我们认为，目前，从苏州园林文化的角度看，亟待研究和解决以下问题：

（一）应重视苏州园林文化的保护和管理

城市的魅力在于特色，特色的基础在于文化。当前，在苏州园林文化的保护和利用上，应正确把握“继承”与“发展”的关系，深度挖掘苏州园林悠久历史、丰富内涵、文化地位和艺术价值，为建设“历史文化和现代文明相融的文化旅游城市”发挥更加积极的作用。一是《苏州市城市总体规划》（1996-2020）中计划修复和开放瑞云峰、慕园、朴园、残粒园、万宅、塔影园、南半园、柴园等13处园林，因这些苏州园林大多分散在部门、单位、工厂和民宅中，现仅修复了畅园、五峰园、洽隐园等几处，造成苏州园林保护修复的欠账太多。因此，应加大政府政策和资金支持，特别是对市区现存的有条件修复开放的可园、五峰园二期等加快修复进程，同时制订南半园、瑞云峰、慕园、朴园等古典园林修复计划，逐步落实修复工作。二是园林外部环境尚有不协调之处。2009年，市委、市政府将虎丘山风景名胜区周边环境综合整治作为重点工程来推进，体现了市委、市政府逐步改善园林景区周边环境的决心和信心。但应看到，园林景区周边吞噬传统建筑、丢掉原有韵味、隔断历史文脉的现象仍然十分严重。如，狮子林祠堂部分目前为苏州市民俗博物馆，人为地把宅园一隔为二；拙政园、怡园、环秀山庄等周边建筑与园林景观不协调；网师园、沧浪亭至今没有停车场，造成这些重要景区缺乏最基础的旅游设施。周边环境是古典园林不可分割的一部分，还应重视园林环境的控制保护，将古典园林保护的概念扩大到城市的范围，使古典园林记载的文化信息与苏州古城的文化一脉相连。三是现在古典园林保护，采用的多是传统的、经验型的、被动式的保护方法，缺乏科学的保护管理体系。应加强亚太世界遗产研究培训中心的建设，深度开发苏州古典园林动态信息和监测预警系统，重视古典园林管理、操作、研究人才的队伍建设等，依靠科学技术使古典园林的保护更具科学性、预防性，并确保原真性、完整性。

（二）应重视扩张苏州园林旅游品牌的效应

当前，在扩张苏州园林旅游品牌效应上，应正确把握“重点”与“一般”的关系，主打以苏州园林为特色的旅游品牌，推动苏州园林旅游产业的加快发展。一是苏州园林是苏州城市旅游最亮丽、含金量最高的一块品牌。近几年，仅市园林绿化系统各园林景区每年接待的中外游客就达1000多万人次，占市区域总接待的40%，足见其在促进苏州市经济社会发展中的重要作用。因此，应继续按照市政府“扩张古典园林品牌效应”的要求，不断放大和发展苏州园林意境深远、构筑精致、艺术高雅、内涵丰富的文化特质，使以苏州古典园林为核心的城市旅游精品以鲜明的个性和良好的声誉在海内外形成品牌影响力。二是应以“三古一湖”为主线，保持苏州城市旅游主题、风格、形象的统一。近年来，苏州在旅游宣传上做了不少的工作，但收到的效果没有做到最大或最佳，究其原因，是旅游宣传工作缺乏系统性，大量的信息传递没有构建在一个主题明确、主次分明、层次清晰的系统框架之下，给出的信号不明确，有些杂乱无章，如2000年提出的“三古一湖”，较为清晰地点明了苏州主要的旅游资源，而之后的“天堂苏州，东方水城”“旅游即城市，城市即旅游”等提法很难提高游客对苏州旅游品牌的认知程度。因此，应突出独特性资源与不可替代旅游产品，把各种宣传都统一到“三古一湖”的整体形象之下，从形象口号的提出、品牌的打造到系列深入宣传，层层推进，保持整体形象的稳定性和完整性，把苏州建成世界级旅游首选目的地和必选的目的地。三是苏州的自然资源丰富，人文景观博大精深，但是从旅游的开发项目看，对文化内涵挖掘不够，缺乏高品位、有特色的旅游产品，旅游产品的同质化和区域旅游产业的同构化现象还不同程度存在。因此，应大力实施园林文化旅游精品和名牌战略，深入调查研究，大力加强对旅游历史文献的收集整理和开发利用，使蕴含在旅游资源中的文化潜能得以充分释放，特别要注意充分利用和发挥地域文化优势、园林文化优势、民俗文化优势，精心打造独特的苏州园林旅游文化品牌，使之成为苏州旅游文化发展的主打品牌，通过打造准确、具体、有吸引力的苏州

园林旅游文化形象，把苏州的文化旅游精品推向全国、走向世界。

（三）应重视市域风景名胜资源的监管

当前，市域风景名胜资源保护面临错综复杂的矛盾和问题，应正确把握“保护”与“利用”的关系，进一步增强监管职能，强化市域景区的保护、管理、建设和利用，促进市域风景名胜区的可持续发展。一是认真贯彻，强化宣传，2009年出台的《苏州市风景名胜区条例》具有较强的地方特色和可操作性，应通过各种形式进行宣传贯彻，进一步增强全社会的生态资源意识和依法保护意识。同时，要深化市级景区评定、申报、执法等工作的研究，推进市域风景名胜区依法保护和管理的进程。二是修编规划，完善体制。当前，要按照“立足保护、兼顾发展、全面协调”的思路，科学修编各风景名胜区的详细规划，从源头上解决规划滞后的问题。同时，加强市域景区建设项目选址审核工作，着重从景区资源保护、规划设计、发展需要、项目范围等方面审核把关，充分发挥规划在风景名胜资源监管中的先导、主导和统筹作用。三是保护第一，合理利用。应坚持把风景名胜资源保护放在首位，在确保其永续利用的前提下，正确发挥风景名胜资源在经济社会中的重要作用，努力实现社会经济发展和风景资源保护的“双赢”，实现社会效益和经济效益相统一、相协调。

（四）应重视加快公园绿地建设和发展

当前，应以国家生态园林城市创建工作为抓手，正确把握“增量”与“提质”的关系，加大投入、增加绿量、挖掘内涵、突出特色，加强公共绿地的建设，大力打造宜居、宜游、宜商、宜创业的城市环境。一是加快推进重点绿化工程建设。2010年新划定建成区范围后，原有纳入统计的绿地许多不在此范围内，如相城区的荷塘月色、园区的莲池湖公园、新区的太湖湿地公园，以及部分道路绿地、居住区绿地等。据统计，各区的公园绿地、生产绿地、防护绿地、附属绿地等各项数据，与国家生态园林城市创建指标存在明显差距。因此，必须通过筹划和实施一批大的项目、大的工程快速提升有关绿化指标，重点是要加快石湖景区整体开发、虎丘地区综合改造、胥江河绿化景观带、环古城风貌保护三期景观绿化、干将路综合整治配套绿化等重点工程建设，以及各类公园、小游园新建和改造，着力提升城市的绿化数量和品质。二是全面完善城市公园覆盖空间。结合《苏州市绿地系统规划》，以及中心城区现有的市级、区级综合性公园位置及其服务范围，“十二五”期间，应增建4—5个市级综合性公园、15—18个区级综合性公园，并结合道路改造、老新村改造、背街小巷改造、城中村改造，继续建设一批小绿地、小花坛和小游园等“三小”绿地，满足市民出行350米就能步入绿色空间的需求。三是注重彰显苏州城市公园绿地的特色和个性。应根据区位环境、资源优势、历史背景和文化特色，因地制宜地开展城市绿化建设，形成苏州城市绿化的特色和风格，突出体现绿化工程的生态性、文化性、艺术性，做到建成一个项目，打造一个精品，增添一个亮点，力争使每项城市绿化工程都能与苏州历史文化名城相称，大力提高公园绿地的景观效果和生态效应。

（本文为2011年5月19日向政府政策研究室
就园林绿化全面工作的汇报提纲，由于涉及的
文化与旅游的内容较多，故加题目为
《苏州园林文化与旅游结合发展的对策研究》）

回眸监测预警系统建设

就在本书全部书稿即将完成之际，我发现贯穿我在苏州园林局工作全过程的世界文化遗产——苏州古典园林保护管理动态信息和监测预警系统（以下简称监测预警系统）建设工作未能全面系统地介绍（在有些篇目中只有简单阐述，但不系统、不全面），遂决定在此书中收入一篇专门介绍这项工作的文章。之后找来有关资料，仓促拟就此文，以记录我在苏州园林绿化系统工作的行与思。

一、监测预警系统建设的背景

1994年，联合国教科文组织修改《保护世界文化和自然遗产公约》章程，将监测预警工作明确列为世界遗产委员会的职责之一，要求世界遗产所在国家政府建立相应的监测系统，每6年提交一份报告。至此，预警和濒危遗产的评定在全球范围展开。许多成员国政府采取了各种措施，开展对世界遗产保护成效的跟踪监测、数据积累和评估工作，并投入了大量资金，取得了明显效果。

2004年2月17日，国务院办公厅下发了《国务院办公厅转发文化部、建设部、文物局、发改委等部门关于加强我国世界文化遗产保护管理工作意见的通知》（国办发〔2004〕18号）要求发挥高新技术在保护管理工作中的作用，掌握世界文化遗产的各类基础资料和信息，加强对世界文化遗产保护管理工作规律性的研究，尽快建立我国世界文化遗产管理动态信息系统和监测预警系统，加强对世界文化遗产保护情况的监测。同年6月国务委员陈至立同志在苏州召开的28届世界遗产委员会会议上指出：“中国将不断加强遗产保护的机构建设和人才培养，借鉴国际先进经验，充分利用现代科技手段，建立高效的遗产监测预警系统，实现遗产保护的信息化动态管理。”

第28届世界遗产委员会在苏州召开之后，全国乃至世界都在关注苏州文化遗产的保护管理情况。苏州市保护管理好世界文化遗产——苏州古典园林的热情也空前高涨。市政府开会发文提出要求，群众、媒体也不停地提出建议、意见，作为职能部门的苏州市园林和绿化管理局更是责无旁贷，高度重视，积极推进。然而，怎样才能科学地保护、管理好世界文化遗产，使其完好地传给子孙后代，作为苏州市园林和绿化管理局局长的我更是感到责任重大。遂在全系统开展了“世界遗产大会在苏州成功召开，苏州应该怎么办？”的大讨论。大家边工作边思考边研究，提出了很多关于加强苏州古典园林保护管理的意见和建议。苏州市世界遗产保护办公室周苏宁等人提出的《苏州古典园林监测工作探讨》使我眼睛一亮，文中提出，如何把苏州古典园林这一世界文化遗产保护和管理好，是一个十分光荣的职责，同时又是非常艰巨的任务，是上对祖先、下对子孙负责的千秋伟业。苏州古典园林是华夏造园史上的奇迹，历史文化的瑰宝，一旦遭受损害，将是不可再造、不可复得、不可挽回的损失。按照《世界遗产公约》和国家的要求，建立监测预警系统，方能实现保护管理好的目标，并对监测依据及程序，监测的内容及方法，监测的组织及制度做了详细的描述。苏州市世界遗产保护办公室是90年代苏州古典园林申报世界文化遗产时成立领导小组下设的办公室，他们参与了申遗的全过程，对世界及国家对遗产保护管理的要求很熟悉，因此，提出的意见建议也很科学合理。为慎重起见，我们又召开了专家咨询会、局长办公会、局党委会，对这一方案进行讨论修改及决策。

2004年下半年，我局成立了监测工作领导小组，我亲自挂帅任组长，茅晓伟副局长任副组长，局规划、园管、保卫、信息处、遗产保护办等处室共同参与。2005年4月，经市编委批准，撤销了世界遗产保护办公室，成立了苏州市世界文化遗产古典园林保护监管中心，负责协调、指导和统筹苏州古典园林监测工作。

经过近一年的准备，我局于2006年4月向各遗产管理单位印发了《关于实施<苏

州古典园林监测预警系统>的意见》，要求各单位建立监测站点，健全组织机构。又经过半年多筹备，狮子林管理处、留园管理处、拙政园管理处、网师园管理处、东园管理处5个单位先后建立了专门的监测工作小组，由各单位主要领导挂帅，分管领导具体负责，并落实了专职人员，明确了职责分工。同里退思园的监测工作由同里镇政府委派同里文物保护管理所负责。在缺乏经验和模式的情况下，我局按照“以点带面，逐步推开”的工作步骤，于2006年，根据园林类型、特色不同，确定了假山见胜的狮子林、建筑见长的留园、大型园林拙政园、小型园林艺圃为监测预警系统建设的试点单位。至2007年初，苏州市9个遗产园林初步建立起了两级监测管理机制。

二、制定系统方案，明确思路和目标

2004年10月起，我局根据国家文物局《中国世界文化遗产地管理动态信息系统和监测预警系统》的要求，结合苏州的实际，反复研究，几上几下，数易其稿，经过一年多的努力，于2006年4月正式制定了《苏州古典园林监测预警系统建设实施方案》，明确了系统建设的基本思路、总体目标和基本框架。

（一）基本思路

针对世界遗产——苏州古典园林及其背景环境，加强基础数据库建设，以软件开发为先导，以现代科技为支撑，实现从传统模式向数字化、现代化转变。全面采用管理信息技术，根据世界遗产、文物保护法规的要求，针对可能发生的问题进行全方位、及时、准确的信息管理和监测，为科学决策提供依据，既有利于世界遗产保护工作的实施，也有利于园林各方面的健康发展，实现文化遗产可持续发展。达到“三个全方位，”即：全方位信息采集（基础数据库）、全方位管理记录（实时数据库）、全方位监测预警（预警数据库）的监测系统建设基本思路。在国家文物局2007年11月召开的“全国世界遗产监测工作会议”上，受到国家相关部门的充分肯定，并被确定为国家文物局的试点单位。

（二）总体目标

1.建设苏州古典园林各类基础资料和信息资源，实现遗产信息采集、传输、存贮、管理和服务的网络智能化；2.建设苏州世界遗产古典园林监测中心，开展动态信息管理和监测预警工作相关的标准规范、规章制度建设；3.建立体系完整，指标丰富，内涵科学的世界文化遗产保护管理监测，预警模型；建立高效的防护应急减灾机制，实现远程统一的协调管理和联合行动；4.促进对世界文化遗产保护管理工作的规律性研究，建立以预防性为主的保护模式。

（三）基本框架

建立以“一个平台、二级管理、三库支撑、四级链接”为核心的监测系统体系，即“1234工程”。具体内容为：一个平台——建立“苏州古典园林管理动态信息系统和监测预警系统”平台；二级管理——实现“苏州古典园林保护监管中心与各遗产单位”二级管理机制；三库支撑——以“历史档案库，实时信息库，预警处理库”三库为系统的支撑点，达到全方位采集，全方位记录，全方位监测；四级链接——形成遗产地、省、国家、教科文四级链接，实现遗产管理信息的实时传输。

三、开发系统软件，提升遗产保护的科技水平

监测系统软件开发建设，是监测预警系统达到现代科技水平的重要内容和手段。2006年1月起，我局与南大苏福特网络科技有限公司合作，着手开发《苏州古典园林监测预警系统》软件平台。经过可行性论证、调研、需求分析，明确了系统的总体要求，划分了11类模板，将工程分为二期分步实施。在局有关处室和试点单位共同参与下，经过数十次反复深入的研究，在实践中摸索，在摸索中实践，边使用边修改，边修改边提高，逐步建立起系统平台的各类模块，逐步完善了系统软件的结构和功能，至2008年2月监测系统软件工程全面完成。

监测系统软件以“三库”为支撑，即：基础数据库、实时数据库、预警数据库。

软件平台的构造，根据监测对象的不同，分门别类为：建筑物、构筑物、陈设、植物、环境、控制地带、客流量、安防、基础设施、管理机构、文献资料11类模块；各模块根据功能需要再设子项目，主要有监测管理、监测记录、预警统计、基础资料等；子项目下又设分支项目，共计136个分支，覆盖了遗产园林保护管理等各个方面。

系统软件在使用功能上基本具备了办公、判定、预警、电子交互访问、查询、维护等功能，实现了数据的按保密权限可输入、可更改、可显示监测结果的目标。监测系统软件的建立，为实现数据标准加工，数据存储管理，数据共享服务，数据科学分析，预警和应急联动处置，提供了较好的技术支持；为监管的科学有效、数据可靠、信息畅通、反应及时、决策主动提供了技术保障，从而为遗产保护从传统方法走向现代科技打下了扎实的基础。

四、加强基础数据库建设，实施日常监测

基础数据库建设和日常监测是投入最大、耗时最多、工作最繁重的基础性工作。从2005年7月起，各试点单位开始采集11类监测对象的基础数据，其中建筑物、构筑物、陈设类等模块基础测绘和监测实测主要委托苏州园林发展股份有限公司实施；环境类监测实测主要委托苏州市环境监测站实施；控制地带和基础设施等基础测绘和监测实测委托华北地质勘查局五一九大队实施，其余的模块基础数据采集，以及各类的目测工作均由各遗产单位自行实施。从2007年下半年开始，其他非试点单位也逐步展开基础数据的采集工作。

建立基础数据库，打牢监测基础。基础数据库是监测系统的基础，没有全面、可靠的基础数据做保证，监测工作将成为空中楼阁。为此，我们十分重视基础数据库的建设，针对建筑物、构筑物、陈设类、植物类、环境类、控制地带的建筑物（外立面、檐口、形制）、管线（供电、电讯、煤气、自来水、排污）和园林本体基础设施管线进行了全方位的采集和整理。弥补了几十年来园林古建筑和外环境测绘的数据空白，夯实了基础数据库。

对11个模块的数据采集和录入的方法是不同的。建筑物模块主要是在完成基础

测绘并通过自行采集照片的方法进行录入。构筑物模块是通过绘制构筑物分布图，基础测绘，自行采集照片进行录入。陈设类模块是利用20世纪90年代“文物四有”资料，进行现场核查、调整、拍照、测量、定位绘图、验明材质等方法进行采集和录入。植物类模块是依靠自身力量、采集植物基础信息、绘制位置图等方法进行录入。控制地带是在完成世界遗产园林控制地带基础数据测绘，对房屋使用性质和标高、架空线、地下管线等内容进行绘制测绘图的方法进行录入。基础设施主要是对遗产本体内的基础设施及管线情况进行测绘，包括防盗报警装置、广播、监控、监听、给排水、通信及有线电视管线、废弃管线、大功率电器分布等进行数据采集及录入。其他模块，如客流量、环境类、安全管理、文献资料、管理机构等均按历史记录和现状进行了输入和记录。

确定监测周期，抓好实时监测。数据库采集的过程，同时也是一次实际监测的过程。在监测软件平台初步成型后，实时监测成为监测工作的重点。首先针对各监测对象的不同，由局各主管部门研究确定了监测周期，分别为：1.建筑物类每半年一次。2.构筑物类每半年一次。3.陈设类每季度一次。4.植物类每两个月一次。5.环境类：①大气每季度一次；②气象每天记录；③水质每月一次目测能见度、气味，每半年一次生化指标检测；④土壤一年一次；⑤噪声旺季一次，淡季一次。6.控制地带，半年一次。7.客流量每时累计。8.安全措施每季一次（重大活动随时监测）。9.规章制度，每季一次。10.人员技术能力，每季一次。11.文献资料，半年一次。

为了有效地实施监测，局规划处、园管处先后制定了《苏州古典园林建筑、构筑物监测规程》《苏州古典园林陈设类监测规程》《苏州古典园林植物类监测规程》，其他如环境类、控制地带、基础设施等则按照现有的行业规范进行参照实施。在实施过程中，注意根据轻重缓急、不怕苦累、不怕烦琐、专人负责、严格规范，从而确保了监测的效果。

五、全面推广，注重长效

在试点单位运行的基础上，于2008年底开始在九个遗产园林中推开，以后又在其他

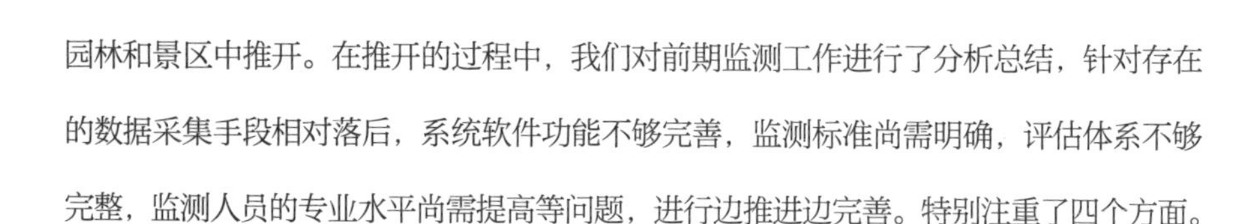

园林和景区中推开。在推开的过程中，我们对前期监测工作进行了分析总结，针对存在的数据采集手段相对落后，系统软件功能不够完善，监测标准尚需明确，评估体系不够完整，监测人员的专业水平尚需提高等问题，进行边推进边完善。特别注重了四个方面。

（一）加强体制建设，确保人财物落实到位

自遗产监测工作实施以来，苏州市先是建立了二级管理体系，后又发展为三级管理体系。即：第一级为苏州市政府行政主管部门的“苏州市世界遗产保护工作领导小组”，由苏州市园林和绿化管理局以及苏州市文物局为主导，苏州市财政局、住房和城乡建设局、规划局、市容市政管理局、旅游局等单位协作，共同组成苏州市政府下辖的遗产监测预警系统协调一级部门；第二级为苏州市园林和绿化管理局作为园林主管部门，专设遗产监管处负责组织协调有关工作；第三级为园林局下属古典园林保护监管中心、各古典园林管理处（退思园由同里镇政府负责管理），为履行日常遗产监测责任单位。苏州市园林和绿化管理局根据年度工作，下达工作计划，安排专项经费，并纳入年度考核指标。由此，形成了苏州市域范围内上下联动及时，协作处置有效的遗产监测三级管理体系。

（二）注重制度建设，确保监测工作长效化

为保障监测工作有效实施，我局于2008年出台了《苏州古典园林监测管理工作规则（试行）》，并于2011年修订上升为苏州市规范性文件，作为遗产监测工作的专项文件全面实施。明确了各级各部门在遗产监测管理工作中的信息报告，预警处理等相应职责，确保监测工作有章可循。通过数年的摸索，研究制定了《苏州古典园林建筑物、植物、陈设、游客量监测工作规程》，并制定了《预警指标数值与预警（草案）》。同时还制定了相应的考核办法，监测工作例会制度、培训制度等切合实际需要的配套内容，进一步夯实了遗产监测工作的长效化管理的基础。

（三）注重科技提升，确保监测工作科技含量

在建立完成数据库、监测手段的基础上，我们还注重与有关大专院校合作，研究

多种可对遗产实施监测的方法，研究三维扫描仪等先进监测设备在古典园林保护中的运用。为了确保世界文化遗产的原真性，我们以“原法式，原结构，原材料，原工艺”的标准，结合遗产维修工程的实践，摸索苏州古典园林维修工程的监测方法。2007年，编制《世界遗产维修课题大纲》；2008年，实施藕园案例的“维修工程监测研究”；2010年，完成以留园曲溪楼维修（国家文物局支持项目）工程监测工作，得到国家文物局高度评价，并拨付维修款90余万元。同时注重加强对国际文件和动态的研究，2009年完成了国家文物局下达的《世界遗产苏州古典园林定期报告（2003-2008）》试点研究课题任务，得到国家文物局的充分肯定，认为具有在全国遗产地的示范作用和推广价值。通过这些研究工作，使遗产管理、维护、决策、执行的科学化和现代化程度大为提高，2011年被确定为中国世界文化遗产监测试点单位，国家文物局拨付研究开发资金800余万元予以支持。

（四）注重实际效果，发挥监测信息中枢职能

遗产监测工作的核心内容是监测信息，苏州古典园林保护监管中心承担着信息维护及发布的信息中枢职能。为做好此项工作，我局要求监管中心一方面通过网络平台实时采集与发布信息，另一方面通过开展定期与不定期的人工监测巡视、发布巡视报告、编辑监测预警信息专刊等工作弥补网络平台信息的不足；除此之外，还结合信息科技的发展，积极研究平台功能的提升，架构科学高效的信息化网络，并对采集到的遗产价值影响因素重点梳理，从摸家底到抓关键，从图文并茂到三维测量，从3G平台到4G平台的信息化建设之路，在实现遗产价值的全方位监测的同时也为各级各部门的管理评估工作提供了翔实的信息；还为传统技艺流失、保护修复专业人才流失的可预见影响因素做好了必要的信息储备。

通过多年的实践和研究，我们体会到：制度执行力度是影响监测实效的关键；监测人员多学科业务能力的培养不容忽视；不断发展的现代信息技术与传统行业的整合应逐步提高；全方位的信息采集是遗产监测的必需过程。通过长期有效的工作，并且随着时代的发展，不断创新监测方法，才能实现我们保护好世界遗产——苏州古典园林的原真性、完整性，使世界遗产完好地传递给子孙后代的目的。这只是我在苏州市园林和绿化管理局期间主持工作时所做的一件事情，也是在遗产监管处、遗产监管中心大力推动下进行的，是在全局上下共同努力下完成的，还是在国家、省、市各级遗产主管部门的直接领导和帮助下，才取得的一点成绩。但遗产保护正面临许多新情况新课题，有待园林人一代一代地去探索，才能不断提高，不断深化，使世界文化遗产——苏州古典园林的普遍价值得到永续传承和科学利用。

（2019年6月16日于三亦书斋）

二、山水文章

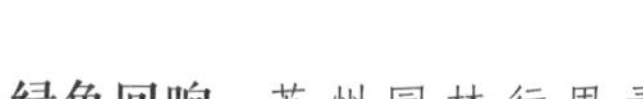

苏州市风景名胜事业科学发展的战略选择

苏州是我国著名的历史文化名城，重要的风景旅游城市，既有园林之美，更有山水之胜。苏州市域风景名胜区主要由国家级太湖风景名胜区8个景区和枫桥、虎丘山2个省级风景名胜区构成，面积约519平方公里，占全市国土面积的6.1%，同时还有正在开发或待开发尚未定级的苏州市区盘门，昆山市阳澄湖、淀山湖，常熟市沙家浜，张家港市香山、双山岛、凤凰山、东渡苑，太仓市浏河，吴江市东太湖等风景名胜区。这是大自然和前人给我们留下的不可再生的宝贵财富，对于这样一份价值很高的遗产，应当很好地加以保存。

随着苏州市旅游业的迅速兴起和城市化的快速发展，风景名胜区的经济功能与精神文化功能的矛盾日益突出，认识和定位风景名胜资源价值和功能不够全面，开发利用风景名胜资源尚欠适度。各级政府和管理部门必须把这些问题摆上议事日程加以研究，切实按照全面协调可持续发展的要求，科学决策苏州市风景名胜区保护发展战略，认真解决保护理念滞后、管理体制不顺、资源利用单一、违章查处不严等问题，促进苏州市经济社会环境科学协调发展，不辜负党的重托和人民的期望，无愧于大自然对苏州大地的恩赐与厚爱。

风景名胜区是国家之瑰宝，是物质形态的精神文化资源，是非常脆弱和不可再生的宝贵财富，对其研究、鉴定、保护、保存，并传之后世永续利用是当代人的历史使命。面对苏州市风景名胜区保护管理上存在的诸多矛盾和问题，我们应当面对现实，主动破解，从战略层面科学抉择适合苏州市风景名胜区未来发展的科学之路。

一、健全管理机构，理顺管理关系，明确责权统一监管顺畅的管理主体

风景名胜区管理上的主体模糊、体制不顺，条块分割，各自为政，是苏州市风景名胜区在保护管理中面临的最大的问题，也是引发其他问题存在的关键所在。建立真正意义上的风景名胜区管理机构，理顺管理关系，强化政府的管理地位就显得尤为重要和必要，必须作为首要问题加以解决。

一是要建立相对权威、责权明晰的管理机构。国务院《风景名胜区条例》和江苏省《太湖风景名胜区条例》都明确规定了设立风景名胜区管理机构的主体是风景名胜区所在地县级以上地方人民政府。县级以上地方人民政府应当充分考虑当地的实际情况，根据风景名胜区特点、等级、所涉及的范围和区域，以及管理的实际需要，按照有利于风景名胜区保护和利用、有利于协调各方利益、有利于监督管理的原则，设置管理机构。根据这一要求，苏州市风景名胜区所在地市（县）、区应在政府机构中设置主管风景名胜区的工作部门或内设部门，指定一名领导分管，已设置的要进一步统筹好景区旅游经营与景区保护管理之间的关系，强化景区保护管理，同时把风景名胜区管理工作与其他工作一样纳入政府工作考核内容，以强化政府在风景名胜区管理工作中的主体责任。市风景名胜区主管部门要根据国务院条例和省太湖条例的规定要求，积极向政府有关部门建议，推动在各景区设立分别隶属于市（县）、区政府统一管理的具有法人地位的景区管理机构，具体负责景区的规划、保护、管理、建设、利用、监管等工作；现有的风景管理所应与其他机构尤其是企业脱钩，实施事企分开，成为名副其实的能够独立行使景区管理权的管理机构。

二是要理顺高效统一、监管顺畅的管理体制。在建立完善景区管理机构的同时，要把理顺管理体制作为重点加以解决，其核心就是调整和明确相关部门和企业责权关系。国务院条例和省太湖条例规定“风景名胜区主管部门，负责本行政区域内风景名胜区的监督管理工作；其他有关部门按照规定的职责分工，负责风景名胜区的有关

监督管理工作；风景名胜区管理机构负责风景名胜区的保护、利用和统一管理工作。”这一规定，已明确了风景名胜区主管部门和管理机构负总责的主体责任地位。根据主体责任地位的性质，政府要对相关部门职能和企业管理权进行调整，首先要收回企业对景区（点）的承包经营和门票管理权，实行景区主管部门和景区管理机构对景区的统一管理，今后凡是景区的规划、保护、利用、管理、执法权等，都应统一归口到景区主管部门和景区管理机构，景区主管部门和景区管理机构根据国家法规、政策以及城市总体规划，负责实施景区的保护、利用、统一管理和监督管理工作，其他部门按照规定的职责分工，做好相关监督管理以及相关协助配合工作。

三是要完善人大、政协、民间媒体的监察组织。我国的风景名胜区从管理机构上来说本身就不够权威，归口只有建设部的一个风景处，省级风景名胜区管理机构也只是建设厅的一个风景园林处以及派驻协调机构——太湖办，监察不能及时到位。在当前管理体制不够完善的情况下，我们应借鉴《保护世界文化和自然遗产公约》规定的对世界遗产实行定期监察和反应性监察的经验，建立由人大常委会组成的人大监察机构以及有政协部门、民间团体、行业协会和相关媒体参与的监测组织，定期监察风景名胜区保护管理行为，强化监察力度，这是国际上普遍采用的监察手段，我们应当学习借鉴。

二、强化规划管理，妥善处理矛盾，建立各规划间互相衔接的规划体系

风景名胜区规划是在城市总体规划框架内编制的一项重要规划，它对风景名胜区的保护利用发挥着龙头、指向、控制的重要作用。因此，风景名胜区规划应在风景园林学科理论和相关法规指导下，妥善协调处理各方面的矛盾，按照在保护资源的真实性和完整性的前提下，科学编制，以达到永续利用的目标。

一是要整合规划编制和规划修编的资源。苏州市风景名胜区价值很高，内容丰富，分布较广，需要多学科专家参与研究和规划，同时更需要对规划编制和规划修编资源进行整合。按照国务院条例规定，国家级风景名胜区规划由省建设主管部门组织

编制，省级风景名胜区规划由县级人民政府组织编制。所以，苏州市国家级风景名胜区的规划应由省建设厅牵头风景名胜区所在地人民政府或风景名胜区管理机构进行编制；省级风景名胜区的规划应由风景名胜区所在地人民政府牵头组织风景名胜区机构进行编制。不管所在地有多少景区，都应统到这两个层面，各景区（点）如有规划编制或规划修编需求，应向市（县）以上风景名胜主管部提出申请，这样既可避免景区规划政出多门现象的发生，又能确保规划的整体性和操控性。对太湖风景名胜区而言，我们还要澄清“太湖风景名胜区总规即为各景区总规，景区规划即为景区详规”的模糊概念。太湖风景名胜区总规，是所属13个景区、2个独立景点的集成，并不代表某个景区、某个景点个体总规，同样市域8个景区编制的景区规划，也不代表是8个景区的详规。因此，苏州市8大景区在现有景区规划的基础上，应加快编制景区详细规划，确定基础设施、旅游设施、文化设施等建设项目的选址、布局与规模，并明确建设用地范围和规划设计条件。

二是要做好总规修编和景区范围的调整。太湖风景名胜区总体规划编制至今已有20多年了，随着苏州市经济社会发展和城市化的推进，景区的现状无论是用地范围、建设项目，还是今后发展的需求均已不同于当年的总规。2007年省建设厅已启动《太湖风景名胜区规划》的修编工作，并委托省规划院对总规的修编展开了前期调研，苏州市应抓住总规修编的机遇，认真加强景区资源调查和分析，结合景区的现状和地方发展需求，重新审视总规的科学性、合理性，积极寻找景区保护与利用的最佳结合点，来兼顾严格保护景区资源与合理开发利用这两方面的利益。对资源价值偏低或已成事实的建设范围可适当微调出部分空间，用于地方的建设和发展，对核心景区或资源价值很高的一、二级保护控制区的范围严禁调整，调整后的景区应以不减少原有面积为原则，以严格保护景区的完整性。同时还可以推举将周庄古镇、沙家浜等具备较高资源价值的景区修编纳入总规范围，提升这些景区的国家保护等级。

三是要注重景区规划和周边规划的衔接，苏州市风景名胜区实际存在着与国家森林公园、国家地质公园、国家湿地公园、国家历史文化名镇等重叠以及固有的各类文保单位相融的事实，景区的周边还有国家级的度假区、农业示范区等相连，这些存在都有对自身规划编制或规划修编的需求，难免会出现各类规划之间相脱节。省太湖条

太湖风景名胜区

例规定“太湖风景名胜区总体规划与土地利用总体规划、城市总体规划湖泊保护规划以及有关文物保护的规划之间应当相互衔接”。我们认为，不论是风景名胜区总体规划，详细规划，还是其他相关的专业规划，规划衔接应该是相互的。解决这一问题，关键是要相关专业规划主管部门之间的主动协调与配合，可采取“主管部门负责实施，专业部门统筹会办”的办法进行，即各类规划可由隶属主管部门实施，市规划部门对各类规划进行审核，并牵头召开各类专业规划与之关联的部门进行会办，以保证各类规划之间的相互衔接。对人口密度大的景区也要通过规划加以控制和解决，如人口密度最大的石湖景区目前为20.32平方米/人，而《风景名胜区规划规范》中规定的人口生态允许，要求达到50—330平方米/人的城镇公园用地标准，这就需要结合人口等相关规划衔接，达到分解景区人口压力的目的。

四是要严格规划管理和维护规划的权威。规划管理的根本点，在于保证规划的严格执行。各级政府和领导应当成为规划执行的带头人，而不应是随意改变规划或无视规划存在的违规者。各级党校和培训班要在培训中增加景观，规划课程的设置，把景观、规划作为干部在职培训的必修课加以学习，培养提高领导干部的景观意识、规划意识和执行意识。随着建设法治政府工作的推进，我们应把城市各类规划上升到法律意义上去认识，去实践，积极探索风景名胜区规划及其他规划的法律效果，增强规划的严肃性和权威性。比如，编制的规划应在政府同意后履行人大批准程序，这样有利于从法规层面监控规划的执行，以杜绝规划朝令夕改的问题。

三、突出保护第一，科学开发利用，充分发挥景区综合功能和价值效益

市域风景名胜区是苏州市8488平方公里土地上自然景观与人文景观高度集中的具有吴地典型意义的精华所在，它与全国风景名胜区以及世界各国的国家公园，共同维系地球已经十分脆弱的自然生态和生物多样性。作为景区所在地政府、主管部门和管理机构，肩负着管理国家瑰宝的历史使命，责任重大。

一是要突出景区资源保护优先原则。风景名胜区的各种自然资源和人文资源组成各具特色的景观，是风景名胜区的本底。鉴于风景名胜资源的珍贵性和脆弱性，应该把资源保护工作放在高于一切的首要地位，正确处理旅游开发与资源保护的关系。风景名胜区科研教育、旅游、启智、创作等功能的发展，保护是前提，无论是古代名山，还是国外国家公园，或是今天的风景名胜区无一例外。景区开发应服从景区资源的保护，在景区规划指导下有序进行，严禁在风景名胜区内开山采石、设立各类开发区和在核心景区内建设宾馆、招待所、培训中心疗养院以及与风景名胜区资源保护区无关的其他建筑。在这一原则问题上，一定要防止和杜绝“以景养景”“靠山吃山”“杀鸡取卵”“竭泽而渔”式的开发建设行为，多为后世留下永续利用的资源。各

级政府还应采取相应的行政及经济措施，把责任领导、责任主体单位对景区资源保护工作纳入政府工作的考核体系，建立奖惩机制，对保护工作不力的单位和个人要作出相应处理。对尚未定级的风景开发区，当地政府也要参照国务院条例、省条例的要求，正确处理好景区资源保护与开发利用的关系，条件成熟的景区可通过申报省级风景名胜区，纳入规范化管理轨道。

二是要注重发挥景区资源整体功效。我国的风景名胜区体现了农耕文明时代中国山水文化精神的特有价值，在取其精华，使其延续和发扬中，吸收现代国际公认的国家公园主要功能，综合形成生态、科研、教育、游览、启智等现代功能。风景名胜区是国土景观的精华、壮丽河山的缩影，是国土资源中价值、品位最高的不可再生的国宝级资源，这应当是国家风景名胜区的定性和定位，切不可把风景名胜区定位于旅游资源，游览只是其功能之一。风景名胜区的性质与旅游业的性质不同，风景名胜区保护是第一位的；第二是社会公益性；第三主要是精神文化功能。如果过度利用景区资源发展旅游业，必然导致破坏性的错位开发，造成不可挽回的损失，当然适度地开发利用风景名胜资源来发展旅游事业，使其发挥第三产业在地区生产总值中的比重也是必要的。古人云：“登山如读史”，大自然丰富的自然景观是普及科学知识最好的课堂，我们要全面认识风景名胜区的多重价值，在规范发展旅游业的同时，大力发展风景名胜区、湿地公园、地质公园、森林公园事业，充分发挥好生态、科研、教育、游览、启智等多重功能，确保风景名胜区资源发挥出整体功效。

三是要严格景区规划选址项目审批。风景名胜区总体规划能否严格实施与完全落实，不仅仅要看各项保护措施和落实，更主要的是在于风景名胜区开发建设活动的控制与管理。为加强风景名胜区资源保护，促进合理利用，组织开展适度的旅游活动，满足人民群众的文化需求，风景名胜区内也需要安排必要的适度的基础设施、旅游服务设施和文化设施建设活动，但这些建设活动必须按照程序进行报批。各建设主体要增强法规意识，做到在风景名胜区内的建设选址项目，凡建必报，批后再建。风景名胜区主管部门和管理机构要按照国务院条例和省太湖条例规定切实行使在风景名胜区从事建设活动的审核权，这种审核权的实质是一种具有行政许可性质的前置性审查核准权力，不可由其他主管部门或其他管理机构代替。根据《风景名胜区条例释义》，凡需在风联名胜区内进行建设活动的，首先应当经过风景名胜区主管部门和管理机构的核准同意，并抓好跟踪监控，未经风景名胜区主管部门和管理机构核准同意的，其他相关部门不能按照其他有关法律，法规规定继续办理相关批准手续。

四是要完善景区旅游配套项目建设。风景名胜区为开展科研、教育、游览、启智等提供基础条件和人性化服务，是政府为满足人们与大自然精神文化活动的一项社会公益事业。各景区在挖掘、恢复，开发好原有景区（点）的同时，应当结合所在景区（点）的景源数量和景观特色，把完善与游览相配套的开发建设项目作为提高服务质量、提升景区形象的重要工作加以实施。宾馆餐饮、休闲娱乐等要合理配置，形成不同档次，以满足不同消费群体的需要。景区游览线路、交通停车、游客中心、星级厕所等要兼顾实际，科学规划，抓好基本建设。同时旅游纪念品等要结合苏州和景区特点，根据市场需求加强研发，形成地域特色。

四、坚持长效管理，抓好制度建设，不断改善景区景观质量和管理水平

坚持风景名胜区长效管理，强化风景名胜区制度建设，是进一步加强风景名胜区的管理基础，全面提高管理水平，树立风景名胜区良好形象的一项重要工作。为此，建设部于2003年3月专门发文，要求在全国国家级风景名胜区开展以标识、标牌整顿为重点的综合整治工作，今年还组织进行综合整治的验收考评，这既是国家的统一要求，也是苏州市现实状况所必需。

一是要纠正违规违章的错误做法。凡是将风景名胜区规划、管理和监督管理职能委托给企业或者个人行使的，要区别不同的情况，认真研究不同的解决办法，妥善予以收回，一时难以收回的要加强监管，在承租承包期满后结束租赁关系，不得再签订续租、续包合同。今后所有景区一律不得再将管理权、经营权、监管权出让出租或委托给企业和个人行使。已在核心景区内建设的与风景名胜资源保护无关的违规违章建筑，要按照国务院条例和省太湖条例的规定，结合风景名胜区规划逐步迁出。这项工作虽然难度很大，但解决得越早，代价越小，对景区资源破坏的影响也就越小。峨眉

虎丘风景名胜区

山景区在近年来的综合整治中拆除金顶703电视台、金顶气象站招待所、金顶宾馆、云海楼等接待设施和违章建筑。南岳衡山景区按照综合整治规划，拆除景区内省、市、区属28所楼堂馆所5万多平方米。海南三亚景区拆除年产65万吨占全省GDP的1/6的水泥厂。上述三个景区在综合整治拆迁过程中，虽难度大，但成效显，应当成为苏州市的有益借鉴。

二是要强化保护管理措施的落实。保护管理好风景名胜区除了有法可依、有章可循外，关键在于日常管理工作落实。要按照建设部发布的《风景名胜区环境卫生标准》和《风景名胜区安全管理标准》及各项相关标准，抓好经常性监管和考核，积极导入ISO9001/14001质量、环境管理体系标准，广泛开展创建文明风景名胜区活动。要坚持对太湖水质的全面治理，严格控制生活、工业外源污水的流入，切实按照《苏州市当前限制和禁止发展产业导向目录》的要求，禁止鱼簖、网围、网栏、网箱养殖、捕捞的渔业活动以及新建、扩建高尔夫球场、旅游度假区、水上游乐场所、船餐等项目。在人口生活相对集中的景区，要逐步建设污水处理厂站解决污染内源，严防流入下游景区。8个国家级景区都要按照要求，在主要入口处设立景区徽志，在核心景区设立界碑界桩，同时规范完善景区标牌标识，以树立国家级风景名胜区的统一品牌形象。要按照国家环境保护总局、建设部、文化部和国家文物局联合下发的《关于加强涉及自然保护区、风景名胜区、文物保护单位等环境敏感区影视拍摄和大型实景演艺活动管理的通知》的要求，严禁在风景名胜区核心景区内进行影视拍摄和大型实景演艺活动。

三是要注重管理人才引进和培养。加强风景名胜区的保护，必须要有一批懂专业会管理的人才队伍。苏州市风景名胜区资源的多样性，决定了管理人员专业必须与之相适应。当前苏州市各景区中专门的规划、建筑、文博、历史、景观、植物等相关的专业管理人员十分缺乏，这对风景名胜区保护和发展是非常不利的。要高度重视人才引进工作，通过社会招聘有针对性地引进专业人才，充实管理队伍强化专业管理力量。同时要采取脱产学习、业余学习、轮训和游览淡季集训等多种形式，加强职工队伍的政治素质，文化技术和风景名胜区管理知识的专门培训，提高本行业的管理水平。

四是要加大政府保护经费的投入。政府财政投入不足是全国普遍性的问题，前几年我国有151个国家级风景名胜区的时候，每年只有1000万元投入，平均每个风景区只有6万多元，韩国（与浙江省面积、人口差不多）20个国立公园，每年的投入相当于6亿人民币，美国2001年投入国家公园的经费是43亿美元。我国风景名胜区管理体制与国外国家公园直接由国家管理的体制不同，主要由景区所在地政府负责包括保护资金的投入，我国虽然不可与经济发达国家相比，但苏州市作为经济发展走在全国前列的城市，应该完全可以根据自身的经济发展情况，逐步加大景区保护资金的投入。这看似财力问题，其实也是理念问题，关键在于政府的科学决策和协调统筹。风景名胜资源的保护是风景名胜区的第一属性，我们不能因为保护资金的不足，而把风景名胜区等同于旅游度假区和经济开发区进行招商引资，风景名胜区的保护经费来源主要应该由政府投入解决，利用风景名胜区资源获得的旅游收入，也应主要用于风景名胜区保护工作的再投入。

五、完善法规体系，健全监管网络，依法规范景区建设项目和经营行为

贯彻落实国务院条例和省太湖条例，依法抓好风景名胜区各项保护管理工作，是促进苏州市风景名胜事业健康发展的关键。

一是要研究制定苏州市风景名胜区条例。古代保护名山有皇法，现代国外有国家公园法，去年我国也把“暂行”了21年的《风景名胜区管理暂行条例》进行了修订，虽然修订后的《风景名胜区条例》尚未以国家法律而以国务院法规颁布，但毕竟是我国风景名胜区保护管理的最高、最新的可依之法，必须贯彻落实。但是我们也应该看到，国务院条例是针对全国，省条例是针对全省，省太湖条例是针对太湖风景名胜区而言的，不可能照顾到苏州市具体的实际状况。苏州市风景名胜区非常具有地域特点，同时城市的基本形态、空间布局、产业结构、发展格局，以及景区资源与全国乃至省内其他城市也不尽相同。因而强化苏州市域风景名胜区保护管理，必须高度重视苏州市风景名胜区的立法工作，尽快将其纳入立法计划，早日研究出台适合苏州市情、具有市域特色、有利保护管理的《苏州市风景名胜区条例》，以完善苏州市生态保护工作的法规体系。

二是要加强风景名胜区综合执法力度。由于多种原因过去苏州市对风景名胜区内违规违章行为几乎没有执法。国务院条例第六章和省太湖条例第五章在“法律责任”中明确了风景名胜区主管部门和管理机构在风景名胜区内的执法内容和执法范围，这是对风景名胜区保护管理主体的最新法律授权。苏州市应根据条例要求，通过市法制部门办理相关程序，认定和授权市风景名胜区主管部门和管理机构在市域风景名胜区内的行政执法权，同时委托市园林和绿化监察所行使风景名胜区内的日常监察工作。今后对风景名胜区违规违章行为的查处，应以风景名胜区主管部门和管理机构为执法主体，规划、建设、国土、水务、农林、公安、城管等相关部门按照各自职责分工密切配合综合执法，以强化苏州市风景名胜区内违法行为的查处力度。

三是要建立健全风景名胜区的监管网络。国务院条例和省太湖条例都对国家级风景名胜区建立管理信息系统作出了规定。这项服务于风景名胜区保护管理工作的辅助系统，借助于遥感技术、地理信息系统、管理系统和网络技术等高新技术手段，通过遥感影像数据、地形图、规划图等数据资料，实现对风景名胜区的动态实时监测。这是贯彻落实科学发展观，适应风景名胜区事业的发展要求，推进风景名胜区信息化建设，改进风景名胜区管理手段，提高风景名胜区管理水平的重要举措。苏州市应积极推动管理信息系统的建立，可由市园林和绿化管理部门牵头，配合省建设厅和省太湖办做好市域8个国家级景区管理信息系统的整体规划，统一技术标准，景区所在地政府应给予经费支持，保证管理信息系统的建立。同时省级以下的风景名胜区也要根据上述要求，加强景区的人工监管，建立监管队伍，定期报送监测报告，按照省厅工作部署，适时将苏州市省级风景名胜纳入省级信息监管体系，形成大市全覆盖的信息监管网络。

当今世界已迈向生态文明时代，原生态的、自然度高的风景名胜区已成为人们向往和追求的目标。大自然和前人已给苏州福地留下了珍贵的自然与历史文化遗产，为地区、为国家带来了巨大的社会、经济和环境效益。风景名胜区遗产是源，利用效益是流，只有保护好源泉，才能保证综合效益的长流不息。各级政府和主管部门应以无愧于子孙后代和大自然恩赐的态度，认真履行好苏州市风景名胜区保护管理的历史使命，确保风景名胜资源世代传承、永续利用。

（本文为向市委所作2007年年度调研报告）

苏州市湿地和湿地公园保护与发展的几点思考

湿地作为与森林、海洋并称的全球三大生态系统之一，被誉为“地球之肾”，具有丰富的生物多样性和很高的生产力。湿地以其独特且重要的生态环境、社会和经济功能，越来越受到人类的广泛关注和高度重视。20世纪70年代起，世界各国制定出不同的保护条例以及相关法律，加强湿地的保护和管理。

近年来，我国加大了湿地保护工作，2004年国务院办公厅下发了《关于加强湿地保护管理的通知》，2005年建设部发布了《国家城市湿地公园管理办法（试行）》，同年江苏省林业局公布了《江苏省湿地公园管理办法》。湿地保护与发展已成为各地新一轮生态保护工程的重要工作加以推进。苏州市作为湿地资源大市，保护工作也在积极地实施之中。近期，我局对全市湿地保护情况进行了专题调研，试图从湿地资源、保护现状、面临问题等方面作一研究思考，以期对苏州市今后的湿地保护事业有所裨益。

一、苏州市湿地资源和保护发展现状

江苏省是湿地资源大省，苏州市又是全省乃至全国湿地资源大市。近年来，苏州市依托湿地资源在生态修复保护上开始起步，湿地公园建设逐步探索实施，产生了一定的生态、社会和经济效益。

（一）湿地资源丰富，开展湿地保护具有无可比拟的优势

苏州市地处长江三角洲的太湖平原，滨江临湖，境内河港交错，湖荡众多，气温湿润，土地肥沃，动植物资源丰富。早在数十万年前就开始有人类聚居，历史悠远，遗存丰厚，人文荟萃，风物清嘉。无论是湿地的天然基础，还是丰厚的人文资源，既为苏州湿地保护和发展提供了多类型选择，也为构建生态系统的典型性、独特性提供了足够的人文支撑。

1. 全市湿地分布较为广泛

目前全市共有水域面积3600平方公里，占全市国土面积的42.5%。按照湿地属性，苏州市包含有天然湿地和人工湿地两大类。河道、湖泊、滩涂等天然湿地基本覆盖全市，现有大小河道2万余条，总长1457公里，面积10.4万公顷，占湿地总面积的21.2%；大小湖泊321个（6万公顷以上湖泊88个）21.2万公顷，占湿地总面积的43.0%；滩涂等其他湿地7.1万公顷，占湿地总面积的14.4%。水稻田等人工湿地10.5万公顷，占湿地总面积的21.4%。在整个湿地中，列入省湿地保护名录的有94个，占到全省总数的57%。随着社会经济的不断发展以及人类活动的干预，苏州市原生态湿地大都已演变成次生态湿地。

2. 动植物资源相当丰富

据调查，苏州市现有浮游动物79种，底栖动物59种，鸟类203种，鱼类15目24科106种，两栖类15种。其中，国家一级保护动物2种，国家二级保护动物14种，省级保护动物33种。现有水生植物34科7属75种，沉水植物18种，浮叶植物11种，漂浮植物8种，挺水和湿生植物38种。丰富的动植物资源是构成湿地生态系统的重要基础，也是湿地保护和发展的重要条件。

3. 湿地品牌具备人文基础

1985年，考古工作者在太湖三山岛发现了旧石器时代的文化遗址，发掘、出土了刮削器、尖状器、砍砸器等5000余件石器，证明太湖流域和黄河流域的中原地区一样，都是中华文明的发祥地。太湖文物资源丰厚，从史前旧石器时代到近代跨越一万多年。西山有大禹治水的遗迹，有纪念轩辕黄帝的轩辕宫。春秋时期，吴越两国相互

攻伐，在太湖留下了众多的遗迹。境内还有众多保护得比较完好的园林等古建筑和古村落。涌现出言偃、顾恺之、范仲淹、范成大等名人。李白、白居易、苏东坡、王安石等历代著名诗人，也在这一带留下了许多诗篇。

（二）保护尚属起步，当地政府对兴建湿地公园较为热衷

目前，全市现有被建设部批准的尚湖、沙家浜2处国家城市湿地公园和被省林业局批复建设或建立的太湖（高新区）、太湖湖滨（度假区）、荷塘月色（相城区）、震泽、肖甸湖（吴江市）5处湿地公园，还有正在建设和规划中的三角嘴、东太湖、阳澄湖等湿地公园。其规模7.5—1745公顷不等。

1. 各地非常重视湿地公园建设

虎丘湿地

苏州正处在工业化向现代化的转型时期，生态环境的价值在经济社会可持续发展中的重要作用，越来越被人们认同和追求。尤其是2007年5月太湖蓝藻暴发，再次向人们敲响了生态危机的警钟。近年来，湖泊沿线政府依托湖泊湿地资源或利用养鱼塘等次生态湿地，委托专业设计单位编制湿地公园规划，兴起了以修复生态、改善环境、开展旅游为主要内容的湿地公园建设。正在建设中的高新区太湖湿地公园还专门编制了环境保护、人文历史、生态、水利、旅游5个配套的专项规划，成立了太湖湿地公园建设指挥部，具体负责湿地公园的建设管理。度假区拟在建成开放的太湖湖滨湿地公园的基础上，规划扩建二期工程。

2. 湿地公园建设取得初步成果

目前，已建成开放的湿地公园有常熟沙家浜国家城市湿地公园、常熟尚湖国家城市湿地公园、度假区太湖湖滨湿地公园、相城区荷塘月色湿地公园等。这些建成的湿

地公园在配合景区资源保护、加强生态修复，维护生物多样性、蓄洪净水防旱、开展科普教育、发展旅游事业等方面发挥了积极的作用。湿地公园的建设，明显改善了当地水质，普遍的由IV、VI类提升到III类甚至达到II类水标准，动物栖息有所增加，每年游客约320万人次。

3.其他湿地公园正在积极推进

吴江震泽湿地公园和同里肖甸湖湿地公园分别于2008年8月和2009年1月被江苏省林业局批准建设。震泽湿地公园规划水域432.9公顷，陆地481.12公顷，建设期计划5年时间，由于面积较大，预算资金需10亿元，目前正在开展招商引资、协调规划用地和基础性工作。肖甸湖湿地公园依托20世纪50年代建设的省级森林公园而规划，一期规划199.8公顷，建设期3年，约投资3亿元，目前主要在进行入园主干道、园内景观路、道路绿化等项目建设，其他建设尚未展开。2007年6月经省林业局批准建设的太湖湿地公园规划面积4.6平方公里，目前投资近4亿元，实施的一期工程2.3平方公里，已完成租地清淤。地形改造、部分景点和绿化建设。苏州市规划建设的12平方公里的三角嘴湿地公园，也已经完成部分地形改造、园路构建、绿化种植等工程，水生植物配置正在抓紧实施中，湿地公园形态已基本形成，2009年10月左右，一期工程将建成开放。东太湖、阳澄湖、昆承湖等湿地修复工程也正在规划编制当中。

（三）实施手段不一，湿地公园建设管理尚处在探索阶段

苏州市在实施湿地修复或湿地公园建设中，基本能针对本区域次生态湿地基础，结合当地自然条件和经济文化状况，采取不同模式实施湿地公园建设。

1.建设管理形态多样

已经建设和正在规划建设的湿地公园，其实施的主体、资金的运作、管理的途径和经营的方式，既有相同之处，也各有其特点。全市湿地公园实施的主体均为当地各级政府，建设资金的来源，既有政府财政投入，也有申报生态修复项目向上争取，还有给予政策进行招商引资。日常管理经营既有政府直接管理的，也有政府委托所属企业管理的，并且有政府或主管部门领导兼任企业主要职务，还有处在规划建设中正在研究探讨尚未确定管理模式的。值得一提的是，高新区在申请建设湿地公园之初，就

将“太湖湿地公园”在市地名办进行了冠名，并向国家工商行政管理总局商标局进行了商标注册。

2.湿地公园定位不同

苏州市湿地公园均依托湖泊、鱼塘等次生态湿地进行开发建设，由于各湿地公园所处的地域和环境不同，建设的湿地公园定位亦不相同。尚湖、沙家浜城市湿地公园，主要依托景区退耕还湖加强资源保护，在城市绿地系统规划范围内实施湿地修复，主要定位于城市生态和景区红色旅游。太湖湖滨湿地公园依托太湖山水品牌和交通优势，在沿湖岸线 5.5 公里长、宽200—300 米的地段上，营造了生态湿地和8 个景点，主要定位于山水生态旅游。太湖湿地公园利用太湖湖湾“退渔还湖”进行湿地修复，重点进行生态保育。荷塘月色湿地公园由沉降鱼塘和荒滩改建而成，一期133.4公顷150 多种荷花为特色的荷花湿地公园成为现代休闲旅游区。震泽湿地公园规划拟依托长漾湖湿地环境为背景，构建湿地休闲度假区，开展生态农业旅游。肖甸湖湿地公园依托平原森林，整合农家乐、野外拓展训练设施等资源，形成江南水乡生态旅游区域。

检查太湖湿地公园

3. 监测技术逐步开展

苏州市湿地公园在日常管理中，逐步开展了湿地基本生态特征监测工作。太湖湖滨湿地公园建立了科研监测站，投资800万元购置专业设备，进行湿地监测，并与相关院校和科研部门合作建立科学研究基地。沙家浜城市湿地公园开展湿地时空分析，主动掌握湿地各类动态变化和发展趋势，建立了预测模型和指标模型，定期提供监测数据与监测报告，通过预测模型实施信息的运转，分析变化的原因，提供湿地保护与合理利用对策。其他湿地公园也将委托相关科研单位进行定期监测分析，以保证湿地公园的科学管理。

二、苏州市湿地保护和建设存在的主要问题

进行生态修复的湿地保护工程，虽然越来越得到各级政府的重视，但由于我国以及江苏省在湿地保护方面尚未出台相关法规，其保护建设也没有强制性标准，而且行业管理又分属于建设（园林）和林业两个部门，加之历史的原因和各类建设活动的增加，造成对湿地过多的干预，以至在湿地保护和建设中还存在一些值得重视的问题。

（一）人为干预增加，造成湿地非正常演替

虽然苏州市开发利用湿地资源历史悠久，规模较大，但人们对湿地效益和功能一直缺乏足够认识，多年来一直把湿地当作取之不尽、用之不竭的聚宝盆，任意利用，盲目开发和过度利用造成湿地非正常演替。

1. 水体污染导致水生动植物减少

水体污染包括工业污染源、生活污染源和农业面源污染源，以及水面周边的水产养殖、旅游、水运等行业排入的污染物。以太湖为例，太湖水质平均每10年下降一个等级，全湖已经由80年代的II类水下降到目前的III类水质，局部地区劣于V类水。由于人类活动和湿地水质的破坏等原因，湿地水生植物分布面积不断缩小，水生植物种类增长缓慢，浮游生物数量下降。据2005年出版的《太湖鱼类志》中记载，20世纪80年代，太湖地区共有鱼类107种，2008年调查到的种类仅有82种，已有相当部

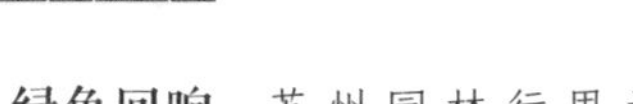

分种类尤其是洄游性种类绝迹多年。

2. 围垦导致湿地生态系统破坏

围垦填湖是天然湿地减少的主要原因。20世纪50年代开始，太湖共有161平方公里湖滩被围居，1950—1985年，太湖等湖泊沿岸共建圩218个，丧失湖滩湿地面积299.2平方公里。大量围垦湖泊边缘浅水滩地，破坏了湖泊天然的生态系统，使大型水生植物减少，湖泊鱼类栖息、生长、产卵的基地丧失，湖泊生物资源的再生循环过程受到严重影响，生态环境变得十分脆弱。同时围垦湖泊降低了湖泊的蓄水抗洪能力，使得水患灾害易于发生。近年来，苏州市虽已实施了退田还湖和整治湖泊养殖工程，但湖泊湿地的自然演替需要缓慢的生息过程。

3. 淤积和沼泽化速度加快

由于多种原因的影响，现有的淤积和沼泽化速度已远远超过湖泊的正常演替过程。据《人民长江》2005年11期所刊“太湖湿地资源及湿地生态问题与对策”一文称，当年东太湖42.8%的湖面已经成为沼泽，39.5%湖区正向沼泽化演变，无沼泽化的湖区仅仅占湖面面积的17.7%。在低水位期，30%的湖底露出水面成为滩地。南京地理与湖泊研究所等科研机构完成的《东太湖沼泽化调查研究报告》明确指出“全湖范围的围网养殖成为东太湖沼泽化发展最主要的驱动因素”。

（二）实施湿地保护，在认识上尚未完全到位

湿地是人类最重要的生态环境之一，也是自然界富有生物多样性和较高生产力的生态系统，有着巨大的生态、经济和社会功能，但目前苏州市在湿地保护和建设过程中对湿地的生态价值认识还比较肤浅。

1. 湿地保护工程形式单一

目前，苏州市湿地修复保护形式比较单一，仅仅集中于湿地公园的建设。城市湿地公园也只存在于一个常熟市的两个点，分布不均，点面偏少。同时湿地自然保护区、湿地保护小区、湿地多用途管理区或划定野生动植物栖息地等多种形式的湿地保护模式未曾出现，水稻田等人工湿地也大面积减少，没有形成完整的湿地保护体系。

2.湿地公园定位偏重旅游

湿地公园是以具有显著或特殊生态、文化、美学和生物多样性价值的湿地景观为主体专类公园，其保护湿地生态系统完整性、维护湿地生态过程和适当开展公众游览，休闲或进行科学、文化和教育活动的生态服务功能，应当在规划、建设、利用时科学定位。目前，苏州市建成开放的湿地公园人为干预过多，旅游利用功能偏大，生态保护面积占比不高，沙家浜湿地公园二期建成后，其规划的生态保护面积也不超过50%，而杭州西溪湿地公园生态保护面积占到94%，利用面积只占6%。

3.湿地公园缺乏湿地典型

苏州市建设的部分湿地公园，对湿地生态系统特点的分析不够，缺乏湿地公园的区域特色，没有突出湿地类型的典型性和代表性，以及湿地景观的唯一性、演替的自然性等特点。有的选址不完全具备自然径流、泄洪蓄水、保护水源等湿地基础条件，建设上也有简单化、模式化、公园化、园林化的倾向。沙家浜、荷塘月色湿地公园建成后因城市交通发展，高速、高架公路擦边而过，严重影响到鸟类的栖息、繁衍，降低了湿地公园生态保育的原意。

（三）缺少总体规划，湿地保护各自为阵

苏州市湿地资源丰富，符合天然湿地性质需要重点保护及可修复建设的各类湿地公园的次生态湿地也比较多。前几年，苏州市有关部门对全市湿地资源进行了摸底，提出了一些设想，但实质性的工作推进不大。

1.没有规划容易造成短期行为

虽然《苏州市城市总体规划》中有湿地保护的内容，但基本上是属于概念性的，没有专门研究编制《苏州市湿地系统保护规划》。当前，苏州市湿地保护和湿地公园建设是在没有总规引领和控制下而进行的区域活动。从当前看，各地重视某个点面的湿地修复建成湿地公园，发展旅游事业，好像没什么问题，但从长远看，这类建设活动没有整体性、系统性，有可能是对湿地系统保护的一种破坏，如此将会贻害无穷。

2.行政管理分割带来建设无序

从行业管理的角度讲，城市湿地公园由于处在城市绿地系统规划范围内，且用地

性质大都为城市建设用地，一般归建设（园林）部门管理。而湿地公园不在城市绿地系统范围内，且用地性质大都是农用地，一般归林业部门管理。就太湖湿地而言，沿线有高新区、吴中太湖度假区、吴江市等市、区、镇政府。由于总体规划尚未编制，行业部门统筹指导尚未完全到位，相关政府缺少横向协调沟通，其围绕太湖建设的湿地公园难免会出现遍地开花、自成一体、冠名近似、缺乏品牌的无序行为，这样既分

太湖滨湖湿地一角

化了太湖品牌资源，降低了太湖品牌效应，又易造成外界对太湖湿地的认知迷茫，难怪外地人发出“太湖湿地公园到底在哪里”的疑问。

3.湿地保护缺少建设管理资金

目前，苏州市有关政府投入湿地生态保护的资金既不确定也不稳定，一方面依赖领导的认识和重视程度，另一方面依靠当地经济发展水平。列入当地政府重点工程预算的财政专项经费也相当紧张，资金投入也不平衡。太湖湿地公园一期，高新区财政投入近4亿元，推进速度快，建设起点高。而震泽湿地公园目前尚未启动建设的主要原因就是政府没有资金，需要招商引资。太湖湖滨湿地公园日常管理经费也很不足，每年砍伐芦苇雇用外地民工每千亩人工费需20万元，被砍伐的芦苇在苏州市已无任何经济价值还要外运至苏北盐城，仅这项工作每年产生的100万元经费缺口，就很令度假区无奈。

（四）没有法规支持，影响湿地规范有序管理

湿地保护，是人类对工业化发展影响生态环境的主动反思行为。苏州是湿地资源大市，作为一项抢救性保护工程，苏州市已开始实施，但与湿地保护管理有关的政策法规，在研究制定层面是相对滞后的。

1.湿地保护地方立法尚未列入计划

1994年以来，苏州市根据生态环境保护的需要，先后出台了多部涉及生态环境保护方面的地方性法规，并在经济社会生活中发挥了重要作用。湿地抢救虽然在我国发展时间不长，但已经成为当代各地争相抢救的一项重要的生态工程加以推进。苏州市的湿地保护当属起步阶段，目前尚无湿地保护地方法规来规范湿地建设管理行为，易造成无序的开发利用。

2.湿地保护强制标准未曾研究制定

目前，苏州市湿地保护不但形式单一，而且存在积极性过高产生的争相上马的建设性冲动。在实际开发利用活动中，哪些湿地必须绝对保护禁止开发？哪些是有条件的限制性开发？哪些是可以结合湿地公园建设进行适当开发？允许开发的应该达到什么质量要求？谁来监督评估？这些目前尚无地方强制性权威标准。所以只要当地政府决策建设湿地公园一般就能如愿以偿，这样开发建设的湿地公园的品质就难以保证。

3.湿地保护补偿机制没有建立实施

对于湿地保护的本质认识大家都能说出一二，其具有的生态、社会、经济三大效益大家也不会含糊，但实际上投资建设者往往会把“今天投入、明天产出”看得更直

接、更重要，这种想法很具一定的代表性。由于多种利益的综合使然，作为投资者难以自愿以牺牲自身的直接经济利益而为整个城市或其他区域去谋求什么生态效益、社会效益，而在苏州市生态补偿机制尚未建立实施的情况下，很难改变这种想法的存在，进而影响当地政府实施生态保护的积极性。调研中，不少地方政府都有要求尽快建立全市生态补偿机制的呼声。

三、苏州市湿地保护和发展的思考及建议

苏州市丰富的湿地资源优势明显高于周边城市，应当十分珍惜大自然赐予我们的非常脆弱的宝贵资源。要按照科学发展观的要求，从战略层面上加以重视，积极推进，使苏州市的湿地保护工程走在全省乃至全国的前列。

（一）高度重视湿地保护，采取有效措施推进湿地保护工程

湿地保护是一项重要的生态公益事业，做好湿地保护管理工作是政府的重要职能。各级政府要把湿地保护列入政府的重要议事日程和工作责任范围，通过具体组织和实施，不断推进湿地保护工作向前发展。

1.全面提高湿地保护认识

湿地是指天然或人工、长久或暂时性沼泽地、泥炭或水域地带，带有静止或流动淡水、半咸水水体者，包括低潮时水深不超过6米的海域。湿地作为全球三大生态系统之一，发挥着保持水源、净化水质、蓄洪防旱、调节气候和维护生物多样性等重要生态功能作用。健康的湿地生态系统，是国家生态安全体系的重要组成部分和经济社会可持续发展的重要基础。保护湿地对于维护生态平衡，改善生态状况，实现人与自然和谐，促进经济社会可持续发展具有十分重要的意义。各级政府必须牢固树立科学的发展观，坚持经济发展与生态保护相协调，正确处理湿地保护与开发利用、近期利益与长远利益的关系，绝不能以破坏湿地资源，牺牲生态为代价换取短期经济利益。

2.尽快开展湿地调研工作

随着城市建设和社会各项事业的发展，苏州湿地和湿地周边环境不可避免地发生

了次生变化。当前，在全市开展湿地资源普查有着深刻的现实意义。调查的重点应当包括：湿地类型、面积和分布；自然环境状况；湿地野生动植物情况；湿地保护和管理情况；湿地功能效益、湿地周边社会经济情况以及湿地资源利用情况；湿地受破坏或威胁的现状及主要威胁因子，受威胁的预测；等等。湿地资源现状和湿地保护现状的调研成果，要为编制湿地保护规划和湿地保护立法提供依据和服务。

3.抓紧编制湿地保护总规

研究拟定《苏州市湿地保护工程总体规划》，是苏州市湿地生态系统可持续发展的需要，也是湿地保护工程有序规范的重要保证，应当列入苏州市重要的专项规划加以编制。湿地保护工程规划应当与苏州市城市总体规划、水资源保护规划、风景名胜区规划等生态环境保护规划相协调，保证湿地保护工程总体规划的可实施性。同时要分门别类地列出全市湿地保护名录，制定湿地保护强制性标准，科学规范地实施湿地保护修复工作，避免盲目发展和低水平重复建设，保证苏州市湿地保护和合理利用处于良性状态。

（二）学习借鉴先进经验，研究制定湿地保护配套政策法规

我国已于1992年成为《关于特别是作为水禽栖息地的国际重要湿地公约》缔约国，并于2000年发布了《中国湿地保护行动计划》，在《野生动物保护法》《森林法》《渔业法》等相关法规中也设置了保护湿地的相关条款，但至今尚未研究出台专门的湿地保护法规。可喜的是不少省市根据需要，先后出台了本地湿地保护条例，这一法规实施的先进性值得苏州市学习借鉴。

1.研究制定苏州湿地法规

近年来，广东、甘肃、宁夏、湖南、武汉等10多省市，相继颁布实施了湿地保护条例。上海、福建、河北、四川、吉林等省市的湿地保护条例正在起草或送审之中。不难看出，有关省市在湿地保护立法上已经走在了我省前列。当前，苏州市湿地资源和保护管理现状确实存在着立法的需求和必要，应当将《苏州市湿地保护条例》列为地方立法计划，在组织专题调研的基础上，抓紧研究起草，尽快出台。这不仅符合苏州市湿地保护管理的现实需要，也是完善苏州市生态环境保护法规系统

的客观要求。

2.力争出台生态补偿办法

湿地生态补偿机制是指以保护湿地生态环境、促进人与湿地和谐发展为目的，根据湿地生态系统价值、湿地生态保护成本，运用政府和市场手段，调节湿地生态保护利益相关者之间利益关系的公共制度。2008年，《江苏省太湖流域环境资源区域补偿试点方案》已正式实施。当前，苏州市应根据生态环境保护需求和经济社会发展水平，研究建立地方性生态补偿机制，研究出台生态补偿办法，通过政府财政转移支付，对影响自身经济利益而为生态环境保护做出贡献者做出相应补偿，最大限度地调动生态环境保护的积极性，实现不同地区、不同利益群体的和谐发展。

3.编制湿地强制保护标准

2008年，国家林业局颁布了《国家湿地公园评估标准》，主要作为各地申报“国家湿地公园”进行评估的行业标准。湿地公园建设只是湿地保护的一种形式，而其他形式的湿地保护目前尚无评估标准。由于目前只有这个“行标”，而其他“行标”制定相对滞后，各地只向“湿地公园”建设一个方向发展，容易引发湿地保护工程的单一。苏州市应当根据自身的实际需要，在《苏州市湿地保护工程总体规划》编制的同时，研究制定与总规相配套的湿地保护、建设、管理等内容的综合性强制标准，加强湿地保护的行业评估，严把湿地保护质量，杜绝低标准的开发建设行为。

（三）切实加强工作研究，推进建立湿地统一保护管理机制

湿地保护的动力来自对湿地本质的深刻认识和生态保护的客观需求。湿地保护工程的推进，更应依赖于政府的组织领导和完善的协调机制。在当前各级政府热衷于做湿地文章的情况下，应当突出湿地保护的组织形式、推进方式和管理模式的研究，为苏州市湿地保护工程提供强有力的组织和机制保障。

1.整合全市湿地保护资源

作为一个城市或者地区而言，天然的湿地或次生态湿地本该是一个完整的生态系统，行政区域的划分并不代表生态系统的人为分割。当前各地进行的湿地修复工程，是在没有对全市乃至整个太湖流域湿地系统深入分析的前提下做出的单边行动。当

然，要求县、区、镇站在更高层次上考虑全市湿地保护问题是不现实的，这就要求市本级要把苏州市湿地保护工程作为一项重要课题加以研究，从战略层面上将苏州作为一个大湿地来进行规划。当前，苏州市应当突出湿地保护和湿地公园建设的组织形式，推进方式和管理模式的研究，做好各类资源的整合工作，为苏州市湿地保护工程提供强有力的组织和机制保障。要重视研究建立由市绿化委员会承担的总体协调机构，具体负责规划、国土、园林、林业、环保、水利等部门的协调，全面整合湿地保护的决策资源、组织资源、实施资源和管理资源，在市绿化委员会的统一领导下，实现分区保护、分片建设、分点管理，防止出现因行政和行业管理的分割，造成“各自为阵”的无序开发利用。

2. 建立主体多元投入机制

湿地生态系统提供的许多服务功能属于公共产品，是市场不能提供的，亟待依靠政府公共政策来构建湿地保护与合理利用的秩序，而资金是维持这一秩序的关键所在，是湿地保护和管理的重要经济保障。当前，苏州市拟建的湿地公园由于政府财政投入不足难以启动，建成开放的湿地公园，其管理运行也较为艰难，或多或少地影响了湿地保护事业的发展。因此，必须发挥政府投入的主体作用，同时可以建立地方政府投资和民间投资相结合的多渠道资金来源、多元化投资机制，鼓励相关非政府组织参与保护管理。

3. 加强湿地保护人才培养

当前，苏州市应重视建立一支精通动植物资源保护、熟悉国际旅游市场需求的多层次管理人才队伍，积极探索和深化湿地生态保护、科普、旅游的联动培训机制，湿地管理部门应与相关高等院校开展合作，加强中高级科研与管理人才培训，包括为大众服务的湿地导游，以满足湿地各类人才需求，同时要合作建立湿地专业科研机构，开展湿地保护、监测分析、管理利用的综合研究，有条件还应重视建立湿地专家资源库，为苏州市的湿地保护提供技术和科研支撑。

（四）立足实际谋求长远，因地制宜修复设立不同类型湿地

苏州市湿地资源丰富，河流、湖泊、滩涂、水库、池塘、稻田等湿地都是1971年

拉姆萨尔《国际重要湿地特别是水禽栖息地公约》表述中所涵盖的湿地类型。因此，我们要充分利用已有的天然和人工湿地优势，采取多种形式加以修复保护，不断丰富苏州市多类型的湿地。

1.设立封闭性的湿地自然保护区域

太湖、阳澄湖等湖泊是苏州市重要的水源保护区，已列入国家或省重点湿地名录，对于这样具有典型代表性的湿地生态系统，应当依法划出一定面积设立相对封闭的湿地自然保护区，予以特殊保护和管理。重要的次生态湿地和次要水源保护区，也应修复设立湿地保护小区、野生动植物栖息区等多用途管理小区。其功能通常只限于保护和研究，严禁人员进入和开展旅游活动，最大限度地避免人为干预，使其充分发挥湿地生态过滤器与环境协调作用，维持湿地生态过程，遏制湿地生态系统的退化。此类地区的交通系统规划也要适当远离，以减少噪声、油污、废气等对保护区的影响。

2.建立修复性的各类湿地公园

对具有湿地基础有修复条件的次生态湿地，可以根据地域的不同，修复建立各类湿地公园。特别强调的是，随着城市建成区的扩大，在城市绿地系统规划中，要结合四角山水楔形布局，加大在城市市区或近郊规划城市湿地公园工作力度，并保证其建设用地。当前应重点抓好三角咀城市湿地公园建设，使其充分发挥城市湿地公园应有的生态作用。城市湿地和湿地公园的修复建设，要结合本地的条件、动植物资源、历史文化等要素，科学布局各功能区域，努力形成自身特色，还可依托风景名胜区水体，修复湿地公园。建成的湿地公园要在满足生态、文化、美学和生物多样性要求的基础上，适当开展科普、文化、休闲、娱乐等游览活动，确保生态、经济、社会效益的协调发展。

3.建设开放性的滨河景观湿地

苏州城市河道众多，尤其是京杭大运河穿城而过。这些纵横交错的河道可以结合湿地修复，在确保防洪安全的基础上，把河流建设成尽量接近自然的形态，努力创造出具有丰富自然的水边环境，恢复城市河流湿地的自然生态和环境功能，尤其是尽力恢复城市河流湿地的生物多样性特征，保证滨河边多种生物生息的空间。在此基础

上，苏州市还应注重保持一定量的水稻田等人工湿地的种植，使其发挥应有的生态功效。

（五）注重规模，讲求品质，努力打造地域特色的湿地公园品牌

苏州市作为湿地资源大市，可开发建设的湿地公园的次生态湿地相对较多，在当前各级政府如火如荼地进行湿地公园建设的初始期，应注重品牌的打造，以其一定的规模、独特的个性、成功的宣传来赢得公众的认同，不断扩大在全国的影响。

1.湿地公园规划要形成规模效应

湿地公园的规划选址，既要因地制宜，也要考虑一定的面积量。面积太小，难以实现湿地公园的规划功能要素，其生态、文化、美学、科普、游览和生物多样性也难以形成规模效应，因而在湿地公园规划阶段，要充分考虑能满足33.35公顷以上建设用地规模需求，为实现湿地公园品牌战略奠定规模基础。

2.湿地公园建设要创造自身特色

应充分利用苏州市水资源、动植物资源和人文资源丰厚的独特优势，彰显湿地公园的个性特色。湿地公园规划和建设就要根据湿地公园的立地和人文条件，很好地把握定位。可选择本地的某个特色强项重点打造，避免形式、内容、定名等方面的雷同。游览活动的开展也要有其自身的特色，中国香港湿地公园实现了科普功能的最大化，其成功的建设理念和手法运用值得学习借鉴。

3.湿地公园宣传要采取多种手段

湿地公园的品牌打造还要依靠成功的宣传包装与营销推介，让公众在强大的媒体攻势下逐步认同。在湿地公园的形象定位上，要根据苏州市湿地公园极具代表性或独特性特征，尽可能地避免“地名”加“湿地”或用“最大”“国家、省级”式的平直形象定位。在旅游视觉的营造上，也要针对湿地公园的特色，设计和设立湿地公园视觉标识，作为湿地公园品牌形象，作为商标产品进行注册、宣传和市场营销。在旅游宣传上，应当借助电视、互联网、报刊、电台、广播等媒体，通过湿地公园交流会、自然科学研讨会、旅游文化节等多种形式，全方位展示湿地公园的生态旅游特色、文

化内涵和形象标识，还可借鉴杭州西溪湿地公园拍摄《非诚勿扰》贺岁片的做法，提高本地湿地公园的知名度，扩大在全国乃至世界的影响。

13年前国际有关组织已确定每年的2月2日为世界湿地日，湿地已成为当今备受世人关注的一大主题。湿地保护工程是一项惠及当代、荫泽子孙的伟大工程，苏州市各级政府要大力开展湿地研究、政策制定、保护管理，以及利用规划工作，全面提升湿地保护管理水平，按照可持续发展的要求，将生态环境建设得更加和谐美好。

（本文是2009年7月29日应市领导批示要求，
我带领调研小组对苏州市多个湿地公园调研后的专题报告。）

（值得庆幸的是，近十年来苏州市已出台了湿地保护条例、生态补偿办法，并建成了多个生态湿地和湿地公园。）

虎丘，永远是苏州的文化标志

虎丘是苏州古城的象征，也是苏州文明的标志。开展虎丘地区综合改造，是21世纪初就筹划启动、社会各界强烈呼吁和期待的一项重要工程。让虎丘这座历史名山，这片文化沃土更好地继承祖先、惠及当代、荫及后人，是我们神圣而庄严的历史任务。

一、虎丘是苏州历史文化的标志，建设虎丘、发展虎丘具有重大价值

虎丘是苏州历史文化名城的象征、标志和见证。在国内外，很少有一个风景区可以像虎丘那样，它的发展与城市政治、文化、经济的历史发展血脉相依、紧密结合、休戚与共。虎丘历史积淀深厚，其人文历史可上溯到2500年前的春秋时期，春秋吴王阖闾墓成为中国古代帝王陵寝中的千古之谜。

虎丘紧邻古城，在人与自然的关系上，其建设、发展的过程充分反映了城市与自然紧密联系的关系，是人类保护自然、利用自然，与自然和谐相处完美结合的典范。

虎丘自然环境优越，山上的基岩裂隙水形成多处水质优良的天然泉穴，还有多处古代人工泄水工程的遗迹，如憨憨泉、剑池、白莲池、第三泉、养鹤涧等，共同组成了丰富的水资源和水生态系统，是自然生态和人工生态的杰出范例。

虎丘经东晋、唐、宋、元、明、清和民国乃至新中国建立后，历代的建设经营，留下了许多历史、自然和人文胜迹，文化遗存内容多样，范围深广，极其丰富灿烂。高雅情趣和市井风情并重，内涵覆盖了帝王、文人士大夫、宗教、建筑、民俗等诸多方面。其中最为重要的是在唐朝宝历元年（825年），诗人白居易任苏州刺史，在虎丘山前开河筑堤，将运河和阊门直接沟通，并于堤上栽桃柳两千株，人称“七里山塘”或“白公堤”。同时，又绕山凿溪，引水环山，使得虎丘山水相映、水陆交通更为方便。此后至民国的1100多年间，虎丘一直是苏州闻名遐迩的旅游胜地之一，虎丘塔不仅成为苏州古城的一处标志性建筑，更是苏州市民文化心理的一个寄托。

虎丘离苏州古城仅3公里多，“绝岩耸壑，茂林深篁”，四周环河，溪流成带，绿树成荫。虎丘山南至阊门的山塘街风俗民情醇厚，山北（即后山）则以田园风光见长。邻市井而得山野之幽，林泉之趣。这一景观特点一直保持到二十世纪六七十年代。虎丘的山丘、奇石、峭壁、池潭、泉水、河流、竹林、古树名木等自然景观和古迹、古建筑、摩崖石刻、民俗风物、山塘街市等人文景观相得益彰，是城市和山林完美结合的典范。这不仅提高了城市的自然环境质量，更为城市居民提供了具有山林野趣的休闲之地。至今保护完好的有千人石、云岩寺塔、二山门、御碑亭、平远堂、五贤祠、小武当、拥翠山庄等50多处人文名胜。1961年，“苏州云岩寺塔（包括其他建筑物）”被国务院列为全国重点文物保护单位。

虎丘自然植被生长发育良好，经历年培育，区域内森林覆盖率达99%，绿化率达92.4%，以乡土林木为主形成的自然群落层次丰富，数量众多，共计73科115种4100多棵，被苏州市绿化委员会挂牌保护的古树名木达100多棵，占全市挂牌古树的四分之一。虎丘温润的气候环境适宜栽培茶树，唐代已有种茶的记载，宋代虎丘茶闻名遐迩，名为“白云茶”，在中国茶文化史上有很重要的地位。虎丘还汇聚了千余盆盆景，是中国四大盆景流派——苏派盆景的集中展示区。

虎丘的“三市三节”、曲会、灯会……是民间无形文化遗产的珍贵传存，充分显示了传统文化的魅力。虎丘还是有形文化遗产和无形文化遗产的共同体，虎丘的自然风光和人文遗迹，是历代文学家、艺术家的创作源泉，为他们提供了丰富的艺术灵感，写下和绘就无数诗文书画。农历三月初三苏州的文人墨客，常效仿晋人兰亭聚会修禊，雅集虎丘，吟诗作画；中秋曲会更是独领风骚。像这样的诗、文、曲、画、会等繁荣发展，逐渐形成了虎丘独特的风雅文化和民俗文化。丰富多彩的民俗活动诞生了许多民间故事和传说，著名弹词《玉蜻蜓》《三笑》的主要故事情节就发生在虎丘一带。虎丘的民俗活动还促进了当地民间工艺的发展，《红楼梦》中薛蟠泥塑小像即出自虎丘民间艺人之手，还有虎丘的花树栽培、盆景制作、花露、草席、工艺品。这些民俗活动、民间故事和民间工艺流传至今，现虎丘每年仍举办春之花会、秋之庙会。它们与虎丘的自然景观紧密依附，相得益彰。故自宋代起就有“到苏州不游虎丘乃憾事也”之说，而独享“吴中第一名胜”的美名。

虎丘风景名胜区

虎丘在历史上几经兴衰，但它的兴衰都和苏州古城历史、文化、经济发展的兴衰相依并存，同步同趋。可以说，虎丘发展史，就是一部浓缩的苏州简史。对虎丘来说，无论是遗存的文物、古籍的记载、历史名人的活动，还是民间传说，无不是与丰富多彩的吴文化发生着千丝万缕的联系，吴文化是虎丘名胜区最主要的文化渊源，而虎丘是吴文化的重要载体。虎丘在苏州两千五百年的城市发展史上占有不可替代的重要位置，在当代也有着广泛发展的良好前景。

二、虎丘景区发展建设的历史回顾

虎丘景区核心区域前临山塘河，周围有环山河围绕，千百年来，其范围相对稳定。

1952年底，苏州市设立园林管理处，次年6月组成“园林古迹整修委员会”，接管虎丘及其他园林名胜，进行管理和维修，逐步对虎丘全面修葺。1956—1957年，对虎丘塔进行了抢修，从塔中发现大量珍贵文物。1981—1986年，对虎丘塔进行“加固塔基”的第二次大修，使倾斜已达2.34米的千年古塔转危为安。

从1955年起，虎丘前、后山陆续新建了放鹤亭、涌泉亭、孙武亭，开通了环山河。1956年，建造海涌桥，疏通第三泉，修整百步趋，重建花雨亭等。1959年，重建通幽轩、玉兰山房，整修了小武当、十八折和环山路。1966—1976年，10年的“文化大革命”中，虎丘受到了人为的破坏，石刻、佛像、陈设、匾额、楹联、书画损失严重，整修和建设工作也陷于停顿。改革开放以后，虎丘又进入了一个加快步伐恢复发展的新时期。

1980年，重修小吴轩，整修冷香阁。1981年，重修照墙及头山门。1980—1982年，在东山庙遗址、隆祖塔院遗址一带，新建了万景山庄，园内陈列着数百盆树桩和水石盆景。1982年，在后山新建分翠亭、揽月榭。1989年，开始大规模对失修、破损的建筑、石刻、匾联逐步进行维修、保护和复原，重建了千顷云阁、五贤堂，以及周围种植享有“茶中王种”之誉白云茶树的“云在茶香”等景点。近年来恢复了茶园面积0.2公顷左右，年产茶叶20余千克，并将产权注册为“云岩茶”。2003年起，又相继恢复了西溪环翠、书台松影等历史景点，对宋代石观音殿遗址进行了专门保护。同时，还广植花木，绿化育林，注重自然景观建设。植树22000多株，有名贵树种、竹、茶、樟、杉、柏、梅、桂、樱、枫、玉兰、银杏、石榴、枇杷、柿、枣、橘、栗、杜鹃等。如今，西麓的红梅、绿梅，东麓的樱花，后山的毛竹、杜鹃、白云茶，都已蔚然成林；书带草、麦冬草和常春藤等遍布丛生。春花、夏荫、秋果、冬翠，四时佳景清丽可人，千古名山生机盎然。

1996年，经江苏省人民政府批准，虎丘被命名为省级风景名胜区；1998年，虎丘以其整洁优美的环境、井然有序的管理和优良的服务，被评为全国十大文明风景旅游区示范点。2002年，虎丘山风景区通过了ISO9001–14001质量管理体系和环境管理体系的国际认证，还获得了“全国十大文明示范风景区”，先后通过了国家旅游局确认的“4A”景区评定，并升至“5A”级景区，2011年，被全国文明委命名为全国文明单位。

虎丘山浮翠阁

三、扩大虎丘景区建设，是历史机遇，更是历史责任

（一）扩大虎丘景区面积，提升景区质量，对实现苏州园林建设战略目标具有极大的重要性和迫切性

虎丘山风景名胜区核心景区主要限制在环山河包围中，占地面积28.29公顷，加环山河外侧部分也只有30公顷左右，其中环山河水系3.17公顷，林地和开放区域15.73公顷。随着周边城市化建设的急剧发展，历史上曾属城郊区的虎丘已经被融入城市之中，给景区的保护和发展带来巨大的压力和隐患。诸如环境质量、生态平衡，基础设施、旅游交通、接待能力等许多矛盾日益凸显。虎丘景区北临312国道，道路交通运输繁重，车辆杂多，废气及噪声严重，由此造成了生态及旅游环境的日益恶化。虎丘景区南接虎丘路，这一带曾自发地形成婚纱一条街，每个店面的格局是院内开工厂，楼上是宿舍，楼下是门面，多年下来规模很大，成为在国内和国际上都很有影响的婚纱集散地，聚集商家和员工几十万人。由于生产和生活的需要，随着经济的发展，周边环境与风景区风貌不相协调的违章建筑大量存在，景区周围水系遭到不同程度的破坏和污染，周边植被的原生态环境破坏严重。人口的快速增长，特别是外来

人口在虎丘附近居住有十多万人，白天、晚上熙熙攘攘，非常混乱，也逐渐成为虎丘安全、消防隐患突出，生态环境恶化的一个重要趋势。

虎丘自1953年6月由园林管理部门管理面向社会开放以来，年均游客在80万人次以上，最高年达250万人次，最高日达4万人次，而“五一”“十一”黄金周游客集中，也给管理工作带来很大的压力。

在保护工作上，虎丘周边地区历史文化遗存众多，但由于时代的变迁及其他各种因素的影响，有的遗存消失，有的损毁严重，有的更改用途，生存环境受到影响，保护工作迫在眉睫；在管理上，虎丘山风景区属市园林和绿化管理局管理，山塘历史街区由苏州市山塘历史文化保护区发展有限责任公司负责保护性修复，虎丘景区周边虎丘村、茶花村等为原农村自然村落。市管资源和区管资源、历史文化资源和现有社区资源、水上资源和陆上资源等均缺乏有效整合，难以形成合力；在建设上，先后有虎丘风景区西扩规划及虎丘婚纱城规划、虎丘西路整治规划等，均因故未能实施。山塘有历史文化保护区保护性修复总体规划方案和控制性详规、修建性详规，但需与虎丘周边地区总体规划接轨和互补。另外，虎丘地区地处山塘历史街区和金阊新城的结合部，如何以虎丘周边地区总体规划为龙头形成互补互赢的格局，也是需要认真研究的课题。

作为苏州著名的自然历史人文胜迹，苏州重要的对外窗口和城市名片、古城的后花园，全面提高虎丘山风景名胜区的综合质量，保护历史文化遗产，培育生态，促进风景区发展，已是风景区建设发展的当务之急。

（二）扩建虎丘的天时和地利条件

在虎丘景区的演变历史上，虎丘山从来就是和山塘街、山塘河紧紧连接一起，成为一个不可分割的整体，只是在近代才被人为分开。虎丘、山塘及其周边地区自然风貌特色明显，人文资源丰富。离虎丘山西去不远，有新石器时代遗址金鸡墩，周围河道纵横，富有野趣。山塘街沿线则保留了清末河街并行，小桥流水的江南水乡特点。历史文化遗存众多，例如，山塘街席场弄口的法华庵、席场弄内的小普陀庙、桥北堍的西山庙和南堍的花神庙、明代遗存万点桥等。半塘的冶坊浜一带，自古就是虎丘景

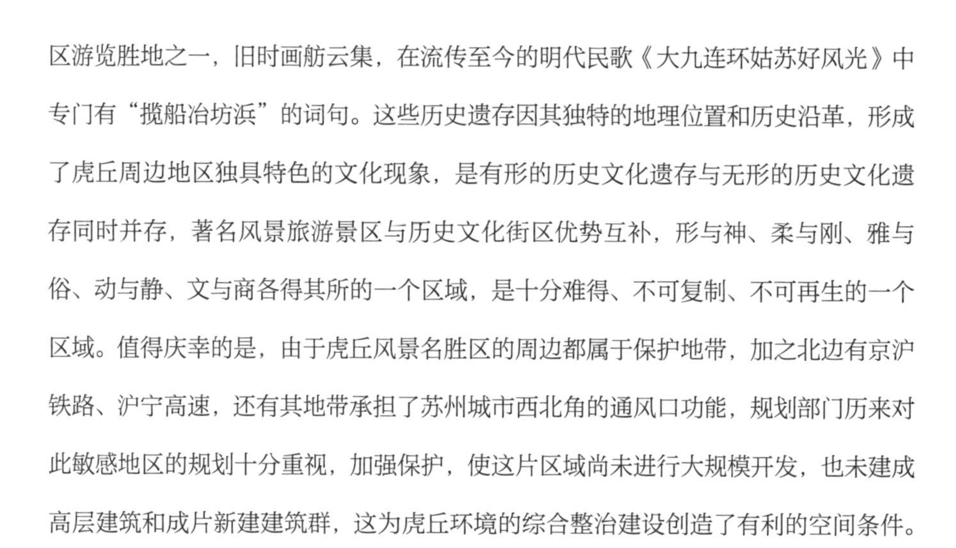

区游览胜地之一，旧时画舫云集，在流传至今的明代民歌《大九连环姑苏好风光》中专门有“揽船冶坊浜”的词句。这些历史遗存因其独特的地理位置和历史沿革，形成了虎丘周边地区独具特色的文化现象，是有形的历史文化遗存与无形的历史文化遗存同时并存，著名风景旅游景区与历史文化街区优势互补，形与神、柔与刚、雅与俗、动与静、文与商各得其所的一个区域，是十分难得、不可复制、不可再生的一个区域。值得庆幸的是，由于虎丘风景名胜区的周边都属于保护地带，加之北边有京沪铁路、沪宁高速，还有其地带承担了苏州城市西北角的通风口功能，规划部门历来对此敏感地区的规划十分重视，加强保护，使这片区域尚未进行大规模开发，也未建成高层建筑和成片新建建筑群，这为虎丘环境的综合整治建设创造了有利的空间条件。

四、虎丘景区建设发展的工作历程

早在20世纪80年代，苏州市园林管理局就非常重视虎丘景区建控范围的划定和总体规划的编制工作。2001年10月15日，苏州市园林和绿化管理局委托苏州园林设计院承担虎丘山风景名胜区的规划编制。通过实地踏勘和对风景区范围的各类文物古迹、名胜景点、山林水系、生态环境、工厂居民等现状进行调查分析，于2002年1月编制完成《虎丘山风景名胜区总体规划方案》。2002年6月15日完成修改，并获江苏省人民政府批准（苏政复〔2002〕128号文）。

该规划的主要内容为：在严格保护现有的核心景区规模的基础上，进一步将景区保护区规模上做大，景观上做美。规划使景区面积从原有的28.29公顷扩大到124.53公顷，景区周边设立路北（虎丘北部312国道以北）、虎阜路、虎西路、白洋湾四个保护区，面积为475.9公顷。整个风景区以恢复和保护文化历史景观为基础，逐步向周围拓展，从单一的游览、观赏向休闲、娱乐、度假等多功能方面发展。风景区以及保护区的规划框架为：东部以山景古迹为主，西部营造水面景观，北部为田园风光，中部是市井商家。

我是从2004年初介入此项工作的。当时我是园林局党委书记副局长，时任局长的徐文涛要筹备第28届世界遗产大会，集中到市规划展示馆办公，我在局里主持工作。

2004年6月，苏州市市长办公会议在虎丘召开，我参加了该次会议。记得会议由市政府主要领导主持，分管市长和有关部委办局的一把手都参加了这次会议。中午，我们还安排了便宴招待大家。此次会议对加快虎丘西扩进行了讨论，提出要建设一个项目公司进行融资，以虎丘门票作为抵押进行贷款来推进建设。同时，为改善虎丘风景名胜区周边环境，对正山门地区综合改造等工程给予明确指示。当年，位于山塘河南的虎丘山前广场建设竣工并投入使用，扩大了景区范围。

为落实市长办公会精神，我们一方面研究开发建设的体制机制，研究了由虎丘山管理处与园林集团公司共同组建项目开发公司的可行性问题，用虎丘山风景区东侧约2.668公顷土地的出让金作为资本金，以虎丘山门票作为抵押贷款来解决虎丘西扩的资金来源问题。另一方面深化总规方案进行虎丘西部区域的概念性规划策划，请同济大学、东南大学、南京艺术学院、苏州大学等高校多位专家参加了规划策划方案评标

虎丘庙会

会。会议通过对苏州、对虎丘风景名胜区及周边地区自然、文化和历史的了解，特别是针对虎丘风景区及其周边环境的现状、特点和所存在的问题，在经过系统的调查研究和认真分析的基础上，形成了对虎丘西部景区建设的六点总体发展思路，即：虎丘“吴中第一名胜”与“七里山塘”历史与现实高度结合基础上的品牌关联效应；融苏州园林艺术、江南田园风光和小桥流水人家的城市特色于一体的视觉景观特征；强调怀旧意境，突出体现虎丘山塘承传古今的环境情趣和市井风情的区域生活场景；历史氛围、文化品位、休闲意境、民俗风情既各有侧重又互为兼顾的游览观光情趣；顺应时尚、接轨市场、满足现代旅游业全面发展需求的繁华兴旺的经营消费模式；溪水潺潺、松涛竹影、鱼翔浅底、鸟鸣林深的一方于闹市中而犹存的自然生态环境。

以上六大主题的内涵与外延，在项目的景区布局、景观创意、植物栽培、街坊改造、建筑设计、商业规划等方面的具体策划以及自然历史文化资源的挖掘和整合中予以相关的表达和体现。西扩后的虎丘新景区东与环山河相连、西至苏虞张一级公路、北抵312国道、南临山塘河南岸。景区占地面积为49.084公顷，为现有景区的两倍有余。西扩后的虎丘新景区由五个部分构成，分别为历史名胜景区、民俗风情景区、文化史诗景区、寻古探幽景区和虎丘夜游观景，虎丘西部景区的扩建必将使虎丘风景名胜区形成一个依托水乡风情、田园风光和名胜古迹，并具有鲜明特色、高品质、多功能、富有吸引力，集秀美的自然景观和丰富的人文景观为一体的旅游胜地，成为苏州的“城市客厅”。

2004年下半年，任苏州市委的主要领导和市政府主要领导先后调离苏州。无锡市委书记王荣调任苏州市委书记，江苏省科技厅厅长阎立调任苏州市市长。原来的分管市长姜人杰被双规，分管工业、旅游的副市长周伟强分管了建设口的工作，园林和绿化管理局局长到风景园林集团公司当董事长，我于2004年7月被市人大常委会任命为园林和绿化管理局局长。

我作为对虎丘西扩比较“熟悉”的领导之一，仍然希望继续推进这项工程，一方面我积极向新任的市委书记、市长和分管市长汇报情况，表达进一步推进下去的意见，另一方面组织园林设计院和策划公司深化西扩的详细规划和策划方案。记得虎丘西部新建区域要建一个与虎丘相对应的建筑叫“吴王阁”，略低于虎丘塔，是西部区域的主要建筑，还策划了一些游乐项目，便于游客参与。2005年8、9月份，我与茅晓伟副局长、曹光树（规划处长）、向华明（园管处长）、高云根（虎丘景区管理处主任）一起去成都考察了武侯祠建设的一条古街，计划在席场弄也建一条这样的街。考察是成功的，但在返回途中，因遇台风延误航班，又传来上方山林果场发生踩踏事件的消息，心情很沉痛，遂在电话中安排了在家中主持工作的吴素芬副局长副书记妥为处理。

2005年下半年，分管市长做了调整，吴江市委书记朱建胜调任苏州市副市长，分管城市建设。他原是金阊区区委书记，我在装甲十师任副政委时就与他熟悉，记得我到安徽淮南军分区任政委时，还到他办公室告别，是老朋友了。我向他专题汇报了虎丘西扩的工程问题，新来的市委书记、市长也很想启动虎丘西扩工程，让市规划局做了一个启动的方案，即要把西扩部分压缩一半的面积做房地产开发，以弥补开发资金不足的问题。我局在讨论这个方案时，提出了反对意见，主要是本来西扩的面积就不算大，按总规要求一百公顷多一点儿，这么一压缩，虎丘西扩的面积太小。领导也就没有再坚持下去，此事也就拖下来了。

但分管市长很理解我们的心情，就与规划局邵建林局长和我研究，按照城市总规的划定，先期启动三角嘴湿地公园建设，这样既扩大了苏州市的绿地，又改善了苏州市的生态环境，资金上的压力和矛盾也小一些。遂让我局和规划局做规划。经过一年时间的方案设计和论证，于2007年启动了三角嘴湿地公园的建设，目前已经有6平方公里的绿地建成，受到国家和省、市专家们的一致好评。由此想到，塞翁失马，安知非福？！

但我们启动虎丘西扩的工作从来也没有停止过。2005年，我们拍卖了虎丘山东侧2.668公顷土地，拍卖了4000万元；2006年，把虎丘西扩的集体土地征收为国有建设用地，支付了国家和省上缴的各种费用2000余万元；还有虎丘景区西北侧原有几十栋别墅要转让拆迁，我们也介入其中，先是想收购下来，但苦于资金不够，后市土地储备中心收购下来，我们又配合做好拆迁工作。

2007年，我们提出购买原工艺美校与建在塔影园中的幼儿师范学校置换建设塔影园，但因教育局要价太高而未办成。我们又商量购买虎丘山庄事宜，因要价太高未能实施。2006—2008年，我们启动了虎丘北门区域的规划设计和拆迁工作，初步考虑此处建游客服务中心、停车场，孙武祠、一榭园等景点。直到2009年市里启动了虎丘地区综合改造工程，我们才把虎丘风景名胜区的建设与整个虎丘地区改造合并进行。

真正启动是在2009年下半年，苏州市的主要领导调动调整，时任南京市市长的蒋宏坤到苏州任市委书记。到了苏州后，他广泛地开展调研，9月份到了金阊区，金阊区的领导把他领到了虎丘周边地区，也看了虎丘山景区。当看到虎丘周边地区的情况后，他用了四个字来形容："不堪入目"。

由于要保护虎丘景区周边的历史风貌的特殊原因，周边地区建设长期规划控制，不准建高层，不准有大的动作，因此这个地区多年来，基础设施缺乏，乱搭乱建的现象严重，由于条件太差，原住户都到市区和别的地方买了房子，原来的地方都租给了外地来苏的农民工，价格便宜，人口稠密，有十几万人，交通也很混乱，卫生环境更不用说了，可以说是苏州最"脏乱差"的地方。蒋书记看后，很心痛，要改善老百姓的居住条件，要改变游客对苏州的不良印象，要尽快改变虎丘这个全国著名景区的历史风貌和周边环境，遂下决心要对虎丘地区进行综合改造。这一次的改造不只是虎丘景区的西扩，而是虎丘周边3.5平方公里地区的综合整治。

2009年的10月1日是国家的法定节假日，可领导们没有休息。10月3日通知我到市委开会，我当时还纳闷，在假期中市领导还要开会，可见事情之急。到了市委四楼的小会议室内，一看人员很多，有市委蒋书记，市委常委常务副市长曹福龙，市委常委、秘书长王少东，分管城建的副市长朱建胜，还有金阊区委书记、区长以及规划局局长、住建局局长、财政局局长、国土局局长、土地储备中心主任等。我去得晚了一些，前面他们已经研究了一些事情。一开始是市规划局汇报了虎丘西扩的方案，没让大家发言。蒋书记先说了前几天去虎丘地区视察时的感受，心情很沉重，说要进行虎丘地区的综合整治。后来让大家表态，我说了"举双手赞成，这是我们盼望已久的事情"。然后进行了分工，让规划局和我们深化方案，让财政局测算资金，让金阊区作为整治主体尽快筹建班子，准备正式启动。

五、不遗余力，不留遗憾，打造新虎丘

2010年3月23日，在经过几个月紧锣密鼓的准备之后，苏州市委、市政府召开虎丘地区综合改造工程动员大会，省委常委、苏州市委书记蒋宏坤宣布虎丘地区综合改造工程启动。市委副书记、市长阎立明确工程总体目标为：“力争用3—5年的时间，彻底改观城乡接合部的落后面貌，有效保护和挖掘历史文化及旅游资源，全面改善和提升景区面貌及地区生态环境，加快发展和跃升旅游业及高端服务业，着力把虎丘风景区打造成为国内领先、世界知名的历史文化旅游区，把虎丘地区打造成为苏州的‘城市客厅’和吴文化展示的核心区域，成为生态友好、环境优美、低碳绿色、适宜人居和旅游休闲、高端服务集聚的城市现代化综合功能区。”

针对3.5平方公里的总体建设目标和要求，苏州市园林和绿化管理局对2002版总体规划进行了修改调整，于2010年8月6日完成了《虎丘山风景名胜区总体规划》(2010—2030)的省政府审批工作。按照新版总体规划要求，虎丘景区项目用地范围为二级和三级风景游览区，除核心景区外，将新建南入口区、塔影园景区、花神庙景区、一榭园景区、东溪红梅景区、金鸡墩景区共六大景区，扩建范围约45.356公顷，总体规划面积达66.7公顷。在完成总体规划调整基础上，落实虎丘景区环境综合整治建设方案的编制，于2010年12月10日经省住建厅批复同意，为项目立项提供了前置条件，同时也为详细规划编制提供了指导性的意见。

与阎立市长在一起交流工作

根据计划，2011年主要进行了拆迁工作，2012年开始建设。今年准备开工建设一榭园、花神庙景区，并力争实施金鸡墩景区建设，计划投

资3.14亿元，其中一榭园和花神庙景区（不含乾隆行宫）占地12.39公顷，投资估算约2.14亿元，金鸡墩景区7.54公顷，投资估算约1亿元。

实施虎丘地区综合改造不仅是一件传承文化、提升环境的好事，也是一件加快转型升级，提升中心城区首位度的大事，更是一件为民谋利、造福子孙的实事。要经得起专家的推敲，经得起群众的评说，经得起历史和时间的检验。

一是挖掘。就是要认真研究虎丘周边地区的历史文化底蕴，做到多渠道、多角度地深度挖掘，边挖掘边规划。因为这是虎丘周边地区的特定价值所在。文化的深度挖掘不但能提高该地区的社会价值，同时必然提升该地区的经济价值。因此，在总规和详规调整中，我们多次向阎市长汇报，阎市长坚持要在西部区域中建设一个高楼宾馆酒店，专家分歧较大。后来才采取了建设乾隆行宫（低密度别墅式酒店，乾隆六次南巡多次在虎丘山下居住，所以名称为乾隆行宫）的办法，既恢复了景点，又满足对外接待功能。阎市长才答应了报省政府批准。鉴于虎丘景区是省级风景名胜区，总规要省政府批准，详规要省住建厅批准，所以在虎丘规划区内的每一个项目都要报省批准。

二是布局。在梳理历史文化脉络的基础上，综合考虑历史文化遗存如何保护，地块功能如何确定，产业形态如何分布，基础设施如何配套等，形成合理的区域功能布局。实现了虎丘景区规划、山塘历史街区规划、周边地区综合整治规划的无缝对接。

三是延伸。在完成原有保护性修复重要历史文化遗存的基础上，延伸修复新的重要历史文化遗存，使之“连点成组，连组成片”，整体性地体现保护性修复成果。如已经竣工的五人幕拆违向西扩建“义风园”和西侧的普福禅寺（葫芦庙）相呼应，恢复塔影园、李鸿章祠堂、西山庙、花神庙等，丰富虎丘周边地区的历史文化底蕴。

四是配套。根据总体功能的要求，配套建设相应的管线入地、污水入网、路网沟通、供电增容等基础设施和家居式旅馆、游客集散中心、停车场、水码头等公建配套设施，如桐泾路北延、虎阜路拓宽、正山门停车场延伸等，既满足历史文化遗存保护的需要，又满足当代人生活、旅游的需要。

五是整合。做到虎丘风景旅游景区与山塘历史文化街区以及虎丘周边区域的整合，水路与陆路的整合，传统风貌与现实需求的整合，吃、住、行、游、购、娱等旅游需求诸要素的整合，甚至还要考虑虎丘西邻京杭大运河，而京杭大运河正在申遗的独特优势，前瞻性地考虑有关问题，做到资源共享、优势互补，形成整体合力，形成品牌效应。

六是控制。按照虎丘周边地区特定的历史文化底蕴和风貌要求，控制景区内及周边地区建筑高度、空间尺度、建设强度以及外立面效果、内部陈设方式等，使之无缝对接，有机融合，天人合一。同时，应当把握核心保护区、风貌协调区、控制协调区等不同区域的不同特点，使之合理布局，功能互补。对于违章建筑，必须绝对控制，坚决制止，绝不能姑息迁就。

2011年，在讨论苏州段大运河申遗文本时，我在市政府常务会议上提出了要把虎丘景区等地方纳入申遗计划的建议，被采纳。现正在积极准备中。可以预想在不久的将来，苏州又一个高品位的世界文化遗产和一个“绿楔入城、轴带相连、一心多片、多面望山”的优美景观形态，将成为吴地水乡文化和精致典雅的现代文明交相辉映的新兴城市综合体，必将呈现在苏州人的面前。

我也在2010年虎丘地区综合整治动员大会上作了表态发言，集中表达了我们园林和绿化管理局对这一工程的全力支持。现把我当时的发言转录如下：

尊敬的蒋书记、各位领导，同志们：

虎丘是苏州著名的历史人文胜迹，是苏州2500多年悠久历史和深厚文化的缩影，也是苏州重要的对外窗口和城市名片。全面实施虎丘地区综合改造，展示虎丘古朴雄奇、宏伟壮观、景点丰富、环境协调的秀美画卷，再塑“吴中第一名胜”的胜迹，是市委、市政府建设“三区三城”、改善城市环境、增强苏州综合竞争力的重要手笔，是加强虎丘自然和文化资源保护、恢复和挖掘文化内涵、优化景区环境质量、打造文化旅游品牌的重要举措，更是党和政府营造良好人居环境为民办实事的重要体现。我们认为虎丘地区综合改造工程抓得准确、富有远见，同时也深感任务艰巨、责任重大。市园林和绿化管理局将坚决服从市委、市政府的统一指挥，以志在必得的信心和决心，以奋发有为的精神状态，以崇尚实干的工作作风，坚决打好虎丘地区综合改造工程的攻坚战。

第一，要科学规划、彰显特色。要按照“规划引领、文化为魂、生态优先、设施配套”的原则，加快推进《虎丘山风景名胜区总体规划》（2002版）的调整和报批工作，根据虎丘景区的地形、地貌和文化特点，注重与综合规划、配套规划、特色规划相衔接，与虎丘地区一体化规划、城市公共基础设施布局、产业结构调整相配套，与修复景区生态、挖掘文化内涵、改善景区面貌、完善旅游配套设施相结合，充分考虑虎丘地区及景区的文化、景观、旅游、交通、经营和发展等因素，通过区域性的整体规划、联动推进，进一步发挥虎丘景区在苏州城市特色、城市形象、历史文化和旅游经济方面的“龙头”作用和“品牌”效应，确保这项惠及苏州人民、荫及子孙后代的民心工程和德政工程能够经得起时间的考验、群众的检验和历史的评价。要按照风景名胜区条例要求，加快2002版总规修编工作，并加强与省住建厅的沟通协调，走好程序，争取新一轮总规早日得到省政府批准，确保虎丘地区综合改造工程顺利展开，确保市委、市政府的决心早日实现。

第二，要传承文化、塑造品牌。虎丘山风景名胜区的一草一木都是自然和历史留给苏州人民的珍贵财富。要通过新一轮大力度、高起点、综合性的改造，深度挖掘和整合虎丘的悠久历史、丰富内涵、文化地位和艺术价值，重点加强对即将恢复的塔影院、李公祠、西山庙、花神庙、一榭园等历史人文遗迹的研究和论证，重视将文化因素赋予到景点的建设和恢复之中，提升虎丘景区的文化内涵。同时，大力推进金鸡墩生态湿地、景区游客服务中心、生态停车场等建设，力争把虎丘景区打造成自然景观优美，人文景观丰富、环境整洁有序、管理科学规范的国内领先、世界著名的风景旅游胜地。

第三，要精心组织，真抓实干。虎丘地区综合改造工程时间紧、任务重、难度大、要求高，我们将积极发挥园林绿化部门的职能作用，坚决按照市委、市政府的决策和部署，做到思想上高度重视、行动上坚决迅速，措施上扎实有力，全力以赴，不折不扣地完成好市领导赋予我局的各项目标任务。要进一步强化组织领导，局与虎丘山风景名胜区将联合建立强有力的工作机构，切实选调精兵强将充实到综合改造工程的第一线，各级领导特别是主要领导要靠前指挥，亲自督战，随时掌握情况、协调矛盾，工作在一线的同志要开拓创新、快速推进。特别是要重点围绕规划调整、拆迁安置、文物保护、资源优化、景点建设、资金调配等关键问题，加强研究、破解难题、只争朝夕、决战决胜！

第四，要紧密协作，形成合力。虎丘地区综合改造工程历史遗留问题多、协调关系多、不确定因素多。我们一定会站在维护全局利益的高度，牢固树立政治意识、大局意识、整体意识、责任意识，坚决摒弃本位主义，从人民的根本利益出发，互通情况，密切配合，高效协调，依法行政，全力配合好牵头部门和单位做好规划调整，拆迁征地、项目报批、工程建设等环节的工作。特别是当前，我们既要按照职责分工，及时研究解决工作中遇到的新情况、新问题，又要深入做好景区范围内需拆迁的居民、经营户、厂矿企业等调查摸底和资金测算工作，使拆迁、征地工作在政策上、程序上、时效上与有关部门及金阊区政府做好高度对接，确保综合改造工程项目尽早开工和按时序进度推进。

第五，强化措施，攻坚克难。虎丘地区综合改造工程，政治性、政策性、时效性都非常强。在工作中，我们将坚持一个“高”字，高质量、高标准完成各项工作任务；恪守一个“细”字，对改造任务要求的每一项工作、每一个环节都要细心研究、细化方案、细致安排、细密实施；秉承一个“严”字，全力做到严格检查、严格标准、严格要求；把握一个“实”字，对这次改造的每项任务和要求，都不折不扣地按时间、标准、质量和效果抓好抓实，倾力打造体现苏州历史文化特色和生态文明的扛鼎之作和震撼之作！

各位领导、同志们，开展虎丘地区综合改造是市委、市政府早在本世纪初就想启动，也是社会各界强烈呼吁的一项重要工程，由于当时规划、土地、资金等问题未能展开。这一次市委、市政府下的决心更大，要求实施的范围更广、内容更多、要求更高，应该说是工程浩大、任务艰巨。我们将以饱满的热情、高昂的斗志，把压力变动力，把重任变责任，坚决打好综合改造工程的攻坚战，为把虎丘打造成为景观优美、文化深厚、生态文明、环境协调、适宜人居、中外闻名的风景胜地而努力奋斗！

（2012年5月于三亦书斋）

（在收编此文时，虎丘及云岩寺塔已于2014年列入中国大运河世界遗产，虎丘周边的一些景点已建成。但原计划虎丘周边3.5平方公里的综合整治因种种原因至今未能完成，在欣喜之余不能不有所遗憾。）

三角嘴
——苏州城中的湿地公园

三角嘴，位于苏城西北角金阊、平江、相城三区交界处的结合部，原来只是一个经过认定的地名，在2007—2020年城市总体规划中，确定为苏州市“四角山水”的一角。用地范围北至朝阳河，东到永芳路和苏虞张公路，西、南靠沪宁高速公路，共达12.04平方公里，其中水域湿地面积5.38平方公里。启动三角嘴湿地公园建设，对保护苏州四角山水独特的城市形态和生态安全格局，落实苏州总体规划和城市规划强制性内容，推动区域经济可持续发展，满足市民休闲度假的需要，提升城市品位和形象具有重要意义。

在我到苏州市园林和绿化管理局工作的近10年间，这个项目几乎伴随了我6年时间，其中的酸甜苦辣只有自知，在即将离任之际，三角嘴湿地公园也已建成一半，因此，写下一些文字，以志纪念。

一、科学前瞻做规划

在中国快速城市化的今天，中国的城市规划工作越来越受到重视，也越来越规范。特别是像苏州市这样的历史文化名城，更是如此。国家对苏州的城市规划也非常重视，如邓小平、胡耀邦等国家领导人都对苏州的城市建设作过重要批示。苏州城市规划是全国少有的几个重要城市，必须经过国务院批准才能实施。苏州自与新加坡合作建立了苏州工业园区后，对城市规划的重视程度和国际化理念更加强烈。

到了2004年，苏州的城市总规又到了新一轮修编的时期（以前规定每座城市每5年修编一次总体规划）。为了保证新一轮城市总规的科学性和前瞻性，苏州市邀请了国家规划设计院来担纲新一轮的总规修编工作，还聘请了周干峙（原建设部副部长、国家两院院士，苏州籍人士）等一批国家级的专家作为苏州城市总规修编的顾问。经过两年时间，通过多次调研和论证，终于形成了报国务院批准的文本。

这个文本借鉴国际先进理念，又贯彻党的十七大提出的注重生态文明建设的思想，把苏州未来城市的生态建设放在了重要位置，规划提出“四角山水”的空间布局，即东南角为独墅湖金鸡湖，东北角为阳澄湖，西北角为三角嘴湿地公园，西南角为石湖风景名胜区。每个角的面积都在12平方公里以上，大的要上百平方公里（如阳澄湖）。

城市总规基本确定后，要有专项规划相配套。我局于2006年启动了城市绿地系统规划的修编工作，在城市总规的指导下，我们更加注重城市的生态系统建设，提出从2007—2020年，苏州要建成二带、三环、五楔、十园的绿化生态系统。具体设计是请苏州园林设计院设计的，也经过了北京林业大学、南京林业大学以及苏州市的园林绿化专家反复论证最后形成，并报市政府批准。

考察三角嘴湿地公园

在2005年之后，苏州市的主要领导和分管城市建设的领导都对“生态建设”进行了调研，在推进前任确定的建设石湖风景区、虎丘西扩的项目时，遇到了国家政策上的调整（如国家级风景名胜区规划调整要报国务院审批等），土地资源的紧张和资金的缺口，使我们不得不在思路上做一些调整，遂决定暂缓石湖景区开发建设和虎丘

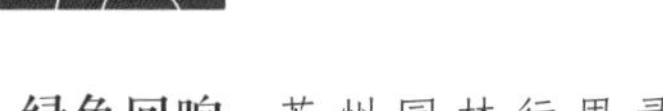

西扩工程建设，先行启动苏州的“四角山水”之一的三角嘴湿地公园建设。市要求规划局做出三角嘴地区的《总规》，我局负责《三角嘴湿地公园建设详细规划》的制定工作。

为了把这个规划制定得更加科学，更具有前瞻性，我们实行全国公开招投标的方法进行，此举吸引了如上海园林设计院、杭州园林设计院等全国一流的园林绿化设计单位参与。最终苏州园林设计院中标。我们又邀请一些专家反复论证，反复修改，最终于2007年报市政府批准。该规划在城市总规和苏州市新一轮绿地系统规划的指导下，以生态学和可持续发展思想为指导，以修复三角嘴地区的生态系统为重点，努力营造一个生态稳定、各物种和谐发展、具有苏州水乡特色优美景观，从而发挥其净化水体、保护动植物、蓄洪排涝等综合生态效益为最终目标。

三角嘴湿地公园结构可分为生态湿地群落体系、村庄绿化体系、城市公园绿化体系等三个体系，具体为9个功能分区：生态养殖区、农家乐旅游区、经济作物生产区、湿地保护区、观赏湿地区、农业湿地展示区、休闲公园区、民俗风情区、生态健身区。在划分功能区域时，我们以生态学原理和生物多样性保护为原则，以乡土植物为基调，创造苏州地区水乡植物群落的特色形象；以水循环治理为核心，合理利用植物新陈代谢特点，为水治理服务；根据生态平衡对生物多样性的要求，通过完善生物链的手段保证动植物的均衡发展；组织增加参与性与教育性的内容，提供益智、科普、园艺、疗养康复等服务功能，展示地方人文精神和习俗风情，营造一个可持续发展的生态湿地公园。

在实际操作过程中，每启动一个区域，都对该区域进行详细的规划设计。从2007年启动一期工程到2011年建成三期工程，每期都有具体的规划设计。为了把湿地公园设计得更好，我们先后去杭州西溪湿地、泰州溱湖湿地、上海某湿地考察学习，还研究了国际上一些知名湿地的情况，并吸取他们建设的经验，大大提高了我们规划设计和建设的水平。

二、精益求精搞建设

规划虽然做好了，但要按照规划把这个湿地公园建好，也是困难重重。记得当时，在分管市长朱建胜的领导和主持下，多次召开规划、园林、建设、水务、旅游、国土、财政和有关区领导的专门会议。反复讨论规划设计，研究具体实施方案和资金筹措方法，最终确定三角嘴湿地公园按照“一次规划、分期实施”的原则和“先低后高”（标准）、“先软后硬”（设施）、“先绿后游”的指导思想。其中金阊、平江辖区内的湿地公园用地总面积为5.61平方公里，其建设由我局负责实施；拆迁腾地、土地租用等委托各行政区域的区政府负责；村落原地保留，由各政府结合新农村建设进行整治；其余部分由所在地相城区负责所有征地，拆迁和建设工作，并负责其资金保障。

我们首先与金阊、平江政府签订租地协议，对租用土地的青苗费、地面附属物补偿费及租地费等进行支付，基本满足了用地需要。

2007年秋季，三角嘴湿地公园正式启动建设。首先启动的一期工程，即生态农庄区，总面积约25万平方米的西塘河路以西沿线，与村庄之间的绿化地块，利用了现存的鱼塘、菜地、废弃荒地，在村落与西塘河路之间建成了绿色防护林带。同时，又按设计标准，沟通了排水系统，营造了水塘，调整了微地形，种植了层次丰富的树木和水生植物品种。这些措施确实起到了改善村庄环境、蓄洪排涝、增强绿色气氛的作用。

正当我们兴冲冲地邀请领导视察建设成果时，却受到了批评，说我们的建设标准太高了，树种的太大了，也过于精致了。他们主要考虑到这个地区目前还不具备市民游览的交通等条件，人气也不够，现在主要是占地，把能种的地方种成小树就行了。

我们则有我们的想法。一方面我们园林局做的事情，一定要有园林局的水平；也就是在苏州具有最高的园林绿化水平，搞得不好，老百姓会骂我们的。另一方面，尽量一次成形，否则，以后二次建设会浪费很大。现在虽然交通不便，人气不足，但到了条件成熟时，再重新建设难度会更大，还会造成不必要的浪费。

2008年要建设西塘河以东、沪宁高速以北、苏虞张公路以西地区90多万平方米的地方。可这里是一片不规则的鱼塘、菜地，还有茅屋等简易建筑，环境极差，交通不便，各种车辆无法进出，更无法施工。在研究这一地区的设计方案后，确定先建一条高级别的园路，既符合总规，又能解决这一地区的施工道路。计划在招投标完成后

三角嘴湿地公园夏景

3—5个月完成，下半年大面积搞公园建设。这一工程分别被列入年度市重点工程项目和创建国家生态园林城市示范项目。

时间非常急迫。可在招投标过程中选了一家不太好的市政企业，工程进展非常缓慢。当然施工难度也大，原来地质勘查淤泥有6米左右，后来在施工中测出最深的淤泥有10多米，地基非常难做。

我非常着急，一开始一月看一次工地，后来一周看一次工地，多次发火，还要停掉这个施工单位，并威胁要全市通报上黑名单，使这个企业以后不得在苏州市场上做工程。

在我的紧逼下，分管副局长张永清、绿化处处长邵雷、绿化管理站站长陈志岚，与施工企业老总一起开会研究，让企业立军令状，必须在7月10号前把道路修通，否则要扣施工工程款和全市通报。“重逼之下，必有勇夫”，大家都一起想办法，改进施工方法，增加施工队伍，加倍增加机器设备，终于在2008年7月10日前把道路修通了，保证了施工便道的使用。

5月份一次偶然的机会，到相城荷塘月色公园去参观，问他们领导，他们种的荷花品种和睡莲、菖蒲品种很好，搭配得也很好，是谁设计的？谁施工的？他们说是请中国科学院华南水生植物研究所设计和指导建设的。我立即带分管局长、处长和园林设计院的人员一起赶到武汉（华南水生植物研究所所在地），参观了他们的研究成果，与他们谈判，让他们帮我们设计三角嘴湿地公园的水生植物并指导建设，还专门划出一片区域，让他们去做一处水生植物精品园，并达成了合作意向。遂把我们设计的方案传过去，让他们修改，之后又让他们派了几个人到现场指导。现在想想，没有他们的指导，今天的三角嘴湿地公园水生植物部分也没有这么精彩。

在建设过程中，我们在原有地形的基础上，对水系进行梳理改造，保留部分原有的水系框架结构，勾勒出开阔大水面；又通过翻晒淤泥重改地形的方式，既处理了池塘淤泥污染问题，又构筑出变化丰富的地形和浅滩，增加了绿地面积。

在植物布局上，我们因地制宜，合理配置陆地、水生植物，营造出空间层次丰富、季相变化明显的城市湿地景观。如陆地植物，大量采用乡土树种及耐水湿植物，共种植乔木品种60多个，花灌木品种约50多个，地被、宿根花卉约60多种。水生植物，则选用了20多个品种，大面积种植菖蒲、荷花、再历花、千屈菜等品种，特别是种植了苏州具有代表性的“水八仙”（即茭白、莲藕、水芹、芡实、慈姑、荸荠、莼菜、红菱等八种苏州传统栽培的水生蔬菜），再现了江南地区的原生湿地植物景观。其他，如观赏木栈道、石栈道、廊桥、景观亭等具有江南特色的景观小品与绿色植物相得益彰，完美结合，隐现地建在湿地内。

在施工阶段，我基本每两周到一次工地，及时发现问题，及时解决问题。记得有一次，我看到水面太阔太深，要求设计单位缩小水面和深度，以便多种水生植物。一次发现，园路凹凸不平，不能过电瓶车，女同志穿高跟鞋也不便行走，又让设计单位修改方案，让施工单位重新处理；还有驳岸处理也是多次修改，才达到了今天的效果。

在第三期的建设中，我们更有经验了。从招投标开始就确立施工、监理队伍标

三角嘴湿地公园秋景

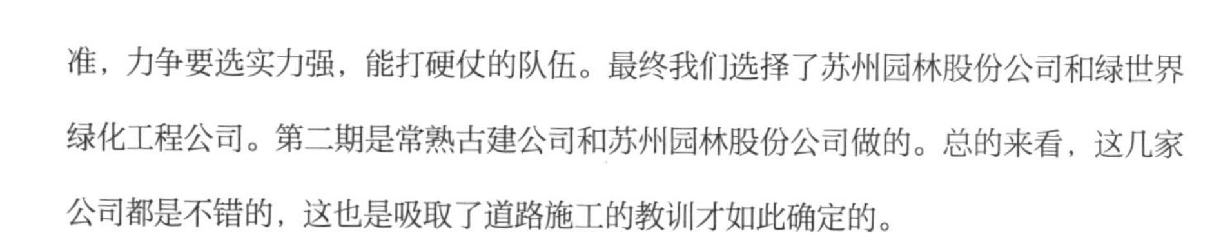

准，力争要选实力强，能打硬仗的队伍。最终我们选择了苏州园林股份公司和绿世界绿化工程公司。第二期是常熟古建公司和苏州园林股份公司做的。总的来看，这几家公司都是不错的，这也是吸取了道路施工的教训才如此确定的。

三期施工除了按二期的经验，改造地形，处理淤泥，种植植物群落，种植水乡植物之外，还增加了一些本地落叶树种，加大花灌木的成分，修了一条自行车道，还建设了“游客中心”“新渔人家”等配套设施及观鸟塔等科普设施，丰富了公园的休闲型和景观性。资金也非常节约，算下来2平方公里建设经费也只有2亿多元，平均每平方米100元左右，这是比较节约的。但效果很好，影响很大。

由相城区负责实施的三角嘴湿地公园，于2006年开始收租鱼塘和菜地，自2009年4月开始启动建设，到目前为止，完成投资总额4亿元左右，建成湿地公园面积373公顷。虽然与城区部分相比水平要差些，但总体上还是很好的。该区域以生态修复的手段，还原该地自然广阔的湖泊湿地，通过生态岛、湖岸生态带和生态保护、生态游览、休闲娱乐等功能区的建设，使“林、湖、地、园”完美结合为24个景区，每个景区基本都建设了休闲、观景、购物、娱乐、科普、野营、观赏等区域，形成一个集“渔”文化展示、休闲旅游观光、湿地保护为一体的多功能的城市湿地生态区域。据统计，现已种植毛鹃、春鹃、夏鹃、紫鹃等各类杜鹃花多个品种120余万株，紫薇、樱花、美人蕉、伞房决明、黄馨、木槿、紫荆等其他花灌木100多个品种200多万株，还种有大量的香樟、广玉兰、榉树、朴树、枫香、无患子、槐树、香柚、雪松、桂花等乡土树种及引进树种，增加了这一区域的景观效果。

从建成后的效果看，现在的三角嘴湿地公园，地势平缓起伏，植被错落有致，物种和谐发展，水面开阔深远，“江南水乡”的生态系统正在逐步得到修复，苏州中心城区的“绿肾”正在逐步形成。

三、专业细致强管理

自2009年三角嘴湿地公园二期建成之后，就有一个如何养护管理的问题，虽然施工单位有一年的养护期，但期间的总体管理必须要有一个主体单位。当时的方案很多，一种是要建立一个专门的管理处，当然这样最好，但这要向市里申请一个副处级或正科级的事业单位，难度很大，而且这样一来，市里再按市区开放性公园管理的方法，所需资金要全部由园林局来承担，我们的负担太重，无法承受；另一种是按照属地管理的要求，交给平江、金阊两个区负责管理，可他们没有机构，没有专业人才，更没有资金保障，这也很难管好。考虑再三，我也征求了很多人的意见，最终确定让专业水平较高的苏州公园管理处来代管这个地方。他们是一个正科级的专业管理处，多年来管理市中心的一个开放性公园，有很好的管理经验，也有一批专业管理队伍。虽然他们的人员不够，可采取市区公共绿地保洁、保安乃至养护外包的方法解决，只需要派几个骨干去负责管理，领导上管理处加强一下就行了。这样既发挥了苏州公园的管理特长，又解决了管理经费来源的问题（市财政就可按养护管理公共绿地的办法予以拨款），只是给苏州公园增加了一些工作量，也给了他们新的工作压力。

2010年以来，由我局负责建设实施的三角嘴湿地公园陆续进入养护管理期，湿地公园内绿化养护、设施维护、保洁、安保等具体管理工作由我局所属单位苏州市苏州公园管理处负责，由绿化管理站进行日常管理考核，市财政每年安排500万元进行资金保障。湿地公园实行开放管理，对全市市民免费开放，体现社会公益性，目前正在探索开发一些经营性项目，如茶室、饭店等，湿地公园内的游客中心、新渔人家、芦荡探幽也将进行招租，逐步完善湿地公园内配套服务设施。从管理的效果看非常好，水质全部达到了二级以上，陆地植物和水生植物长势都非常好。2010年接受全国绿化模范城市检查，2011年接受国家住建部和省住建厅国家生态园林城市考核，都检查了这个湿地公园，也都得到了专家们的高度评价。很多专家认为：该项目建设水平高，管理效果好，很多地方超过了杭州西溪湿地的水平。

由相城区建设实施的三角嘴湿地公园已全面进入养护管理期。这一区域实行封闭管理，茶室、垂钓、餐饮、游艇等服务设施正在不断完善中。

四、完美一流看未来

最近，随市委蒋宏坤书记、市政府周乃翔代市长及有关领导专门视察三角嘴湿地

公园建成部分，研究进一步加快推进的问题，还参加了市委常委扩大会，集体决策下一步三角嘴湿地公园建设的问题，令人十分振奋，真想再年轻几岁，能按照市委领导的要求把这个湿地公园全部建成，奉献给苏州市人民。

在市常委扩大会上，蒋书记提出，三角嘴湿地公园是构成苏州城市空间布局和生态安全保障的重要组成部分，是苏州秀美山水的重要体现，加快推进该湿地公园建设是人民的要求，是完善苏州城市功能的要求，是完成党代会提出建设宜居新苏州、打造创业新天堂、建设幸福新家园的目标要求。要定位科学，特色鲜明，适度开发，基本平衡。要加快拆迁征地，加快路网水系建设，加快休闲配套设施建设，并处理好一些敏感、棘手问题，争取再用5年时间全部完成。

由此可以想象，下一步三角嘴湿地公园，推进的力度更大，建设的标准更高，交通更加便利，服务设施更加完善，景观质量更加优美，但也要实实在在地做好一些工作。

一是要尽快调整完善规划。由市规划局和园林局对整个规划区域的设计进行修编，解决农民安置、企业搬迁及公园建设的资金来源。完善道路、水系，服务设施、景观等，拟再建造一个精品苗圃基地，用于栽培、引种和移植城市绿化所需的精品苗木。

二是明确三角嘴湿地公园的定位。三角嘴作为苏州四角山水楔形绿地和生态廊道，对保障城市生态安全和改善生态环境至关重要，已成为苏州水乡特色的生态稳定、各类物种和谐发展的城市“绿肾”。因此在今后的三角嘴湿地公园建设中，其生态园林绿地性质不得改变，“生态效益”应放在首要位置，其他项目的开发是这个基础上的辅助配套。

三是要明确操作主体和各方责任问题。三角嘴湿地公园建设原有模式已取得相当可观的成效，今后的建设要延续过去的操作模式，即：金阊、平江辖区内的湿地公园工程建设，由园林和绿化管理局和风景园林集团负责实施，所涉及的用地范用内的拆迁腾地工作委托各行政区域的区政府负责。相城区辖区内的湿地公园建设，由相城区政府按照总体规划组织实施建设。

四是进一步完善基础设施。首先要解决交通配套，三角嘴湿地公园和外部交通连接要通畅便利，完善外围路网体系，确保多种渠道、多种交通（如公交、水上交通等）方式进入三角嘴湿地公园。其次要完善内部基础设施，逐步完善公园内部道路、水系的沟通以及管理用房的配套服务设施。

五是要落实资金保障。要延续过去的操作模式，在市政府的统一领导下，对各区负责开发土地产生的资金进行筹措和保障；资金的不足部分，可由各区按照先前操作模式填补，整个操作流程由财政审计部门全程监控。

六是要加强管理模式的研究。如成立管理处，对整个三角嘴湿地公园12.04平方公里实现统一的行政管理，或者按照“谁建设、谁管理”的原则，对湿地公园的建成区域划块管理。但无论采用哪种管理模式，规划必须统一，规划设计方案必须报市政府经审核同意后方可实施，同时，也要探讨湿地公园整体开放的方式，局部精品区、主景区等重要景点也可采取收费的管理模式。

（2012年5月于三亦书斋）

（三角嘴湿地公园现已更名为虎丘湿地公园，目前已完成大部分区域建设，但后续任务仍十分繁重，正在推进中。）

石湖随想
——写在石湖滨湖区域开园时

2004年春节后不久，我到苏州园林和绿化管理局才工作几个月，担任局党委书记兼副局长。时任苏州市政府的主要领导和分管领导就带有关部委办局的一把手到石湖景区考察，我也在其列。来到石湖东岸，看到了部分绿化和石湖水面，也看了湖对面的楞伽塔和上方山。虽然这里交通不便，违章建筑较多，破旧的村庄与石湖之间杂草丛生，杂船乱停。当时，市政府主要领导要求园林和绿化管理局及有关部委办局加快开发建设力度，把石湖景区尽快建成名副其实的国家级风景名胜区。

一、熟悉石湖

虽然我从1994年就到了苏州工作，可那是在担任坦克十师的政治部主任，是在部队工作，曾陪同上级领导来过石湖，上过楞伽塔院，看过吴越春秋，但对这里的历史文化还知之甚少。后来经过了解，才知道在短时间内完成石湖景区的开发建设可不是一件容易的事情。

为什么市委、市政府这么重视、这么急切地要开发建设石湖景区呢？原来，石湖景区是一个地理位置优越，自然景观优美，人文景观丰富的江南水乡特色的自然山水景区。她是太湖风景名胜区十三大景区中的一个重要景区，位于苏州和太湖之间，是

与蒋宏坤书记在石湖

苏州城东的湖泊风景过渡到城西山林景观的山水景区。她比邻东山、木渎、光福景区，水陆交通便利，古有“吴郡山水近治可游者，惟石湖为最”的评价。石湖具有秀美的自然景观，有相对独立的横山山景和石湖水景。景观类型丰富，植被比较茂盛。山水组合完美，形成“诸峰白尖带，颇为胜绝”的秀美江南山水风景，享有“石湖佳山水”和“吴中胜境”之誉。石湖景区具有丰富的人文景观，是研究古吴文化的重要地区之一。吴越春秋史迹和历代古迹众多，南宋宰相范成大曾在此居住多年，有田园诗六十首；有历代寺庙观庵三十余处；有顾野王和申时行墓；有乾隆六下江南六次在此留下的遗迹……石湖风景区的规划和开发建设工作，在八十年代就开始了。1956年中秋，苏州至石湖景区的公路正式通车，古老的九拱行春桥重建，1961—1962年整修范成大天镜阁故址——余庄。但到了1970年，当时为了发展粮食生产，石湖景区83%的湖面（4050亩）被吴县长桥公社和近郊横塘公社围湖造田，从此石湖变成了“石河”。直到1986年市政府才决定退田还湖。期间，园林部门对石湖风景区进行了实地踏勘，绘制了总体规划，并完成了一些小品景点，也在退田还湖的同时修筑了越堤、吴堤和石堤。

在以后的十多年里，石湖景区分别为沧浪区、郊区、吴县[①]、市园林局等不同单位和部门管理。由于多头管理，原石湖景区总规划在大约15平方公里的景区内出现了学校、工厂、基地、疗养院，郊区还招商引资卖掉了300多亩土地，建了一个人工景观叫“吴越春秋”，不久也破败了。

---

① 1995年已撤销。

九十年代后期，市园林局又启动了新一轮石湖总规的修编，石湖景区扩大到约22平方公里，2002年得到省政府的批准，市政府又决定把原郊区（后为高新技术开发区）管辖的上方山林果场交由市园林局管辖。我到园林局工作时还没有实施。2004年上半年，我与时任副局长的吴素芬带领机关人员到高新区对接，找的是当时分管农业的副主任。他们提出了可把上方山林果场交出，但横山还在高新区的范围之中，就不要交了（横山原属林业局管理，是一个独立的山头，还有市里的烈士陵园），我们没作回应，反而悄悄地考察了一下横山，看到这里山体不大，但四周都是坟墓，作为风景的价值已经不大，可考虑同意高新区的意见。后回到局里与几位领导商量，大家也同意这个意见，并向市政府领导做了汇报。在交接时，他们又提出林果场的十几个人一起带走，我们征求林果场场长潘保全的意见，他不赞成，我们也就没有同意。后来在当时分管副市长的主持下，我与高新区的组织部部长朱建生签了移交协议，还组织了一个移交仪式以表重视。

上方山林果场有120多名职工，大部分是60至70年代苏州的上山下乡的知青组成，属自收自支的事业单位，他们还有几个工厂，管理九处墓地，收入较少。并入园林局后，我们立即进行了整合，把原来的石湖风景区（60余名职工，属公益性事业单位）、石湖开发建设办公室与上方山林果场进行合并，成立了一个副处级的石湖景区管理处，属公益性事业单位。经市委组织部批准，副局长徐春明兼任石湖管理处主任，上方山林果场场长潘保全、石湖开发建设办公室主任沈玉鳞、石湖风景区管理处主任俞海根任石湖景区管理处副主任。到了2005年，徐春明调到市政管理局任副局长，管理处主任又由副局长杨辉兼任；2008年，局规划处长曹光树提升为管理处主任；2010年后，曹光树提升为局副局长，又由局绿化建设处处长邵雷提升为管理处主任，都是副处职。副主任沈玉鳞、潘保全先后调出，俞海根退休，又任命了陈志岚、孙剑峰、赵军等为管理处副主任。

在开发建设上分两部分进行。上方山的山体部分由园林局负责，每年投入1000至2000万元不等的资金，先后修建了到楞伽塔院的两条上山路，修了南大门、防火通道、北部围墙，整修了楞伽塔院及几座寺庙，整修了申时行墓，恢复了渔庄，并进行了全面整治。石湖及周边区域部分则由风景园林集团公司下属的石湖公司负责，他们对北石湖进行清淤，在越堤、吴堤、石堤上栽种了一些树木花卉，但由于管理体制仍然是“三方四国”和资金筹措上的困难进展不快。我曾带领有关人员考察过杭州的西溪湿地建设，了解到他们建西溪湿地是在周边划出几千亩土地，出让的资金全部用于西溪湿地的开发建设。我也曾想学习他们的办法在石湖周边划出三千亩土地，出让资金全部用于石湖的开发建设，并向时任市委书记的王荣、市长阎立做过汇报。但在征求吴中区及财政局、国土局意见时，大家都不太支持，没有办法，只能是慢慢推进。但我把归园林局的山体部分的建设维修资金，以及园林局的门票收入投了进去，才做了一些项目。石湖及滨湖区域的部分停了两年多，社会各界反应很大，石湖公司因经济问题还抓进去几个人。

二、规划石湖

到2006年下半年，省建设厅启动了太湖风景名胜区总规修编。我们感到机会来了。2007年5月，园林集团公司总经理陆建明随我去澳大利亚、新西兰访问，一路上谈起此事，感到时机已成熟，回来后即向当时分管副市长朱建胜汇报，他表示同意。我就责成规划部门与省规院联系，反映我们的一些想法，他们也表示理解。后来多次与有关部门商量，把石湖景区的规划做了一些大的调整，一是把景区原来的界限由上方山、七子山、吴山的山顶改为划到山脊背面的山脚下，面积由原来的22.35平方公里增加到26.10平方公里。二是把已经建成的86.71公顷的国际教育园划出景区。三是划出1号地块3.802公顷；2号地块9.6公顷；3号地块9.34公顷；4号地块20.01公顷；5号地块33.68公顷；共76.432公顷土地的拍卖资金作为石湖开发建设的资金来源。四是在总规中明确一些服务配套设施用地；可上市拍卖，也作为石湖景区的开发建设的资金来源和后来的管理经费。在规划调整中，吴中区科技城的领导多次提出要多划出一部分土地甚至做了规划，想把上金湾、钱家坞景区全部划出石湖景区。在一次会议上我非常生气，我说石湖景区部分土地是吴中区的，但也是苏州市的，还是江苏省的，更是中华人民共和国的。这些宝贵的风景资源一定不能划出景区，专家也极力反对，这才顶住了他们的压力，否定了他们的提案。

为了长远考虑，我们还在上金湾地区调出7号地块约55.36公顷土地用作植物园的开发建设资金，调出8号地块28.02公顷给了吴中科技城。钱家坞景区原来我曾想作为中国园林博览会的地址。给时任建设部园林处曹南燕处长汇报过，她也同意。后来给阎立市长作了汇报，阎立市长让财政局提出意见，市财政局认为苏州的投入太大，没有同意。后来钱家坞中的旺山村结合新农村改造，建了一些农家乐，建成后大家感觉也很好。所以，这次规划就没有把钱家坞景区的开发经费考虑进去。

为了增加可拍卖用地，增加石湖景区的开发建设资金，我们在南石湖要重堆一条堤，大约16.67公顷，在友新高架边堆堤增加土地20.01公顷。经过一番调查核算，我们就有了底气，可以解决石湖东部区域和上金湾植物园建设的资金来源问题。我把这些想法向分管市长汇报后，朱建胜副市长很快就召开了专题会议，讨论规划和方案等。市长同意了我们的想法，很多人还提出南石湖新堆出的堤就叫“衣公堤”吧，我则推荐别人，最后还是采取纪念范成大对石湖景区的贡献，确定为范公堤。规划敲定后，又研究了资金问题。最后确定在景区调出的土地出售资金实行“封闭运作，自求平衡”的运作模式，不得挪作他用，方法上是先东后西，先北后南，逐步推进，逐步提高。

市政府的思路确定之后，我们还要说服省规院，说服太湖办，说服省建设厅的领导，说服苏州市的专家，等等。几次跑南京汇报，省厅领导非常支持我们，还专门到苏州召开专家座谈会，初步形成了按照我们设想的石湖景区进行了总规修编。由于太湖风景名胜区面积太大，矛盾太多，报国务院批准的时间太长，我们先期启动了北入口建设；这是由园林局负责的项目；2008年动工，2009年完成，改变了北入口杂船、堆场、水泥林立和环境质量极差的状况。各级领导和社会各界反响很好，但其他面积的开发建设还面临重重困难。

三、建设石湖

不久事情出现了转机。那是2009年仲夏，苏州市调来一位新书记，是南京市市长调任苏州的市委书记蒋宏坤，他懂经济，重环境，有魄力，一来就提出了“三区三城”的建设要求，即把苏州建设成为科学发展的样板区、开放创新的先行区、城乡一体的示范区，成为以现代经济为特征的高端产业城市、生态环境优美的最佳宜居城市、历史文化与现代文明相融的文化旅游城市，简称“三区三城”建设，而石湖开发建设正好符合他的目标思路。不久他亲自带领市领导和市有关部门负责人到石湖调研，并当即做出要加快石湖景区开发建设步伐，争取在一两年内建成并对外开放的目标要求，由此，石湖开发建设步伐明显加快。2010年2月，成立了由市政府各有关部门参加的石湖工程建设指挥部，由分管副市长朱建胜任总指挥，分管秘书长徐刚、园林和绿化管理局局长衣学领、园林集团公司董事长张树多任副总指挥，园林局党委成员、石湖管理处主任曹光树任办公室主任，下设规划设计、工程建设、资金保障、土地征用、房屋拆迁等小组。指挥机构成立之后，就各负其责，大力推动。蒋书记还多次来协调矛盾，现场办公，推动建设，2010年，一年之内就来石湖三次。期间他果断决策，拆迁新南、新北村200余户人家，改造吴越路，整治景区外围环境等。在他的督促下，各项工作快速推进，从2月到8月，完成了环湖风光带、东入口、环湖景点等前期工作，2010年9月，召开了石湖滨湖区域开发建设开工仪式，市四套班子主要领导和分管领导都到了。

领导下了决心，我们也干劲倍增。我几乎每月都要到石湖现场看两次，有时是一周到石湖指挥部召开一次例会。到了2010年10月，原定的工程基本完成，实行试开园，同时按照蒋书记的要求，新的分管副市长徐惠民又带领大家开始了4号地块西侧地块绿化景观工程、南石湖道路驳岸桥梁和绿化景观工程、吴越路拓宽改造工程，以及东出入口和环湖风光带绿化景观提升工程等。所幸保证了工期的按时完成，并于2012年5月1日正式开园。园林局机关人员已于开园的一个月前，除留下值班的以外，全部搬到石湖工作，我把各位领导、各个处室分到各个小组，督促和帮助各小组加快工作进度，提高工作质量，确保圆满完成各项工作任务。大家是努力的，早上提前到现场，晚上很晚才收工，有的还要加班加点，但看到即将建成的石湖景区的美貌，大家都是乐滋滋的，这就是苏州园林人的崇高境界。

市委、市政府提出了“把石湖景区打造成为自然景观优美、人文景观丰富、环境整洁有序、管理科学规范的风景旅游胜地，把景区东部区域建设成为群众喜爱的开放性城市公园”的建设目标。近十年，石湖也因其边缘地块的逐步开发而改变了它原来

在石湖工地安排工作

的荒僻面貌，特别是吴中区先在石湖区域南部已经开发成一个新型的行政、教育、商业、居住等区域。现在，无论以前来过或没来过的人，但凡到石湖，都为它的新貌吃惊：来过的，感到怎么有了这么大的变化；没来过的，感到怎么城市边缘有一片这么好的生态绿地和风景名胜。

回想起来，我们在建设中着重注意了以下几点：

首先，我们注重正确处理好景区资源保护与城市建设、传承历史文化与经济社会发展等关系问题。资源保护与城市建设，传承历史文化与经济发展，是一个全球性问题，国际上的论坛经常讨论这个问题。我们的社会正高速发展着，这是人类发展的需要，是科技发展的需要。石湖是生当逢时节，市领导高度重视，多次对石湖景区的保护、开发、建设和管理实地调研、专题研究、具体指导石湖景区的开发建设工作。特别是去年8月市人大专题视察后，我们尤其重视它的定位——以田园风光、吴越遗迹、山、林、湖为特色，以碧水、青山、蓝天为主题，体现山清水秀、疏朗有致、郁郁葱葱、文化丰厚的生态环境和人文环境，以严肃、神圣的态度对待石湖景区的开发建设，为世人和后代留下珍贵的自然和文化遗产，努力把石湖景区滨湖区域的各项工程建成精品。

其次，建设中注重增加绿化面积，体现景区建设的生态性。从历史上，石湖景区一直不同于金鸡湖、独墅湖等区域，是以名胜而著称，但现在也是景区，而且紧靠市区，所以还是应该生态优先。通过拆除违章建筑来增加绿地，回归景区名胜。20世纪80年代，石湖地区已经开始了“退田还湖”，没有那时的“退田还湖”，也不可能有今天石湖建设的基础了。

生态文明建设示范区不是句空话，它是需要综合指标来体现的，如绿化、湿地、大气、水体等。一些细节虽不起眼，但我知道这很不容易。如4号地块西则景观绿地东西向范围从40—90米调整扩大到140—190米，仅此举就增加绿地面积7万平方米；如将南石湖（5号地块）配套设施地块调整为临时绿化，增加临时绿地面积14.4万平方米；诸如此类，不胜枚举。此外，为了凸显主体建筑，还严格控制其他建筑高度，除天镜阁高度为18米外，其余建筑高度均控制在13米内，保证了优美的植物林冠线。

其三，注重增加植物品种，体现景区内“生物多样性”。石湖虽然是“开放性风景名胜区”，但毕竟它有自己的特点，应该还是以原生态的“生物多样性”为主。在植物设计时，我们采用了传统片林式设计和层次组团相结合的设计手法，注重植物搭配和季相搭配。如春、夏、秋、冬的植物配置是：春有海棠、樱花、桃花、杏树、迎春花等；夏有合欢，紫薇、广玉兰、木芙蓉等；秋有银杏、榉树、乌桕、无患子、红枫、石榴等；冬有梅花、山茶、雪松、竹类等。这些植物中，有观花，有观叶，形成了四季植物景观。值得一提的是，这些植物常以“团队”出现，一片某树；一片某花，很有气势。我们还大量利用乡土树种和原有苗木，种植了香樟、桂花、榉树、枫杨、乌桕等乡土树种，并在湖岸两侧种植了芦苇、菖蒲、荷花、红菱等本地的水生植物。南宋范成大《四时田园杂兴》中，就有诗篇专写农家女采摘红菱，这样也是部分复原了历史自然景观。

其四，注重增加历史景点，体现景区的历史文化性。历史文化是一个景区的灵魂所在。石湖地区自南宋成为范成大的隐居地后，历朝历代的文人都是必到石湖，并留下了大量的诗篇绘画，文气旺盛。在石湖建设时，我们十分注重石湖景区历史文化资源的保护、挖掘、传承和利用。但是景区的景点分布不够均衡，著名的历史景点集中在西部和北部，如行春桥、越城桥、渔庄、越城遗址、治平寺、楞伽塔院、石佛寺等，东部区域和南部区域原为鱼塘和滩涂，经过景区近几年的环境整治，拆除了北石湖、东石湖原有的围网养殖，但除恢复天镜阁历史景点外，我们仅设置了可供游人休憩的梅圃堂和反映吴越争霸历史的战争雕塑场景——“吴越潮音”，增加了反映石湖历史人物雕塑场景——“四贤游湖”。另外，在东入口区域的入口广场设置了景观雕塑墙，集中体现与石湖历史文化有关的文化名人的诗词和人物（南朝顾野王、南宋范成大、明朝文徵明、清末民初的余觉等）。但这些景点是否能流传下去，有待于后人的评说了。

远眺石湖上方山楞伽塔

四、景观石湖

经过近十年的努力，我们在石湖滨湖区设计和建了许多景观，最主要的有：

石湖，是太湖东北出水支汊，湖水自东太湖北行，经越来溪汇于上方山下，形成内湾，即石湖。民国《吴县志》载："南北长九里，东西广四里，周二十里，面积3.6平方公里，深处不盈仞。"此处水面开阔深远，水景富于变化，环湖村舍疏落，稻香桑茂。

越堤，长1200米，两面石驳岸作堤，是湖岛景观最佳处，又是协调水面环境，沟通各景物、景观的重要枢纽，使石湖主景区的游览可循路径直通南石湖。

石堤，长1100米，两面驳岸作堤，有跳台、码头、踏步。石堤将石湖水域分隔为南北两部分，北石湖为主要开放游览区。

吴堤，长约2000米，生态驳岸为主，堤两岸自然植被丰富，东侧面向石湖湖面，连接石堤。

范公堤，为纪念南宋诗人范成大而得名。石湖清淤在南石湖堆土成岛，范公堤即勾连两岛的交通要道，与北石湖吴堤、越堤、石堤形成南北呼应。

越来溪，因越国军队攻打吴国取道此溪的历史而得名。越来溪分南北两段，太湖水自南向北通过越来溪入胥江汇入大运河。

越来溪北端与胥江交汇处曾是改道的大运河，向东直通澹台湖宝带桥，2002年经江苏省交通厅批准对石湖（上方山）景区水域实施了永久性封航。

行春桥（石湖串月），位于茶磨屿东，为横跨石湖北渚的九孔石桥，俗称小长桥、九环洞桥。长54米，宽5.2米，其名来自苏州民俗“行春”。

行春桥八月十八观串月之民风流传至今。每年农历八月十七、十八日，举行传统的“石湖串月”活动，行春桥下湖中月影如半，形成“九月连珠”的奇观。

越城桥，单孔石拱桥，花岗石建。位于石湖北首，因桥通越城并与之毗近而得名，又因跨越来溪，又名“越来溪桥”。桥呈半圆弓形，故当地民间初称“吞月桥”，后讹传为“月亮桥”。1982年10月，被列为苏州市文物保护单位。

现越城桥的明柱有桥联。南面：波光万顷月色千秋；碧草平湖青山一画，北面：十里荷花香连水；一堤杨柳影接行，颇有“十里湖山开画嶂”的意境。

越城遗址，位于石湖与越来溪交接处的东岸。公元前473年，越王勾践进攻吴国，主力从太湖经石湖、越来溪达胥江，直逼姑苏城下，并筑土城于石湖东岸，作为临时屯兵之所，是为越城。遗址呈不规则圆形，东西直径约100米，南北约80米；西北部还有土岗一道，名为黄壁山。其内出土的石器、陶器、玉器和青铜器等文物，分属新石器时代晚期和春秋吴越时期。

渔庄，原名觉庵，又名余庄、石湖别墅，位于石湖东北渔家村，于1991年被列为苏州市文物保护单位。

渔庄所在地传为南宋范成大石湖别墅农圃堂（一说天镜阁）故址。渔庄主人为近代书法家余觉（1868—1951），渔庄建于1932年至1934年，为一砖木混合结构庭院建筑，占地约1500平方米。厅堂两进，面阔均为五间，前厅名“福寿堂”。滨湖另筑方亭，名“渔亭”，遥对上方山楞伽寺塔和磨盘山范成大祠堂，风景殊胜。

天镜阁，本是范成大石湖别墅中的一处建筑，现根据历史资料重修。占地面积约2775平方米，建筑面积约850平方米，阁高18米。天镜阁景点平面呈“口”字形，中间水池通过涵洞与石湖水面连通。南北端各有石码头，南部为三层八角形重檐的“天镜阁”。

桃花岛，位于石湖北部湖面中心，南北两条长堤将桃花岛与湖岸相连，把石湖水面分为东西两部分。占地2473平方米，建筑面积1167平方米。在桃花岛上，向东客观上有高架桥和高楼大厦组成的现代都市，西可隔湖远眺历史悠久的上方山。

七星伴月，位于石湖景区的核心景观区，在石湖东南部的湖面中心，东临南石湖，双面临水，向西可隔湖远眺上方山，占地面积17515平方米，建筑面积1236平方米。建筑形体错落有致，与环境相互交融。

梅圃堂，占地约11万平方米，其中梅圃堂建筑面积437平方米，四周遍植梅花，是冬末初春的主要游赏区，其西一组临水景观建筑，为游客提供休憩观景的场所。

四贤游湖，位于南石湖范堤上，是一处展示“四贤”（范成大、杨万里、陆游、尤袤）的历史文化景点。一组人物雕塑，回现了“四贤”在上方山下高谈阔论的场景。

吴越潮音，位于南石湖范堤上，是一处反映历史上吴越争霸的战争场面的景点。景点运用一组战马战车雕塑群，记录石湖古战场记忆；配合湖面上三组战船，气势非凡。

渔城遗址，位于石湖湖面西南部区域，规划景点建筑面积435平方米。以原有鱼塘肌理为基础，结合吴王在此垂钓的历史典故，恢复一处以休闲垂钓为特色的融合自然山水景观的原生态景点。

野营岛，位于石湖湖面西南角，西靠上方山，与几处自然村落相邻，和“渔城遗址”隔水相望，周边水网密布，正是充满着自然野趣的田园风光。

五、未来石湖

一处景区之所以成为景区，必定有它的依据，至少，有它的文化历史渊源。今年5月，石湖滨湖区域开放了，但这只是石湖建设的小小一步，接下来的建设任务更重，如：

在石湖景区上金湾内筹建苏州市动植物园；按照“封闭运作，自求平衡”的开发建设原则，减少滨湖区域东部的土地拍卖和商住房建设，维护好石湖景区的山水格局；考虑石湖景区的发展与城市公共基础设施布局相配套，完善基础设施建设，发挥石湖景区在苏州经济社会中的作用等。

行政协调方面也存在问题，如滨湖区域的统一管理问题。该区域分别隶属沧浪、吴中、高新3个区和石湖景区管理处、石湖景区开发有限公司，行政区划复杂，仅治安管理就因由吴中、高新、沧浪区等4个派出所按区划分管理而导致治安存在盲区和死角；而石湖景区管理处又不具备城管、治安执法权，综合管理能力薄弱，造成了市民和游客反映的社会治安、城市管理、违章建筑等问题久治不绝。又如，“吴越春秋”的改造问题。位于石湖景区西北侧的“吴越春秋”，依山傍湖，是石湖景区上方山景群规划景点之一。该项目于1995年初动工兴建，现原景点内各类设施和建筑已经破旧不堪，年久失修，与周边景区极不协调。虽然市领导也明确了整治原则，但因在二十世纪七八十年代出售给了企业和个人，难以收回整治建设，严重影响了石湖景区周边的环境。

还有按原来“先东后西”的工作思路，石湖景区建设要从友新高架路推进到上方山，再从上方山推进到上金湾，从上金湾推进到钱家坞，直到把26.10平方公里的风景区全部按规划建成，呈现给苏州市民乃至全国人民一个历史文化深厚，自然景观优美，生态环境优越的风景游览胜地，仍然是任重道远。前途是光明的，道路是曲折的。一方湖水，由2000多年前的先人开发，流传至今，积累了无数传说，无数绿化生态林，今天传到我们手中，更是一份责任。我想，市委、市政府能如此重视石湖建设，着实表明石湖的保护、建设与发展，对提升苏州国际形象、创造苏州文化品牌、建设最适宜人居的国际花园城市、弘扬提升苏州园林和城市绿化水平等起着重要的作用。或许，在未来某一天，“杭州看西湖，苏州游石湖”会成为一句国际口号。

（2012年5月撰，2019年6月修改于三亦书斋）

（如今，又过去了七年时间。记得在2012年春节后，时任苏州市委书记蒋宏坤带分管副市长、秘书长和建设口相关局长、城投公司、轨交公司董事长考察了哈尔滨城市建设，结束时召开座谈会，会上我提出石湖景区要由东向西推进，使山水相连，把26.10平方公里都建设成苏州的风景旅游胜地。后来我离开了园林和绿化管理局，这一工作仍在继续推进。与人大常委会副主任朱建胜一起到石湖考察几次，知其详规又有所调整，动物园已搬至上方山南侧，植物园建在上方山麓和石湖水面结合部，吴越春秋已拆迁收回，现仍在建设中，吴越路进行了改造，也正在建设中。）

做出精品，不留遗憾
——相门、平门城楼城墙修复记

市委蒋宏坤书记要求，2011年上半年做前期，2012年底前完成。要么不做，要做就做出精品，能经得起历史的考验，经得起专家和大部分老百姓的评判。

一、受领任务

2011年4月10日，收到市委会议通知，第二天早饭后就直接赶到市委办公楼前，此时门口已停了三辆“考斯特”中巴车。不一会儿，市四套班子（市委、市政府、市人大、市政协）主要领导，姑苏区委书记、区长，有关部委办局和市属国有企业的一把手陆续登车出发。在市委蒋宏坤书记的带领下，一行人参观了苏州古城的阊门及其两边的城墙，平门、相门区域的城门城墙遗址。参观时听取了政协文史委关于苏州古城门、古城墙历史文化的情况介绍，然后回到市委开会。会上听取了市规划局关于苏州古城门、古城墙的现状及修复计划，市政协关于三个古城楼、古城墙的历史文化价值介绍，并建议市委、市政府尽快启动苏州古城门、古城墙的修复工作。市长阎立及有关领导发表了意见。最后，蒋宏坤书记拍板启动苏州古城墙、古城门的修复一期工程。此工程包括阊门北码头段、相门段、平门段，分工市城投公司负责阊门北码头段城墙（城门楼已修复）修复工程，市园林和绿化管理局负责相门、平门古城门、古

与分管副市长徐惠民检查在建工程

城墙的修复工程。要求2011年上半年做前期，2011年下半年展开，2012年底前建成。他声音洪亮，掷地有声“要么不做，要做就做出精品，能经得起历史的评判，经得起专家和大部分老百姓的认可。”还提出，要把修复古城门、古城墙与保护、挖掘、彰显苏州历史文化，与发展旅游文化事业，与周边环境整治、与生态环境保护很好地结合起来；把古城门、古城墙修复与保护古城结合起来，体现原真性、科学性、价值性。在会上，无一人提出异议。很快，市委、市政府以会议纪要的形式正式下发各单位执行。

我来开会时还很轻松，估计不会有我们太多的事情，只是跟着领导们走一圈，开会时听听领导们的意见就完了。可会议之后，却感到肩上的担子沉甸甸的。我局任务艰巨，时间又非常紧迫。

后来我才知道，原来在今年苏州的“两会”上，有不少政协委员提出了一个关于加快修复苏州市古城门、古城墙的议案。市政协主席王金华很重视，在做好调研的基础上给市委蒋书记作了汇报。蒋书记听后很赞同，所以很快组织了这次现场踏勘和会议，并亲自敲定了苏州市古城门、古城墙的修复工程。

二、统筹工作

我回到局里后，不敢怠慢，立即召集局党委扩大会，传达市委扩大会议精神，讨论如何贯彻落实市委决策部署，及早展开这项工作。在会上大家感到情况突然，困难很大。一是2011年我局的任务已经十分繁重，有石湖景区的开发建设工程，有三角嘴湿地公园三期建设工程，有干将路的绿化景观改造工程，现又增加两项工程实在太多。二是2011年的工程建设资金已在2010年的10月确定，现在又冒出这么两个重大工程，感到在资金上难以保障。三是时间紧迫。虽然这两个工程给了我们一年多的时间，可从方案设计、土地划拨、环评、立项、选择施工队伍，各个环节都不能少，而且方案设计、施工队伍选择都要通过招投标完成。每一个招投标过程至少需要两个月的时间，加上他们工作的时间，实在是太过紧张。四是管理人员紧张。我们几位副局长按照分工都有大量工作，再给他们临时增加任务，有些困难。但讨论下来，大家感到市委、市政府决心已定，而且正式下达给了我局，这是对我局的信任和认可，也是展示我局水平的一个良好机会，我们不能讲条件讲困难。就是再困难也要创造条件克服困难，努力完成好市委、市政府交给的任务。遂决定让负责城市绿化工作的茅晓伟副局长会同绿化建设处、绿化建设指挥部，负责平门城楼城墙的工程建设；让当时负责园林风景区管理的副局长杨辉会同园林管理处处长向华明、遗产监管处处长周苏宁，负责相门城楼城墙的工程建设。

局党委扩大会议后，大家分头展开工作。除了原来的工作任务按计划推进之外，这一项任务因时间紧，要求高，更要抓紧推进。首要的是确定设计单位。苏州市规定，无论是设计还是施工，必须要通过市场招投标的办法选择队伍。这样，从发招标公告到设计单位报名，再到评标、开标至少要两个月以上的时间。没有办法，我们只能一面走好招投标的每个程序，一面与苏州园林设计院商量，要他们先期启动设计，一旦中标就可以把初步设计拿出来。园林院贺凤春院长很支持我们的工作，很快组织了设计班子并开展调研和设计工作。

正在我们紧锣密鼓开展工作时，却遇到了一些意想不到的阻力。相门城楼城墙所在地是在1980年苏州疏通环古城河时发现的遗址，而且距后来建设的干将路很近。东边是环古城河，西边是原苏州第四监狱和第四丝织厂迁走后的地块，已被市土地储备中心收储。在搬迁苏州第四监狱和第四丝织厂时，使用了很多的资金，正要用这两个地块出售后的资金给予补偿，可这次修复相门古城门、古城墙占用了相当大一部分土地。市里减少了土地收入，还不知过去资金的窟窿怎么补上，所以部分部门有些抵触情绪。还有一部分人认为花这么多钱建这么一个“假古董”没有必要，对苏州的文化历史传承也没有多少价值，所以在办理一些前期手续时遇到了不少困难。我局及时召开会议统一思想，认为这是市委、市政府的决定，是保护苏州古城风貌的需要，是发展苏州旅游的需要。我们必须克服困难大力推进，分管建设的两位副局长就挨个部门做工作，推进前期手续办理。后来在讨论方案时，很多专家也反对，我们就给他们做解释工作，最终才被专家们认可。

三、文化历史

我虽然来苏州工作十多年了（1994年到驻苏部队坦克十师任政治部主任，2003年到苏州市园林和绿化管理局工作），但对苏州古城特别是对古城门、古城墙知识了解得还是很不够的。通过看有关历史资料和听有关专家介绍，才知道了苏州古城及古城门、古城墙的有关情况。

城墙，中国古籍方志中习称为“城池”，所谓“掘土为池，培土为城”，“城”即城墙；“池”又作为“壕”，为“护城河”之意，“城池”为不可分割的整体，共同构成一座城市历史的实物见证，也成为一座城市文明和文化的象征之一。公园前514年，吴王阖闾命大臣伍子胥“相土尝水，象天法地”，在江南平原上筑起一座规模宏大的古城，即为阖闾城。在以后漫长的历史年代中，城市迭遭战火，隋初、南宋以及明代，破坏尤为惨重，整座城池几濒毁灭，但由于“修葺之大若随踵而来”，故城池仍然顽强地延存下来，其规模和位置两千五百多年来基本未变，保存得也比较完整。

苏州古城的规模，据《吴越春秋》载，伍子胥奉吴王阖闾之命，“筑大城，周围四十里”。自秦汉至南北朝，有关城墙的变迁修建情况，史籍缺载。隋开皇十一年（591年），杨素迁城于城西横山东麓，至唐武德七年（624年）复迁至旧城。五代梁龙德二年（922年），钱谬已砖砌苏州城，高二丈四尺，厚二丈五尺，里外有濠，这是已知最早的砖城。南宋建炎四年（1130年）金兵南侵，苏州城遭受了很大的破坏，至绍定二年（1229年）郡守李寿明重建，苏州城坊才完全恢复，并留下了著名的《平江图》。德佑元年（1275年），元军入侵，苏州古城第二次遭到毁灭性破坏，直至后来各地起兵抗元，遂于至正十一年（1351年）重建苏州城，还加厚了城墙，加深了城濠。元末，张士诚占据苏州时，各城门增置月城，后被明徐达、常遇春攻破，城墙又遭破坏。明初再次大规模修建，据卢熊《苏州府志》载，城墙总长计三十四里八十三步九分。清康熙元年（1662年），巡抚韩世琦改筑苏州城，“城围四十五里，长五千六百五丈，高二丈八尺，女墙高六尺”。今天砖城乃为清初所建。

解放后，对如何保护好历经沧桑以及如何保护基本完好的城墙，未予应有的重视，致使大部分城墙先后被拆除。80年代以来，虽然把保护城墙的工作提到了应有的高度，但城墙已残留无几。现存的城墙遗址，砖石城墙其尺寸一般为：墙底宽12米，顶宽9米，高约8米。

《吴地记》载：阖闾城四周辟“陆门八，以象天之八风；水门八，以象地之八卦”。陆门八座是：西部为阊门，胥门；南部为盘门、蛇门；东部为娄门，匠门；北部为平门，齐门。唐代八门都开，宋初填塞蛇、匠二门，留阊、胥、盘、葑、娄、齐六门。南宋时为便于守卫，只开五门。元末张士诚占据苏州后，在六门添造了月城。太平军攻占苏州后，曾将月城拆除。失陷后，清廷又将葑、娄、齐、胥、阊五门的月城恢复。

民国时期，先后增辟金门、平门、相门和新胥门。

1949年苏州解放时，共有阊门、胥门、盘门、葑门、相门、娄门、齐门、平门、金门、新胥门十座城门。以后，大部分城门陆续被拆除（城门拆除后的门名仍作为地名而存留），到了2001年仅存盘、胥、金三门及重建的阊门。2002年，苏州启动环古城风貌带的建设，又修复了蛇门、葑门遗址等。这一次又决定修复相门、平门及阊门附近的古城墙。我们局负责的是相门、平门城门楼及附近的一些古城墙的修复工程。

四、科学设计

2011年6月底，完成了设计单位招投标，苏州园林设计院中标。在规划设计阶段，在学习掌握了苏州古城门、古城墙历史资料之后，我又带领二位副局长、有关处长及园林设计院设计小组一起现场考察了南京古城门、古城墙的修复情况，还请古城墙修复专家管理人员介绍了南京古城墙修复的经验。之后又派一位副局长带设计人员考察

修复后的相门古城楼

了北京、西安、平遥、襄阳、寿县等地的古城墙的修复情况，学习他们的修复经验。根据苏州古城门、古城墙的历史和外地修复古城墙的经验，向市委、市政府建议苏州的古城门、古城墙按照明清时期苏州古城门、古城墙的规式进行修复。主要是因为苏州古城中的古建筑大多为明清时代，这样才能相协调。这一提议很快得到市委、市政府的认可。

相门城楼的选址，我们设计了三个方案：有在原址建设的，只能在干将路上建一座古城门；有紧靠相门桥北堍的；也有在相门桥北移三百多米的。经专家和领导审查，还是确定在相门桥北堍建设。这也有争论，有意见提出如果城楼城门不好摆，干脆不建城门城楼，参照环古城其他地方只建城墙遗址。但多数意见认为这样过于呆板，不便于树立古城标志。相门正对苏州工业园区，如果站在建成的相门城楼上，工业园区可历历在目，视线直达东方之门，可谓古今相融（城楼建成后果然达到了预期效果）。

不久，园林设计院在贺凤春院长的带领下根据确定的地址和规式拿出了相门城楼、城墙修复的文本。设计方案根据1935年调查报告，明确表明了基地红线范围内正是昔日1935年的城墙。项目沿古城河展开，地块总长635米，所处区域属苏州平江历史街区东部区域，是苏州历史文化中心的一部分，也是环古城风貌带上的一个重要节点，又是苏州城市中的一个重要的旅游景点。

设计人员在设计之前，对苏州古城墙的历史及工部作法做了大量的调查、考证、测绘、分析，为设计提供了理论及实践的依据，使苏州城墙特色得以体现，真实地反映了苏州古城昔日的风采。在经过历史的考证及现场踏勘后，根据实际地块设计出的文本，充分将地方特色融入苏州城墙内，将水巷、城墙、护城河和谐组合；瓮城、马面、水陆城门、城楼共同构成一个以城墙为特色的新城市休闲娱乐场所。方案中新建城墙350米，残缺城墙260米；在相门桥北堍设有城楼及水城门，是整个城墙中人流主要集散地、观景所在地，也是整个景区的视觉焦点，成为护城河和干将路上一道风景。城墙内外均为绿地，间以点缀亭、廊、小广场等休闲空间，为融合周边环境及平江历史街区旅游构想，护城河与中张家河沟通，设立内河船与外河船码头及换乘站，以水城门的形式将这一游线进行合理的组织和安排。经城墙内外侧设立步行游道，将城墙与护城河风景融为一体。设计中还将各种游线相互交织穿插，城墙上下、古城河岸上、舟中，不同的游览方式拥有不同的景观体验。游步道与城墙游览线，沿南北方向展开，将耦园、东园与干将路及轻轨站台连接起来，东西向则以水路将古城河与中张家巷河连为一体，向西可顺水泛舟至平江路历史文化街区。整个游览路线除了充分考虑局部区域内部的功能需要，更从高层面将其与整个平江区、苏州城的总体旅游紧密联系起来。纵观整个地块，城墙掩映在绿树碧水间。城楼采用二层重檐歇山城楼，形式为苏州传统城楼形式，充分考虑相门桥、护城河各个角度观赏价值，兼顾游人登楼可东望护城河，西眺平江路，北瞰绵延城墙及远处的耦园、东园。城墙充分运用马面、水陆城门、城楼等元素进行组合，高低错落，飞檐翘角，构成护城河一个重要的景区。城楼的高耸与城墙一横一竖，在构图上力求非对称的平衡，线条简洁明快，勾勒出一幅典型的江南水城的图像。在护城河对岸望去，城墙傍水而立，气势雄伟之中又透出江南建筑的精巧秀美，在继承传统的前提下有所创新。在立面上，以传统的材料处理，楼台与城墙相结合，灰墙青石，朱栏黛瓦，绿柳碧水，色彩鲜明而又清雅，

相门城楼

江南特有的水城门凸显出古城的特色，楼宇高耸，成为护城河上的一个地标性建筑。在景观设计上，首先在干将路入口处设置规则广场，不仅将干将路和城墙有效地结合在一起，又能方便游人的进出。其次，通过一条蜿蜒的园路将干将路和耦园、东园巧妙地联系在一起，并且沿园路布置了形态各异的园林小品，方便游人休憩。最后，在沿河区域设置了一块观景平台，既方便游客驻足观赏，又能起到游船码头的功能。在绿地种植上，采取以乡土植物为基调，并结合园林植物的原则设计。根据其建筑和景观功能布局，将地块分为入口区、园林景观区和遗址保护区。入口区种植以乔木为主，主要树种为香樟、榉树、玉兰等。园林景区以古朴、造型较好的树种为主，主要

平门城楼

树种为桃、竹、梅、桂花等。遗址保护区以自然形态的树种为主，如朴树、乌桕、海棠、构树、榆树、茅草等。

平门城楼、城墙的设计相对较易，主要是参照相门城楼、城墙设计的规式。但在选址上，根据当地的现状向西平移，将平门城楼、城墙位于古城梅村桥西，是火车站南广场的重要对景。新建陆城门、城楼，隔护城河正对火车站南北中轴线。城楼东接已建成的城墙，向西延伸346米城墙。城楼城墙的体量都略小于相门城楼城墙，绿化部分也参照了相门城墙的造景手法。

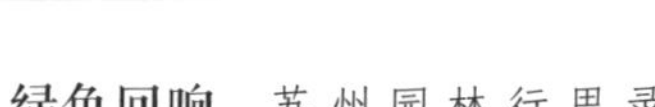

五、精心施工

方案出来后，我们在局内部经过了几轮的讨论修改，后又组织几次专家的审查修改。在报经市委、市政府同意后，通过市招标办公开选择施工队伍。相门城楼城墙为苏州园林股份有限公司中标。这一点我们很放心，因为他们原来就是园林局下属的园林古建修复队伍，他们有人才，有经验，又是国有企业，肯定能把这个项目做好。而平门的城楼、城墙则被苏州绿世界园林公司和香山古建公司的联合体中标。问题也应该不大。这两支队伍中标后，我们提出了明确要求，特别是在材料、工艺上一定要突出苏州的传统特色，把这两处城楼、城墙建成专家、群众、领导都认可的精品工程，成为苏州的又一个传世之作。

可就在我们争分夺秒大力推进建设的时候，上海同济大学阮仪三教授（国家历史文化名城研究中心的专家）给蒋宏坤书记写了一封长信，对苏州古城门、古城墙修复工作提出了一些看法和建议。蒋书记十分重视，立即派人大常委会副主任朱建胜（曾长期分管苏州的城建工作，与阮仪三教授比较熟悉）带规划局局长凌鸣很快赶到上海同济大学向阮仪三教授作了汇报，阐述了苏州市委、市政府决定修复古城门、古城墙的一些想法及初步方案。阮教授听了情况介绍，看了设计方案，对苏州市委、市政府的决策表示理解，对相门、平门修复的方案提出了一些建设性的意见：相门城楼最好再往北移50—100米；在古城墙市民广场内，根据对原城墙基挖掘的情况，设立地下保护设施，上覆盖玻璃予以展示；要注意城门楼的位置和比例尺度的关系。我们根据这些意见，对原方案又进行了修改。城墙向北缩减了约40米，形成城墙遗址广场，用以展示挖掘出来的遗址。对比了阊门、平门、盘门城楼的比例关系，对原来的尺寸进行了修改，由原来的城楼高20.6米缩减为16.6米，宽由原来的15.2米缩小为10.4米，城墙高由原来的16.85米缩小为13.75米。然后又召开了一次专家论证会，并请来了阮仪三教授，会上大家基本同意此方案。阮教授又提出了三点建议：一是在施工过程中要重视城墙遗址发掘及展示设计；二是城墙建筑形式建议采用明代的；三是城楼造型及比例建议做大样以检验效果。这些建议我们在新方案中都采纳了，并且把城墙建成中空的，里面作为苏州古城墙博物馆以供展示苏州古城楼、古城墙的文化和历史。在古城墙的内侧建了古街，以与城墙风格相协调。为慎重起见，在施工前我们做了相门城楼的一比一模型，供专家们讨论，最后得到了认可，阮仪三教授还在苏州日报上发文《认真做，能重视》给予表扬。

修改后，我们又对古城门、古城墙的材料进行了准备。城墙基础部分的石材尽量采用过去苏州的金山石，后来由于材料缺乏，价格过高，只采用了一部分。发动全市人民捐献古城墙砖，但效果不是很理想，只能让一些有传统技艺的砖厂制作，并印有苏州园林和绿化管理局监制字样，城楼上的传统小瓦，也让一些有传统工艺的制瓦厂专门制作。因为二次招投标选队伍（设计、施工），方案又经过多轮修改，定制墙砖和布瓦，以及城楼的木构件制作等都需要有一定的时间保障，还有两段护城河驳岸的修建，中张家巷河的开凿都需要时间，工期有些滞后。蒋书记很着急，几次要政协主席王金华到现场督导。我们也调整了管理人员，两个城楼及城墙设计由杨辉副局长负责，施工现场管理由茅晓伟副局长负责。进入到2012年春节以后，各项建设加速推进，我们把各个工序都细化到每一天，严格督促落实。局里每周召开一次例会，检查工期协调矛盾，积极推进。我每半月召开一次会议，检查现场，听取汇报，督促进度，监督质量。终于在2012年10月1日前，把相门、平门两座古城门和近1000米的古城墙修复。市里举行了落成仪式，我介绍了这二座古城门、古城墙修复的过程及主要景观构成，市委蒋宏坤书记讲话，对我们的工程大加赞扬。之后又请市四套班子及有关领导参观了这两个城楼城墙，大家一致反映很好，大家说："修建前有争论，修成后都叫好。""它是苏州精致典雅的风景，令人百看不厌！"

六、事后感悟

我是在完成这两个工程之后，也是在被市人大常委会任命为市人大环境资源和城乡建设委员会主任5个月之后，才离开园林局赴任的。

通过这两个工程的建设，使我深深地体悟到，我们要做成任何一件事情，必须要具备几个条件。一是领导必须敢于决策，敢于担当，强力推进。像苏州市要修建古城门、古城墙反映的这么强烈，意见相差很大，困难又这么多，要不是蒋宏坤书记的果断决策，大力推进，是不可能做成的，更不会做的这么快，这么好。二是要多与专家沟通交流，共同努力才能把事情做好。这一次的方案，我们不仅听取了苏州专家的意见，还听取了全国古城墙修复专家的意见，这对我们科学设计、精细施工起到了很好的指导作用。三是一定要选择有能力、有经验的队伍才能把事情做好。这一次设计上我们选择了苏州园林设计院，建设上选择了苏州园林股份有限公司、苏州绿世界有限责任公司和苏州蒯祥古建园林工程有限公司，他们有专业人才，有设计施工经验，工作认真负责，做出来的东西能成为精品，才有这样好的效果。四是要选择得力的管理团队，全程跟踪，监督工程进度和质量，才能保证工程按时限、高质量地完成。这两个工程我们局投入了二个副局长、四个处长，而且我也亲自抓，才使工程安全顺利，品质优良，景观秀美，受到赞扬。当然，还有很多条件，如各部委办局的鼎力支持、资金的及时保障、土地的按时划拨、驳岸建设和河道开挖按时完成等都是不可或缺的。

这两个工程项目是我在园林局工作期间的收官之作，虽然也感到了困难，感到了紧张，感到了苦累，但在完成之后，受到领导和社会各界的认可和赞扬，心里还是乐滋滋的！

（2019年4月于三亦书斋）

“易园”捐赠始末

2006年元旦，中国教育部副部长、UESCO联合国教科文组织执行局主席章新胜约见我，要我们苏州市政府代表中国在巴黎教科文总部捐建一座苏州园林。苏州召开的第28届世界遗产大会提升了苏州和苏州古典园林的知名度和品牌效应，在巴黎教科文组织院内再建一座“苏州园林”几乎是完美的策划。

2006年元旦，北京来电，说章新胜副部长要到复旦大学，有事和我商量，要我急速赶去。

章部长有事，肯定是世界遗产方面的，我当即电话通知遗产保护办公室的周苏宁和周峥，一起赶赴上海。

我们在复旦大学附近一家酒店静候。

等到晚上9点多，章部长才和我谈，内容是要我们苏州市政府代表中国在巴黎教科文总部捐赠一座苏州园林。

章新胜部长是苏州的老市长，自调离后即去教育部任副部长，同时担任中国联合国教科文组织全委会主席。2005年，在巴黎又当选为联合国教科文组织的执行局主席。为加深世界各国对中国文化的了解，传播中国悠久的历史文化，提高中国历史文化的世界地位，章部长动议在教科文总部院内建造一座中国园林。中国常驻教科文组织代表团（大使级）根据章部长指示，经多方研究和全面考虑，最后拟定以苏州古典

与章新胜在联合国科教文组织办公室合影

园林为蓝本设计建造。

苏州古典园林是联合国教科文组织认定的世界文化遗产，早在1997年的第21届世界遗产委员会会议上，就以拙政园、留园、网师园、环秀山庄为典型例证列入《世界遗产名录》；2000年在ICCROM的建议下，又将沧浪亭、狮子林、艺圃、耦园、退思园5处园林作为扩展名单再次列入“世界遗产名录”。9座中国明、清两代留下的古典园林整体成为世界文化遗产；第28届世界遗产大会在苏州召开，再次提升了苏州和苏州古典园林的知名度和品牌效应。在巴黎教科文组织院内再建一座“苏州式园林”的策划几乎是完美的。

我想，这个动议应该是章部长想在执行局主席任上为中国政府竖个“纪念碑”吧。

这是个机遇。

回到苏州，我立即把这个情况向时任苏州市市长的阎立作了汇报，并得到了阎立市长的支持。3月，我们先派出了以遗产保护办公室副主任周苏宁和苏州园林设计院老院长匡振鹏等人组成的设计小组考察巴黎教科文组织大院。

不知不觉，已是5月。章部长再次来苏。在和我会晤时，他诚恳地邀请我去巴黎看看，说一定要亲临现场才能有感受，才能有整体思路。

我必须去了。这次同行的还有二位同志，一位是曾任苏州工业园区设计院院长的时匡设计师，另一位是对教科文总部比较熟悉的遗产办公室副主任周峥。这都是章部长钦点的。

巴黎和上海时差是7个小时。我们上午从上海浦东机场出发，到后正是巴黎的傍晚。章部长一行已在教科文总部的院子中等我们。

先考察。

1956年教科文总部大楼建成后，日本就向联合国教科文组织院内捐赠了一座日本园林。我们就先考察这座日本园林。

教科文大院占地共3公顷，其土地是法国政府捐赠的。教科文组织Y状大楼后面约有四五千平方米的绿地，其中的一半就是这座日本花园。

日本园名“和之园”，面积2000多平方米，因地制宜，以绿色植物为主设计景观，附设日本园的亭子、水渠、旱溪，还配有该园的说明图等，由日本几个实力雄厚的机构共同出资（如日本世博会委员会等）定期维护，是目前教科文总部院内唯一一座代表一个国家的造园艺术风格的庭院。

另一半绿地上安置着几座其他国家捐赠的雕塑，联合国教科文组织总部著名的“战争起源于人的思想，所以务必要在人的思想中筑起保卫和平的屏障”十国文字纪念碑也在绿地北部。

要想在这里再插进来建个园林显然是不现实的。

当天晚上章部长请我们吃了晚餐，又一起讨论选点和资金筹措等问题。开得很晚。从中国出发算起，到巴黎时间的凌晨2点，我们已经20多小时没休息了，非常疲倦。议定，明天再去考察教科文组织使团办公区。

使团办公区位于妙利斯大街1号，离教科文总部大院仅不到10分钟路程。休息了几个小时后，我们又去考察教科文组织使团办公区。那里已呈居民区风貌，有密集的商业区，人来人往，熙熙攘攘。但也有问题，那里的建筑区域基本成形，同样很难再在中间插建。

当天下午，在中国常驻团赵长兴处长的陪同下，约了教科文组织的一位行政处长（俄罗斯裔）陪着我们又考察了办公区所有的绿地，甚至仅占地数平方米的绿地。

寸土寸金啊，在巴黎想找一块能建个园林的地方实在不容易。

又看了几个位置，他们也有建议选在办公区的一个天井内，面积有1000多平方米，还可向外延伸，但我们到地下室看，下面全是空的，安放着大楼的供水、供气、供电等设备，显然承重不够。特别是苏州园林要有建筑，有假山，有水池，还要种植树木，这显然是不合适的。

最后，我们看中了办公区大门口的一块约2000平方米的三角地，虽然它底下有一半是地下室，设计需要多动脑筋，但毕竟这是一整块地！有一半的地方没有地下室，上面还有5棵长得很茂盛的大树，可见这一块地方适宜植物生长，适宜建造苏州园林。我们在中国教科文组织副秘书长杜越的陪同下，与教科文总干事助理进行了会谈，由于章新胜执行主席与当时的总干事松浦晃一郎多次谈过，已达成一致意见，所以我们谈得很顺利，包括由我们出资，建成后由我们维护，但我们要他们提供图纸，帮助办理手续，协助搞好施工等。大家谈得很愉快，但他还要向总干事汇报后才能确定。

记得很清楚，那几天巴黎正遇到一次寒潮。我们三个在寒风中径自在那块绿地上拉卷尺，量尺寸。一直到保安人员电告中国常驻团，常驻团出面解释才算结束了“量地皮”工作。

经过考察、测绘，我们基本弄清了这块三角地的情况：三角地面衔接着使团办公区的“大使沙龙”，地下是教科文工作人员的健身房；地面有5棵大树不能移动；绿地西部是民宅，根据巴黎法律，即使设计好也要征得民宅宅主的同意……经章部长同教科文总干事、副总干事反复斡旋，中国（苏州）园的选址最终确定在这块三角地上。

其优越性值得一提。三角地在大院入口处，面临大街，在此建造园林，不仅是使团人员每日进出必经之地，而且大街上来往行人也能观赏到（苏州）园林景观。但该绿地的地下结构比较复杂，并因为原设计图寻找不到，故UNESCO无法提供精确的设计基础数据，为此，经UNESCO组织的推荐，我们又聘请了法国结构测绘专家对该地区进行了结构测绘，4个月后，法国专家拿出了设计基础数据，为下一步的实地施工打下了扎实的基础。

回国后，我马上再次向市政府汇报；同时立即组成一个由专家组成的设计小组，原工业园区规划设计院院长时匡、原苏州园林设计院院长匡振鹏担纲负责设计组织工作，拿出设计方案。

时匡是中国十大建筑设计师之一，在建筑设计界名闻遐迩，特别是在新加坡——苏州工业园区的建设设计中起了十分重要的作用；匡振鹏多年担任苏州园林设计院院长，现虽然退休，仍在园林设计院中担任顾问，并参与多项国际项目的设计施工。虽然他俩都对国际项目经验丰富，但对这个将矗立在教科文使馆办公区的“苏州园林”仍是苦心思索，做了很多设计构思。

园林设计院的年轻设计师也积极参与了这个项目，他们本着“出新、文化多样性”的原则，一下子做出了4个设计方案。8月初，我带着4个方案到北京向中国教科文全委会汇报。

章部长等北京领导经过多次选择，最后提出以一个方案为基础进行修改的意见，决定以老园林设计师匡振鹏的设计方案为基础，再吸纳其他方案优点修改完善。之后，我们又请设计师对该园林的设计从艺术性和功能性两方面进行修改，并邀请了哲学、文学、建筑、规划、植物等方面的专家对修改方案进行讨论，多角度、多层次完善该方案设计。11月初，“苏州园”设计方案终于基本成型。

经我向阎立市长多次汇报，章部长也几次拜访阎市长说明建造园林的重要性和价值，但需要苏州在经济上和人力上给予大力支持。苏州市政府对向UNESCO赠送建造一座园林十分支持，阎立市长在园林局的正式报告上明确批示——这是一项历史性的任务，一定要将这个园林做成精品园，做成中国文化的标志性建筑。通过这个园林，可以让巴黎人、让联合国教科文组织的官员乃至整个西方进一步了解中国、了解苏州，并永久地感受中国悠久的历史文化，永久地享用中国园林艺术环境。该设计方案根据中国教科文的要求，结合巴黎教科文使馆办公区的实际情况，现已基本达到是一座文化园林、艺术园林、生态园林的要求；基本达到既是具有诗情画意的艺术品，又可作为茶饮、数人小聚讨论及可供展示非物质遗产的功能区的要求；达到遵循绿色环保理念，保存该区域内原有的5棵大树的要求。

“苏州园林”虽然不大，但因地制宜地充分利用了巴黎那块三角地，是一个完整的艺术体系：园名采用了中国文化的精粹《易经》的“易”字；其设计以山、水、建筑、植物、陈设为主，景观要素随“易”而置。基本达到了“在巴黎建造一座中国（苏州）园，彰显中国文化”的目的。

在教科文院内捐建中国（苏州）园，是一件意义深远的大事。其一，教科文组织是国际政府间教育、科学、文化事业的最高机构，是全球教科文的顶峰。各成员国无不以能向教科文组织总部捐赠艺术品为荣耀，其地位和意义相当于体育界的奥林匹

克。应该说，这是全球教育、科学、文化的最高展示舞台，能在这个最高平台上永久地展示苏州园林文化艺术，这对中国、对苏州都是具有重要的历史和现实意义的事情。

其二，巴黎是国际公认的世界文化中心，具有深厚的历史文化底蕴，巴黎“塞纳河沿岸古建筑”已被列入《世界遗产名录》。20世纪以来，巴黎不仅保存了完整的历史风貌，还兼容并蓄，诞生了一批形式独特、构思新颖的建筑，如埃菲尔铁塔、卢浮宫广场的玻璃金字塔、蓬皮杜国家艺术中心等，都载入世界建筑艺术史册，成为巴黎的标志。在巴黎建造中国（苏州）园，可以说是把苏州古典园林和苏州传统文化直接推送到国际文化舞台，也可以说是苏州在国际舞台上打出的最大的文化品牌，展示的最亮丽的国际名片，这将极大地提高苏州在世界的知名度，这对促进苏州经济、文化的发展，其影响力十分深远，直接的和潜在的作用更是不可估量。

其三，进一步提高苏州在保护世界遗产上的国际知名度，为古城、古镇申报世界遗产提供有力的支持。2004年，苏州成功举办了第28届世界遗产委员会会议，近200个国家的代表及观察员“走进”苏州参加了这次会议，“苏州”的影响在教科文组织内绵延至今。在教科文大院建造中国（苏州）园，可以进一步强化国际组织的官员、专家对苏州古城的印象，进一步加深他们对苏州园林的认识、了解。教科文使团办公区有100多个国家常驻团的外交人员，他们每天上下班都将通过该园，亲历中国（苏州）园艺术，不仅将进一步领会和理解中国古典园林文化的内涵，还将会通过该园林加深了解中国、苏州对世界遗产保护的力度，从而提高苏州世界遗产保护在国际上的影响力。

其四，在教科文院内建造中国（苏州）园，为中国园林在世界东方的典范性正本清源。由于日本十分注重其在世界上的文化影响力，所以早在50年代教科文建造之初就捐建了一座园林，这对近几十年来“日本园林是东方园林典范”的概念占据了西方文化界的主流思想也有一定的影响力。在教科文大院内捐建中国（苏州）园，在文化意识上是对日本所进行的东方文化垄断的清理，是为中国传统文化艺术、中国园林艺术的“正名”。

但因为是国际项目，在教科文使馆办公区内建造一座“中国园”需征得193个教科文成员国的意见，所以两年多来，此项工作艰难地但持续性地推进着。

2008年5月28日上午，联合国教科文组织行政助理总干事阿明·克内先生专程到苏州访问。我们向阿明助理总干事就联合国教科文组织赠送“中国园——易园”的工作情况举行了会谈。

我首先向阿明·克内先生介绍了苏州园林作为中国的一个传统 文化象征的历史意义和文化价值，苏州市自古典园林被列为“世界遗产”后承担的部分联合国教科文的任务，以及接受中国教科文的要求后所开展的一系列工作。

苏州园林设计院原院长匡振鹖、苏州园林发展股份有限公司副总经理陆耀祖分别向总干事阿明·克内先生汇报了设计、施工的准备工作。从他们的汇报中也可看出，他们既有着丰富的国外建造园林经验，也将按照联合国教科文组织世界遗产苏州古典园林的标准，建造时将完全采用传统建筑材料和传统工程技术。

阿明助理总干事对目前的易园设计和施工筹备十分满意。他说，在UNESCO造园林很重要，他将庄严地致力于该项工作，并保证：尽全力保证造园的成功。他建议，目前重要的是找一家法国建筑公司来做易园向巴黎市政府的申报工作。

一个月后的6月23日，中国教科文全委会向苏州市政府下达了《关于在联合国教科文组织总部建苏州园林“易园”事》文件，明确由苏州市园林和绿化管理局承担建造“易园”的工作。

2006年5月，联合国教科文组织助理总干事阿明·克内特地到苏州和我们沟通“易园”事宜

2008年10月，我出面和法国戴博城市规划事务所（简称TUP）代表白福思共同签订了《联合国教科文组织（巴黎）使团办公区"易园"委托代理协议》，即委托TUP事务所负责实施易园工程在巴黎的：行政咨询、报批；完成施工图纸与基础、照明、池塘与喷泉（水）以及绿化；工程招标的必要文件及项目文件申报前的准备工作；所有与水电能源相关的问题与教科文组织大楼的管理部门协调沟通及开工后的正常运行；招标、施工单位的选择、定标；实施施工现场的领导一直到竣工验收等工作。

2008年12月的圣诞之时，"易园"方案得到联合国教科文组织艺术家委员会的批准，得到巴黎市政局的批准。

2009年4月，根据中国教科文全委会的要求，我局及"易园"设计、施工的工程技术人员再赴巴黎，参加了"易园"捐赠签约仪式和工程奠基活动，并与法国TUP代理公司就技术问题进行了交流磋商。

在4月24日签字仪式上，UNESCO总干事松浦晃一郎先生签署了协议备忘录，内容为：在UNESCO法国巴黎总部建造由苏州市政府赠送的苏州古典园林。中国教育部副部长、前苏州市市长、前UNESCO执行委员会主席章新胜先生出席了签字仪式。

中国驻UNESCO师淑云大使、中国UNESCO全委会杜越副秘书长及我局副局长杨辉与松浦晃一郎先生共同在捐赠协议备忘录上签了字。

在签字仪式上，松浦晃一郎先生作了讲话，他回忆起2004年在苏州召开的第28届世界遗产大会参观苏州古典园林的情景，强调了园林所具有的和平、和谐的特征，并对能够在UNESCO复制同样的环境感到满意。他说："易园，确切地表现出了一直以来UNESCO孜孜不倦地力图推广的人文与自然价值。"

UNESCO网站当天即报道了这一消息，报道称：苏州易园，或者称之为"变化的园林"，将建于UNESCO的妙利斯建筑区内。它表现了儒（道）家哲学中万物皆处在不断地变化状态中的思想。她的建造，遵循了1997年被列为世界文化遗产的"苏州古典园林"的造园宗旨，并使用了与之相同的各种要素。

4月26日上午，教科文高层和中国常驻团领导，以及苏州赴巴黎代表团共同在教科文使馆办公区的现场进行了奠基仪式，大家手握铁铲在那里掘土、讲话，并留下了珍贵的合影。

“易园”是中国政府首次向联合国教科文组织总部捐赠的艺术品，作为中国文化的典型代表，它在传输中国传统文化理念的同时，也在国际最高文化平台上展示了苏州的文化艺术，这对苏州持续走向国际，持续扩大宣传力度都将起着不可估量的作用。

联合国10国文字纪念碑

诚如向巴黎教科文组织呈递的设计文本前言所写——

苏州古典园林是中国山水写意园林的典型代表，中国古代造园家遵循了崇尚自然、模仿自然的艺术原则，在城市中创造了由山水、建筑、花木共同构筑的艺术的人居环境。在精神上，它表现了中国古代的哲学、宗教、审美和人文思想；在技艺上，它融汇了中国江南地区各类手工艺。作为一种独特的文化现象，苏州古典园林已于1997年列入联合国教科文组织《世界遗产名录》。

2006年，苏州古典园林的行政主管单位——苏州市园林和绿化管理局，受中国联合国教科文组织全委会委托，以苏州古典园林为蓝本，组织设计易园。易园是中国政府向联合国教科文组织赠送的文化项目，由中国联合国教科文组织全委会和苏州市政府承办，建造在巴黎联合国教科文组织使团办公区内，作为和平的象征，使各国使团得以永久享用。

此事虽在具体操作中遇到了协议条款争议、教科文组织办公区大修等耽搁下来，我也为自己没有最终完成该项目建设深表遗憾，但我们的准备工作已经非常充分，相信在不久的将来，这座“苏州古典园林”一定会坐落在世界名城巴黎的联合国教科文组织办公区内。

（2012年4月撰，2019年4月修改于三亦书斋）

附件：
《联合国教科文组织总部使团办公区中国园——易园设计报告/规划说明（部分）》

一、现状与对策

（一）地形

场地位于巴黎联合国教科文组织使团办公区西北。场地北邻妙利斯路，紧靠入口门卫；南接使团办公楼和咖啡厅；西与邻近住宅楼区相接；东面为人行道，再东是专用车行道。地块呈三角形，占地面积为1050平方米。

现植物以草坪为主，中间有5棵千金榆树（1棵长势特别“受压”）。另有4棵杉树（顶部枝叶开始变黄），1棵雪松（因在千金榆树树荫下，长势不良），1棵臭椿树（树干及部分枝叶开始变黄坏死）。另有数丛灌木栽种在地下室采光天棚周围。

（二）评论

地形：此块绿地一般，绿地地面、走道和围墙均需整治。由于面积不大，规划以《世界遗产——苏州古典园林》的经典设计来整治这片土地。

植物：现该“三角地”的植物以草坪为主，11棵树木及灌木品种普通，其中千金榆树尚有保存价值，雪松的一面多年被其他树木挤压，一边没有任何枝杈，将砍伐或移栽。整体看，除4棵千金榆树外，此地植物价值一般，并无法形成较好景观。

（三）影响规划的因素和对策

1.地下建筑

其顶层承载力将直接限制园林布局。2006年9月，UNESCO聘请法国专家对地下建筑的顶板承载力进行了专业勘探和地形测绘，设计方案严格按照测绘数据经计算制作。

2.地下体操房采光口和通风口

现场有地下体操房长长的采光天棚，已被地被植物覆盖。目前地下室已采用人工照明。规划考虑将采光口用地被植物遮挡。两个通风口保留，也考虑用植物“隐蔽”。

3.其他地下设施

在微凸的土坡下，还有一地下油罐，罐顶位于地表以下3.2米的深度，是建造楼房时设置的，用来作楼房的应急照明，旁边有供油用的方井。现设计不对二者构成影响，故保留其原状。

4.植物

场地中心有一组由5棵千金榆树组成的树群，春夏时节，浓荫密布，覆盖了场地整个核心区，给园林规划带来很大难度。但为了尽最大努力尊重巴黎当局绿化精神，本着可持续发展的原则，方案一年多来经多次调整，现方案最终决定保留该树群。

二、园林布局

（一）场地整理

我们将保留场地中心的乔木树群，这些是现场唯一有价值的植物景观。1棵雪松因在千金榆树树荫下而长势不良，规划砍伐或移栽，教科文组织将确定具体移栽地点。保留原来绿地主要植物物种，是我们改造设计的主导思想；此外，按园林景观要求，还将另行配植乔木约30棵左右，使该区域的绿化效果得到提升。

（二）园林布局

划分四个部分，即入口区、中心区、内庭区、东南区。

1.入口区

位于园林的北部。一道具有中国传统文化特色的景墙作为展开园林景观的序幕。景墙上开设圆形门。门两侧设置古代漏窗，通过其古典图案花格，隐约透出中部景色。园门上方青砖刻有用篆书写的园名“易园”，此园名寓意中国古人强调的宇宙自然运动变化、交融和谐的含义。

考虑到自行车对改善生活质量和环境的作用，拟保留自行车停车处，但迁至入口区西侧沿墙：入口处前华盖如亭的大树，仍将为停放的自行车提供遮阴并呈现景观点缀的效果。

2.中心区

即园林主景区。占地面积约500平方米，占整个园林面积的将近一半。景区空间三面围合，一面开敞，呈苏州古典园林传统的半景画的艺术效果。

中心区以写意的山、水为主体。中国古代哲学家孔子认为：水是智慧的象征，所以“知者乐水”。古希腊哲学家泰勒斯（Thales）则认为，水是万物的本原，万物皆由水而生成，又复归于水。故景区以水为主，规划水面200平方米。一座平板石桥跨水而筑，将水体划分成主、副两个部分。古典式的平板石桥为无障碍通道，符合残疾人通道标准；一座微型石拱桥点缀在水池西南角。整个水池形态自然，曲折有变化；水面倒映蓝天白云，丰富了景观内容；池水还有净化作用，使这一区域的空气更为湿润洁净。

孔子还认为，道德高尚的人热爱大山，所以“仁者乐山”。池南以千金榆树群所在略隆起的土坡为山，坡周围有由“太湖石”堆叠而成的假山，形成山水园林“山、水”的主题和精神。水池东、北面再略点湖石，水边筑石矶，表示“山脉”连续不断，构成园林的山水框架。

池西有敞空的亭、廊，以供休憩、静思、观赏、游览。

3.内庭区

位于中心区南，与现有的大使沙龙相邻，空间相对封闭。内庭区的长方形敞厅，三面敞空，一面靠近大使沙龙，面积约48平方米。穿过相衔接的沙龙门，即进入易园，沉浸在古色古香的园林艺术中。其西面廉洁的“读书房”约10平方米，设有中国书法、绘画的传统摆设，既是曲廊和敞厅的过渡，也是静思养心处。

庭院观赏花木以抒情写意的芭蕉、翠竹为主，地面铺砌古典式“花街”小路。

4.东南区

为开敞式园林空间。与内庭区以长廊分隔。庭院内栽种具有诗情画意的梅花、海棠、牡丹、芭蕉、竹子等，形成一年四季绿意不断的、别致的生态景观。

三、题名与创意

园名：易园。“易”，取自中国古代具有哲学思想的儒家经典著作《周易》。易，有变易、简易、不易三种含义。寓意万物过去、现在、将来不断变化的运动轨迹。《周易》诞生于中国古代约殷周时期，距今已有3200年历史。是中国最古老的传统文化经典之一，是中国传统自然哲学观的本源，代表了东方古代的朴素辩证法。易园的题名，体现了中国传统的自然观和宇宙观，表现了人类崇尚自然，顺应自然，与自然和谐相处的理想追求。

苏州古典园林是中国南方传统园林的代表，它是在城市中建造的模仿自然的艺术环境。为了体现人和自然和谐相处的理想，易园遵循了苏州古典园林的设计原则，采用其传统的造园方法，再次展现了UNESCO第21届世界遗产委员会会议对苏州古典园林的评价——没有哪些园林比历史名城苏州的园林更能体现出中国古典园林设计的理想品质，咫只之内再造乾坤……折射出中国文化中取法自然而又超越自然的深邃意境。

四、景观设计

易园位于联合国教科文组织使团办公区西北三角形地块。根据“因地制宜”的原则，易园的设计也呈三角形。园中挖土为池，池面弯曲，略呈“鱼”形，与池边微微隆起的土山平面组合成写意的“太极图”——寓意“太极”居中，阴阳相合，运动变化，产生四季，生成万物。

易园以水池为中心，以8个景点为主，组织起具有诗情画意的艺术景观。

1.园门

即入口处。此处设一道障景——粉墙黛瓦的景墙，并仿照世界遗产——留园的入口处，设4处漏窗。景墙中央开设一道青砖框圆洞门。上方砖细门额刻“易园”；南向上方砖细门额刻“乾坤”两字。通过园门、漏窗向园中望去，展现出一幅湖、石、亭、榭组成的画卷。

园门外沿墙是自行车停放处。自行车是现代城市交通的合作伙伴，对可持续发展的环境、生活质量都有重要意义。易园墙边停放的自行车，犹如一座后现代主义的雕塑，显示出古代文化和现代文明在时间、空间上的交叉。

2.月亭

月亭为一六角形亭。此处仿照世界遗产——网师园的“月到风来亭”，以明月、清风为欣赏对象。

明月、清风，是中国古代诗人反复讴歌的艺术主题，也是两个高洁的意象。设计者借明月、清风比喻在这里相聚的人都具有高尚的品格。

月亭面积约5平方米，可置中国古琴一张，弹奏时，琴音随着风声、鸟声、流水声在园中环绕，意境无限……

3.曲廊

庭院西侧，沿墙设计一道曲廊，可兼作画廊，展示中国传统书画作品。曲廊仿照世界遗产——拙政园的水廊，临水而建。临水面设木栏杆，可作游人小坐之处。在廊中行走，既可欣赏廊壁上的艺术作品，也可观赏外面的园林风光。步移景易，随着身体移动和视线推移，园内景观也不断变化，宛如一幅徐徐展开的中国山水画卷。

4.水榭

水榭坐南面北，此处仿照世界遗产——耦园的“山水间”。南有银杏木雕刻的精美的落地圆罩，东、西是木质栏杆。北面部分以石柱出挑。整座水榭显得空灵、秀美。

水榭面积约34平方米，内挂木匾“城市山林”，点出苏州古典园林的核心主题——市隐文化。此处是易园的重要活动区域。日常可作为茶座或咖啡座供人休息，也可作为中国戏曲艺术的演出场所，如中国昆曲等（UNESCO 非物质遗产代表作）。

水榭南面过内庭院，是敞厅“中和馆”。中和，体现了中庸、和谐的儒教思想；“中和馆”以宋代《营造法式》中建筑式样为依据，全部以木制卯榫勾搭而成，构架髹透明油漆，是中国古典建筑的模型。

5.假山

在水榭西侧，以原来微隆的土包为写意的山，再堆叠太湖石，形成土石相结合的假山。苏州太湖石是中国著名的假山用材，宋代徽宗皇帝（1101—1127）曾广泛采伐苏州的太湖石组成“花石纲”供他建造园林，至今苏州古典园林中还收藏着宋代“花石纲”的遗物。这座用土、石堆叠的假山，象征着自然界的高山，山上原有的5棵大树，则象征着大自然中的茂密的森林。

假山在池水边，故上刻“高山流水”。“高山流水”也是中国古琴（UNESCO非物质遗产代表作）的一首曲名，讲述了一位古代高士通过琴声寻觅知音的故事。

6.花圃

位于易园最东，栽种着适合法国气候特点的各种树木花草，一年四季，树叶茂盛，花开烂漫，呈现着一派蓬勃的生态景象。主要品种有：

（1）梅花。落叶乔木，属蔷薇科，中国国花候选品种之一。花开暗香清远，苏州古典园林中均有以梅花为主题的景观，如世界遗产——狮子林“问梅阁”。

（2）海棠。落叶乔木，属蔷薇科。4月开花，一片烂漫。苏州古典园林中有以海棠为主题的景观，如世界遗产——拙政园“海棠春坞”。

（3）竹子。禾本科多年生常绿植物，是中国园林创造意境使用最多的植物。因四季常绿，故古代中国将它作为道德修养的象征加以赞咏。

（4）芭蕉。芭蕉科多年生大型草木。叶阔姿态美，中国园林中常借其阔叶聆听雨声——即老子主张的“天籁”。世界遗产——拙政园，有专为“听雨”而设计的“听雨轩”。

（5）牡丹。毛茛科灌木，中国国花候选品种之一。花大品种多，色彩丰富，是古代园林观赏花卉的主要品种。唐代女皇武则天曾大批栽种。

7.鱼台。位于水池东侧石桥边。沿水池设一道石雕栏杆，在清波中游弋的红鱼吸引着人们观赏。观鱼可以把自己融入自然，历史上记载着中国古代哲学家庄子关于观鱼充满智慧的故事。在中国园林中，几乎都有以“庄子观鱼”为典故的景观。

8.中国日晷。在水池北端的园路旁。中国日晷是古代人类利用日影方向和长度变化来测算真太阳时的一种科学计时仪器，由晷面、晷针、底座等组成。根据晷针影子落在晷面上的方向可以测定时间。

此处的日晷仿照世界遗产——明清故宫·养心殿院内的日晷而制，其底座刻着具有中国文化内涵的纹饰。它是中国古代的科学景观标志，至今仍具有较强的科学应用价值和文化观赏价值。

三、古韵今风

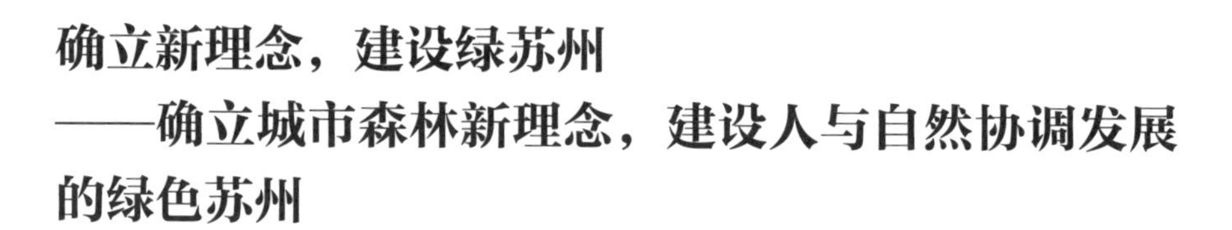

确立新理念，建设绿苏州
——确立城市森林新理念，建设人与自然协调发展的绿色苏州

苏州市隶属中国江苏省，位于长江三角洲中部，东临上海，南近浙江，西靠太湖，北依长江。苏州市下辖五个县级市，市域面积8488平方公里，城市总人口651万，其中市区规划面积为1650平方公里，人口217万。苏州是中国历史文化名城和重要的风景旅游城市，也是长江三角洲地区重要的中心城市之一。苏州古城始建于公元前514年，已有2500多年历史，至今依然保持着“水陆并行、河街相邻”的双棋盘格局和“小桥流水、粉墙黛瓦、史迹名园”的城市风貌，1997年苏州古典园林被列入《世界遗产名录》。苏州自然资源丰富，拥有一批国家级森林公园以及国家级风景名胜区。

近20多年来，苏州经济建设和社会事业快速发展，城市化进程加快推进，城市综合实力不断提高，已成为中国最具经济活力的城市之一。与此同时，苏州市十分重视经济、社会和环境的协调发展，始终把城市林业工作作为城市现代化建设的重要内容，加大建设力度，加快建设步伐。目前，苏州市森林覆盖率达到15%，市区绿化覆盖率达到39.2%，绿地率达到33.5%，人均公共绿地为8.6平方米。苏州市还先后获得了国家卫生城市、全国环境保护模范城市、迪拜国际改善居住环境最佳范例奖、国家园林城市等荣誉称号。

一、坚持“三大联动”，构筑城乡绿化新格局

（一）创建国家园林城市，推进园林绿化建设，实现中心城市和周边城市的联动

多年来，苏州市积极适应社会经济发展的要求，把城市绿化作为城市基础设施建设的一项重要内容，从中心城市辐射到周边城市，同步联动、整体推进。2001年以来，苏州市和所辖5个县级市根据全市城市园林绿化发展目标，开展了创建国家园林城市活动，经过三年多时间的艰苦努力，创建国家园林城市工作取得了显著成效。苏州市区以及下属5个县级市全部获得了江苏省园林城市称号，成为全国第一个省级园林城市群的地级市。继常熟市率先成为国家园林城市之后，苏州市区以及张家港市、昆山市于2003年同时获得国家园林城市称号，太仓市和吴江市也将于2005年建成国家园林城市，全市初步形成了国家园林城市群。苏州市、常熟市还先后被评为国际花园城市和中国绿化模范先进城市。

城市小游园

（二）注重保护历史文化名城传统风貌，加强现代化新城景观建设，实现古城和新城的联动

在城市绿化建设过程中，依托自然山水，挖掘历史文化内涵，突出苏州特色，树立精品意识，抓住名城、古园、水乡的特质，将城市绿化与城市文化、城市历史、城市景观和城市格局有机融合，逐步形成古城和新城相互增辉的城市整体景观。

在古城区，强调公园绿地的建设与古城建筑、道路、河道风格相协调，采取小、多、匀的绿地布局，运用古典园林造园手法，建设了一大批精、细、秀、美的古城绿地，其中市、区级公园36个，小游园102个，市民出行350米左右即可步入绿色空间，实现了苏州园林的外化。集城市交通、城市防洪、生态绿化、景观旅游等多种功能于一体的环古城风貌保护工程，不但有效地保护了古城风貌，而且美化了城市环境。在新城区，充分利用自然山水开展绿化景观建设。中新合作苏州工业园区积极借鉴新加坡等国际先进城市建设的理念和成功经验，营造优越的投资环境和居住环境，形成融现代理念与自然风貌于一体的城市新景观。苏州高新区充分利用自然山体资源，努力建设“绿色、生态、花园”式的新城区。

（三）发挥乡镇的生态及环境资源优势，以乡促城、点面结合，实现城镇与乡村的联动

从1996年起，苏州市以增加森林资源总量、提高森林覆盖率和造林绿化质量为重点，以在市域范围内构建城乡一体的现代森林生态系统为目标，在全国范围内率先启动了城乡一体现代林业示范区建设。

近几年，苏州市积极开展了建设绿色通道、绿色屏障、绿色基地和绿色家园的工程，以点带面，整体突破。营造“绿色通道”，结合全市大交通建设，加快实施境内多条高速公路两侧生态防护林工程；营造“绿色屏障”，实施了太湖、阳澄湖及长江沿线绿化造林工程和湿地生态恢复保护示范工程；营造“绿色基地”，建设了常熟市海虞生态园、太仓市林木良种繁育基地、高新区东渚青山宕口复绿工程等市级重点绿色基地；营造“绿色家园”，抓好小城镇和村庄的绿化，建成一批富有水乡特色的生态型城镇和村庄，初步形成了城乡绿化一体化的良好格局。

二、确立城市森林新理念，全面加强城市森林建设

当今世界，城市森林已成为现代文明城市的一个重要标志。建设城市森林是新时期苏州市落实科学发展观的具体实践，是苏州市实施经济发展与人口、资源、环境相协调的可持续发展战略的一项重要内容。

（一）站在新世纪发展的战略高度，充分认识建设城市森林的重要意义

加快建设城市森林是提升城市形象的重要举措。水和绿是苏州城市魅力的源泉，在做好“水”文章的同时，还应加大城市林业工作力度，努力形成具有苏州地域特色城市森林体系。加快建设城市森林是增强城市竞争力的重要举措。苏州经济社会快速发展，城市综合实力日益提高，要建成高水平的小康社会，实现基本现代化，只有积极借鉴国际上先进城市的发展理念，才能真正成为投资者向往、创业者留恋、居住者舒心的“人间新天堂”。加快建设城市森林是提高人民生活质量的重要举措。城市森林是创造最佳人居环境的重要手段，可以为市民提供户外休闲活动空间，改善市民工作和居住环境质量。

（二）结合古城保护和新城发展的实际，制定科学的城市森林建设规划

充分利用丰富的自然资源和人文资源，结合自身实际，突出城市特色，逐步建立科学、完整的城市森林体系，是城市森林规划建设的重要内容。苏州市以规划为先导，积极做好名城、古园、水乡的大文章，把苏州城作为一个大园林来规划，高标准、高起点地编制了《苏州市城市绿地系统规划》。古城区绿化将挖掘历史文化的内涵，保持历史文脉，继承“人工山水城中园”的传统特色，营造清静幽雅的环境。新城区绿化充分利用自然山水，建设风景区和自然林地，提高城市周边生态环境质量，形成“自然山水园中城”。目前，苏州市正在编制《苏州市域森林生态系统规划》，

积极构筑多层次、多功能、立体化、网络化的生态绿地系统。

（三）根据社会经济发展需要和土地资源现状，加快城市林业发展步伐

城市资源的保护利用和合理配置是城市可持续发展的重要方面，城市森林的建设要适应社会经济的发展需要，充分利用土地资源。苏州市将积极实施以增加森林资源总量、提高森林覆盖率和造林绿化质量为重点，构建城乡一体的现代森林生态系统为目标的"绿色苏州"计划。2004年到2010年，在全市范围内建设城市公园、风景林地、绿色通道、森林公园及自然保护区等项目，构筑"以林木为主体，总量适宜，分布合理，特色明显，景观优美，功能齐全，稳定安全"的城市森林生态网络，森林覆盖率达到23.5%以上。在中心市区，实施虎丘山风景区西扩、石湖上金湾生态动植物园、胥江景观带等十大重点园林绿化工程。

（四）建立健全法律法规，提高城市森林管理水平，巩固建设成果

城市森林的管理工作是一项长期重要的工作，是关系到造林绿化成败的关键。近年来，苏州市先后颁布了《苏州市城市绿化条例》《苏州园林管理和保护条例》《苏州市古树名木保护管理条例》等地方性法规，制订了《苏州市城市绿线管理实施细则》《苏州市城市绿地养护管理办法》等行政规章，即将出台《苏州市风景名胜区管理条例》，为加强城市林业管理提供了法律依据和保证。苏州市将积极探索城市森林管理的有效机制，开展管理体制研究和改革工作，努力建立适应城市森林建设和管理的组织体系，谋求城市林业的长远发展。

在亚欧城市林业国际研讨会上作者与市园林局副书记、副局长吴素芬合影

环古城风貌带

森林是人类文明的摇篮。大力发展城市森林，使城市与森林和谐共存，人与自然和谐相处，是新世纪生态城市的发展方向。亚欧城市林业国际研讨会在苏州召开，将对苏州城市森林发展和生态园林城市建设产生积极的推动作用。我们将牢固确立城市森林建设的新理念，加强国际交流与合作，借鉴国内外先进的成功经验，全面推进苏州市的城市森林工作，努力把苏州建设成为“天更蓝、地更绿、水更清、居更佳”的“人间新天堂”。

注：2003年4月，全省创建园林城市工作会议在苏州召开。吴江市被授予“江苏省园林城市”称号，至此苏州市及下辖5个县级市构成全国第一个省级园林城市群。10月，市委、市政府召开“绿色苏州”建设动员大会，并作出《关于加快建设“绿色苏州”的决定》。

（此文为2004年11月29日在亚欧城市林业研讨会上的发言，并在《绿化》杂志上发表）

苏州创建国家生态园林城市战略研究

以生态园林城市建设指导原则为依据，以城市生态学、景观生态学等原理为理论基础，以城市自然生态系统为着眼点，从理论和技术层面，分析探讨苏州市生态园林城市建设的步骤、现状与差距，提出创建生态园林城市的战略措施，旨在为苏州市创建生态园林城市提供理论和实践的科学依据和技术支撑。

一、创建国家生态园林城市意义重大

一座现代化的城市不仅要体现生态城市的特点，还须具有饱含文化底蕴的园林，赋予生态城市以美感，使园林与生态城市有机地结合。建设生态园林城市，才能使城市逐步走向完美的境地，成为人们生活的理想城市。

国外的生态城市研究注重具体的设计特征和技术特征，强调针对西方国家城市现实问题（如低密度、小汽车方式为主导和生活高消费）提出实施生态城市的具体方案，其理论与生态城市实践结合得非常紧密。如雷吉斯特提出了针对美国城市低密度现状的改造措施，包括开发权的转让等，而亚尼科斯基提出的生态城市理念具有一定的哲学意味。总之，国外生态城市理论的实践性相当强。与国外研究相比，国内的生态城市研究更多地强调继承中国的传统文化特征，研究工作主要集中在生态学界、规划界以及环境学科等领域。国内生态学界在建设生态村、生态县和生态市规划方面做了大量工作，各学科也进行了一些理论研究，但已有的实践和理论对当前城市规划的影响还是相当有限的。

作为建设生态城市的阶段性目标，生态园林城市就是利用环境生态学原理规划、建设和管理城市，进一步完善城市绿地系统，有效防治和减少城市大气污染、水污染、土壤污染、噪声污染和各种废弃物，实施清洁生产。推行绿色交通，建设绿色建筑，促进人与自然的和谐，使环境更加清洁、安全、优美、舒适。苏州经济发展水平在全国名列前茅，由于人口密度大，资源相对不足，因此生态环境将是制约苏州未来社会和经济发展的“瓶颈”。创建生态园林城市，是落实中央提出的科学发展观，构建和谐社会的重要举措，也是苏州作为江苏实现“两个率先”排头兵的具体表现。

二、绿地、环境与土地现状分析

（一）绿地现状分析

苏州地处亚热带北缘，自然植被非常丰富。全区有维管植物217种（含变种），隶属于87科，186属，其中蕨类植物有9科11属13种、裸子植物有4科5属5种、被子植物有74科170属199种。按植物类型划分，常绿落叶阔叶混交林（或带有常绿成分的落叶阔叶混交林）是地带性植被，常绿乔木有苦槠、木荷、紫楠、石栎等，落叶乔木有榉树、榆树、栓皮栎、麻栎、枫香等；针叶林多为人工林。

全市现有农业用地面积154800公顷；全市现有林业用地面积33658.1公顷，其中公益林21222.9公顷，占林业用地面积的63.1%，商品林12435.2公顷，占林业用地面积的36.9%。森林覆盖率按扣除千亩以上大水面面积计算为14.55%，按扣除全部水面面积计算，即陆地森林覆盖率已达18. 36%。

截至2004年底，苏州市建成区面积为12940.3公顷，绿地总面积为4334.99公顷，建成区人口总数为168.7万人，人均绿地为25.70平方米，人均公共绿地为8.6平方米，建成区绿地率为33.5%，绿化覆盖率为39.2%。

（二）生态环境现状分析

苏州市主要集中式饮用水源地水质总体属安全饮用水质。污染最严重的河流为苏东河、张家港河和京杭运河，水质较好的河流为一干河、太浦河和荻塘。尚湖、太湖（胥口片）水质较好，总体属于Ⅰ～Ⅲ类水质。阳澄湖总体达到Ⅳ类水质，金鸡湖总体达到Ⅴ类水质，独墅湖总体水质劣于Ⅴ类。地下水超过地下水Ⅲ类标准。苏州市区降水pH年均值4.80，酸雨发生频率为49.5%。苏州市区9个降尘测点的降尘监测值在3.24—6.67吨/平方千米・月之间，降尘年均值为4.57吨/平方千米・月，达到国家推荐标准。苏州市环境空气污染属煤烟型和石油型并重的复合型污染，可吸入颗粒物为首要污染物。苏州市区环境空气污染指数平均值为82。空气质量达到优、良级别的天数比例由2003年的78.63%上升为83.61%。

（三）土地资源利用现状分析

1986—2003年，苏州全市山体面积基本不变，而水域和农田用地分别减少了136.67平方公里和1736.08平方公里，平均每年减少104.04平方公里；同时，城镇建设用地增加1864.36平方公里，年均增加105.58平方公里，与农田和水域的减少基本持平。目前，沿太湖生态敏感区、湖泊生态敏感区、山地生态敏感区等区域的生态环境均受到了城市用地扩张的巨大威胁，其中尤以西部丘陵地区、沿澄湖地区受到的威胁最大。解决苏州土地问题的根本出路在于发展模式和观念的改变，主要采取转变经济增长模式、土地资源整理优化和采用集中紧凑的空间利用模式。

三、建设生态园林城市战略与对策

为实现生态园林城市的目标，从战略上应该分两阶段进行：第一阶段，期限2005—2008年，重点是“量”的建设；第二阶段，期限2008—2020年，重点在“质”的提高。

（一）加强湿地生态区的保护，加快城市湿地公园建设

1. 苏州湿地资源概况

全市共有湿地49.1万公顷，占国土面积的57.8%。其中大小河道2万余条，总长1457千米，10.4万公顷；大小湖泊321个，21.2万公顷；滩涂等其他湿地17.5万公顷。

重点湿地32个，其中湖泊25个，河流6条，滩涂1处；主要动物种类约有浮游动物79种，底栖动物59种，鱼类15目24科106种，两栖类9种，爬行类25种，兽类36种，鸟类173种；主要植物有水生植物75种。

2. 建立城市湿地公园的目的

（1）充分发挥城市湿地的生态与社会效益；

（2）近期目的：扩大城市公共绿地的面积；

（3）远期目的：将苏州建成具有特殊湿地景观的水乡型生态园林城市；彰显苏州的地域特色和文化特色；使苏州成为“青山清水，新天堂”。

3. 对策

（1）主办全国或国际性的湿地生态会议；

（2）做好湿地资源的保护和利用规划；

（3）建立城市湿地公园与湿地生态保护区；

（4）制定湿地保护与利用的法规与条例。

（二）维护整体山水格局的连续性，构建苏州完整的生态系统网络

1. 理论基础——生态系统的整体观与生命观

把苏州作为一个有生命的有机体，以森林为绿肺，以湿地为肾脏，以河流水系为血脉，组成一个生命有机体，发挥森林、湿地，以及河流水系的生命功能。

2. 问题

在经济快速发展时期，一些低水平的建设项目破坏了山体、湖泊、河流、湖泊与河流、河流与河流之间的自然连接，以及环山公路、环岛公路、环湖公路等的建设，破坏了原来的山体与水系整体格局的连续性。

3. 对策

（1）尽量保持山－水整体格局的连接性，特别是苏州西部丘陵山地森林生态系统，它是苏州生态源之一。

（2）在山地与湖面相连地段，如需修筑公路，应在山地有流水沟与公路垂直的公路下面修筑生态廊道，以利于山地的爬行类和哺乳类动物到湖面取食和饮水，同时利

于山地与湖泊、河流之间的物质和能量流动。

（3）连通水系，保持水体循环：保护河流之间，河流与湖泊、长江之间的水系连接与沟通，保证水体生态系统的生物交流、物质及能量流动。

（三）维护和恢复河流与湖泊水岸自然形态，恢复河流的生命特征

1. 理论基础：生态交错带与水岸生态系统理论

水岸生态系统是介于陆地与河流、湖泊、溪流或水塘之间的过渡地带，是连接水生生态系统和陆地生态系统的枢纽。水岸生态系统的完整是实现水陆连通，保证水、陆生态系统健康和稳定的关键。

2. 问题

湖、河是主要的生命支持系统。由于对河流湿地生态功能的生态学规律认识不足，在开发利用过程中产生了一些环境问题，如水泥衬底、硬质护岸等使原来具有生命特征的河流、水塘变成了没有生命的“水渠”和“水池”。

（1）用人工硬质（水泥）材料垂直驳岸代替自然坡降植被护岸：该措施追求整齐、美观，但破坏了生物的食物链，会产生水生生态系统多样性减少的后果。

（2）湖（河）岸带绿量偏少，湖岸带植被少，降低生物多样性，生态功能差。

（3）河流水质较差。

（4）垃圾填埋处理会污染土壤和河水。

3. 对策

（1）除必要景点和码头外，尽量不采用人工硬质材料垂直驳岸，在已建的部分，可按地表径流汇水较多处的位置开挖小型隧道（泥质底部），连通泥质岸边与水面。河流与湖泊尽量采用自然坡岸或生态护（驳）岸的方法。

（2）在河岸上种植以乔木为主，乔、灌、草相结合的护岸林带，宽5—10米。在内湖，如金鸡湖、独墅湖等湖岸带，种植10—30米宽的林带；在太湖岸边种植林带应尽可能增加宽度，有条件的地段林带宽度最好在200—300米。在湖面近岸边的浅水区种植水生植物，如芦苇、荷花、睡莲、菱、芡、茭白等，以增加物种和景观的多样性，同时增加植被覆盖率。湖、河水网将实现林网化，对防风抗灾和增加苏州的绿

化覆盖率将有举足轻重的作用。

（3）与上游协调好来水的除污处理问题，削减运河客水入境的污染；市内逐步采取措施实行雨水与污水分离，污水处理后排入河道或循环使用；疏通河道，使河流顺畅流动，提高其自净能力；适当控制湖区围网养殖；禁止在东太湖港湾内的湖面上开设对湖水有污染的旅游餐饮业。

（4）垃圾分类，收集、处理。对工业固体废弃物回收利用，进行无害化处理；生活垃圾处理后，可用作有机肥料还田，或用作能源发电。

道路绿化

（四）构建近自然群落，恢复当地植被群落及物种多样性

1.理论基础——植被向地带性顶级群落方向恢复

在自然状态下，群落经过长期不断的演替，最终达到与本地气候条件最适应、最稳定的状态。顶级群落的结构最复杂、景观最优美、生态功能也最好。

2.问题

（1）植物群落类型简单，生态功能低

草地类型多，林木类型少。草地的生态功能较低，只及林地的1/20；投资高，后期管护用工量大，耗水量多，林地的投资费用只占草地的1/10。

（2）建成区树种组成单一，生物多样性较低

目前，建成区行道树种几乎是清一色的香樟，作为苏州市的市树，突显其作为市的标志，但苏州冬季时间较长，居民冬天在常绿树绿荫下未免有些阴冷感。目前，国外有些城市的行道树采取一条街道一个树种，形成行道树异景感，使多样性增加，同时方便司机识别街路。

3.对策

（1）构建具有复层机构的近自然顶级群落；对已退化的草地，改植乔、灌林，林种和层次结构可多样化。乔木是主体，灌木是基础，草地为铺垫，花卉为点缀。在山地恢复森林时，不能急于求成，可以考虑采用封山育林自然恢复的办法：投资少，效果好。在营建绿色通道时（如公路、河道等防护林带），近路处的地被与乔木树种采用人工恢复；远离公路地段林下的灌木和草本植被采用天然更新的方法，可节省大量投资，丰富物种的多样性。

（2）建立乡土植物苗圃基地，有计划地以乡土树种为主，培育品种多样化的树苗，适当进行街道绿化树种改造，适量增加一些落叶树种。适合在苏州生长的乔木树种种类繁多，据估计有近百种之多，其中不乏乡土树种，种质资源丰富。特别值得一提的是，在苏州的光福镇分布有一片木荷天然林，为中亚热带树种，木荷耐干旱、瘠薄的土壤，在土壤条件良好的环境为速生树种，常绿耐火性强，病虫害少，是南方优良的防火树种，在空旷地有种源的地方天然更新良好，可作为苏州市特色树种加以繁育与推广。

（五）景观型生态廊道的建设

1.理论依据：岛屿生物学与景观生态学理论

香港世界野生生物基金会通过对面积和隔离程度不同的一些森林斑块中的鸟类群落的研究表明，即便仅约一树之宽的狭窄的通道也对大多数鸟类完全有效，可使小板块林地鸟类的数量几乎和大得多的相邻森林一样。

2.问题

绿地斑块缺乏连通性。目前，城市中的生态廊道以线状（行道树）占多数，带状的较少，不能充分发挥生态廊道的作用；其次，绿地斑块分布零散孤立，除西部丘陵地区有大面积的林木存在（亦可称大型斑块）外，缺少大型的斑块绿地；岛状分布的中小型斑块较多。它们之间缺乏连通性，生态功能较低。

3.对策

（1）构建河岸、道路连续、近自然景观林带，构建城市——郊区——乡村连续植被带，宽度要求一般在30—50米，以形成良好的生物生态廊道。通过公路交通防护林带网络、湖（河）林网、楔形防护绿化带和行道树，将点、线、面生态廊道连接起来，发挥城市整体的生态功能和美化功能。在城乡接合部、东太湖滨岸带，营造开放式森林公园，也可选用耐水湿的乔灌木树种为主营造湿地森林公园，形成岛状分布格局的斑块状林地。在城与城之间，或在行政区域之间营造连续植被绿化带，可以起到廊道连接作用和防护作用，又可起到美化环境的功能。

（2）生态节点的连接——“动物桥”与涵洞式“动物通道”。

“动物桥”是在一些生态敏感区域或地段（如公路），为动物建立一个架空生态廊道，形成一个动物走廊。保证动物在不同绿地斑块或植被带之间的迁徙；同时，将两个原先分离的自然植被斑块或植被带连接在一起，保护森林生态系统的生物多样性。涵洞式“动物通道”：在公路等工程建设过程中，为了不打破原来的山水格局或植被的整体性，将公路高架处理，留出生物生态廊道，以利于动植物的流动。

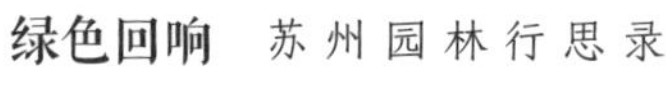

（六）生态功能单元

按照保障城市生态安全、建设生态园林城市对园林绿化的要求，在城郊一体化和原有绿地系统的基础上，建议以生态功能为核心，划分以下的生态功能单元：

1. 生命支持系统——生态源

山体、湖泊、水系是城市自然生态系统，是城市的生态源。苏州城市的特色，除了古典园林外，城市的山、水代表了城市的特色。充分认识其在生态园林城市建设中的重要性，加以保护、合理利用，并不断调整结构，提升生态功能的质量。

2. 生态廊道与防护网络

在各种类型的边缘区（沿江、河、湖、路等），营造相应的有一定宽度的林带。

3. 景观游憩区

建设综合公园，带状公园。此外，按2004—2010年绿色行动计划要求，在建的有虎丘景区西扩工程、石湖滨湖东部景区工程、胥江景观工程、三角咀湿地公园等十大园林绿化工程，以及拟建的森林公园等。

4. 人文历史景观区

历史名园：已开放的古典园林有15处，待修复10处。

名胜古迹公园：寒山寺、灵岩山等20处，在现有公园基础上再增建115公顷。

5. 隔离绿带

在苏州与无锡、苏州与吴江、苏州与昆山、苏州与太仓之间的城镇建隔离绿化带，在古城区、工业园区与高新区之间建隔离绿化带。在工业区与居民区之间建防污染隔离林带，在市内街道与建筑物之间隔离绿化带，以及建设城市高压线走廊的防护隔离林带。

6. 组团

工业园区、高新区内部的绿化用地，公共设施用绿地，仓储用绿地，市政设施用绿地，工贸企业、居民区内部绿地，居住区公园，小区游园。

7. 节点

交通道路与河道、与林带，道路与道路口的交叉点（包括道路广场的绿地、街心花园，立交桥交叉点桥下），河流出入口的防护林。

8.生态旅游线路

沿太湖西侧生态旅游线营造的绿色景观，沿淀山湖生态旅游线营造绿色景观。

9.生态产业

树苗、花卉、草坪生产基地；经济林（茶园、柑橘林、枇杷林、竹林）；有开发前景的天然氧吧、森林浴、农林观光旅游等。

四、保障措施

（一）统一思想，提高认识

要认真落实科学发展观，进一步提高全社会的生态意识。科学发展观强调人与自然和谐发展，不以牺牲环境和资源为代价去换取一时的经济增长，不以眼前发展损害长远利益，不以局部发展损害全局利益。我们在加快发展的同时，要充分考虑自然的承载能力和承受能力，牢固树立“绿色GDP”的全新发展观和正确的政绩观，倍加爱护和保护自然，倍加尊重发展规律，做到既要金山银山，更要绿水青山，努力在全社会营造爱护环境、保护环境、建设环境、促进发展的良好氛围，切实增强全民的环境保护意识。

（二）加强领导，落实责任

为了加强对创建国家生态园林城市工作的领导，市政府成立苏州市创建国家生态园林城市领导小组。领导小组下设办公室，承担创建国家生态园林城市的组织、协调、检查、考核工作，以保证创建工作的顺利实施。各区和市各有关部门也要相应成立领导小组，实行“一把手”全面抓，分管领导具体管。市政府将把创建国家生态园林城市工作纳入各区、各有关部门和单位的考核内容，并与各区、各有关部门和单位主要负责人签订目标责任书，落实责任制。各区、各部门和单位要建立工作责任制，逐级分解任务，细化工作责任，落实具体措施，加强检查考核，形成一级抓一级、层层抓落实的工作机制。

（三）科学规划，加快建设

各地各部门要紧紧围绕“两个率先”目标，按照创建要求，强化苏州市绿地系统规划，完善绿色行动计划，结合绿色苏州建设，全力构建绿量适宜、分布合理、特色明显、景观优美、功能齐全、稳定安全的绿色生态系统。要发挥规划的龙头和先导作用，增强规划的严肃性、权威性。通过规划控制，确保2010年市区及各县级市建成区绿地率均达到38%，绿化覆盖率均达到45%，人均公共绿地均达到12平方米。

（四）积极配合，形成合力

创建国家生态园林城市是一项更为复杂、更为庞大的系统工程，涉及农林、建设、环保、水务、市政公用、卫生、公安、气象、园林绿化，以及电力、供热、燃气、通讯、消防等部门和单位。各有关部门和单位要对照要求，落实措施，积极完成各自的责任目标和任务。要加强合作与配合，形成合力，确保创建国家生态园林城市各项工作顺利实施。

（五）加大投入，筹措资金

实现国家生态园林城市目标，仅靠政府专业职能部门工作是不够的，需要动员社会各界力量共同完成，诸如，采取政府投入、招商引资、社会各界集资及认养绿地等办法和开展营造公仆林、双拥林等普及全民义务植树活动，把建设生态园林城市这项目标作为全民共同关注的事业去实施。为确保国家生态园林城市目标如期完成，要坚持政府投入为主的方针，广开渠道筹措资金，加大建设投入。各级财政要在每年预算中安排必要的绿化建设和管护资金。同时，要按照市场经济规律，建立有效的投融资机制，多方吸纳社会资金。采取共建、捐建、认养、冠名等形式，鼓励全社会参与绿化建设，有条件的部门、单位和个人要积极认建、认养绿地，努力扩大融资渠道。

（六）广泛宣传，全面发动

为了切实加强对创建国家生态园林城市工作的宣传，市宣传部门要运用各种新闻媒体，加大宣传力度，宣传创建国家生态园林城市的重要意义，宣传创建国家生态园林城市是每个市民应尽的义务和责任，真正做到家喻户晓、人人皆知，从而使全市上下都积极参与和投入到创建国家生态园林城市中去。要配合创建工作活动，开展丰富多彩的创建活动，使创建活动有声有色，营造人人关心、人人支持、积极参与创建工作的良好氛围。

五、目前应开展的工作

（1）尽快落实新增绿化用地，落实建设经费。根据新的《苏州城市总体规划》，确定新增用于绿化的土地，结合其他相关部门，做好土地的拆迁、清理和整顿工作，确保规划用地能顺利按时进行绿化种植工作。及时调整《苏州城市绿地系统规划》，规划确定用于建设城市湿地的土地，以及规划确定水域绿化区域及面积，以确保绿化指标按时顺利完成。对已规划落实的新增用于绿化的土地，做好调查与科学的规划设计，尽快施工。

（2）尽快编制《苏州生物多样性保护规划》，该项规划的编制是国家建设部的要求，也是苏州创建生态园林城市的重要步骤；苏州市目前还缺乏对生物多样性的调查研究。

（3）着手调查研究本地综合物种指数、本地物种指数、城市道路透水率，以及热岛效应等一些重要的生态园林城市指标现状，在此基础上制定相应的实施对策。

（4）确立创建水乡型生态园林城市的目标，规划建立城市湿地公园，制定相应的“湿地保护与利用”法规与条例。保护湿地资源，增加绿地面积。

（5）规划建设苏州森林、湿地等重要生态系统类型的“长期生态定位监测与研究站网络”，并加入国家级或其他部门的生态定位研究网络系统，长期监测、预报与研究苏州地区生态环境动态，为政府制定宏观战略决策提供理论依据和技术支撑。

（6）制定碳排放与“碳汇”问题的政策与措施，做到未雨绸缪。

（本文为向市政府所作2005年年度调研报告，收录时有删改。）

努力构建传统与现代相融的生态园林城市

苏州是我国的历史文化名城和重要的风景旅游城市，是长江三角洲地区重要的中心城市之一。近年来，苏州围绕富民强市、“两个率先”的目标，全面实施科技兴市、经济国际化、城市化和可持续发展战略，苏州经济快速发展，社会事业全面进步，综合实力显著增强。

2006年，全市地区生产总值达到4820亿元人民币。在经济持续、快速、健康发展和推进城市化的同时，苏州市委、市政府把加快园林绿化建设作为提高城市综合竞争力和增强城市发展后劲的重要举措，加强生态环境和人文环境建设，促进了经济社会发展与资源环境相协调。全市建成国家园林城市群、中国优秀旅游城市群、全国环保模范城市群，苏州荣登“CCTV2004中国最具经济活力城市”“CCTV2006中国魅力城市”榜首，并被世界银行评为“中国投资环境金牌城市”。

一、始终坚持环境优先、生态苏州的发展理念，确立经济与环境协调统一的城市发展战略

苏州市在城市发展过程中，始终将城市园林绿化作为改善城市生态环境、投资环境、提高人居环境质量的一项重要措施来抓，坚持以生态学、系统学为指导，优先发展城市园林绿化事业。

（一）高度重视环保法规制定，确立生态服务经济的理念

苏州市是一个高度开放、高速发展的现代化城市，正处在工业化转型、城市化加速，经济国际化提升的关键时期。苏州人多地少，自然资源相对匮乏，环境压力增大。面对经济发展需求与脆弱的生态环境、生态承载力不相适应的严峻矛盾，市委、市政府牢固树立科学的发展观，确立了环境优先、生态苏州的城市发展战略，以及生态服务于经济的发展理念，坚持经济建设与生态建设一起推进、产业竞争力与环境竞争力一起提升、经济效益与环境效益一起考核、物质文明与生态文明一起发展，实现由“环境换取增长”向“环境优化增长”的转变。近年来，苏州市十分重视通过环保法规来规范各类经济活动在城市环保中的责任行为，先后制定颁布了涉及经济结构调整、生态环境建设、环境污染防治、水源水质管理、古典园林保护等多个领域的法规，编制实施了《苏州市生态建设纲要》《苏州市循环经济发展规划》《苏州市环境保护“十一五”规划》《苏州市园林绿化事业“十一五”规划》等建设发展规划，同时，还研究出台了《关于加强环境与发展综合决策若干问题的决定》《关于促进可持续发展的若干意见》《关于全面推进苏州生态市建设的若干意见》等指导性文件，较好地从法规和政策层面规范和引导生态立市的法制环境。

（二）高度重视经济结构调整，推进经济增长方式的转变

利用环境生态学原理规划建设城市，健全完善城市绿地系统，有效防治和减少城市污染，把苏州建设成为“青山清水，新天堂”，是苏州市环境优先的战略举措。近年来，苏州市以科技进步为动力，加大产业结构调整力度，推动环境优化增长，推进产业结构优化升级。积极推进新型工业化，大力发展高新技术产业，改造提升传统产业，调整淘汰劣势产业；优先发展环保产业，加快发展现代服务业；大力发展现代高效农业，优化产业组织结构，努力形成环境友好的产业体系。营造有利于经济结构调整和增长方式转变的政策环境，强化产业导向政策，积极扶持资源节约型、环境友好型企业发展，促进形成高增长、高质量、高效益、低投入、低消耗、低排放的增长方式。按照“减量化、再利用、再循环”的原则，加大循环型工业、农业、服务业和生

态型居住小区建设力度。在不断推进、深化苏州工业园区、高新区等国家生态工业示范园区、循环产业园建设的基础上，全面推进省级以上开发区实施生态工业园建设，全市工业制造业都向园区集中，既节约了资源，又改善了环境。

（三）高度重视园林绿化建设，构建自然和谐的生态环境

市委、市政府高度重视城市园林绿化工作，切实把改善生态环境作为优先发展战略，摆上更加突出的位置，每年召开全市绿化工作会议，统一思想认识，加大绿化建设力度。2001年，市委、市政府做出了开展创建国家园林城市活动的决定，通过社会动员、部门参与、城乡联动，采取有力措施，扎实开展创建工作，实现了国家园林城市群的目标。2005年，苏州市又启动了国家生态园林城市群的创建工作，绿化建设在更高平台上稳步发展。在国家宏观政策调整的影响和土地资源相对紧缺的情况下，仍然把新增450万平方米绿地列为年度政府实事工程加以推进，通过安排三角咀湿地公园、东南环立交配套绿化等大型工程项目，全力增绿添绿。市区新增绿地450万平方米的市政府实事工程连续多年被评为“十佳民心工程”。

二、始终坚持规划先导、服务发展的基本原则，构建自然与人文协调统一的绿色生态系统

苏州市十分重视规划的先导作用，结合特有的山水城市格局，注重分析城市规划与生态环境保护的关系，根据区域自然和人文特征，加强绿色生态系统的规划编制，奠定了城市可持续发展的空间结构。

（一）着眼苏州区域特点，确立城市发展空间

苏州拥有2500年的历史，至今还保持着“水陆并行，河街相邻”的双棋盘格局，以及“三纵三横一环”的河道水系和“小桥流水、粉墙黛瓦、史迹名园”的独特风貌。随着城市发展的需求，先后3次修编了城市总体规划，城市空间形态也经历了以保护为主题的“人工山水城中园”、以发展为主题的“自然山水园中城”、以

促进协调发展与和谐社会为主题的“青山清水，新天堂”的3个发展阶段。新一轮的城市总体规划强调了发展模式的转变，从追求简单的经济增长转变为追求社会、经济、环境的全面、协调可持续发展，明确了把苏州建设为文化名城、高新基地、宜居城市、江南水乡的总体目标；提出了东进沪西、北拓平相，南优松吴、西控太湖、中核主城的和合战略。城市总体规划成为推进环境优先生态苏州理念付诸行动的实质性步骤。

（二）构建生态网络框架，编制绿地系统规划

针对经济建设和社会事业快速发展的实际，苏州市及时对绿地系统规划进行修编，以适应城市化进程不断加快的需要，以相对完善的绿规体系为城市空间组团发展和生态环境建设提供支持。苏州市绿地系统规划以生态性、系统性、层次性、城乡一体化为原则，以中心城区绿化为重点，以仿原生态廊道建设为纽带，将城郊自然空间和人工绿色空间连成生态绿网覆盖市域，使苏州成为绿量适中、分布合理、类型多样、景观优美、功能齐全、特色突出的生态园林城市。近年来，苏州市按照绿地系统规划要求，围绕郊野绿地、城市绿地、居住区绿地、组团绿地四个层次，中心城区绿地系统骨架和“两带、三环、五楔”的结构，逐步加以推进，还完成了《苏州市城乡绿化一体化建设规划》《苏锡常都市圈绿化规划》《苏州市森林生态系统规划》，为打造“绿色苏州”提供了规划蓝图。

（三）划定基本生态绿线，严格绿地建设管理

为了严格执行《苏州市城市总体规划》和《苏州市城市绿地系统规划》，苏州市综合考虑区域开发现状、资源禀赋、环境容量和发展潜力等因素，对禁止开发、限制开发、优化开发和重点开发区域划定了基本生态控制线。在城市绿化管理中，按照市政府下发的《苏州市城市绿线管理实施细则》，切实抓好现状绿地和规划绿地的控制，目前已完成了古城区内的绿线划定工作，年内将完成建成区的绿线划定。积极推行“绿色图章”管理制度，对建设项目的绿化用地指标进行严格审查和把关，城市新建、改建、扩建项目必须满足绿地率指标要求，古城区要达到30%，新城区要达到37%。

一批与自然风光融为一体的城市新景观

生态绿线的划定体现了苏州市空间资源管理的统筹性，维护了生态系统的完整性和连续性，保障了城市基本的生态安全。

三、始终坚持量质并举、彰显特色的建设思路，打造景观与生态协调统一的城市宜居空间

近年来，苏州市在巩固国家园林城市成果的基础上，以创建国家生态园林城市为抓手，坚持高起点规划、高标准建设、高质量管理，城市绿化建设在扩展延伸、增加总量，提升品位、创造特色实现新突破。

（一）注重增量与提质同步发展，强化景观生态互融

2001年以来，苏州市区累计新增绿地2362万平方米，建成区绿地率、绿化覆盖率和人均公共绿地面积由2000年的28.2%、31.1%和5.5平方米，增加到2006年的

36.7%、43%和12平方米，分别增长了8.5百分点、11.9百分点和6.5平方米。先后开发建设了石湖景区、文征公园、桐泾公园、沙湖生态园、白塘植物园，以及官渎里立交、友新立交、东南环立交绿地等一批以植物造景为主、生态效益明显的大型绿地。在大面积增绿扩绿的同时，苏州市树立精品意识，充分运用造景艺术手法，体现绿化工程的生态性、文化性、艺术性，做到建成一个项目，打造一个精品，增添一个亮点。在中心城区黄金地段建成了环古城风貌保护工程、乐桥绿舟、文庙公园等绿地，同时，还精心布局建设了均匀分布的以织里苑、听钟园为代表的小游园，解决了中心城区缺绿少绿的问题，实现了市民出行350—500米就可以步入绿色空间的目标。新城区建成了金鸡湖城市广场、红枫林、何山公园、萎湖咀生态公园、太湖湖滨大道等一批与自然风光融为一体的城市新景观。

（二）依托自然与人文资源要素，彰显绿化区域特色

苏州的自然资源与人文资源十分丰富，我们注重将城市园林绿化与城市文化、城市历史、城市景观、城市格局有机融合，逐步形成古城与新城相互增辉的城市整体景观。古城区公园绿地的建设采用景观树与湖石相结合的手法，突出精、细、秀、美的特色，提高绿地品位。均衡绿地布局，精心建设小、多、匀、精的绿地来改善古城区的生态环境和景观质量。结合苏州古城水陆并行的双棋盘格局，建设了道前街、临顿路、干将路等各具特色的滨河绿地。通过“见缝插绿”建设的街头绿地，增设绿化小品，形成了“全城皆园”的景观，同时对彩香、养蚕里等一批80年代建设的老新村和老居住区进行以增加公共绿地为主要内容的综合改造，园林绿化建设逐步成为古城保护的有机组成部分。新城区充分利用山体、湖泊等自然资源，结合区域形态和定位，因地制宜，科学规划，运用现代造园手法，大手笔建设了湖滨大道、香樟园、小石湖等公共绿地，为市民提供了绿色活动空间，成为城市新的亮点。

（三）大力实施节约型园林绿化，追求资源有效利用

苏州市坚持把生态效益和社会效益放在首位，以节水、节能、节财为主要手段，走勤俭节约、因地制宜、科技兴绿、生态环保的道路，实行有利于节约资源的

建设模式和维护管理模式。大力推广种植成本低、适应性强、本地特色明显的乡土树种，用最少的钱，种更多的绿。东南环立交绿化景观工程坚持“生态、景观、节约”的原则，合理配置乔灌草，构建复层结构的植物群落，不但建成了错落有致、季相分明、具有较高水准的城市重要交通枢纽地带景观绿地，而且大幅度减少了浇灌、施肥，修剪、病虫害防治等作业，降低了养护成本，取得了明显的成效。苏州市还采取见缝插绿、拆墙透绿、拆违转绿、立体绿化等方式，想方设法提高城市绿化覆盖率。对高架桥水泥立柱实施垂直绿化，种植爬山虎、西香莲等攀缘植物，增加城市三维绿量。

四、始终坚持市场化运作、科学高效的管护手段，创新治绿与固绿协调统一的长效管理机制

多年来，苏州市坚持“二级政府、三级管理、四级网络”的管理模式，突出政府的资金保障，突出市场的有效运作，突出一线的督查考核，突出作业单位的培训指导。促进园林绿化养护管理由粗放型向精细型，由突击型向长效型的转变。

（一）持之以恒抓好宣传，营造全民爱绿护绿良好氛围

苏州市十分重视抓好全社会的宣传教育工作，通过开展各种行之有效的活动，增强全民的“爱绿护绿”意识。每年市政府都组织召开城市绿化动员大会，组织开展全民义务植树活动，组织编发城市绿化简报，组织开展以“绿化苏州、美化家园”为主题的摄影大赛、市民纪念林、认建认养绿地系列活动；成立了护绿志愿者队伍，编印了漫画形式的《话说美化家园》宣传画册发放给市民；在市民广场开展以绿化法规为主要内容的大型宣传和咨询活动，组织专家深入社区进行家庭绿化美化种养知识的系列讲座；在居民社区的宣传报栏内粘贴宣传画报，定期组织国内园林专家进行学术研讨，结合城市绿化发展的不同阶段有选择地开展课题研究；在各类媒体有计划，有重点、有专题地进行宣传报道，在主干道沿线设置大型公益广告加强宣传。通过开展系列宣传活动，在全社会营造爱绿、护绿的良好氛围，收获了较好的宣传效果。

（二）主动适应内在要求，积极探索市场化管理新机制

苏州市主动适应城市园林绿化的内在要求，积极探索并建立建管并重的长效机制，保证建一片、管一片、绿一片，以发挥城市绿地的景观和生态效应。2003年，实行了政企分开、政事分开、事企分开、管理层与作业层分开的“四分开”。2005年，市政府出台了《苏州市市区城市绿地养护管理暂行办法》。定期召开由绿化、财政、建设、监察等部门参加的联席会议，专题研究市管绿地养护管理招投标办法，制定并实施了《苏州市城市绿地养护管理标准》《苏州市城市绿地养护管理检查考核办法》《苏州市城市绿地养护管理招投标评标标准与办法》等配套性文件。每年市级财政还在城市建设资金中安排绿化养护专项经费，先后完成了文征公园、友新立交、官渎里立交景观绿地等市管绿地养护管理招投标工作。各区也逐步将区管绿地养护管理推向了市场，通过城市绿化养护管理机制的改革，较好地构建了科学、有序、高效的绿化养护平台，提高了绿化资金使用效率，促进了城市绿化养护管理水平的提高。

（三）建立健全法规制度，坚持依法治绿，巩固绿化成果

多年来，苏州市在认真贯彻落实国家、省有关条例的基础上，结合苏州实际，先后颁布了《苏州市城市绿化条例》《苏州园林管理和保护条例》《苏州市古树名木保护管理条例》等地方性法规，同步制定了《苏州市区移、伐城市树木、占用绿地申报、审批办法》《苏州市城市绿化监察执法程序暂行规定》等配套性文件。2005年，苏州市针对1999年出台的《苏州市城市绿化条例》与当前城市绿化发展的要求不相适应的问题，及时进行修订，突出了绿化指标、处罚标准、法律责任等刚性要求，启动了《苏州市风景名胜区保护和管理条例》的立法调研和起草工作。依据条例法规，加大执法力度，及时纠正和查处各类侵占绿地、破坏绿化的违法行为，有效保护了绿化建设成果。清理绿化审批项目，设立行政服务窗口，依法受理相关审批项目。开通“12345”便民服务热线和政务公开网站，及时受理市民的咨询和投诉，接受社会公众监督。

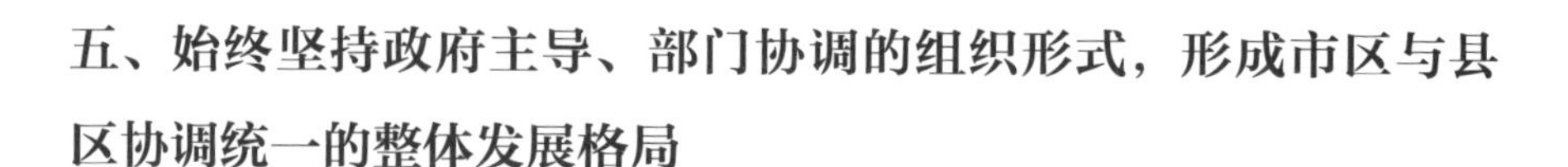

五、始终坚持政府主导、部门协调的组织形式，形成市区与县区协调统一的整体发展格局

（一）党委政府重视，部门齐抓共管

苏州市委、市政府把创建国家生态园林城市作为增强苏州新一轮社会、经济发展、综合竞争力的重点加以推进。早在2004年建设部下发通知后，就明确提出了力争“十一五”期间苏州市建成国家生态园林城市群的要求。2005年，市委、市政府召开了苏州市创建国家生态园林城市动员大会，制定了《苏州市创建国家“生态园林城市”实施方案》，成立了以市长为组长、分管副市长为副组长、各市区及有关部门主要负责人为成员的创建国家“生态园林城市”领导小组，创建领导小组下设办公室，由园林和绿化管理局负责创建办日常工作，协调解决创建工作遇到的矛盾和问题。创建办将19项创建指标进行细化分解，进一步落实责任部门，明确目标任务和创建要求，定期组织召开创建联络员工作例会，并组织开展专项课题研究，拿出切实可行的办法措施，各责任部门加强协调和配合，形成职能互补，科学整合创建资源，协同推进创建项目的实施，确保市委、市政府确定的阶段性创建目标任务的完成。

（二）加强分类指导，实施重点突破

苏州市将创建国家生态园林城市群作为国家园林城市群的延伸和拓展，作为环境优先，生态苏州城市发展战略的具体步骤加以实施。各职能部门加强对市（县）、区的业务指导，强化对指标的监测分析，动态管理和分类指导，对于基础较好、已经达标的指标，注重监测与分析，防止出现倒退与反复，确保指标得到进一步提高。对于缺乏统计信息的指标，借助各种资源，加紧研究分析，找出差距和不足，确保提高措施顺利达标。对于存在一定差距和达标难度较大的指标，作为创建的重点加以突破，确保各项创建指标全面达标。去年，苏州市召开了园林绿化研讨会，邀请国内园林绿化的资深专家学者实地考察、专题研讨、会诊把脉，对苏州市在创建国家生态园林城市工作中存在的土地资源紧张、创建资金紧缺、科技支撑缺乏等矛盾和问题提出了对

策和建议，为苏州城市园林绿化的未来发展提供决策依据。组织各市（县）、区园林绿化部门赴深圳等地考察和学习创建工作的基本经验和做法，进一步推进创建水平的共同提高。

（三）实施市县联动，谋求整体推进

鉴于苏州国家园林城市群的良好基础，苏州市积极实施市（县）联动，整体推进战略，围绕2007年力争将苏州市列为首批国家生态园林城市群的试点市目标，各市（县）按照苏州市委、市政府的决策，全面发动，全力以赴，举全市之力联动开展创建国家生态园林城市工作。张家港市紧紧围绕建设经济社会协调发展、人与自然和谐相处的城市发展总目标和“现代、滨江、生态、水乡”的城市特色定位，以“三绿”工程为载体，构建绿色和谐港城。常熟市瞄准国家生态园林城市创建目标，突出“古城、名城、水城”特点，尊重自然形态，延续历史文脉，使建筑与青山相映，城市与山水共辉，建设山、水、城融为一体的生态园林城市。太仓围绕构建“现代经济、现代城市、现代文化、现代社会”的总体目标，以增加绿化总量、提高绿化覆盖率和造林绿化质量为重点，加强生态建设、创建生态文明、促进经济社会可持续发展。昆山围绕“思路方法创新意、工程建设创优质、行业管理创优良、效能建设创优秀”的工作要求，坚持科学统筹，城镇联动，结合区域特色，加强城市园林绿化建设，生态效应初步显现。吴江市以创建“城在林中、路在绿中、楼在园中、人在景中”园林城市为抓手，通过大力实施绿地建设，建设既有江南水乡特色又有现代气息的生态城市。通过各市（县）创建工作的广泛开展，形成了市县联动、整体推进的良好势头。

创建国家生态园林城市已列入苏州市“十一五”经济社会发展规划，确保建成首批国家生态园林城市群也是苏州市政府今年的工作目标。我们将建设生态园林城市作为重要抓手，持续推进区域生态环境的改善，为促进可持续发展、构建和谐苏州奠定环境基础和生态支撑，为实现苏州“两个率先”目标而努力奋斗。

（本文为2007年3月住建部在苏州召开的

国家生态园林城市试点市研讨会上的发言提纲）

背景材料：创建国家生态园林城市

2004年6月，国家建设部下发了《关于印发创建“生态园林城市”实施意见的通知》（建城〔2004〕98号），要求全国各地加强城市生态环境建设，积极开展创建生态园林城市工作。苏州市委、市政府高度重视此项工作，主要领导作了重要批示。根据市领导的要求，市园林和绿化管理局当即着手开展前期调研工作，召集8个相关部门进行摸底调查，起草了《创建生态园林城市工作方案》。《方案》中详细地分析了苏州市的城市生态环境指标、生活环境指标、基础设施指标的现状以及同生态园林城市标准的差距，并就创建工作的开展提出了成立创建领导小组、做好土地与资金的保障、有序申报等工作建议和打算。

2005年3月1日，市委、市政府召开了“苏州市创建国家生态园林城市动员大会”，市长阎立作动员报告，市委书记王荣作重要讲话。会议肯定了“十五”以来苏州市城市绿化工作取得的显著成绩，明确了创建国家生态园林城市的目标和任务，要求各市辖区和县级市及各有关部门积极开展创建工作，确保市区各项指标到2008年全部达标，通过规划控制，确保2010年市区和各县级市建成区绿地率均达到38%，绿化覆盖率均达到45%，人均公共绿地均达到12平方米。会上，五个县级市、7个城区及有关部门向市政府递交了创建国家生态园林城市责任书。

市园林和绿化管理局起草了《苏州市创建国家生态园林城市实施方案》。

6月9日，市政府成立了“苏州市创建国家生态园林城市领导小组”，市长阎立任组长，分管副市长朱建胜任副组长，成员包括各相关部门负责人，领导小组办公室设在市园林局内，由市园林和绿化管理局局长衣学领任办公室主任，局分管领导任副主任。

苏州是全国最早明确开展创建国家生态园林城市活动的城市，继2003年荣获“国家园林城市”称号后，不断巩固和发展创建成果，结合开展创建生态市、节水型城市等活动的开展，全市的城市生态环境、城市生活环境和城市基础设施建设等方面均有了较大的改善和提高，为创建国家生态园林城市奠定了良好的基础。江苏省建设厅积极推荐苏州争创首批国家生态园林城市，国家建设部对苏州成为创建示范点也寄予厚望。市园林和绿化管理局积极做好资料收集和申报文本制作等各项前期工作，根据2006年统计：有关国家生态园林城市标准的三大类19项基本指标要求已有7项达标，分别是：水务局负责的城市水环境功能区水质达标率达到100%，城市管网水水质综合合格率达到100%，自来水普及率达到100%，市政公用局负责的生活垃圾无害化处理率>90%，环保局负责的空气污染指数≥100的天数/年为30天，环境噪声达标覆盖率达到10C%，公众对城市生态环境的满意度≥85%。城市绿化方面，至2006年底建成区绿地率已达到37.2%，绿化覆盖率达到43%，人均公共绿地已达到12平方米，接近了国家生态园林城市指标的要求。

2007年1月，苏州市政府正式向国家建设部递交了创建国家生态园林城市的申请。2月9日，市创建国家生态园林城市领导小组召开会议，提出夯实三大类19项指标的意见和建议。

论园林绿化在城市化中的地位和作用

城市是人类文明的标志，是人们经济、政治和社会生活的中心。城市化的程度是衡量一个国家和地区经济、社会、文化、科技水平的重要标志，也是衡量国家和地区社会组织程度和管理水平的重要标志。城市化是人类进步必然要经历的过程，是人类社会结构变革中的一个重要线索，经过了城市化，标志着现代化目标的实现。然而，随着城市化进程的加快，城市生态环境污染问题日渐突出，深刻地影响到人类社会的各个层面，成为全球关注的焦点，制约着城市的可持续发展，威胁着人类的生存条件。

据研究部门测算，2030年我国城镇化率可达60%以上，苏州目前已达到67%。城市生态环境的好坏，对生活在城市中居民身心健康影响至深。要改善城市的生态环境，使之朝良好的方向发展，最根本的就是靠城市中的园林绿化建设。

一、城市化进程中，城市生态环境破坏严重，保护亟待加强

生态环境保护是运用生态学原理，研究和协调生物与环境之间的相互关系。小则涉及一个区域，大则涉及一个国家乃至整个地球。当今社会，生态环境保护已经成为全球的战略问题，它不仅是经济可持续发展的需要，也是人类社会发展的需要。

现代城市人口密集，是一个国家或地区经济发展的中心区域，城市生态环境的好坏直接关系到城市的可持续发展。同时，现代化城市进程的特点，决定了人类活动对

城市生态环境破坏性较大，城市生态平衡易破坏而难恢复，因而，城市生态环境保护显得尤为重要。加强城市园林绿化建设是保护城市生态环境的重要途径，也是维护区域乃至全球环境的基础之一。大力开展植树造林，科学、合理地配置绿化品种，建设生态园林城市，提高城市绿化覆盖率，为城市增加自然因素，是最根本、最积极的措施。做好城市园林绿化工作是维护城市生态平衡，美化、净化城市的重要手段，是协调人与自然的基本途径。绿色植物存在着强大的净化功能，千百年来其自然净化作用一直为保护自然界的生态平衡起着重要的作用。人们投入大量的资金、人力、物力，建设高楼大厦、道路、桥梁，如果不进行园林绿化生态建设，只能加剧生态失衡，这是不适合人们生存的城市，更不是文明的城市。发展绿地、广植树木，做好城市园林绿化工作是改善人们生存环境、提高生活质量的最积极、稳定、长效、经济的手段。

二、城市化进程中，城市园林绿化的主要作用

植物是天然的绿色屏障，在城市化进程中，针对城市日益严重的生态环境问题，城市园林绿化起着对城市生态环境保护和生态修复的作用，具体表现出如下几个方面：

（一）吸烟滞尘，净化空气

城市的各类绿地在阻滞吸附空中灰尘的同时，还能滞留、分散、吸收空气中的各种有毒气体，从而使空气得到净化，绿色植物是净化大气的特殊“过滤器”。

（二）调节小气候

人类的生产和生活活动，植物的生长和发育都深刻地影响着小气候，植物叶面的蒸腾作用能调节气温和空气湿度，吸收太阳放射的热能，对改善城市小气候具有积极的作用。研究资料表明，当夏季城市气温为27.5℃时，草坪表面温度为20℃ ~ 24.5℃；而在冬季铺有草坪的足球场，表面温度则比裸露的球场表面温度高4℃左右。

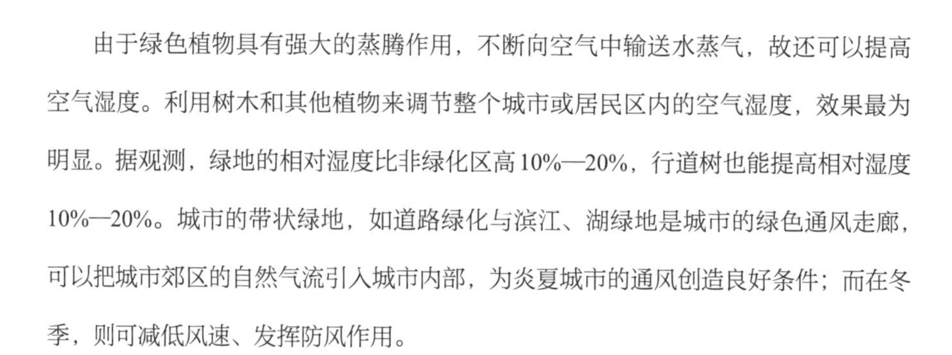

由于绿色植物具有强大的蒸腾作用，不断向空气中输送水蒸气，故还可以提高空气湿度。利用树木和其他植物来调节整个城市或居民区内的空气湿度，效果最为明显。据观测，绿地的相对湿度比非绿化区高10%—20%，行道树也能提高相对湿度10%—20%。城市的带状绿地，如道路绿化与滨江、湖绿地是城市的绿色通风走廊，可以把城市郊区的自然气流引入城市内部，为炎夏城市的通风创造良好条件；而在冬季，则可减低风速、发挥防风作用。

（三）减弱噪声

城市化进程使得城市工厂林立，建筑工地比比皆是，以及机动车辆等产生的噪声不仅影响人们的正常生活，严重的还将危害人们的健康，而利用绿化树木的庞大树冠和枝干，则可以使声能消耗而减弱。植物的叶和枝条能吸收声波，据测定，在没有树木的高大建筑林立的街道上，噪声强度比两侧种满了树木的街道上高5倍以上。

（四）美化城市环境

城市绿化是城市文化景观的重要组成部分。城市绿化经过合理、科学、艺术的配置后，四季葱绿，丰富了环境的空间变化。枝干的高低错落，树冠的大小差异，树形的多种多样，打破了建筑物的平直单调而使其生动、活泼、多样，从而加深了城市的空间感和层次感。各类植物随着季节的变化，呈现出不同季相的色彩，既能反映大自然的天然美，又能反映人们精心布局的艺术美。植物的芳香带给人们嗅觉上的享受和满足，植物群落的繁茂引来了各种鸟兽，增添了城市的活力，绿色植物组成的构图和随季相变化的绿化道路可使人产生美感。因此，城市进行绿化后就会变得绚丽多姿，生机盎然，提升了城市的品质和居民的生活质量。

（五）防灾减灾

城市中园林植物的防灾减灾作用主要体现在防火、防风、护岸上，许多园林绿化树木具有强大的耐火性，有着突出的防火功能，比如珊瑚树，当它的叶片全部烤焦时，也不会发生火焰，树木和草地均可降低风速，减少尘埃、风沙危害，树木和草地均可涵养水源、净化水质、护岸、保土，减少泥沙对河湖的淤积。

（六）监测环境，平衡大气中的二氧化碳和氧气

植物对大气污染的反应要比人类敏感得多，在环境污染的情况下，污染物质对植物的毒害也会以各种形式表现出来。植物的这种反应就是环境污染的“信号”，人们可以根据植物所发出的“信号”，来分析鉴别环境污染的程度。同时，绿化植物通过光合作用吸收二氧化碳，释放氧气，可以对二氧化碳起到调节平衡作用。据测算，每公顷树林每年可吸收324吨二氧化碳，产生216吨氧气。

（七）生活休闲需要

城市化进程的加快，生活在城市中的人们在下班休息之余，都希望有一个就近的绿化生态场所便于短暂的休闲，如散步、锻炼身体等。尤其是随着城市人口老龄化问题的日益凸显，好的城市绿化生态环境便于他们健身、娱乐等。

城市园林绿化还可以缓解城市化发展与生态环境之间的矛盾，一个拥有良好园林绿化生态的城市，其竞争力也比较高，更能够吸引人才和投资者，促进经济发展。城市园林绿化好了，可以提高人民生活质量，实现城市的全面进步。

综上所述，在现代城市化进程中，城市园林绿化建设与人们的生活质量息息相关，已成为一个国家综合国力和城市文明程度的重要标志之一。现代城市园林绿化建设应以人为本，追求人与自然的和谐，为实现城市社会经济、文化和生态环境的可持续发展、人与自然的和谐发展做出贡献。

（原载《文化遗产研究通讯》2010年第3期）

努力把苏州城市园林绿化工作提高到新水平

近年来，面对新的形势和任务，全市园林绿化系统坚决贯彻市委、市政府的决策部署，围绕建设“三区三城”、率先基本实现现代化的目标任务，紧扣主题主线，抓创建、快建设、强管理、重保护、促发展，城市园林绿化事业呈现出快速、健康发展的良好态势。

一、苏州城市园林绿化工作已取得的成绩

（一）生态园林城市创建工作成效显著

国家生态园林城市是衡量一座城市发展水平的综合指标和崇高荣誉。苏州市的创建工作启动于2005年，历经5年多的不懈努力，尤其是通过加大绿化工程建设力度，提高园林风景区管护水平，使创建工作呈现出整体推进、内涵深化、特色鲜明、成效显著的良好局面。为实现市委、市政府“率先将苏州市及张家港市、常熟市、昆山市列入首批国家生态园林城市”的目标，2011年初，市区本级在创建领导小组的架构下增设迎检指挥部，由分管市长挂帅，设立台账资料组、迎检线路组、环境整治组、舆论宣传组等，并多次召开领导小组专题会议，定任务、定进度、定责任，高标准地推进各项创建工作。各试点城市也成立相应的创建工作机构，抽调人员集中办公，使创建工作形成统一领导、分头实施、高效推进的态势。在创建工作中，市区和各试点城市严格实行“谁主管、谁负责”的目标责任制，扎实推进8类74项指标的达标工作，

道路绿化

尤其是针对“林荫停车场推广率”等不达标指标或弱项，针对“立体绿化的鼓励政策”“乡土植物应用情况”等新增考核内容，针对“提高市民对创建工作的知晓率和对城市园林绿化的满意率”的宣传等难点问题，逐条对照、逐项消号。同时，科学地制定迎检方案，全面完成申报文本、台账资料、DVD技术报告片、专题报告、考核现场等各项迎检准备，组织各有关部门和单位全力做好指标解释、检查点提升、媒体宣传等关键性工作，充分展示了各试点城市创建的业绩和成果。2011年5月和10月，

市区及张家港市、常熟市、昆山市分别通过省住建厅专家组的资格初验和国家住建部专家组的现场考查，并得到专家组的充分肯定和赞扬。

（二）城市绿化总量持续增长

近年来，全市把增加绿量作为城市绿化的基础性工作来抓，在土地、资金、政策等方面不断加大支持力度，有力推动了城市绿化建设，城市绿量有了新的增加。市区本级大力实施年度新增绿地实事项目建设，近3年来，新增绿地1636.5万平方米，其中：吴中区新增134.48万平方米，相城区新增224.65万平方米，工业园区新增742.3万平方米，高新区新增275.2万平方米，中心城区新增160.27万平方米。我局新增99.6万平方米，主要实施了三角嘴湿地公园、石湖景区滨湖区域景观、沪宁高铁绿色廊道、干将路综合整治景观绿化、吴中区独墅湖生态湿地公园、相城区荷塘月色湿地公园和花卉植物园、高新区太湖湿地和白马涧生态公园、工业园区莲池湖公园和沿阳澄湖西岸景观绿化等工程，年度新增绿地实事项目连续7次荣获“苏州市十大民心工程”荣誉。2010年，苏州市获评“全国绿化模范城市”。近3年来，各市（县）城市绿化建设竞相发展，张家港市主要实施了梁丰路滨水休闲公园、城北路滨水景观、城北新区道路绿化、环城河景观绿化、大伯墩生态湿地公园等绿化工程建设，新增林地绿地3254万平方米。常熟市重点加快了漕泾绿地和轴承厂地块改造、昆承湖生态修复、常昆高速景观绿化、古里文化公园等绿化工程建设，新增林地绿地4079万平方米。太仓市重新修编城市绿地系统规划，推进海运堤绿化、盐铁塘绿化景观改造和城北河景观带改造、城北河湿地公园、城市小游园升级改造等绿化工程建设，新增城市绿地833万平方米，并荣获“中国人居环境范例奖”和“江苏省人居环境综合奖”。昆山市全力推进沪宁高铁绿色廊道、黄浦江北路和曙光路、224省道、花桥商务区等绿化工程建设，新增林地绿地4331万平方米。吴江市扎实推进城市公园、滨湖新城景观、庐乡公园、人民路、云龙西路、学院路等绿化工程建设，新增林地绿地约3798万平方米。各市（县）区在加快建设的同时，注重结合本地实际，注重城市绿化建设的生态性、文化性和艺术性，三角嘴湿地公园建设、沪宁高铁绿色廊道、梁丰路滨水休闲公园、昆承湖生态修复等绿化重点工程，都成为建设宜居城市的亮点和风景线。

（三）城镇绿化管护水平明显提升

按照“建养并举、长效管理、持续发展”的原则，全市不断深化“二级政府、三级管理、四级网络”的绿化管理模式，依据《苏州市城市绿地养护管理招投标办法》《苏州市城市绿地养护管理检查考核办法》，实施市场化运行机制，推行末位淘汰制，进一步构建起科学、有序、高效的城镇绿化养护平台。同时，大力实施城市公园、小游园、城区道路、背街小巷、老住宅区等绿化景观提升工程，持续实施片区补绿补缺、行道树专项修剪、植物病虫害防治等专项整治，促进城市绿化养护管理由粗放型向精细型、突击型向长效型转变。近年来，各市（县）区积极推行“绿色图章”制度，抓好现状绿地和规划绿地的管控，及时处理应急绿化抢险，从严查处绿化违规案件，切实维护和巩固了城镇绿化建设的成果。同时，各市（县）区还认真贯彻落实《苏州市古树名木保护管理条例》，实施古树名木的全面普查和挂牌登记，实行市政建设中的古树名木避让审查，对生长不良的古树名木进行复壮等，进一步加强了城镇“绿色文物”的保护。广大群众设身处地地感受到了城镇生态环境的变化，享受到了优美舒适的生活环境。

（四）城市园林绿化行业监管力度加大

近年来，全市范围广泛开展“3·12”义务植树节系列活动，市委、市政府主要领导多次带领市领导和市级机关参加义务植树，有效地营造了“爱绿、护绿、兴绿”的社会氛围。出台并施行《苏州市城市建设项目配套绿地指标踏勘审查规程》，制定《苏州市城市建设项目配套绿地指标踏勘审查绿地面积计算办法》，仅2011年就受理绿地指标现场踏勘审查件127起，有效地保障了城市绿地总量和质量的提升。组织开展园林绿化精品工程、园林式居住区、园林式乡镇等评选推荐活动，全面提升了城乡园林绿化建设管理的水平和档次。石湖景区北入口工程、张家港市梁丰河滨水休闲公园、昆山沿沪大道A标绿化工程等8个园林绿化项目被评为2010年度“江苏省园林绿化优秀工程”，三角嘴湿地公园二、三期等7个项目获“江苏省优秀风景园林示范项目”。近年来，全市严格执行《城市园林绿化企业资质管理办法》《城市园林绿化企业资质标准》，强化城市园林绿化企业资质的申报、审核和备案等环节，以资质管理水平的提高，带动企业经营管理水平的提高及技术人才的培养。目前，大市范围拥有城市园林绿化一级资质企业25家、二级资质企业82家、三级资质企业244家。配合市相关部门推行并完善政府投资园林绿化建设工程预选承包商制度，调整园林绿化工程业绩认定标准，完善建设市场信用体系。目前，进入苏州市预选承包商名录的Ⅰ组（一级资质）企业共20家、Ⅱ组（二级资质）企业共40家、Ⅲ组（三级资质）企业共40家，进一步规范了城市园林绿化企业竞争市场。积极推进城市绿线划定工作，相继完成市区本级的中心城区、相城区、吴中区、高新区、工业园区的绿线划定，并加强对各市（县）绿线划定工作的指导，力争实现绿线保护管理的市域全覆盖，各级园林绿化职能部门的行业指导和管理作用得到充分发挥。

（五）园林和风景名胜区保护持续加强

近年来，全市始终围绕“保护”这一核心，坚持“原真性、完整性、延续性”原则，注重加强园林景区历史文化资源的保护、挖掘、传承和利用，注重把文化品牌优势转化为发展优势、竞争优势。市区本级开发并运用世界遗产·苏州古典园林监测和预警系统，实施国家文物局《中国世界文化遗产监测预警信息系统》试点项目，编制《苏州古典园林“十二五”保护管理规划》等，世界遗产保护管理工作更规范、更科学、更有效。举办世界遗产保护论坛、历史建筑修缮技术培训班、青少年遗产教育研究等，扩大了苏州世界文化遗产保护的国际国内影响力；实施古城墙保护修缮、虎丘山风景名胜区综合整治、怡园综合整治，拙政园住宅维修等重点项目建设，有力提升了各园林景区的品位和档次；注重园林景区传统技艺的展示，举办首届苏派盆景双年展，建设苏派盆景历史文化陈列馆，彰显苏州园林的艺术风格和特色，苏派盆景技艺被列入国家非物质文化遗产名录，苏州市成为世界盆栽友好联盟城市。常熟市推进昆承湖生态修复工程建设，着力打造集旅游、娱乐、康养、休闲、生态、商贸、居住等功能于一体的现代化都市休闲度假综合体。张家港市重点抓好暨阳湖生态湿地公园等项目，突出“长江文化”内涵，融入生态理念。吴江市同里景区实施乐寿堂文物古建落架维修，启动南入口天元文化苑建设等综合整治，有力推进了园林文化的繁荣和发展。近年来，针对市域景区管理体制不顺、规划执行不严、资源利用过度、与上位法衔接不顺等问题，积极探索和研究市域景区监管的特点和规律，2009年10月，《苏州市风景名胜区条例》正式颁布实施，成为国内首部地级市风景名胜区法规。制定《苏州市县级风景名胜区审查办法》，建立国家级风景名胜区地理信息监管系统，推进市域景区监管工作的科学化和规范化运作。几年来，市风景名胜区主管部门会同省住建厅、太湖办受理吴中区洞庭水苑、金庭镇舒园、石湖景区翠影山居、光福景区香雪海、木渎景区姑苏印象文化村等40多个建设项目选址，从严控制景区内建设项目的规模、体量和风格，确保市域景区建设项目科学规划、依法审批、有序实施。同时，各风景名胜区全面推进规划实施、资源保护、环境综合整治等工作，东山景区成立名胜区管理委员会，编制《东山西街历史文化街区总体规划》等，收购和修复承德堂、容春堂、载德堂等明清建筑；西山景区完成了《明月湾历史文化名村规划》等修编，实施污染源拆除、湿地修复和古树名木保护；角直景区实施《角直古镇保护和整治规划》修编，加强传统民居、古建筑、河道等的维修和整治；虞山景区完成尚湖东西两侧生态廊道建设，实施环境综合整治，修复宝岩盆景园等；木渎景区对管理范围实施重点保护区、建设控制区和环境影响区等不同等级的保护管理；光福景区启动太湖北堤岸、磨刀湾水域生态修复工程等，市域风景名胜区的规划、保护、建设和利用工作得到强化。

但城市园林绿化工作仍存在一些问题和不足，主要表现在：一是发展不够平衡，城市之间、城区之间园林绿化的水平各异，有的差距还比较大；二是绿地数量仍显不足，绿化工程建设的品质、品位有待进一步提高；三是城市绿化重建轻管问题还不同程度地存在，单位和居住区绿化仍是城市绿化管理的薄弱环节；四是园林风景区的管理体制尚待理顺，保护管理水平仍需进一步提高，市、县级风景名胜区申报和设立工作还需加快推进。因此，必须要强势推进，努力把城市园林绿化工作提高到新水平。

党的“十七大”以科学发展观为指导，提出了建设生态文明的宏伟目标，把生态文明提高到新的战略高度。省第十二次党代会提出，要把生态文明建设放在更加突出的位置。最近，市委常委会在学习贯彻全国“两会”精神和部署当前重点工作时强调：当前，全市上下围绕建设“宜居新苏州、创业新天堂、幸福新家园”目标，要在“六个方面”下功夫，其中，要在完善城市布局、提升城市功能形象、实现城乡共同发展上下功夫；要在弘扬传统文化、发展现代文明，打响文化旅游品牌上下功夫；要

在切实保护环境、强化生态建设、提高可持续发展能力上下功夫；要在加强社会建设、创新社会管理、保障和改善民生、提高人民群众幸福感和满意度上下功夫；等等。这些都涉及城市园林绿化的内容，充分表明城市园林绿化在社会经济结构中的地位和作用更加突出和重要。应当看到，当今城市与城市之间的竞争和较量，在很大程

体现文化特色，塑造城市个性，提高城市品位

度上取决于环境，环境已成为决定一个城市经济发展后劲和活力的重要因素，生态建设已成为城市建设发展的潮流和趋势。各级各部门一定要充分认清做好城市园林绿化工作的重要意义，切实解决城市园林绿化中存在的问题，进一步增强责任感、使命感和紧迫感，发扬成绩，再接再厉，努力在新一轮的城市园林绿化建设高潮中再创佳绩。

绿化是城市建设中唯一有生命的基础设施

2012年，城市园林绿化工作总的指导思想是：以邓小平理论和“三个代表”重要思想为指导，深入贯彻落实科学发展观，紧扣建设“三区三城”、率先基本实现现代化的目标任务，牢固确立“生态、精品、效益、魅力”的理念，坚持增绿与管绿并行、保护与利用并举、文化与生态并重、城区与乡镇并进，进一步加大资金投入、加快工程建设、加强园林景区和城市绿地的保护管理，不断完善城市基础设施，提升城市生态品质，丰富城市文化内涵，努力打造宜居新苏州、创业新天堂、幸福新家园。

二、今年的主要工作任务

（一）坚持规划引领，切实增强园林绿化发展的科学性

城市园林绿化直接关系到城市的现代化进程，只有在科学规划指导下的园林绿化建设，起点才能更高，布局才能更合理，优势才能更突出，特色才能更鲜明。一是要坚持科学规划、立足长远。园林绿化规划要与城市总体规划、土地利用规划和各有关专业规划相衔接，要把园林绿化建设目标与城市的可持续发展、与环境资源的保护利用、与人民群众日益增长的物质文化生活需要相结合。按照省住建厅的要求，今年全市要以《江苏省城市绿地系统规划编制纲要》和《江苏省城市绿线划定技术纲要（试行）》为依据，积极推进城市绿地系统规划修编和绿线划定工作，要准确把握城市各类绿地的服务功能和营造城市生态的基础要求，合理布局和安排各类绿地形式，注重城市绿地、郊野绿地、居住区绿地、组团绿地四个层次的有机衔接，着力构建“绿量适中、布局合理、景观优美、特色突出”的城乡生态网络框架。二是要坚持因地制宜、注重特色。编制园林绿化规划，要从城市自然地貌特征、历史文化背景、地域环境资源等因素出发，把握城市发展定位，传承历史文脉，体现文化特色，塑造城市个性，提高城市品位。构建以城市绿化为基础，以自然环境为载体，以基础设施为依托，以历史文化为脉络，以城市景观为形象的经济、社会、自然相协调的城市空间。要突出节约型城市、节约型园林绿化建设，大力发展节能、节地、节水型绿化，在提高城市绿化的文化内涵和艺术品位的同时，使城市绿化的综合功能和整体效能得到明显提升。三是要依法执行规划、保护好园林绿化成果。各市（县）要认真执行《苏州市城市绿线管理细则》和《苏州市城市建设项目配套绿地指标踏勘审查规程》，严格实行绿线管理，积极推行“绿色图章”制度，不得随意侵占绿地和改变规划绿地性质。新建、改建、扩建城市建设项目配套绿化，要严格按照规划审批的绿地率组织实施，确保各类城市建设项目配套绿化与主体项目同步规划、同步建设、同步验收，并

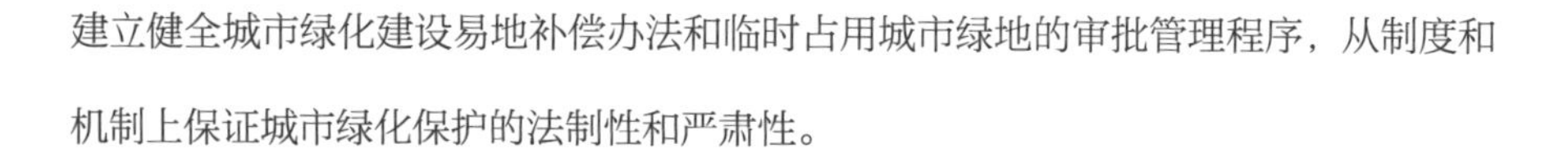

建立健全城市绿化建设易地补偿办法和临时占用城市绿地的审批管理程序，从制度和机制上保证城市绿化保护的法制性和严肃性。

（二）坚持量质并举，切实增强城市园林绿化建设的协调性

宜居城市的第一属性和第一要素就是生态绿化。绿化是城市建设中唯一有生命的基础设施，也是一个城市现代化程度的重要标志。要以扩量、提质、创精品为中心任务，突出城市绿化的生态性、景观性和文化性，更加注重城市绿化发展的质量和效益，努力保持园林绿化的增量与提质、城市与农村的协调推进。一是要大力增加城市绿量。当前正值城市化的快速发展期，每年城市都在扩张，因此，作为城市中唯一有生命的基础设施的园林绿化一刻也不能停留，必须与城市扩张同步规划、同步建设。通过科学安排和增加一批大的项目、大的工程快速提升有关绿化指标，市区本级要全力推进市政府下达的年度新增450万平方米绿地实事项目的建设，其中：工业园区完成150万平方米，高新区完成120万平方米，吴中区完成130万平方米，相城区完成135万平方米，中心城区完成32万平方米，主要实施石湖景区南石湖景观绿化、火车站南广场等重大基础设施配套绿化、新城绿化、东太路绿化、白马涧生态区道路绿化、星华街南段绿化等工程建设。当前，要积极推进“两河一江”综合整治和绿化提升工程，不断改善城市面貌，彰显吴韵今风。各市（县）要按照率先基本实现现代化的指标体系要求，加快年度各项绿化工程建设，张家港市计划新增城市农村绿地林地3500万平方米，主要实施城北路东延、一干河东路、沙洲湖公园等绿化工程建设；常熟市计划新增城市农村绿地林地4933万平方米，主要实施昆承湖森林公园二期工程、望虞河西岸高新园区段和虞山镇蜂蚁村湿地林带等绿化工程建设；太仓市计划新增城市农村绿地林地1449万平方米，主要实施城北河景观带（太平路－东仓路段）改造工程、蔽园及周边地块改造、十八港路两侧等绿化工程建设；昆山市计划新增城市农村绿地林地1340万平方米，主要实施江浦南路、同周路和黄浦江南路等绿化工程建设；吴江市计划新增城市农村绿地林地867万平方米，主要实施230省道绿化、生态园、滨湖新城和湖光河沿线景观等绿化工程建设，特别强调要在建成区通过大手笔、大投入、大力度的绿化建设，最大限度地增加绿量、提高品位、丰富内涵，加快形成优美的人居和创业环境。二是要注重提高绿化工程建设质量。近年来，城市绿化发展面临土地、资金和环境容量等严峻挑战，必须珍惜每一块土地、每一项工程，努力把每一个工程都建成精品。要加强对公园、绿地、街景的景观和植物配置，讲究层次、空间、季相、景观的搭配组合，重点抓好城市通道、城市公园和城市出入口等部位的绿化景观营造，塑造城市窗口，打造城市名片，彰显独特的城市绿化景观和魅力。特别是各级园林绿化部门要加强方案论证、质量把关以及技术指导和监督，各任务承担企业要精心施工，精心管理，努力提高园林绿化的艺术品位，让每一块绿地都成为广大人民群众享受生活、体验自然的精品佳作。三是要统筹推进城乡一体化绿化建设。要充分发挥城市绿化对乡镇绿化的辐射带动和支持引领作用，以城带乡、良性互动，引导城乡绿化空间结构融合，从整体上构筑城乡自然协调的生态绿化环境，形成有机联系的城乡统筹绿化格局。特别是一些中心镇的绿化要有规划、有设计、有要求，尽量建出水平、建出精品，使苏州的城市绿化与乡镇绿化交相辉映。目前，各市（县）区都在进行较大规模的老住宅小区、城市道路、背街小巷等改造提升工程，以及保障房建设项目，各级园林绿化部门既要重视重点绿化工程项目建设，也要重视“三小”绿地建设，尽量提前介入方案设计论证，守住城市绿线，达到绿化面积不少、景观质量增强、水平不断提高的效果。

（三）坚持规范管理，切实增强城镇绿化监管的长效性

多年的实践证明，规划是龙头，建设是基础，管理是关键。随着城市绿化建设的加快和城市绿量的不断攀升，应当把加强城镇绿化管理和行业监管放在更加突出的位置。一是要进一步完善城市绿地养护管理的体制机制。近年来，苏州市在全国率先探索出一条城市绿化养护管理的体制机制，有力地提升了城市绿化养护的水平，全国各地也都到苏州参观学习，但随着社会的发展、要求的提高，还需不断完善和加强。下一步仍要按照“法制化保障、市场化运作、专业化评估、全社会监管”的思路，建立健全绿地养护管理方面的制度、规范和标准，促进养护机制的更新、管理方法的创新、各项制度的完善，坚决克服“重建轻管”的问题，尽快形成“建绿与管绿”并重的工作格局，不断推进绿地养护的科学化、精细化和长效化。二是要不断提升城市绿

化的品质。有些城市绿地建成时间较长，人为踩踏严重，我们要及时采取措施，不断改造提升。要经常开展片区补绿补缺、绿化设施维修保养，病虫害防治等专项整治，切实解决植物老化、黄土裸露、设施缺失等问题。要重视城市公园和小游园的改造和管理，完善和保持城市公园的基础设施，切实为市民提供良好的休闲休憩场所。在旧城区整治、城中村改造以及道路拓宽等城市改造时，必须妥善处理城市改造与保护绿化的关系，防止和避免绿地减少、景观下降、生态变差的倾向和问题。要定期组织古树名本的普查工作，推进古树名木档案管理数字化建设。注重维护城市风貌和文脉，充分发挥城市绿化的生态效益和景观效益。三是要高度重视城镇园林绿化的行业监管。要组织开展美好城市园林绿化评价活动，进行城乡园林绿化特色研究，努力提高当代风景园林的景观艺术品质和营造水平。要大力倡导生态型绿化和新技术、新材料、新工艺在园林绿化建设和管理中的应用，不断提高园林绿化项目的规划设计，工程施工、栽培养护等科技含量。要加强园林绿化施工和监理企业资质以及预选承包商管理，提升行政审批和服务效率，更好地服务社会、服务企业和服务群众。同时，要注意发挥风景园林学会、园林绿化行业协会的桥梁作用，推进园林绿化行业的有序、健康发展。园林绿化工作者要严格要求自己，严格程序规定，严格廉洁自律，自觉做到想干事、能干事、干成事、不出事。

（四）坚持永续传承，切实增强园林景区保护管理的持久性

古典园林和风景名胜区是苏州最富特色的经济、社会、文化资源，是城市文化和城市景观的重要标志，特别是在当前大力发展文化事业和文化产业的新形势下，应当高度重视古典园林和风景名胜区的整体保护、管理和利用工作。一是要加强苏州古典园林保护。要以世界文化遗产为核心、以苏州古典园林为基础，不断提高保护管理水平。苏州在明清时期有280处园林，解放初有181处，现在还有73处（含庭院20处），而且有的已近灭失。根据市领导的指示，下一步要制定近中远期规划，全面系统地进行普查、规划、立法、抢救修复和环境整治等工作。市区本级要积极推进沧浪亭周边和可园地区的整治修复、艺圃住宅部分修复、南半园修复、寒山别业抢救性恢复等工程，使众多具有历史文化和艺术价值的古典园林得到修复和保护；要加快实施古城墙

保护修缮、虎丘山风景名胜区扩建、拙政园李宅第三进保护修复、石湖景区紫薇山庄环境改造等重点项目建设，着力增强园林景区发展的后劲和实力；要继续实施国家文物局《中国世界文化遗产动态信息与监测预警系统》试点项目，举办亚太地区古建筑保护与修复技术高级人才培训班等活动，推动古典园林监测保护向纵深发展。各市（县）也要重视对古典园林文化的挖掘、传承和保护，尤其是吴江的退思园、昆山的亭林公园、常熟的燕园、太仓的南园等，要有计划、有步骤地进行保护和修复，进一步提高古典园林的原真性、完整性保护水平。二是要加强风景名胜区监管。当前，城市建设、旅游开发与风景名胜区管理之间的矛盾日益加剧，风景名胜资源保护的困难和压力不断增大。要以纪念风景名胜区设立30周年和《保护世界文化和自然遗产公约》通过40周年为契机，深入推进《风景名胜区条例》的贯彻落实，全面加强全市风景名胜区保护、规划、建设和管理工作。目前，市本级已经成立由分管市长任主任、相关市（县）、区政府分管领导以及市有关部门组成的风景名胜区管理委员会，虞山景区和东山景区已经成立景区管理委员会，其他景区也要结合实际，建立以政府为主体的风景名胜区管理机构。要严格监管景区交通、旅游、建设等项目，妥善处理好景区资源保护与开发建设的关系，着力提升市域景区的价值性、真实性和完整性。要积极推进市县级风景名胜区申报设立工作，今年力争1—2个景区进入市、县级景区行列。三是要加强现代公园管理。现代公园在城市中发挥着非常重要的改善生态环境和市民休闲的作用，是城市绿地系统中的重要组成部分。各市（县）区要按照住建部《公园设计规范》，科学合理地规划各类公园。特别是在城市新一轮扩张建设中，要把现代公园建设的新要求、新内容加进去，积极推进植物园、湿地公园、儿童公园等各类公园的建设。同时，要加强现代公园的植物和设施的养护管理，最大限度地发挥其科普教育、生物多样性保护宣传和服务社会的功能。

（五）坚持整体推进，切实增强生态园林城市创建的广泛性

创建国家生态园林城市是住建部2004年倡导开展的一项活动，多年来，这项活动得到许多城市的高度重视。实践证明：创建生态园林城市活动是一项系统工程，它依赖于城市建设的全面发展，又以更积极的姿态促进城市的建设和发展，通过生态园林

揭牌仪式

城市的创建，对提高城市生态质量和环境建设水平，严格保护风景名胜、公园、湿地等生态资源，加强生物多样性保护，改善人居环境，提升城市文化品位等都起到积极的推动作用，应当继续大力倡导和组织实施。2011年，苏州市及张家港市、常熟市、昆山市创建国家生态园林城市均通过了省住建厅和国家住建部的考核验收。今年，吴江市拟申报国家生态园林城市，要尽早熟悉和掌握创建标准，分解和落实目标任务，确保8类74项指标的全面达标。太仓市也要按照创建的标准和要求，扎实做好基础性工作，力争通过一段时间的努力，跨入国家生态园林城市行列，确保市委提出的"'十二五'期间将苏州建成国家生态园林城市群"目标的实现。

城市园林绿化工作是今后一个时期内城市发展和生态环境建设的一项重要工作，是功在当代、利在千秋的宏伟事业。我们一定要按照市委、市政府的部署要求，坚定信心、迎难而上、锐意进取、奋发有为，以继承发展、开拓创新精神扎实推进城市园林绿化工作，为苏州建设"三区三城"和率先基本实现现代化做出应有的贡献，以优异的成绩迎接党的十八大的胜利召开！

（本文为2012年在苏州市城市园林绿化工作会议上的报告节选）

“苏州园林甲天下”再续新篇
——苏州创建国家生态园林城市，共筑幸福新家园

苏州素来以山水秀丽、园林典雅而闻名天下。近年来，苏州市在推动经济社会发展，加快实现两个率先的征途中，以科学发展为指导，坚持把创建国家生态园林城市作为生态文明建设最重要的着力点和落脚点，通过健全组织机构，落实责任机制，加强宣传造势，发动社会参与，咬定目标不松劲，常抓不懈求奋进，各项指标均已达到或超过了考核标准。苏州，这座有着2500多年历史的城市，正在从园林苏州向生态苏州迈进。

一、坚持以生态建设为目标，量质并举，彰显特色

苏州市坚持高起点规划、高标准建设、高质量管理，城市园林绿化建设在扩展延伸、增加总量、提升品位、创造特色上实现了新突破。

（一）突出规划与生态建设要求，合理布局统筹协调

依据《苏州市城市总体规划》并参照国家生态园林城市标准，编制完成了新一轮《苏州市城市绿地系统规划》和苏州市园林绿化事业发展“十一五”“十二五”规划。在规划编制中，结合城市特有的“四角山水”格局和城市未来发展战略，以及“人工山水城中园、自然山水园中城”的规划理念，强化城市绿地、郊野绿地、居住区绿

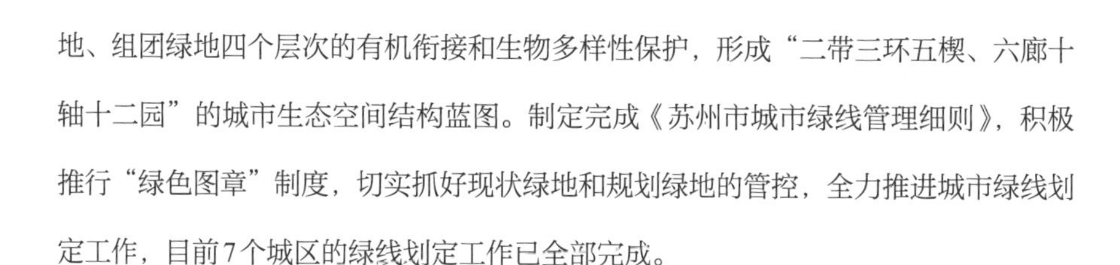
地、组团绿地四个层次的有机衔接和生物多样性保护，形成“二带三环五楔、六廊十轴十二园”的城市生态空间结构蓝图。制定完成《苏州市城市绿线管理细则》，积极推行“绿色图章”制度，切实抓好现状绿地和规划绿地的管控，全力推进城市绿线划定工作，目前7个城区的绿线划定工作已全部完成。

（二）强化增量与提质同步发展，实现景观生态互融

从2003年开始，坚持把每年新增450万乃至500万平方米绿地作为实事工程加以推进，连续7年被评为苏州市“十大民心”工程，形成了以公园绿地为重点，道路绿化为网络、小区绿化为依托、街头绿地为亮点，具有传统与现代特色、量质并举的城市园林绿化格局。先后开发建设了石湖景区、三角嘴湿地公园、荷塘月色公园、沙湖生态园、白塘植物园以及官渎里立交、东南环立交绿地等一批以植物造景为主，生态效益明显的大型绿地。在大面积增绿扩绿的同时，更加强调精品意识，突出体现绿化工程的生态性、文化性、艺术性，在中心城区黄金地段建成了环古城风貌保护工程、文庙公园等绿地。实施对彩香、养蚕里等老小区的综合改造，建设了均匀分布的以织里苑、听钟园为代表的大批小游园解决了中心城区缺绿少绿的问题，实现了市民出行350—500米能够步入绿色空间的目标。新城区建成了金鸡湖城市广场、红枫林、何山公园、菱湖咀生态公园、太湖湖滨大道等一批与自然风光融为一体的城市新景观，展现了城市绿化建设的艺术魅力。至2010年底，建成区绿地率、绿化覆盖率和人均公共绿地面积分别达到37.2%、42.7%和14.9平方米。

（三）依托自然与人文资源要素，彰显区域绿化特色

实施了传承历史、引领和谐的“百园工程”，将经典的造园元素和精致的艺术品位延伸到城市的街头巷尾。苏州古城和新城，犹如苏州双面绣的两面，和谐共荣。古城区公园绿地的建设采用古典园林的造园手法，突出精、细、秀、美的特色，提高绿地品位。通过“见缝插绿”，建设小、多、匀、精的街头绿地，增设绿化小品，均衡绿地布局，形成“全城皆园”的独特景致。新城区充分利用山体、湖泊等自然资源，结合区域形态和定位，突出植物造景，实现了大规模增绿。按照完善网络、覆盖全市

的生态廊道要求，坚持道路、滨河与绿化同步规划、同步设计，力求一街一景观、一路一景致、一河一景色，形成了园林路、公园路、十全街、虎丘路等浓荫蔽日的林荫大道，建设了现代大道、吴中大道、相城大道、227省道分流线等干道和环古城河、斜塘河、平江绿色廊道等一批绿量大、标准高、景观好的城市道路及河道绿化，成为城市新的亮点。

（四）实施节约与科研应用结合，构建高效监管平台

坚持把保护现有绿地作为节约型园林绿化的前提，高度重视山坡林地、河湖水系、湿地等自然生态敏感区的保护，维持城市地域自然风貌。在城市建设发展中注重对原有树木，特别是大树、古树的保护，严格对砍伐、移植树木的行政审批，从严查处侵占、毁绿和随意改变绿地性质等破坏城市绿地行为。在园林绿化建设中，坚持以节水、节能、节土、节地和节财为主要手段，走勤俭节约、因地制宜、科技兴绿、生态环保的道路。积极探索并逐步完善监管并重的长效机制，在全省率先实行城市绿化养护的市场化运作、专业化管理，形成了一套科学、有序、高效的绿化养护管理运行机制。大力开展园林池塘水质净化和生态修复技术研究和实践，在拙政园和沧浪亭等园林进行推广应用，取得明显成效。

二、坚持以科学保护为手段，传承创新，永续利用

苏州市创新举措，不断加强城市自然资源和人文资源的保护管理工作，进一步促进城市科学、长远和可持续发展。

（一）树立科技理念，创新遗产保护举措

市区现有9座古典园林被列入《世界遗产名录》，这既是苏州最重要的历史记忆与文化符号，更是全人类的宝贵财富。苏州市高度重视文化遗产的保护和传承，认真履行《保护世界文化和自然遗产公约》，成立世界文化遗产古典园林保护监管中心，建立联合国教科文组织亚太地区世界遗产（苏州）培训与研究中心，编制《世界文化

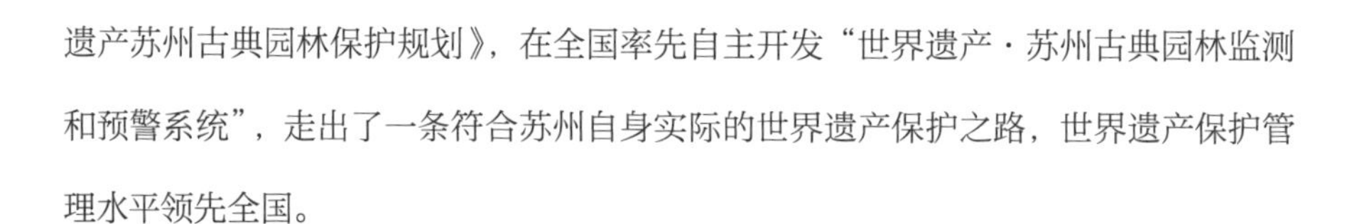
遗产苏州古典园林保护规划》，在全国率先自主开发“世界遗产·苏州古典园林监测和预警系统”，走出了一条符合苏州自身实际的世界遗产保护之路，世界遗产保护管理水平领先全国。

（二）传承历史文化，拓展古城保护渠道

多年来，苏州市始终把文化遗产本体及其原生环境的保护和保存放在首位，在全国率先探索出了“实施城市紫线管理、文保工作列入各市（县）区政绩考核指标、颁布政府资金奖励引导办法、建立古建筑评估体系、出台文物维修工程准则、制定文物保护单位和控保建筑完好率测评办法”6项保护措施。在古城保护中，坚持“重点保护、合理保留，普遍改善、局部改造”的原则，分街坊、分地块、分地段地逐步进行规划设计，有效实施历史文化街区的保护性修复，在山塘街保护取得成功的同时，平江历史街区保护项目也获得亚太地区文化遗产保护荣誉奖，并被联合国教科文组织誉为“城市复兴的范例”。

（三）加强综合整治，严格景区资源监管

国家级太湖风景名胜区有8个景区在苏州，面积达500多平方公里。苏州市坚持风景名胜区保护与城市园林绿化建设一起推进，协同发展，在省内率先制定实施《苏州市风景名胜区条例》。“十一五”期间，市区范围内完成沿河、沿湖、沿风景名胜区139个宕口的环境综合整治与生态恢复，风景名胜区资源得到了有效保护，景观质量得到有效提升。

（四）强化建章立制，推进湿地生态修复

苏州湿地保护面积达3868.6万平方米，总量领先于全国地级市。为加强湿地资源保护，本市实施了退垦还湖、拆除违养等湿地恢复工作，市区建立了3个省级湿地公园和近10个未定级的湿地公园，率先在全省成立湿地保护管理站，完成湿地资源调查，编制湿地保护规划。2010年，出台《关于建立生态补偿机制的意见（试行）》，率先实施湿地生态补偿。三角嘴湿地公园占地总面积12.04平方公里，是苏州市创建国

家生态园林城市试点城市确定的示范项目，该项目以最小的人工干预，实施水系疏浚和水循环治理，为城市湿地资源的保护和修复探索出成功路径。

三、坚持以环境提升为基础，综合治理，持续发展

苏州市积极倡导高新科技、循环经济、环保产业等生态工业理念，注重节能减排，加快实施“碧水”“蓝天”“宁静”等工程，城市生态环境质量持续改善。

（一）深化结构调整，发展循环经济

2007年，修编了《苏州市循环经济发展规划》，出台了《关于加快发展循环经济的指导意见》，在企业、产业、区城和社会四个层面上发展循环经济。成立市循环经济推广中心等机构，大力推进循环经济发展，大幅度改造传统产业，大力度淘汰“两高一资”企业，为高新产业和现代服务业发展腾出空间。大力实施“十大产业振兴发展计划”，积极推动经济增长由粗放型向集约型、由资源依赖型向科技人才型、由规模扩展型向质量效益型的转变。城市生活垃圾、电子废物、化工医药、电镀废液、再生资源等8条循环产业链初具规模。苏州工业园区、苏州高新区已成为国家生态工业示范园区。

（二）突出节能减排，提高再生利用

积极推进资源节约型和环境友好型社会建设，大力发展高新和科技、循环经济、环保产业等生态工业，加快实施项目节能、企业节能、淘汰节能和建筑节能。“十一五”期间，全面完成省政府下达的减排任务，结构减排有序推进。

（三）注重标本兼治，依法实施管控

出台太湖水污染防治工作方案，开展水源地集中整治，全面关闭、搬迁二级保护区内的工业企业和排污口，全面落实“十一五”太湖水污染治理目标责任书要求。完成城区14条河流整治和167公里供水管道改造，城市水环境质量逐年改善。编制实施

环境保护“蓝天工程”方案，分解落实9大类、28项工程任务。市区禁燃区面积不断扩大，落后产能加速淘汰，全市所有电厂、热电厂全面建成脱硫设施。出台《优先发展公共交通三年行动计划》，城市噪声环境质量达到功能区要求。

四、坚持以服务民生为根本，完善保障，促进和谐

苏州市坚持把服务民生、促进社会和谐作为一项政治任务和民生工程加以落实，不断改善人居环境质量，着力提升市民幸福指数。

（一）加大建设，基础设施明显改善

注重城市基础设施建设和管理，从细节入手，保持城市和谐的建筑风貌与色调以及良好城市天际线。城市标识系统完善，主干道实施亮化，公交车站、分类垃圾箱、路灯、游览指示牌、公共厕所等街道设施统一设计。编制《苏州市城市绿地系统防灾避险规划》，完成多处应急避险场所建设。市区投入运行的公共自行车系统，技术含量国内领先，满足游客观光和市民短距离出行需要。关心残疾人生活，发展残疾人事业。在桐泾公园内开辟了12万平方米全省最大的盲人植物园，2005年苏州市获得全国无障碍设施建设示范城荣誉称号。

(二) 完善配套，人居环境不断提升

在经济快速发展的同时，十分重视把城市建设和社区建设作为改善民生、服务民生、促进社会和谐的基础工程加以推进，在城中村改造、社区配套设施建设、绿色交通、公共交通系统建设中给予经费投入和政策支持。积极探索具有苏州特点的社区建设之路，设置和完善社区卫生、家政服务、社区保安、养老托幼等配套设施，构筑了初级卫生保健服务平台，社区教育、医疗、体育、文化、便民服务等配套设施齐全。

(三) 创新举措，民生保障日趋完善

2006年以来，每年将廉租住房和经济适用住房的建设列入市政府实事工程项目，

连续5年被评为“十大民心工程”。在全省乃至全国最早探索和实践公共租赁住房保障，2010年出台了《苏州市公共租赁住房保障办法》，对解决城市中等偏低收入住房困难家庭、新就业人员和外来务工人员三类人群住房实施全覆盖。近年来，苏州市不断完善社会保障制度，稳步提升社会保障水平。2010年全省城市最低生活保障平均标准338元/月，今年苏州市城乡最低生活保障标准实行并轨，统一提高到500元/月，这是全省唯一且标准最高的地级市。

创建国家生态园林城市是苏州市委、市政府和全市人民的共同愿望和热切期盼。苏州市将进一步加大创建力度，提高创建标准，为把苏州建设成为“宜居新苏州、创业新天堂、幸福新家园”而努力奋斗。

（原载《中国建设报》，2011年11月）

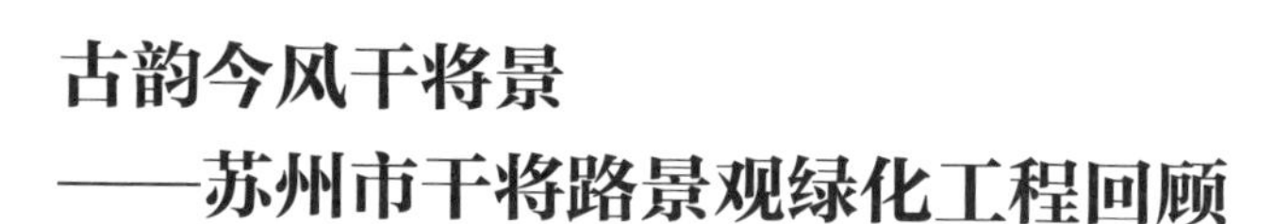

古韵今风干将景
——苏州市干将路景观绿化工程回顾

干将路绿化景观工程在我任苏州市园林和绿化管理局局长期间，算不上一个大的绿化工程，但由于它的地位重要、关注度高，所以我们较为重视，下了较大力气。建成后一致反映较好，在位时无时间总结，在出版此书时才凭一些记忆和材料写下这个工程的建设过程。

在我从部队转业到苏州市园林和绿化管理局工作的十年间，正是苏州市大发展、大建设的时期，隐约记得2003年苏州市的GDP可能是2802亿元人民币，到了2012年已经达到了12011亿元人民币左右。苏州市的城市建设也是日新月异，每年都要建几条高等级的城市道路，而每建一条道路都要有景观绿化配套工程，这都要苏州市的园林人去研究，去设计，去建设，去管理。在这十余年里，建成的景观大道不计其数，如工业园区的现代大道、中新大道、金鸡湖大道；苏州高新区的太湖大道、狮山大道；吴中区的吴中大道；相城区的相城大道等绿化景观都建得非常好，吸引了不少国内外的城市绿化建设者、景观设计者和城市管理者来参观学习。就我们自己负责实施的中心城区也有一些道路改造和绿化景观的提升，如三香路的绿化改造，桐泾路、广济路的绿化景观提升，新建的人民路北延，广济路北延等绿化景观工程，沪宁高速绿化景观带，沪宁高铁生态廊道，还有苏州火车站南北广场、官渎里交通枢纽，沪宁高速东西出入口，新庄枢纽、东南环枢纽、西南环永新路枢纽的绿化景观工程都有可圈可点之处，为改变苏州整个城市的品质都起到了很好的作用。然而最让人难忘的还是干将路景观绿化改造提升工程。

一、干将路景观绿化工程由来

干将路是苏州市在20世纪80年代末和90年代初建成的一条横贯苏州古城东西的主干道。这条道路是在苏州规划了东部苏州新加坡工业园区和城西的苏州高新技术开发区之后，为了沟通园区与新区的交通体系，就从苏州古城中间拆迁民居，建设的一条主要交通干道，取名干将路。干将源自春秋战国时期，楚国占领吴国，相传楚王命干将、莫邪夫妇铸造宝剑，三年成雌雄二剑，雄名为干将，雌名为莫邪。干将自知楚王必怒其造剑迟缓而杀他，故藏雌剑不献，留给其子，以为其复仇。命名干将路也是为纪念吴国这位爱国的铸剑专家。当时修建干将路时还有一些专家反对，说这样会破坏古城风貌。后来也有联合国教科文组织的官员说，苏州如果不建这一条干将路，苏州整个古城申报世界文化遗产是没有问题的。这条干将路破坏了苏州整个古城原有的格局，所以把苏州古典园林列入了世界遗产名录，而不是把整个苏州古城列入世界遗产名录。这条路如果是现在那肯定是建不起来了（因为现在保护古城的要求高了，国家也重视了）！但在当时大家为了发展经济，为了繁荣城市，为了改善交通，还是建起来了。

干将路建成后，在建设绿化配套和景观的时候，可谓费了不少周折。起初的绿化景观是由当时的道路建设者建设的，他们不懂绿化，更不懂苏州特色的绿化。因此建成后，市领导不满意，苏州的老百姓也反应很大，建成不久就进行了全面改造。经过一年多时间的改造之后，社会上各种有识之士还是“指指点点”，时任市委书记的梁保华（后来任江苏省的省长、省委书记）和市长陈德铭（后任陕西省省长、中国商务部部长）仍然不太满意。分管城建的沈长全副市长这才下决心重新改造并把改造的任务交给了园林局。园林局根据苏州古城的特色和园区、新区的特点，让园林设计院设计出了一个改造方案，又经过一些园林专家的论证修改，给市委、市政府报了上去，市委、市政府领导一看方案比较满意，这才定下来由园林局负责对干将路景观绿化进行改造。工程完成后，虽然还有个别人士对一些细节有不同意见，但对大的方面都是

充分肯定的。

十多年后的2005年，苏州经过报请国务院批准，要建设城市轨道交通。先在园区建设了一个试验段之后，2007年启动了一号线建设。这条地铁一号线规划是从园区金鸡湖的湖东开始到吴中区的木渎镇为止，横穿园区、苏州古城区、高新区、吴中区等地。而这条线的选址也是几经研究，要避开建筑密集区，特别是高大建筑（因为在高大建筑下建地铁，成本高、危险性大）。这就选在途经园区的中新路，古城区的干将路，高新区的狮山路，吴中区的竹园路等线位上。在道路下建地铁，施工方便、比较安全、成本也比较低，可对道路两边的绿化和小游园破坏会很严重，比如地铁的每一个出入口多建在了道路边的绿地中。在施工过程中，为了不影响施工在一些断面内要移植一些行道树，要占用一些小游园和街头绿地，市委、市政府忍痛割爱，我们园林局更是心疼得如割自己身上的肉。没有办法，这个工程被时任苏州市委书记王荣、市长阎立定位为当时苏州市的一号工程，一切都为之让道。为了保证苏州市从未有过的地铁工程的建设，我们只能积极配合轨道公司和地铁建设指挥部的工作。为尽量减少对绿化的破坏，我们要求在施工中每占用一块绿地，移植的行道树要经过园林局批准后方可施工。我们也组织了一个专家团队，对轨道公司要求占用和移植的树木绿化进行审查，做到在确保对地铁施工影响不大的情况下，行道树能不移植的就不移植，街头绿地能不占用的就不占用，施工单位为了自己施工方便，要求多占绿地、多移树木的问题就可以在审查中解决。就是这样在干将路7公里多的地段上，移出景观树300多棵，移出香樟等高大乔木400多棵。这些树木的移植费用由轨道公司承担，以后再移回来的经费也由他们承担。移植名贵的景观树和高大乔木时我们都制定了移植方案，并在桐泾公园一处开放性绿地内进行养护，由专人负责，还签下了保证树木不死亡、不丢失、不出现生长不良现象的责任书。几年下来，基本达到了我们的预期目标。

二、干将路景观绿化工程建设

到了2010年，上任不久的市委书记蒋宏坤在调研苏州轨道交通建设工程之后提出，轨道一号线要加快建设，争取提前建成通车，后又明确要求在2012年元旦前开通运营。这就是要轨道交通1号线提前半年建成运营，并同时完成干将路改造和景观提升工程。这可急坏了当时分管城建的副市长朱建胜。在他的主导下，立即组建了干将路改造恢复工程指挥部。朱建胜副市长任总指挥，分管副秘书长，市容市政局、园林和绿化管理局、交通运输局、住建局、国土局、公安局、财政局、水务局、供电局、中国移动、中国联通等部门参加。市容市政局吴文祥局长任指挥部办公室主任，对道路、铺装、装备、街景立面、管线铺设、灯光亮化、景观绿化等建设改造工程进行具体分工。每一项工程都制定设计导则，每项设计方案都要经过专家论证，指挥部审查，市委、市政府主要领导批准后方可实施。当时的指导思想是把干将路定位为苏州最主要的景观大道，既要体现苏州精细秀美的古城特色，又要体现苏州现代化的城市交通功能。在研究景观绿化方案时，我们提出要用一流的景观标准去展示苏州的形象，以苏州古典园林景观外移的手法去设计建设，得到领导和专家们的一致认可。

当时我们局分管城市绿化工作的是茅晓伟副局长，他工作比较认真，经验比较丰富，上次就主导过干将路的绿化改造，让他主抓我比较放心。2010年下半年，我们通过招投标的方式，委托苏州市园林设计院设计出干将路的景观绿化改造方案。他们也十分重视，院长贺凤春亲自负责，副院长谢爱华具体操刀，带领设计班子，很快拿出了设计方案。干将路是苏州东西向最主要的干道，人流车流比较多，它不仅代表着苏州的形象，同时还代表着整个苏州园林绿化的水平。因此大家压力都很大。在对方案几经讨论后，我们又请了一些专家来进行把脉，提出修改意见。仅在园林局内部就经过了几轮讨论，提出修改意见。正式方案出来后，经过干将路综合改造指挥部审查，送给了市委、市政府主要领导，领导们都很满意。

2011年上半年，我们又通过公开招投标选择了施工队伍。一共分了三个标段，一个是相门桥至东环路，一个是相门桥到干将桥，一个是干将桥至西环路，三个标段都有不同的绿化景观特色。由于这个工程比较重要，我们很希望技术实力比较强的公司能够中标，但是在招投标市场上不是哪一个人能说了算的，必须要让市场来选择队伍。最后，苏州绿世界绿化公司、苏州园林绿化公司等三家单位中标，同时也招出了较强的监理单位。

为了能把这个工程建成精品，我们还是有些不太放心，决定要给施工单位和监理

检查干将路改造工程

单位提要求、加压力。我亲自给三个中标公司和监理公司的老总及项目经理召开了一次动员会，提出了这个工程不是一般的工程，它是苏州城市绿化水平的展示，是苏州城市形象的代表。各级领导和全市人民都十分关注，全国的专家和游客也会做出评论，希望各中标企业必须高度重视，拿出最高水平。用最专业的人员、最负责任的项目经理、最先进的机械设备。在景观树、行道树的选用上严格按照设计标准，不得偷工减料。要舍得投入，尽量把工程款都用到工程建设上去。施工和监理单位也表态，一定要把这个工程建成一流工程。

施工展开后，各单位非常努力。由于白天路过的车辆太多，不好施工，他们就在夜间加班加点。由于道路前道工序没有完成，我们不能及时进场，而时间紧迫，施工单位就在外围把材料、树木、人员准备好，一旦具备施工条件，立即投入施工。后来有一段时间实在太紧，前面的队伍不能在全部完工后交给我们作业面，我们就在他们刚施工好的部分，立即投入上去抢工期。在施工期间，我们局的管理人员基本上都是与施工队伍一起吃住在工地上，对每一棵景观树、行道树，每一处景石，每一道施工工序都严格把关，不达设计标准就要更换和重做。对存在的问题，随时指导，随时协调。茅晓伟副局长也是与大家一起加班，每天召开碰头会，来回奔跑在干将路七公里多的作业面上，对每一段工程、每一个节点都跟踪指导。我也十分重视，除了每天上下班时间路过干将路查看施工进度、施工质量之外，还每周（后来是每天）专门检查一次，一段一段地研究、提升景观质量，并根据现场情况调整实施方案，督促施工企业提高工程质量。在地铁出入口土层较薄无法种植大的行道树的情况下，我与茅局及设计单位经研究决定采用实木箱装土当树穴，种上花灌木，在空档处给予补上。行道树根部的透水铺装，不同地段采用不同的风格。特别是每个节点上的景观树和标志性景观，改了又改，直到满意为止。经过我们园林局和设计单位、施工单位、监理单位一年多的辛勤努力，终于在2011年的12月28号之前，把干将路的全部景观、绿化改造建设完成。2011年12月31日晚上，市委蒋书记带领市四套班子主要领导和有关部委办局主要领导检查验收了干将路恢复改造工程，给予了较好评价，特别对我们园林绿化部门进行的景观绿化改造建设工程给予了高度赞扬。工业园区、高新区、吴中区地铁一号线的景观绿化改造提升工程由所在区负责，我们局对其方案进行了审查把关，施工时也给了一些指导，与干将路景观绿化工程同步完成，效果也很好，也得到了市领导的充分肯定。

三、干将路景观绿化的特点

干将路的景观绿化改造提升工程比较成功，回顾起来，感到主要是我们当时的定位比较准确，设计理念先进，设计方案科学合理，施工队伍认真细致，投入也比较大，才确保了干将路绿化景观的精细秀美的效果。在景观绿化定位上，我们确立为“两路一河平江貌，古韵今风干将景”。它彰显了两路夹一河的苏州古城特色；它追寻了苏州古城发展的脉络，挖掘古街巷变迁的历史，体现了吴文化的精髓神韵；它继承了苏州古典园林风格，以“园林外移”的手法，营造精细秀美的景观；它结合周边城市地块功能布局和轨道交通的使用要求，合理满足了市民的使用功能。

在绿化景观景点设置上共有24个景点，在命名上分为三类。一是以干将路沿线桥梁、历史街区为源命名，体现苏州古城悠久的文化积淀，彰显古城特色，如西段夏驾幽潭；中段的学士遗风、政通人和、太平石韵、铁瓶卧仙、乐桥引虹、言桥怀古、句吴神冶、有凤来仪、津甫分水、濂溪柳樟、升龙映月；东段的相门迎辉等。二是以苏州古典园林中的景点意境命名，主要的造景手法体现“园林外移”的特色手法。如西段的彩林香泾、海棠春坞、菱塘小筑、山林逸韵；东段的冠云落影、玲珑翠竹等。三是结合新时代苏州城市发展需要的新时代精神，根据干将路中不同地段的特殊位置，体现与外部的过渡衔接。如西段的崇文融合、古韵今风，中段的姑苏情结，东段

的创新致远等。

从景点布局上，分东、中、西三段，每一段根据区位重要程度设置景点。东段4个，中段12个，西段8个。东段4个从东至西为：创新致远、玲珑翠竹、冠云落影、相门迎辉；中段12个从东至西为：姑苏情结、升龙映月、濂溪柳樟、有凤来仪、津甫分水、句吴神冶、言桥怀古、乐桥引虹、铁平卧仙、太平石韵、政通人和、学士遗风；西段8个从东至西为：夏驾幽潭、云林逸韵、菱塘小筑、海棠春坞、彩林香泾、嘉实晚翠、古韵今风、崇文融合。以上24个景点，所在位置都对应着该地的历史文化、现在的地名及重要节点，而且在绿化上进行了大幅度的提升改造，使之与景点相适应。

在树种的选择上，道路范围以内保留以香樟树为基调，保证了整条道路充足的绿量，而且这些香樟树经过多年的养护，生长较好，能保留的尽量保留，局部移植的和长势不好的进行补充更换，并且与原有的香樟大小规格相同。在干将路的东段、中段和西段有中分带的地方，我们以落叶乔木为骨干树种，分段种植，形成数量上的优势。体现季相变化，加大干将路色彩变化，选择了苗木充足、观赏效果好的乡土树种，如西环路至桐泾路为榉树，桐泾路至阊胥路为实生银杏、红枫，规格都较大。在学士街至乐桥段，河岸两侧种植了垂柳（补种）；在乐桥段至临顿路段河岸两侧补种了紫薇；在临顿路至仓街段种植了白玉兰（河岸两侧）；在莫邪路匝道至东环路段的中分带上种植了红玉兰等。同时注意以造型树为特点的景点营造，在重点地段，如道路交叉口、桥头、硬质景观周围用了造型树组合体现苏州园林的意境。在古城区段景点设置比较密集，保留了原有的造型树，又增加了一部分。在东段和西段合理安排造型树的序列，间隔较大。造型树主要选择了五针松、罗汉松、红花檵木桩、紫薇桩，造型三角枫、造型榔榆、造型构骨、造型瓜子黄杨、羽毛枫等。

在回迁造型树的利用上，根据苗木情况搭配造景，局部增加了一些新的苗木，以提升景观效果。在配景树选择上，使用了造型舒展、姿态优美、枝叶丰满的苗木与造型树相搭配，苗木体量较小，但可以补充主景树的不足，同时与太湖石、景观建筑等协调一致，营造景观，主要采用了日本樱花、毛鹃球、南天竹、箬竹、山茶、书带草等。驳岸河道绿化，在保留了原有的种植迎春、黄馨之外，补种了一些棣棠、锦带花、藤本月季等，还在合适的位置，如浅水区域种植了一些水生植物，如黄菖蒲、香蒲、再厉花等。

在道路以外周边地块的绿化上，我们分不同类型进行了不同的绿化手法。一是在新建与轻轨有关的地块，主要有菱塘小游园、凤凰广场、乐桥广场、东环路口等。考虑到地块出入口人流交通的需要，我们合理留出铺装场地，并在空间允许的条件下设置非机动车停车场地。绿地采用花坛、树池、微地形改造等形式，合理抬高种植土的厚度，保证绿化的需要。花坛树种以大规格的小乔木为主，合理密植突出绿量，如金桂、山茶、鸡爪槭、石楠等树种。树阵以落叶树为主，保证人行空间的舒适度，如红花玉兰、日本樱花等。对轻轨站的地面附属设施，如出风口、电梯井、地下车库入口坡道等，采用绿化密植遮挡或藤本植物进行垂直绿化，如五叶地锦、常春藤、凌霄、铁线莲等，以达到更好的遮挡效果。二是在新建街头绿地地块上，主要有通和新村前绿地、广济路南侧绿地、桐泾路西南侧绿地以及道路两侧的零星绿地，主要采用花坛抬高的方法进行绿化，可以减少大量行人对绿地的破坏，种植了以常绿树为背景，前景用造型树组合成精致的绿化景观，局部配以太湖石点缀。三是对需要整治的街头公园、绿地的整治。主要有创元公园、相门公园、东环六村南侧绿地等，根据公园当时暴露出来的具体问题进行整治。比如要增加铺装面积，合理完善园路景观；绿化上按照景点布局要求，突出主题植物；更新大树下层因为缺少阳光而生长萎缩的地被植物，补充耐阴地被；还有从道路上移植下来的植物都用在了这里，形成植物景观，如龙柏球、构骨球、黄杨球、樱花、垂丝海棠等，使其与干将路形成补充的绿化景观。除此之外，还对绿化附属工程进行了改造，使之与改造后的干将路景观相协调、更科学。

干将路上的植物配置与景观营造

在写完以上文字以后，使我深深感到，我们在城市搞园林绿化，也如农民种庄稼，一分耕耘，一分收获。你付出的劳动多，土地就会产出更多的粮食。我们在设计上具有古苏州的古韵，又有新苏州的新风。在施工上反复研究精益求精，并注重挖掘文化内涵，达到苏州古城与周边环境相协调，做出来的工程一定会是高质量、高水平的。干将路改造提升工程距今已有8年多了，植物长势越来越好，形成的24个景观也越来靓丽。专家和群众普遍反映很好，我们感到非常欣慰。每每走在干将路上，看到我们建造的景观这么漂亮，在心中顿时会产生出一种自豪感!

（2019年6月26日于三亦书斋）

四、追根溯源

苏州园林，华夏瑰宝

苏州素有“园林之城”美誉。苏州园林源远流长，明清全盛时期有280多处园林遍布古城内外，至今保存完好的尚有数十处，分别代表了我国宋、元、明、清江南园林风格。苏州古典园林以其古、秀、精、雅、多而享有“江南园林甲天下，苏州园林甲江南”之美誉，是苏州独有的旅游资源。1997年12月4日，联合国教科文组织世界遗产委员会第21届全体会议批准了以拙政园、留园、网师园、环秀山庄为典型例证的苏州古典园林列入《世界遗产名录》。2000年11月30日，联合国教科文组织世界遗产委员会第24届会议批准沧浪亭、狮子林、艺圃、耦园、退思园增补列入《世界遗产名录》。

苏州的造园家运用独特的造园手法，在有限的空间里，通过叠山理水、栽植花木、配置园林建筑，并用大量的匾额、楹联、书画、雕刻、碑石、家具陈设和各式摆件等来反映古代哲理观念、文化意识和审美情趣，从而形成充满诗情画意的文人写意山水园林，使人“不出城廓而获山水之怡，身居闹市而得林泉之趣”，达到“虽由人作，宛自天开”的艺术境界。

“中国园林是世界造园之母，苏州园林是中国园林的杰出代表”，这是联合国教科文组织世界遗产委员会第21届全体会议对苏州古典园林的评价。近年来苏州依据《保护世界文化和自然遗产公约》及《苏州园林保护和管理条例》等，积极保护园林，巩固扩展申报成果，深入挖掘园林文化内涵。坚持“修旧如旧”原则，按照“保护、疏导、恢复、发展”方针，使园林之城名副其实。苏州园林和绿化管理局从世界同行引进先进的技术和管理经验，运用国际标准实施对古典园林的保护、管理和规范、建立现代化的园林管理体制：一是恢复性保护；二是挖掘性保护，如拙政园再现明代文徵明《卅一景图》，沧浪亭重现林则徐珍贵遗迹等；三是建设性保护；四是接轨性保护。拙政园被评为全国首批4A级景点。苏州园林不断推出一系列特色旅游活动，如虎丘艺术花会、金秋庙会，拙政园杜鹃花节、荷花节，留园吴文化活动，网师园特色夜游及怡园水仙展，狮子林时令花展，天平红枫节，石湖串月，沧浪亭兰花、菊花展，耦园水乡特色游等；苏州园林还抓住“保护、开发、管理、服务”四个环节，使古典园林成为体现苏州精神文明建设成果的一个重要窗口，并于2003年被中央文明委命名为全国创建文明行业工作先进单位。

20多年来，苏州园林艺术自1980年首次出口美国纽约大都会博物馆明式庭院“明轩”后，“品牌”效应凸显，先后设计、建造并获多项荣誉；日本池田“齐芳亭”、加拿大“逸园”、新加坡“蕴秀园”、日本金泽“金兰亭”、美国佛罗里达“锦绣中华”微缩景区、中国香港九龙公园、雀鸟公园、美国纽约斯坦顿岛“寄兴园”、99昆明世博会“东吴小筑”（获综合大奖）、美国波特兰“兰苏园”等，使苏州品牌的园林在五洲四海安家落户，促进了中外交流，也吸引了欧、亚、美等专家学者来苏州考察古典园林。

第28届世遗会将于今年6月28日至7月7日在苏州召开，是中国政府承办的最高级别的联合国教科文组织国际会议。将近100个国家、500多名代表到会，连同中外记者，共800多人。大会将有利于世界进一步了解苏州，苏州进一步走向世界，“当好东道主，办好世遗会，创建文明城”，苏州人民将热情欢迎来自世界各国的嘉宾，进一步做好世界遗产的保护工作，让世界遗产魅力永存。

（原载于《园林》杂志，2004年第6期）

苏州园林，魅力永存

苏州是一座著名的历史文化名城，素有“人间天堂”的美誉。散落在城中的粒粒明珠——古典园林，更是成就了苏州“园林之城”的美誉，奠定了文化苏州的地位，并成为苏州与世界各国间的友好使者。源远流长的苏州园林魅力永存。

一、列入《世界遗产名录》，提升城市品牌

“江南园林甲天下，苏州园林甲江南”，苏州古典园林的历史可以上溯至公元前6世纪的春秋时期，之后历代造园兴盛，明清全盛时有200多处私家园林遍布苏州古城内外。大部分是为名人居士或士大夫阶层提供一种“身居闹市而得林泉之趣”的清雅环境。在2000多年的时间里，苏州造园家运用独特的造园手法，在城市住宅旁有限的空间里，通过叠山理水、栽植花木，配置园林建筑，加之大量的匾额、楹联、书画、雕刻、碑石、家具陈设和各式摆件等反映古代哲理观念、文化意识和审美情趣，从而形成充满诗情画意的写意山水园林。它融自然美、人文美、建筑美于一体，是综合的历史文化艺术宝库，具有很高的学术价值、艺术价值和文物价值。中华人民共和国成立后，苏州园林得到了政府、专家学者及社会各界人士的关怀与重视，进行了持续的保护维修和合理利用。在申报世界遗产的过程中，更是结合古城改造，依法加强了园林内外环境的整治，使古典园林内外环境协调一致。至今保存完好的数十处

园林分别代表了我国宋、元、明、清不同时期江南园林的风格，体现了人类理想家园的境界。

苏州古典园林的价值得到了世人的肯定。联合国教科文组织世界遗产委员会高度评价了苏州古典园林：“没有哪些园林比历史名城苏州的园林更能体现出中国古典园林设计的理想品质，咫尺之内再造乾坤。”1997年12月，以拙政园、留园、网师园、环秀山庄为典型例证的苏州古典园林被列入《世界遗产名录》；2000年11月，沧浪亭、狮子林、艺圃、耦园、退思园被增补列入《世界遗产名录》。

苏州对世界遗产的保护也令联合国教科文组织的专家们感到满意。2004年6月28日至7月7日，第28届世界遗产委员会会议在苏州市举行，这是中国政府迄今为止承办的最高级别的联合国教科文组织的国际会议，也是苏州历史上承办的规格最高、规模最大、时间最长的全球性的政府间国际会议。会议在苏州的成功举办，不仅形成了全世界聚焦苏州的良好机遇，也使苏州园林接受了一次大检阅，促进了科学保护管理的新发展。

二、确立生态园林城市建设目标，全面推进“绿色苏州”行动计划

2004年9月，《苏州生态市建设规划纲要》通过了环境保护部组织的专家论证，明确了苏州生态市建设的目标：建成国际知名的现代水乡园林型生态市。其中，以“真山真水园中城，假山假水城中园”的历史文脉勾勒“园林苏州”，是苏州生态市建设的主要方向之一。

近年来，苏州市区每年新增绿地面积300公顷，2003年达到500公顷，先后建成桐泾公园等一批市、区级公园，居民出行350米即有一处小游园。3年来，共投入绿化资金31亿元，建成区绿地率达到33.5%，绿化覆盖率达到39.2%，人均公共绿地面积达到8.6平方米。在具体的城市绿化中，发扬了传统造园艺术的精髓，依托自然山水，挖掘历史文化内涵，突出名城、古园、水乡的特色，将许多经典的园林元素运用到街头巷尾：“弹石闻花丛，隔河看漏窗”的道前街，“人在花中走，柳在岸边行”的

临顿路，“两绿夹一河，舟与车俱行”的干将路，飞檐错落、林木蓊郁的环古城风貌保护带……既体现了移步换景的苏州古园特色，更为千百年来古城水陆并行的双棋盘布局锦上添花，特别是“百园工程”的启动，在增添盈盈绿意的同时，让更多的小游园介入了市民的生活空间。正是将古典园林的精致和艺术延伸到街巷院落，使城园融为一体，才塑造了苏州独特的城市个性，成就了苏州“国家园林城市”“ 国际花园城市”的美誉。苏州将牢固确立生态园林城市建设的新理念，借鉴国内外先进经验，全面推进城市绿化工作，努力把苏州建设成为“天更蓝、地更绿、水更清、居更佳”的“人间新天堂”。

未来的几年，在苏州市范围内将建设城市公园、风景林地、绿色通道、森林公园及自然保护区等项目，构筑“以林木为主体，总量适宜，分布合理，特色明显，景观优美，功能齐全，稳定安全”的城市生态网络。在中心市区，实施虎丘山风景区西扩、石湖上金湾生态动植物园、胥江景观等十大重点园林绿化工程，积极构筑多层次、多功能、立体化、网络化的生态绿地系统。

三、成为文化使者，走向世界

“中国园林是世界造园之母，苏州园林是中国园林的杰出代表。”1980年建于美国纽约大都会艺术博物馆的明轩，是以网师园殿春簃为蓝本设计的，这是中国造园史上第一次实现整体庭院的出口。在其后的20多年里，苏州园林走出小巷的有限天地，以其传统的高品位的艺术风格和独特的文化价值，越来越多地走向欧、美、亚、澳各洲的名城并获多项荣誉，有日本港田市“齐芳亭”、加拿大“逸园”、新加坡“蕴秀园”，日本金泽市“金兰亭”、美国佛罗里达州“锦绣中华”微缩景区、中国香港九龙寨城公园、纽约斯坦顿岛“寄兴园”、美国波特兰“兰苏园”、法国巴黎“怡黎园”，等等。无论是完整园林的建造，还是亭台廊榭等园林要素的移植，含蓄独到的园林文化都获得了异域知音的广泛认同和赞赏，并成为物质的、不可移动的中国文化的和平友好使者，被当地称为“常驻的文化使者”“永恒的贵宾”。在传播文化的同时，建造在世界各地的苏式园林还是苏州最生动的名片，特别在列入《世界遗产名录》之后，

UNITED NATIONS EDUCATIONAL, SCIENTIFIC AND CULTURAL ORGANIZATION

CONVENTION CONCERNING THE PROTECTION OF THE WORLD CULTURAL AND NATURAL HERITAGE

The World Heritage Committee has inscribed

the Classical Gardens of Suzhou

on the World Heritage List

Inscription on this List confirms the exceptional and universal value of a cultural or natural site which requires protection for the benefit of all humanity

DATE OF INSCRIPTION
6 December 1997

DIRECTOR-GENERAL OF UNESCO

1997年世界遗产名录的证书

UNITED NATIONS EDUCATIONAL, SCIENTIFIC AND CULTURAL ORGANIZATION

CONVENTION CONCERNING THE PROTECTION OF THE WORLD CULTURAL AND NATURAL HERITAGE

The World Heritage Committee has inscribed

the Classical Gardens of Suzhou

on the World Heritage List

Inscription on this List confirms the exceptional and universal value of a cultural or natural site which requires protection for the benefit of all humanity

DATE OF INSCRIPTION
2 December 2000

DIRECTOR-GENERAL OF UNESCO

2000年世界遗产名录的证书

越来越多的国际友人、专家学者来考察、研究作为人居环境经典的苏州古典园林，落户异域的苏州园林带着出生地的文化气质走向了世界。

苏州名园、名胜目不暇接，她丰富的艺术魅力、博大精深的内涵，堪称中国文明的精粹。苏州园林每一扇门，每一扇窗，都是画框，内有立体的画、无声的诗，可精读，可细品，它四时有景，四时有题。

（原载《园林》杂志，2005年春末版）

百年诗文，其泽也长

狮子林乃苏州著名园林，其最初是灵地的佛门弟子集资建造的一所禅宗丛林。之后数百年，多次易主，历尽沧桑。兴盛时，皇帝多次巡幸，吟诗赋句，并“复制”在北方的皇家园林中；衰微时，却被隔成数家，荒草芜蔓，少人顾暇。虽屡散屡聚，但

狮子林

至今其名未改，其景依然。

数十年来，狮子林作为名胜古迹一直向公众开放。历届政府管理部门对狮子林的保护、管理、研究做了大量的工作。2000年，狮子林作为苏州古典园林的典型例证，被扩展列入联合国教科文组织《世界遗产名录》；2006年，又被国务院列为全国重点文物保护单位。

狮子林建造初始，因其景观幽雅、怪石奇特，而备受文人雅士的推崇，历代多有绘画题咏。现藏于苏州博物馆的《师子林记胜集》、《师子林记胜续集》（清咸丰年刊木活字本），记载了从元代至正到清代咸丰500多年间文人雅士对狮子林的绘画题咏。因其刊印数量少，故有极高的文物历史价值，实为不可多得之善本。

珍视园林历史，弘扬传统文化，既是管理者的重要职责，也是我们将之保护完整、传之后世的历史使命。在苏州古典园林列入联合国教科文组织《世界遗产名录》十周年之际，苏州市园林和绿化管理局、苏州博物馆、苏州市狮子林管理处联合将《师子林记胜集·师子林记胜续集》（合刊）重印发行，使秘藏深阁的古籍善本化身千万，以供学者研究，大众赏阅；也体现了社会各界对世界遗产的关注，对狮子林文化历史研究的持续和深入。这无疑是一件十分有意义、有价值的工作，其善莫大，其泽也长。

（本文为《师子林记胜集》《师子林记胜续集》序，2007年广陵书社出版）

苏州古典园林被列入《世界遗产名录》已经十周年了。在历史长河中，十年不过弹指一挥间，然而对苏州园林文化研究来说，这十年则是一段重要的时光，园林文化已成为当代的一个热门话题。

五十多年前，封建士大夫的私家园林成为人民大众的财富，国家和苏州市政府投资逐步修复了几座最著名的园林，以后又相继修葺了二十余座园林。被冠于“中国四大名园”的拙政园、留园就是在五十年代修复的，它们代表了中国江南园林的最高水平；而在北方的颐和园、避暑山庄则是皇家园林的典范。国务院于1961年首次公布的全国重点文物保护单位，四大名园同列其中，它们共同组成了中国古典园林的文化艺术体系，这是它们的价值所在，引起了国内外学者的极大关注和研究。20世纪90年代前后，承德避暑山庄、苏州古典园林、颐和园等一批古典园林先后被联合国教科文组织列为世界文化遗产，在更高的平台上推动了园林文化的研究。

从园林文化研究中，我们清晰地看到一条发展的脉络。中国园林的形成发展已历经了数千年的岁月，但相对造园活动，有关园林文化的研究却起步很晚。如说古人，既有实践又有理论，明代的文徵明及其后代对园林艺术做出了不朽的贡献，以至今天世界上形成了对文氏家族造园现象的研究学派；同时代的计成对造园的实践经验和理论积累，其著作直至今天依然是造园和园艺的权威；更不用说那些堆叠假山的“山子匠”、培育花草的“花儿匠”和能自如地挥刀雕刻各种民俗图案的砖雕匠、木雕匠、花街匠。严格地说，那些散见于文人笔记和小品文章的记载不算，真正冠以“园”名的著作学说的，只能从明代计成的《园冶》、文震亨《长物志》算起。百年停滞，一直到二十世纪二三十年代，一批留洋回国的学者如童寯、刘敦桢等人专题研究园林文化，这门学科才逐步为人们所认识。两位大师的专著《江南园林论》(童寯著)、《苏州古典园林》(刘敦桢著)成为园林学科的经典之著，影响深远。之后的短短几十年，园林文化研究方兴未艾，一批学者游学于东方园林中，多以苏州园林为范本，产生了诸如《清代园林图录》《中国古代园林史》《中国古典园林分析》《说园》《中国园林美学》《苏州园林匾额楹联鉴赏》《世界文化遗产——苏州古典园林》等多部园林著作，这些专著使园林文化堂堂正正地登入了中国古代艺术殿堂。可以毫不夸张地说，当代的研究成果更加丰硕，童寯、刘敦桢、陈植、汪菊渊、陈从周这批学贯中西的现代著名学者，为园林文化研究贡献了大量的宝贵财富，没有他们扎实的基础研究，今人不仅还在混沌中摸索，而且可能因古园的消亡而使研究成为“无本之木”。我至今还带着崇敬的心情苦读他们的著作，感叹今天园林文化研究的收获，是前人辛勤耕耘的结果，是站在巨人肩膀上所创造的辉煌。

我们园林管理工作者对园林的理解是逐步加深的。几十年前的注视点，把古典园林作为一般的文物来保护、修复、管理，许多人对园林的认识还处于表面的理解上，多从美的角度，或从旅游的需要出发，仅是一个供人民群众游玩的场所。“文革”时，园林又成了大破“四旧”的对象。改革开放，拨乱反正，园林的多重价值逐渐为人们所认识。特别是被列入《世界遗产名录》之后，园林文化研究走出了学斋，为大众所青睐，他们纷纷为领略文化遗产而来，为吸取传统精神养分而至。管理者、研究者则把视线穿透进园林文化的内核中，不断发现、挖掘深层次的内涵。

特别是近十年来，在进一步加强古典园林保护管理工作的同时，大力开展了园林文化的深入挖掘、整理、研究、宣传工作，成绩十分显著，收获之丰厚，不一而足。举例而言，如：先后召开过十几次园林学术研讨会，园林学术水平有了很大提高；编辑出版了《苏州园林》杂志、《苏州日报·园林版》《姑苏晚报·园林版》《江南时报·园林版》《世界文化遗产——苏州古典园林》专著和大型画册；拍摄了大型电视艺术片《苏园六记》(苏州电视台)、电视文化片《苏州古典园林》(中央电视台)等一批作品，在国内外产生了广泛影响；在史料收集方面，通过广搜博览，先后收集到了元·倪云林《狮子林图》，明·沈周《东庄图册》、文徵明《拙政园图册》《金阊名园图》、文震孟书法、钱穀《求志园图》，清·上睿《绣谷送春图》、王学浩《寒碧庄十二峰图》、王翚《沧浪亭图》、柳遇《兰雪堂图》，同治光绪年间江苏按察史书《沧浪亭记》拓片等，为此，《苏州园林》杂志曾系统地介绍了这批著名书画家及其园林作品；在园林陈设上亦下了工夫，如沧浪亭重现了林则徐留下的珍贵遗迹，拙政园的文徵明《卅一景图》一直为海内外所称誉，特邀苏州著名篆刻家精心策划和刻制了这套名画，镶嵌在园内；此外，留园建立了苏州园林档案馆，石湖建成了范成大纪念馆，天平山建成了范仲淹纪念馆，亮点闪闪，尤以苏州园林博物馆的建设最为突出。通过挖掘古典园林浓厚的文化底蕴、历史渊源、造园特色，向人们展示园林文化的博大精深，这个有着浓郁的苏州文化韵味的全国第一座园林专题博物馆，经过近3年的建设，将于2007年12月4日对外开放。

文化要为社会生活服务。在21世纪，古老的园林文化会给今人带来怎样的实际意义和启示呢?

园林是中国文化领域中一个特别的门类，将其分解，并不能在该领域中独领风骚；将其聚合，却勾画成一个如诗画般美妙的境界。用现在时髦的话说，园林是一门环境艺术，具体讲，它是人类的居住地，是人与自然完美结合的生活环境，是人类的理想家园。它的文化价值和科学价值是取之不尽的宝库。

中国园林是世界造园之母，苏州园林是中国园林的典型代表。之所以这么说，除了苏州园林巧于布局、利用地形、改造环境的杰出造园艺术外，更主要的是在这些艺术手法中充分反映着中国传统文化的人生观和宇宙观，反映着造园者的人文精神。因此，园林文化是一种社会形态高度文明的标志，其涵盖面极为广泛，几乎包含了中国传统文化，如历史、建筑、文学、艺术、社会、宗教、民俗等各个方面，但它的价值更在于园林文化不仅是遗产，而且还与现代生活密切相关，在文化传承上具有独特的地位和作用。

随着社会物质文明的不断提高，人们不约而同地把眼光投向园林，去追寻理想的家园，园林文化正在更宽广的范围内影响着人们的生活——园林城市、园林小区、园林工厂、园林村落，甚或餐饮茶肆、家居庭院……立峰叠石，栽树引泉，巧夺天工，美化环境，陶冶性情，正成为人们追求生活品位的一种文化时尚，渗透到社会的各个角落，关注、热爱园林的人群在不断扩大。这一切都显示着园林文化研究正凸现出当代价值。比如，居住的艺术化、家居陈设布置的美学观、城市景观与人居环境的生态系统、现代旅游的审美价值……社会文明的发展趋势，几乎都与园林文化有直接关系，可以概括地说，园林文化既是生活方式，又是精神载体，两者互相渗透，表现出社会文明的高低程度。因此，如何适应“人居、环境、理想”现代生活的需求，是园林文化研究的新课题。

我时常想，虽然园林文化研究已有很多年，由于众多学者的努力和辛勤耕耘，他们巡游在园林文化的厚土上，从美学、文化气质、历史成因，以及与旁系文化的关系等方面来解释园林，探索规律，取得了多种学科方面的成果，有了一定的积累，但我们还应继续努力。苏州古典园林不仅是中国传统文化的载体，更有着与现代生活相融的科学内容，它所包含的深层次的主题——人与自然和谐相处，伴随着人类社会一起走进了新世纪。在新的纪元里，我们愈发感到，如何把园林文化的研究成果完美地嫁接于现实，能够为当代人对于古代文化的追寻、解释、趋附的愿望起到导向、注释作用，进而从更高的视角观照这一文化现象，读解、读通、读懂园林文化，吸收古老文化中的合理内核，融会贯通于今日生活中，提高现代人的生活质量和情趣，显得格外有意义。

苏州园林文化是苏州人在苏州这块土壤上创造的，是苏州人在和自然交流中得到的脱离世俗、跨越时空的精神享受。它既是古老的，又是现代的；既是传统的，又是时尚的。今天，我们需要对园林文化有新的感悟和多方位的了解、理解及深层次的认识，趁着“人居、环境、理想”成为现代生活新目标的机遇，结合创建国家生态园林城市，结合亚太世界遗产培训与研究中心的建设，结合世界文化遗产保护管理监测的开展，结合苏州园林志的新一轮编撰，以及结合当代人的生活观念、美学观念、旅游观念，开拓一片园林文化研究的新天地，用更加丰厚的成果在滋润的园林文化沃土中播下更多的种子，精心耕耘，造福当代，荫庇子孙。

最后话题归到这套“园林文化丛书”的编辑出版。长话短说，用一句话概括：“千淘万漉虽辛苦，吹尽狂沙始到金。”园林、文史、方志工作者“十年磨一剑”，兢兢业业，甘于寂寞，淡泊名利，埋头苦干，在浩如烟海的资料整理和科学研究的基础上，将许多散见各处的珍贵历史文献、图画、照片收集起来，在厚积中精选成册，集资料性、知识性、欣赏性为一体，于苏州古典园林被列入《世界遗产名录》十周年之际，奉献给读者，不仅是对古人和历史岁月的回忆和尊重，更是对当代园林研究的深化和文化生活价值的提升，意义更在后者。相信这套园林文化丛书会得到读者的喜爱，在传统文化研究中能发挥出应有的多重价值。

在历史文化的长河中，十年仅仅是一个开始，让我们把这十周年的纪念活动作为园林文化研究的新起步吧！

（本文为《苏州园林文化丛书·总序》，2007年，上海三联书店）

说不完的话题，写不尽的文章

关于苏州园林，似乎总有说不完的话题，写不尽的文章。

两年前，为纪念苏州古典园林被列入《世界遗产名录》10周年，由苏州园林和绿化管理局编写出版《园林文化丛书》一辑三册，即《苏州园林名胜旧影录》《苏州园林山水画选》和《苏州园林历代文钞》，受到了广大园林文化爱好者和专业人士的欢迎。现在，又有同系列的《园林魅力十谈》《苏州园林品韵录》《苏州风景名胜历代文钞》三本书问世，相信也能得到读者的认可和喜爱。

苏州古典园林被列入《世界遗产名录》以后，游客日渐增多。随着人们对世界遗产重视程度的不断提高，苏州园林也名声更隆。既然是世界遗产，那么它就必然具有可以让人反复品读的内容和价值，《园林魅力十谈》就是通过园林所展示的各个元素，让读者增加对苏州园林的新鲜感悟，去发现不经讲解难以领会的建筑之美、山水之美、花事之美、四季之美、灵动之美，以及意境之美，甚至还有隐藏在风花雪月之中的人性之美，增进读者对苏州园林的了解。《苏州园林品韵录》则不仅让读者用比较有深度的视角去感悟园林的文化内涵、思想内涵，还引导读者的视线走出苏州古典园林的围墙，从更大的文化背景层面上去领会苏州园林的文化意义、美学意义和历史、人文意义，从而加深对中国传统文化的认识。

苏州园林和苏州风景名胜，是吴越文化的载体，吴越文化造就了美丽的苏州。早在20世纪80年代，国务院就专门在太湖及其周边建立了国家级风景名胜区，在总共

13个景区中，就有8个位于苏州。苏州四周，围绕太湖的湖光山色、名胜古迹和古典园林，浑然一体。江南秀色，南朝故地，姑苏人家，小桥流水，特色鲜明，积淀丰厚。作为《苏州园林历代文钞》的姊妹篇，《苏州风景名胜历代文钞》在类别和内容上更胜一筹。《苏州风景名胜历代文钞》围绕苏州风景区，将散落在历代书籍中前人的记叙搜集整理，蔚为大观。仅从文体来看，就有记、书、序、志、赋、铭、题跋等多种形式。这些文章不仅对苏州风景区各个历史阶段的来龙去脉、演变状况做了详细阐述，如建于春秋时代，由伍子胥规划的水陆盘门，吴王阖闾、夫差营造的规模可观的宫室园林，虎丘塔下的阖闾墓、城西南石湖的吴越交战古战场，洞庭东西山的唐宋遗迹，以及名山宝刹、江枫渔火……同时，又有很高的文学价值，可读性强，朗朗上口，美学感召力极强。可以说，众多的人文胜迹造就了众多的美文，而众多的美文又使人文胜迹更胜。

千百年来，苏州园林与苏州风景名胜珠联璧合、相得益彰，使苏州的人文气息和文化精魂弥散传承。作为园林人，能在新世纪承担维护和弘扬苏州美景与苏州园林文化的重任，是我们的幸运。在人类文明高度发达、科技进步一日千里的今天，越来越多的人在寻找自己宁静的精神家园，依恋自然风光与人文景致带来的故园之思。苏州园林是世界的，苏州风景名胜也是世界的，由于它与人们的生活密切相关，它的兴衰不仅是一个社会的缩影，而且积淀日深，越来越成为传统文化、多元文化的博物馆。

我想，只要我们始终怀着一颗虔诚之心，去保护苏州园林和苏州风景名胜的湖光山色，保护吴越文化的遗脉与余香，更要用一颗持之以恒的心去钻研和探索园林文化内涵，在这无穷的宝藏中不断挖掘，不断总结、提炼和借鉴，那么苏州园林这一优秀的传统文化必定会在今人手中愈发显示出诱人光彩，在社会发展中显示出多重价值。

（本文为《苏州园林文化丛书第二辑·序》，2009年，上海三联书店）

经典传承

苏州园林，准确定位应该是——苏州古典园林。古，即古代；典，即经典。这从两个层面揭示了苏州园林的内涵，是古人在苏州创造并留存至今的经典。

众所周知，1997年，苏州古典园林即被联合国教科文组织世界遗产委员会列入《世界遗产名录》。评价是——

没有哪些园林比历史名城苏州的园林更能体现出中国古典园林设计的理想品质，咫尺之内再造乾坤。苏州园林被公认是实现这一设计思想的典范。这些建造于11—19世纪的园林，以其精雕细刻的设计，折射出中国文化中取法自然而又超越自然的深邃意境。

这段评价翻译成中文尽管只有100余字，但字字珠玑，把苏州古典园林诞生的时代、历史背景、艺术特点，特别是蕴含其中的精神遗产——“咫尺之内再造乾坤”的理想品质，阐述得淋漓尽致。

回首60年前，我们接手的是一座满目疮痍、百废待兴的城市，尽管这座城市素有“东方威尼斯”“园林城市”的美誉，但百姓要生存，经济要恢复，古城要保护，如何恢复苏州城中的精华——园林？这几乎成了一个难解的课题。

都说，盛世修园林，其实不然，那时的中国还处在百废待兴之时，但当时的国家和苏州市政府领导人还是很有远见地下了决心——修复园林。于是，苏州园林逐年逐个地得到修复。著名的拙政园、留园、狮子林、沧浪亭、网师园……都是那英明决策的产物。1961年，国务院公布首批全国重点文物保护单位，拙政园、留园即名列其中，也是那英明决策的结果。

回首30年前，中国经历了“十年浩劫”后，传统文化统统被斥之为“封、资、修”，苏州园林白然不能幸免，但苏州是古城，有底气、有底蕴，饱受十年煎熬的苏州园林在一批有识之士和能干之士的努力下很快又恢复了生气，并被选中作为“中国园林”的典范，远渡重洋，去美国纽约大都会艺术博物馆落了户。之后，竟带动了中国园林的出口。今天，苏州园林在全球各地落户不下几十座了。

再看今天。

改革开放30多年，整个中国发生了翻天覆地的变化。国家强了，人民富了，城市大了，天地宽了，物质的丰富带来了精神的丰富，对有形遗产的重视带动了对无形遗产的尊重和进一步探究。

苏州古典园林进了《世界遗产名录》，苏州古典园林的名声更大了，无论是景区建设还是富户家中，都愿意以苏州园林叠石、挖池、植树、建筑的手法来设计造景。而苏州古典园林丰厚的文化内涵和厚重的无形遗产更成了“世界遗产”研究者的实证基地。

上有天堂，下有苏杭。我曾在一篇论文中写道——

在古人的理想中，天堂也是现实的。古人用自己的理解和想象，把天堂想象成是：有四季不败的鲜花绿树，有昼夜变化的山林野趣，它是一种极舒适极方便的居住环境。开门就踏进现实，是车水马龙，关门就自成一体，鸟语花香。物质与精神融为一体，人与自然和谐相处。无论是在造园思想上，还是在造园的实践中，都体现了“天堂”理念和“天人合一”的中国传统的精神追求。

物质和精神融为一体，人与自然和谐相处，这就是中国人的生存理想。

因为理想，一批批文人雅士来到苏州，在园林里留下了一篇篇流芳百世的唱颂；

因为理想，一篇篇唱颂在媒体上亮相，与更多的中国传统文化爱好者相互传播、相互共鸣；

因为理想，苏州古典园林穿越了时间、空间，成为全人类的共同财富，将长留天地间……

人类的历史已经进入了2010年。苏州古典园林自古以来就受到社会各界人士的关注，特别是1997年进入UNESCO《世界遗产名录》后，社会各界对它倾注了更多感情，用饱满又细腻的笔触捕捉到了古典园林不同的折射面，让人们透过一扇扇古色古香的宅门看到了园林的隽永、婉约、典雅和内涵，它们是新一代人对传统文化的理解、认知，也见证了园林的过去、现在和将来！

我们选编了部分片段以飨读者，通过这些片段，我们看到——苏州园林，魅力永存。

（本文为《苏州园林之魅·序》，2010年，中国工商出版社）

诗意再现

拙政园，是苏州文人写意山水园林的典型。1961年，国务院颁布首批全国重点文物保护单位，北京颐和园、承德避暑山庄、苏州留园与拙政园同誉为“中国四大名园”，前两座园林是北方皇家园林的代表作，留园和拙政园则是南方私家园林的代表作。

拙政园始建于明代正德年间，其园主是退隐的御史，因与苏州地方文化名流交往甚深，故建成后，著名文人、“明四家”之一的文徵明就多次为之绘画作记，惜均未能流传。今所见文徵明拙政园三十一景图，也因20世纪20年代曾出版过珂罗版画册才得以存世，故尤显难得。

文徵明拙政园三十一景图，清初就享有“诗书画三绝”的美誉。文氏一脉居苏数百年，均工诗书画，除文徵明自己所居停云馆、玉磬山房，其后裔也均雅好治园。特别是其曾孙文震亨，不仅治园极精，还留下了至今仍为广大读者所喜爱的名作《长物志》。文氏诗书画和文氏造园是明清时期苏州经济文化高度发展的一个缩影，也是苏州封建士大夫退隐文化的一个写照，更可认作苏州历史独特的文化现象，从这一角度理解，拙政园三十一景图的价值不言而喻。

拙政园三十一景图，由文徵明作画，每画配一诗，文氏又亲自以篆、隶、行、楷等不同字体书写。文氏书画，最具苏州文化特色，在这些诗画中，文氏气息尽显。20世纪末，三十一景图由苏州名家刻石上墙，供今人雅赏。

三十一景图所附古诗，是拙政园的文化主旨，也可说是江南古典园林的文化主旨。从诗中可看到明代士大夫的园居生活、精神追求和志趣爱好，将这些古诗编译成现代语体，使读者、游者在观赏拙政园的同时，吟咏诗歌，体会古代生活情趣，体验古人审美趋向，体会古典园林意境。

三十一首古诗，既是古典园林的文化精髓，也可视作苏州古典园林有形和无形遗产的结合产物。从诗中可以看到，苏州园林是古代造园艺术的积淀，是古代士大夫的精神生活空间，是古代上层社会居住文明的遗存，其历史、艺术、科学价值是多重的，“智者见智，仁者见仁”，今日古典园林研究从中都能找到佐证。

苏州古典园林的行政职责部门在做好管理工作的同时，始终将保护园林、展示园林文化内涵放在首位。1997年，拙政园和留园、网师园、环秀山庄一起作为苏州古典园林的典型例证，被联合国教科文组织列为世界遗产，拙政园等园林的保护和展示工作也随之进入国际平台，管理部门尤其重视的是，园林历史文化的研究整理和展示弘扬。文徵明拙政园三十一景图诗的编译面世，正是这项工作的一个新内容。我想，读者阅读后，自会对拙政园，乃至苏州古典园林的世界遗产价值多一重认识。

（本文为《明·文徵明拙政园诗编译·序》，2011年，香港天马出版有限公司）

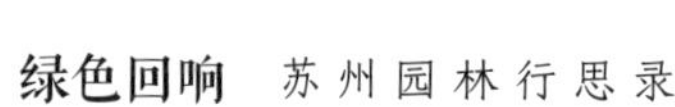

园林青史荫后人
——苏州园林风景绿化志丛书序

盛世修志，代代相传。志书被称为“有独特历史文化价值的国情书”，是中华民族珍贵的文化遗产。苏州园林是苏州最具特色的城市名片，是历史留给世人的宝贵财富，因而园林系统志书具有很高的历史价值和当代意义。

20世纪80年代初，随着改革开放新时期的到来，全国掀起了修志热潮。在市政府的统一领导下，苏州园林绿化系统从1982年起，至1992年止，前后十年，在缺乏史料、无修志经验和物质条件较匮乏的情况下，各单位投入了相当的精力和人力，积极展开工作；全体修志人员辛勤耕耘，从茫茫史海中广集博采，反复鉴别、查证、考证，先后编纂了《苏州园林志》《苏州历代名园录》《苏州城市绿化志》以及各园林、风景区、各企事业单位专业志稿分卷的初稿，为《苏州市志》的编辑出版提供了详尽的资料，较好地完成了第一轮修志工作任务，但限于当时的一些具体原因，除《拙政园志稿》经市地方志办公室审定作为内部资料刊印，以及《虎丘纪略》《狮子林沿革》等编入《苏州市志资料选辑》外，风景、园林和绿化志稿及其他各分卷均未审定和出版。虽颇遗憾，但成绩显著，为园林绿化事业的发展积累了大量宝贵的历史资料。虽已过去二十多年，但我们依然要在此对当年参与修史编志的同志们表示深深的敬意！

随着改革开放的深入和发展，苏州风景园林绿化事业经历了一连串的重大历史变革，发生了巨大变化，取得了辉煌成绩。1985年以来的二十余年历程，完全可以用翻天覆地来形容，其巨大的变化主要表现在：苏州已不仅是历史古典意义上的“园林之城”，已耀然成为闻名海内外的世界文化遗产、著名的风景名胜和历史文化旅游城市，成为现代国际化的“园林城市”“花园城市”，并在向国家生态园林城市快步迈进。苏州风景园林绿化事业已是苏州历史文化和社会发展的不可或缺的重要组成部分，苏州社会、经济、文化发展的缩影。

修志是为了存史、资政、教化，而其中首在存史。随着时代发展、人事变动和机构改革，一些历史资料会散佚，记忆会遗忘，对我们以及后人真实完整地了解历史带来困难。因此，作为园林人，我们不仅要保护好前人留下的文化遗产，发展我们的城市园林绿化事业，还有责任将历史事件记录下来，传承下去，为当代和后人留下真实的记载，提供宝贵的经验和教训，从而起到资政和教化的作用，推动我们的工作更上一层楼，为促进园林绿化系统两个文明建设，促进我市创建国家生态园林城市，促进富民强市和“两个率先”，加快构建和谐社会做出贡献。

本轮修志工作于2005年之初始，即纳入苏州园林系统“十一五”发展规划中。局成立了修志工作领导小组，各单位也相应成立了编志机构，上下通力合作，互促互动，确保领导到位、机构到位、经费到位、人员到位、条件到位，为修志奠定了坚实的基础。全体修志人员本着对历史、对现实、对后人负责的态度，以甘于寂寞、淡泊名利、“板凳要坐十年冷”的修史敬业精神，在历史、文化、社会、经济发展的浩瀚烟波中，寻找、爬梳和记录古园古人的史迹，在繁纷复杂和琐碎的事件中，辨析、归纳和撰写园林事业的足痕，在编纂中严格把好了资料收集质量关、文字质量关、审稿定稿质量，严于甄别，精于筛选，多方考释，反复推敲，数易其稿，精益求精，取得了丰硕成果。

修志是一个群体性的工程，是集体智慧的结晶。志书的完稿不仅体现了园林绿化系统的团队合作精神，也体现了市内一批方志、文史、园林方面专家学者的慷慨奉献，可以说是一次集众家之言、汇众家之智的集体创造。在市方志办公室的指导下，经过全局上下的共同努力，六年耕耘，终获硕果，终将付梓，实可贺之！我们不仅全面完成了《苏州风景园林志》《苏州市城区绿化志》以及拙政园志等共计21个分卷，共计近300万字、数千幅图照，实现了既全面准确又具有时代特色、地方特色和专业特色的修志目标；而且通过修志，既编出优秀志书，又为园林绿化事业培养出适应21世纪发展的人才队伍，使我们的事业后继有人。

《苏州园林风景志》上承数千年前苏州园林风景史，下至21世纪园林风景事业的发展，时间跨度纵横千年，记叙从春秋、晋唐、宋元到明清时期的园林风景历史，以及当代苏州园林风景事业发展状况，尤其是改革开放三十年来，苏州在高度发展经济的同时，注重历史文化保护、加强古典园林和风景名胜区建设所取得成就，这些珍贵的史料，通过编纂者在茫茫史海中不断寻觅、挖掘、爬梳，字斟句酌去伪存实，举要删芜，修正成文，在《苏州园林风景志》上得到了很好体现。

特别值得一提的是，有关苏州园林的史料很多，以往也陆续出版过各种园林和风景的文史、鉴赏、旅游方面的书籍，但系统记载苏州园林风景历史的志书还是第一本，不但对文史研究具有很重要的历史文献价值和考据价值，而且对当代管理者以及后人都有很重要的参考价值。

隔代编史，当代修志，代代相续，连绵不断，这是中华民族优良的历史文化传统，也是人类先进文化的组成部分。当今，历史文化正日益受到重视，关注园林文化的人群日益增多。修志既是一次挖掘历史文化的实践，又是一次园林文化的普及活动，是园林事业的重要组成部分，有益当代、惠及子孙。

在园林系统志稿正式出版之际，我想在向所有参加编纂的同志们表示诚挚的敬意和感谢的同时，更想用“修志千古事，得失寸心知”之句来表达我们共同的心愿，多留佳话，少留遗憾，无愧前人，无愧来者。至于书中斐然可观的文图及资料，不但具有很高的史料价值，而且还有丰富的旅游欣赏价值，在此不必赘言，想必读者自能明鉴。谨以此为序。

2011年12月于苏州

（作者：苏州市园林和绿化管理局局长、苏州市园林和绿化管理局修志领导小组组长）

苏州园林风景绿化分卷志序（节选）

在世界遗产地拙政园

苏州风景园林绿化志是一个系列工程，共21卷。其中苏州园林风景志为上下两卷，五峰园志和环秀山庄志合为一册，桂花公园志与苏州公园志合为一册，枫桥景区志与东园志合为一册，共为19册。直到2017年5月才陆续出齐。社会各界反映普遍很好，还被中国风景园林学会评为科技进步一等奖（2017年）。在每一卷的序言中都有对该园林景区的介绍，现也摘录如下，既是对我所作序言的摘录，又是对这套志书各分卷的情况介绍。

虎丘志序（节选）

虎丘的人文历史可追溯到2500多年前，与苏州古城历史一样悠久。若从《史记》所载虎丘历史自始，历代邑志、山志，以及大量文献、笔记杂录，积淀丰厚，可谓一文化大观。

虎丘，孕育在山明水秀、物产富饶、人文荟萃的吴中大地中，虽然仅是一座小山，却有大山之势，丘壑雄奇，林泉清幽，气象不凡，海内外享誉之隆，不亚名山大川。两千多年来，一直是著名的游览胜地，帝王将相、才子佳人、名贤高僧、平民百姓无不为之心驰神往，更有文人骚客为之激情挥毫，写下无数赞美的诗文，绘就众多美妙的图画。

苏州这座历史文化名城，有众多玲珑秀雅的古典园林和历史悠久的名胜古迹，虎丘能独享“吴中第一名胜”的美名，绝非偶然。它不仅有绝妙的自然形胜和众多的人文景观，更重要的是它能雅俗共赏。不论是“三绝”“十八景”，还是庙会、花市、中秋曲会、元宵灯会，来游者虽品位志趣不同，但人人乐此不疲，乐在其中，各得其乐。它的自然、历史、文化、民俗，犹如一部浓缩的苏州简史，一幅绚丽多彩的风俗画卷，几乎可以使所有的人产生兴趣和联想，使各种人都能身心受益。因此，古往今来，苏州人一直视虎丘为骄傲，视虎丘为苏州的象征，故而有“到苏州不游虎丘乃憾事”之说。

弹指一挥间。新中国成立六十年来，虎丘山风景名胜区在苏州市人民政府的高度重视下，在园林工作者的精心保护、建设、管理下，不但历史景观得到很好的保护和恢复，而且因地制宜，恢复了许多景点，增加了许多内容，使虎丘呈现出更加瑰丽的风采。特别是改革开放以来，这块风景游览胜地充满着无穷的魅力，名声愈盛，以其独特的自然风光和丰富的人文景观跻身于全国著名风景名胜区之列，成为旅游热点之一，吸引着成千上万的中外游人。1981年，邮电部发行《祖国风光》17枚一组的普通邮票，虎丘与长城、泰山、石林、黄果树瀑布等国家级风景名胜一同入选。1998年，虎丘被评为全国十大优秀旅游景点之一。2009年，虎丘被评为国家5A级景点。

（原载文汇出版社，2014年9月第一版）

拙政园志序（节选）

拙政园作为中国四大名园之一，是全国重点文物保护单位，被誉为“江南园林的代表”，于1997年被联合国教科文组织作为苏州古典园林的典型例证列为世界遗产，又有“全国特殊游览参观点”称号，还是全国首批“5A级景点”，可谓诸荣集一身，满誉海内外。然而，拙政园在这众多华丽的名望之下，却有着累代的沧桑和斑斓的色彩，这正是她的魅力所在。

五百年前，退隐官员王献臣归田返乡，择地拓建私家宅园，好友文徵明多次为其写诗作画，从此“园以人名，人以园传”。这一江南山水的写意园林范本成为历代众多文人墨客觞咏的对象，数百年不绝。其间，虽有明清两朝和民国的动荡岁月，宅园合合分分，分分合合，民宅官产，变更频仍，却依然不失水木旷远、山泽间趣、清幽典雅的园林风范，其历史文化积淀之丰厚，造园艺术之精湛，不啻为江南古典园林一大奇观。

拙政园的著名体现在多个方面，既有山水布局的明代风格和天然之趣，又有建筑形式的丰富多彩和典雅，还有植物造景的缤纷和兴味，更有造园手法的多样和巧运，令人赏心悦目，以至文人骚客为之激情挥毫，写下无数赞美的诗文，绘就众多美妙的图画。正所谓“园林画本，画本园林”。

苏州的古典园林总是与苏州的历史文化紧密相连，是传统生活方式的真实遗存。在拙政园中，至今还保留着古人精雅的生活方式，根据居住、读书、作画、抚琴、弈

拙政园

棋、唱曲、品茶、饮宴、憩游等功能，建有不同形制的建筑，无不体现了建筑的使用功能与艺术审美的统一，犹如一部浓缩的苏州民居简史，一幅绚丽多彩的风俗画卷，几乎可以使所有的人产生兴会和联想，使各种人都能身心受益。因此，在现代社会，人们往往把拙政园称之为“江南传统文化博物馆”。

（原载文汇出版社，2012年9月第一版）

留园志序（节选）

留园被誉为“吴中名园”，是中国四大名园之一、全国重点文物保护单位，1997年被联合国教科文组织作为苏州古典园林的典型例证列为世界遗产，2009年被评为全国“5A级景点”，是苏州诸园中华丽与精美的化身。

一句“长留天地间”，包容了留园四百多年的丰厚历史和泉石胜景。明万历年间，徐泰时在造园艺术家周秉忠的协助下，建造了这座园林，名“东园”，成为当时苏州文人雅聚的场所，引出了一段文人相交的佳话，如吴县令袁宏道、长洲令江盈科均常在园中赋诗饮酒，留下众多诗文，袁宏道的《园亭纪略》、江盈科的《后乐堂记》是了解明代留园的重要史料。清乾隆末，刘恕移居此处，精心整修园林，因“多植白皮松”，故名“寒碧庄”。刘恕嗜好石头，收集二十多峰太湖石，镌刻一百多方书条石，从此，寒碧庄便以湖石和书条石著称于世。乾嘉时期，苏州人文荟萃，文、史、哲、书、画、曲等俱盛，史学大师钱大昕、画坛耆宿王学浩、诗书大家潘奕隽、翰林院编修范来宗等，均与刘恕交往甚密。正如钱大昕《寒碧庄宴集序》所赞誉：“寒碧”之名因文懿公而起亦脍炙人口，其影响“非独一时宴集之盛而已”。由此当时苏州文坛可窥一斑。同治年间，盛康买下此园，三年修缮，名园又显风采。不仅有俞樾、张之万、吴大澂等众多文人留下文化遗迹，又有盛康之长子盛宣怀受李鸿章提携，成为中国洋务运动中的民族工业的主要经营者之一；更有盛宣怀在辛亥革命时期，与中国近代资产阶级民主派与封建专制两大对抗势力的代表人物孙中山与袁世凯保持着某种程

留园

度上的联系，使留园成为中国近代史上风云变幻的一个缩影和记忆实物。

三代园主演绎的三段历史，以及三代主人交往过的文人名士，为这座名园留下了内涵丰富的历史文化遗产。正是他们或诗、或文、或书、或画，使留园愈显诗情画意，成为江南文人写意山水园的典范之作。

（原载文汇出版社，2012年12月第一版）

网师园志序（节选）

网师园是一座“袖珍园林”。始建于南宋淳熙年间，为侍郎史正志万卷堂故址，迄今已有800多年的历史。由于它小巧玲珑、曲折幽深，其厅堂、楼、阁、馆、榭、

网师园

亭、廊等建筑与假山、水池、花木等组合得十分巧妙，造园艺术和造园技术都达到很高的境界。这座旧日的“宅园”已成为园林经典，被誉为世界“最佳人居”，被列为全国重点文物保护单位和世界文化遗产。历史上的网师园虽然屡易其主，但大都是文人雅士、达官贵人，具有十分丰富的文化底蕴。大画家张善孖、张大千等亦曾居住网师园，养虎作画，至今传为美谈。

1980年，以网师园殿春簃庭院为蓝本，被仿造在美国纽约大都会艺术博物馆的“明轩”，开创了中美文化交流的新纪元，也是中国古典园林首次出口国外。此后，我国为世界不少国家建造过“苏州庭院”，为东西方文化交流做出了贡献。

（原载文汇出版社，2014年9月第一版）

狮子林志序（节选）

狮子林在苏州古典园林中占有独特地位，不仅是现存古典园林中唯一幸存的元代园林，而且由于它“由园而寺、由寺而园”，利用宋代遗构“花石纲”而筑，有元代著名僧人维则主持、著名画家倪云林绘《狮子林图》，清代乾隆南巡时多次游览此园，又在北京仿建狮子林，在中国园林史上留下一段佳例，可谓弥足珍贵。

狮子林的建造有段重要史实。此地原为宋代官宦的废园，据顾颉刚《苏州的历史和文化》一文中论及，北宋徽宗在汴京营造大假山，派遣官员来江南选取太湖石，史称“花石纲”。湖石尚未运完，北宋灭亡，部分未及北运的湖石被搁置在荒园里。元代至正年间，著名禅僧天如禅师维则的弟子为他在苏州买地结屋，供奉师傅，就选在此废园中。维则曾在浙江天目山的狮子岩修行二十余年。为表明新建的禅林与天目山狮子岩的联系，寄托禅僧们不忘师祖之意；又因是寺院内有嶙峋多姿的太湖石假山群，造型各异，与狮子的形态相像，僧人们把狮子形态与狮子寓意合为一体，故取名“狮子林”。

狮子林初具规模时，寺园合一，屋宇不多，峰石嶙峋，林木翳密。不仅吸引了众多信徒，而且有文人雅士常常光顾，先后有著名画家、诗人作画写诗，赞美狮子林，如倪云林的《狮子林图》，曾为著名收藏家孙退谷收藏，后被清代宫廷藏有；元末明初著名画家朱德润、徐贲、杜琼也分别为狮子林作画，《石渠宝笈》中有录。乾隆南巡时，六次游览狮子林，留下多篇赞美诗文和题匾，还在北京的长春园、承德避暑山庄内仿建，可谓盛极一时。

历史沧桑。清中后期，狮子林被苏州黄氏家族购得，沿袭了170多年。民国初才出售给他人，后转手给了商人贝氏，又成就了一段佳话，这就是后来成为世界著名建筑大师的贝聿铭，少年时曾在狮子林生活过，为他后来的事业奠定了深厚传统文化根底，也给后来者无限遐想和文化启迪。

（原载文汇出版社，2015年6月第一版）

沧浪亭志序（节选）

沧浪亭是苏州现存最古老的园林，是地方志书著录最多的园林之一。自《吴郡志》始，历来邑志、沧浪亭志，以及大量文献、笔记杂录皆有记载，且多数存世，可谓弥足珍贵。

从宋代起，沧浪亭的园名、基址、造园风格始终未变，宋《平江图》上即明确标明沧浪亭的位置，并刻画出该园以竹为特色。建园之初，“崇阜广水，不类乎城中”，

沧浪亭

园内充满山林野趣，园外借用城市河道水系。这种未入园林先见园景、一湾清流将园林环绕的格局至今未曾改变，园景向河道、街巷敞开，隔河可见园中参天古树和亭台楼阁，在苏州古典园林中独树一帜，是中国传世的宋代园林中唯一的基本保持其旧有规模和风貌者。园内假山在苏州各园中属体型较高大者；建筑形式别具一格，复廊为后世各园的典范；漏窗图案精美生动，无一雷同，旧传108式；石碑石刻，品类繁多，尤以五百名贤祠图碑著称。由于该园曾散为佛寺，又改为祠宇、行馆、邑园，成为具有公共性质的园林，并具有浓郁的儒学气息。自清以降，历任地方官员多对沧浪亭加以重建，且以“沧浪”立意，以追苏舜钦的美德和精神，名贤标杆得以久示后人，成为一代又一代人的精神家园。

保护和管理好苏州古典园林，是当代人的责任和义务。新中国成立六十年来，在一代代园林人的不懈努力下，沧浪亭和其他园林一道得到了有效的保护，其世界文化遗产的历史、文化和艺术价值在现代社会的发展中愈显独特魅力，成为苏州这座历史文化名城中的一颗宝石，人类共同的一笔宝贵财富。

（原载文汇出版社，2016年1月第一版）

艺圃志序（节选）

艺圃自明嘉靖年间袁祖庚创建以来，迄今已有四百多年，其间历经袁祖庚、文震孟、姜埰、姜实节、吴斌、吴传熊等主人，最后归至丝绸同业公会七襄公所，其中姜氏父子对艺圃园林艺术影响最大。

在众多的苏州园林中，艺圃说不上闻名遐迩，占地也不广，类似这样的小园，有许多早已云飞星散。而艺圃，经历了400年的沧桑保留至今，成为世界文化遗产，这不能不说是它所拥有的深厚文化积淀和人文精神感召。

艺圃的几任园主人都是名噪一时的知识分子，特别是明朝天启、崇祯年间的文震孟（1574—1636），被朱德元帅的老师李根源先生评价为苏州明清两代最杰出的人物之一，以刚正不阿，敢于直谏载誉朝野。而他的弟弟文震亨（1585—1645），其所著《长物志》和同时代的计成所著的《园冶》都是我国历史上具有划时代意义的园林专著，被译成多国文字流传海外，许多外国人就是从这两本书上最早知道了苏州园林。艺圃的“艺”就是种植的意思，曾经又叫作“药圃”，古人泛指香草，用来比喻道德高尚之人。艺圃的园林造景也正是显示了一种真善美的人格力量，与自然环境和谐，令人感到亲切、随和。艺圃在清中叶为苏州丝绸行业的公所所在，丝绸产业链在苏州具有悠久的历史，在苏州经济发展史上具有举足轻重的地位。传统文化和近现代产业机构通过一处园林紧密地结合在一起，这在园林发展进程中也是值得深入研究和探讨的课题。

艺圃

艺圃迭经沧桑，在改革开放的时代终于凤凰涅槃，重展风貌，400多年的历史沉淀，艺圃以其秀美隽永使游人过目难忘。

（原载文汇出版社，2016年9月第一版）

环秀山庄志序（节选）

环秀山庄位于古城中，在列入《世界遗产名录》的苏州古典园林中，环秀山庄在面积上是最小的一处，形成现貌的历史年代也并不久远，整个造园的组合方法却别出心裁，假山面积竟占了全园四分之一还要多，为清嘉道年间著名叠山大师戈裕良存世

环秀山庄

作品中唯一保存完整的假山。近代名人、朱德元帅的老师李根源先生把它和苏州织造府“瑞云峰”，以及拙政园文徵明手植紫藤并称为“姑苏三绝”，可见其价值地位之高。在中国园林的造园要素中，叠石缀山早在秦汉时期就已经开始，可谓源远流长。环秀山庄的大假山，立意斗巧，技法独特，特别是戈裕良在总结历代叠山技艺的基础上，以中国写意山水画立意，自创“钩带法”技术，胸有丘壑，把中国古典园林的叠山艺术推进到一个新的历史高度，所叠之假山，有真山的神韵，被学者誉为造园者不见山，如学诗者不见李杜，成为研究我国古代叠山艺术少有的范例。

（原载文汇出版社，2017年5月第一版）

五峰园志序（节选）

五峰园位于桃花坞历史文化街区中，同样以太湖石著称。据传最早的园主是文氏家族的知名书画家文伯仁。文氏家族造园、画园、写园、咏园，引领江东文坛潮流上百年，对中国书画艺术和造园艺术都做出了伟大的贡献。五峰园面积极小，景观朴实无华，仅一冈、一树、一厅、一舫、一亭、一廊而已，但矗立在假山顶部的五座太湖石峰却雄健挺秀，卓然不群，瘦、漏、透、皱，形神俊朗，具备太湖石的全部审美标准。一座小园，从自然风貌到人文精神都体现出明代文人园的特色，虽历经风雨，但至今仍保留而不坠风范。

（原载文汇出版社，2017年5月第一版）

耦园志序（节选）

耦园布局独具特色，三面环水，一面临街，南为水巷，东、北枕河道，西面临街，南北均建有水埠码头，保持着苏州水城建筑的历史风貌，在现存苏州古典园林中为孤例，可谓弥足珍贵。

清朝晚期，退休官员沈秉成携其夫人严永华隐居苏州，购得废址，邀请著名画

耦园

家设计谋划，在旧园基础上扩地营构，形成住宅居中，东西两园的格局，取宋人戴敏诗“东园载酒西园醉”之意，园名“耦园”，寓夫妇双双避世偕隐、啸吟终老之意，又指园林布局、造景的对景手法。耦园建成后，沈氏夫妇在园内偕隐八年，并写下了大量诗文，留下了一段爱情佳话。园中景物亦有多处文人写意园林的精粹景观。据中国著名古建筑专家刘敦桢考证，耦园黄石假山与明嘉靖年间张南阳所叠上海豫园黄石假山几无差别，为清初遗物。园北背河的楼房，通过楼上走廊和过道，将中、东、西部联成一体，东可达东花园最东头的双照楼，西可至西花园最西端的藏书楼，这种以一曲贯通三部建筑群的楼廊，俗称“走马楼”，在现存苏州古典园林中亦属唯一。山水间，水阁内，大型鸡翅木“松竹梅”落地罩，镂雕精美，古意盎然，是镇园之宝之一。沿至近代，园主虽有变更，名园与名人依然相映生辉，最著名的是国学大师钱穆曾与眷属迎母住入东花园，其长侄钱伟长亦曾同住此园，钱穆于园内闭门谢客，专意著书，一年内完成《史记地名考》。从此，耦园与一代史学大师结下不解之缘。

（原载文汇出版社，2013年6月第一版）

怡园志序（节选）

怡园位于苏州古城中心，占地仅数亩，存世时间不长。从同治、光绪年间顾文彬、顾承父子造园，到新中国成立后，1953年顾家后人顾公硕等捐献给苏州市人民政府，再到苏州市人民路数次改造，亦历经沧桑。

清代国学大师俞樾曾对怡园倍加赞赏，描述其“东南多山，为池者四，皆曲折可通，山多奇峰，极湖岳之胜。方伯（指园主顾文彬）手治此园，园成遂甲吴下”，可见怡园在建园之初就以其特色而见长于吴中诸园了。由于顾文彬父子的文化素养、爱好、性格和经历等原因，在建造年代上又处于晚清，故而怡园在造园手法上博采众长，园内琴、石、诗、画、帖多有珍品，且曾集园圃、住宅、义庄、祠堂为一体，是典型的江南私家宅园，又有诗会、画会、曲会、琴会等文化雅集流韵绵延。自1985年编纂《怡园志》草稿，屈指数来，至今已有20多年。2006年，根据苏州市园林和绿化管理局的安排，再次启动了新一轮的修志编纂工作。五年来在各级领导、局修志办及专家学者的指导帮助下，经过狮子林管理处众多同仁的共同努力，在草稿基础上，新编《怡园志》终告成功，可喜可贺。

（原载文汇出版社，2013年6月第一版）

石湖志序（节选）

石湖，位于苏州古城西南方向，以石湖和横山支脉上方山、吴山为骨架，以吴越遗迹和江南水乡田园风光见长，不仅自然地理形势绝佳，而且人文历史悠久，是苏州一块不可多得的风水宝地。

石湖为太湖由东一脉支流而形成的内湾，潮汐不通，波澜不惊，如练如镜，一碧千顷。横山、上方、茶磨、拜郊台诸峰，如屏如戟，如龙蛇狮象，浮青滴翠，气势与湖相雄。山水相映，形胜冠江南。

石湖地区有深厚的文化积淀，最早可上溯到新石器时代文化、春秋吴越文化，至今留有遗迹。此后逐步成为游览胜地，名人古迹有南北朝的治平寺遗址、顾野王墓、五代的钱元璙墓、北宋的楞伽寺塔、南宋的范成大别墅、明代的申时行墓、清重建的行春桥、越城桥、泂溪草堂摩崖石刻以及民国的渔庄等，特别是明清以来，石湖成为文人雅士郊游的好去处，沈周、文徵明等吴门画派的领军人物和众多著名画家都留下了大量的书画佳作。

弹指一挥间。新中国成立六十多年来，特别是20世纪80年代以来，石湖风景区在苏州市人民政府的高度重视下，在园林工作者的精心保护、建设、管理下，不但历史景观得到很好的保护和恢复，而且因地制宜，恢复了许多景点，增加了许多内容，使石湖呈现出更加瑰丽的风采，使这块风景游览胜地充满着无穷的魅力，名声愈盛，以其独特的自然风光和丰富的人文景观，吸引着成千上万的中外游人。

（原载文汇出版社，2016年2月第一版）

天平山志序（节选）

天平山是苏州近郊一座著名的历史名山，一处令人神往的自然胜地。千百年来，奇特的地质构造，丰厚的人文内涵，吸引了古往今来无数的文人墨客和游人前来寻幽探奇、膜拜先贤。

天平山的自然胜景，一是奇石，怪石嶙峋，危岩峻峰，层层叠叠，被称为“万笏朝天”；二是清泉，尤以白云泉最为著名，常年不涸，醇厚甘洌；三是红枫，由范仲淹十七世孙范允临在明万历年间从福建引种的380棵枫香树，历经400年，老而弥坚，

天平山

每到深秋，飞红流丹，成为天平山的一大景观，也是全国著名四大赏枫地之一。

天平山的人文景观更为昭著。唐代白居易任苏州刺史时，为天平山的开发和建设留下了很多传说。北宋仁宗因范仲淹功德赐寺额及山，天平山因而又名赐山，范氏族人历代经营，山川增色。天平山还留下了明朝高启、沈周、唐寅、文徵明，清高宗弘历等名人遗迹，为后人广为传诵。

1954年初，苏州市园林管理处接管天平山，翻开了历史新篇章。在苏州市人民政府的高度重视下，在园林工作者的精心保护、建设、管理下，不但自然和历史景观得到很好的保护和恢复，而且因地制宜，恢复了许多景点，增加了许多内容，使天平山呈现出更加瑰丽的风采。特别是改革开放以来，这块风景游览胜地充满着无穷的魅力，名声愈盛，以其独特的自然风光和丰富的人文景观，跻身于全国著名风景名胜区之列，天平山红枫节、范仲淹纪念日等活动已影响广远，受到海内外关注，吸引着成千上万的中外游人，成为苏州西郊的旅游热点。

（原载文汇出版社，2015年9月第一版）

东园志序（节选）

东园位于苏州古城之东，是新中国成立后，利用古城东隅城墙遗址和内城河水系兴建的第一座现代公园。从20世纪50年代起就着手规划筹建，经过园林系统干部职工几十年的努力，经持之以恒的努力建设和精心管理，东园已逐步成为苏州古城内一处颇有特色的市民休闲和娱乐的现代公园。全园布局依据古城墙遗址、内外城河道、水巷等地形地貌特点，因地制宜地将全园辟为西、中、东三个部分。运用传统与现代相结合的造园手法，将古典园林与现代公园艺术地融合为一体，西部以大片草坪、雪松林为主景，周边有主体建筑“涵碧楼”“明轩”“游乐园”；中部以水为主，环内城河形成的湖面四周，有“游船码头”“观鱼区”等；东部（原古城墙遗址）一带有“春景区”“夏景区”“茶室”等。随着苏州在国际上的友好城市日益增多，在园内建有13处“友好园”和友好纪念性建筑，见证了苏州与世界各国友好交往的历史。

（原载文汇出版社，2017年2月第一版）

枫桥风景名胜区志序（节选）

枫桥风景名胜区是以寒山古寺、江枫古桥、铁铃古关、枫桥古镇和古运河“五古”为主要游览内容的省级风景名胜区。枫桥景区从1986年开始规划建设，被国家旅游局纳入国家旅游发展计划，1992年，被列为江苏省风景名胜区。

枫桥

2002年，自枫桥风景名胜区划归市园林和绿化管理局管理后，政府进一步加大投入，依据历史遗迹和史料记载进行重建、恢复或增建，经过多年建设，已成为生态环境优美，人文景观丰富，具有江南水乡古镇风貌的风景名胜区。景区内有寒山寺、铁铃关、枫桥、江村桥和古运河漕运遗址等历史景点，新建景点有枫草堂、吴门古韵戏台、漕运展示馆、渔隐村、唐寅诗碑、夜泊处、愁眠轩、碧薇轩、惊虹渡、寒山别院、渔隐小圃等20余处。

（原载文汇出版社，2017年2月第一版）

苏州公园志序（节选）

苏州公园80周年

苏州公园坐落在苏州古城中心的子城遗址上，是20世纪初苏州民众为建设自己的家园而捐款建造的第一座苏州现代公园，也是苏州最大的公益性公园，这里曾经有过苏州最早期的电影院，有规模和设施在当时都首屈一指的现代图书馆。自20世纪20年代建园至今，苏州人对苏州公园情有独钟，因其时为苏州城内最大的公园，习惯称之为“大公园”，每天到这儿来晨练、休闲、品茶的人络绎不绝。80多年以来，苏州公园曾留下了众多历史名人的活动事迹，也记下了对帮助中华民族抵抗侵略者而牺牲的国际志士的缅怀之情。苏州公园的历史发展，从一个侧面反映了苏州城市的历史发展，苏州公园寄托着一代代苏州人的人文情结和乡土情感。

随着社会的进步和发展，特别是改革开放以来，苏州公园可以说是发生了翻天覆地的变化。进入21世纪以后，市人民政府决定对其进行全面优化改造，以改善环境、健全设施功能、适应城市建设之发展，公园面貌焕然一新，但其整体风貌仍保持了建园初期形成的法国式花园与中国自然山水交融的布局风格。

（原载文汇出版社，2015年3月第一版）

桂花公园志序（节选）

桂花公园位于苏州古城内东南角，1998年10月建成并开放。90年代末，在寸土寸金的古城内，作为“以房带绿”建设起来的大型城市绿地公园，是一个新的城市绿化建设理念。在十多年后的今天再次回顾审视，这确实体现了市政府规划和实施全面保护古城、建设生态园林城市，保持可持续发展的战略举措，其意义远远超出了公园本身的功能和效益，特别是如何处理好历史文化名城在城市化进程中与城市现代化建设的关系方面，是一个很好的范例。以2010年上海世博会的主题“城市让生活更美好”来概括，可以说是恰如其分。

桂花公园开放至今，在规模、设施、功能等方面，随着体制和整体规划的调整，环境效果、景观质量、社会功能、文化内涵不断得到充实和提高，2002年实施的环古城风貌保护工程，使公园“脱胎换骨”。改造古城垣绿化带和沿环城河驳岸，恢复218米古城墙，并建重檐城楼，再现了旧城雉堞、城楼高耸、飞檐翼然的古城特色，成为继盘门后又一个标志性古建筑。之后又移入群塑“筑城”、砖雕“姑苏春秋”等，充实了公园的文化内涵。公园从搜集苏州地区桂花品种入手，陆续引进浙、川、桂、滇、鄂等省桂花品种，至今拥有了木樨（桂花）属四个品种群中的50多个品种，在全国桂花专类园中名列前茅，弘扬了苏州的桂花文化。古城特色和桂花文化的结合和互补，形成了公园的特色和主题，对于一个新建公园而言，无疑是难能可贵的。

（原载文汇出版社，2015年3月第一版）

苏州动物园志序（节选）

苏州动物园成立于1953年，是当时江苏仅有的两个专业动物园之一。动物园临近古城河的宽阔段，园内古树参天、绿树成荫、花草繁茂，自然景色秀丽。建园之初，周围还有一派田园风光和古城墙遗址，南部建有现代公园。可以说，自20世纪50年代以来，苏州动物园就是苏州儿童和青少年乐此不疲的乐园和科普之地。

60年来，苏州动物园通过饲养、繁殖、展示野生动物，丰富了广大市民文化生活，并通过普及野生动物科学知识，提高了人们热爱自然、善待动物、人与自然和谐共存的意识。经过不断努力，苏州动物园从无到有，从小到大，从仅有一些鸟类、猴类和小兽类动物起步，发展成为拥有一百多个品种、500多头（羽）的中等动物园。除此之外，苏州动物园致力于濒危野生动物的抢救和移地保护等科研工作，取得了一系列科研成果，如60年代保存了纯种德国芙蓉鸟种群，80年代后逐渐建立了华南虎种群，21世纪初建立起被称为“活化石”的中华斑鳖繁殖基地。苏州动物园是全国地级城市动物园中唯一同时拥有世界一级濒危保护动物华南虎群和中华斑鳖两件国宝的专业动物园。

苏州动物园“虎文化”是中华民族传统文化的一个重要组成部分，保护华南虎的意义不仅仅是保护一个濒临灭绝的野生动物的物种，还有特殊的文化上的意义。斑鳖在我国目前仅有两只活体生长，尤显其价值之珍贵。同时，苏州动物园积极开展群众性的野生动物保护科学普及和全民参与保护活动，取得了良好的社会效益，为苏州的社会、经济建设和满足人民群众文化娱乐生活方面做出了贡献。

（原载文汇出版社，2015年8月第一版）

苏州市城区绿化志（节选）

《苏州市城区绿化志》上承数千年前苏州人工植物栽培历史，下至21世纪创建国家生态园林城市的绿化事业大飞跃，时间跨度纵横千年。记叙范围从以古城垣为核心的中心城区扩大到“一体两翼”，再发展到“五片八园、四楔三带、一环九溪”的环形带状结构体系，以及楔形绿地的点、线、面相结合的“城中园、园中城”的城市绿地系统，比较全面、系统地记录了苏州城区绿化事业的发展。尤其是改革开放三十年来，苏州在高速发展经济的同时，注重生态建设、环境治理，绿化事业取得了翻天覆地的巨变，这些史料都在《苏州市城区绿化志》上得到了很好的体现。从1991年到2007年，苏州市区建成区绿地率从13%上升到38%，绿化覆盖率从16.5%上升到了44.2%，人均公共绿地面积从1.6平方米跃升到了14平方米。用形象一点儿的比喻来讲，就是人均拥有的绿地面积，从“一张床”激增到“一间房”。可以毫不夸张地说，在这短短的不到十五六年时间，苏州市区绿化的投入规模之大，植树数量之多，发展速度之快，超过了建城历史上的两千多年！沿着《苏州市城区绿化志》的编年，可以清晰地看到，市区绿化志建设的突破性进展，首先得益于苏州经济的腾飞。尤其是“东西园区”的开发，“一体两翼”格局的成形，为大规模的绿化建设铺设了广阔的平台，提供了丰厚的资源和资金；率先实现现代化的目标，又为全市上上下下绿化意识的升华蕴蓄了巨大的热情，正是这些原因造就了苏州绿化史上一个千载难逢的历史机遇！

特别令人欣喜的是，以城市绿化为单独内容形成的志书，为以往历代方志书上所不见，因而具有更为重要的历史文献价值。

（原载文汇出版社，2012年9月第一版）

《环秀山庄文选》序

苏州园林历史悠久，技术精湛，艺术高超，在世界造园史上独树一帜，被誉为“园林经典”。其中，1997年，以拙政园、留园、网师园和环秀山庄为典型例证的苏州古典园林被列入联合国教科文组织《世界遗产名录》；2000年，沧浪亭、狮子林、艺圃、耦园和退思园作为苏州古典园林扩展项目一同被列为世界遗产。有如此众多的园林“入遗”，迄今为止，在世界上实属绝无仅有。

目前，在保存完好的众多苏州古典园林中，既有疏朗闲适、充满江南水乡风韵的拙政园，也有富丽堂皇、移步换景的留园；既有山光水色、幽静曲折的沧浪亭，也有小巧玲珑、被誉为“小园极则”的网师园，如此等等，不一而足。然而，就叠山而言，湖石假山极品非环秀山庄莫属。

环秀山庄始建于清代乾隆年间，此前曾为园林、寺庙和民居。占地仅0.5亩的湖石假山，妙境独步。著名园林专家刘敦桢教授曾说：环秀山庄虽然不大，“但能利用有限面积，以山为主，以池为辅，组合方法特辟蹊径，为罕见作品”，并说环秀山庄因其富于变化、接近自然、处理细致三大特点，为湖石假山的佳构，“苏州湖石假山当推此为第一”。著名文物、古建、园林专家罗哲文和陈从周教授，在其联合主编的《苏州古典园林》中，称赞环秀山庄假山“以深幽取胜，水以弯环见长，无一笔不曲，无一处不藏，设想布景，层出新意”。著名园林专家童寯教授在其所著《江南园林志》里亦称环秀山庄“顶壁一气，成为穹形。环以小池，微似拳勺，而风味殊胜”。正由于清代叠山大师戈裕良的这件杰作，得真山水之妙谛，故山重水复，身入其境，有移步换景之妙，真正应了那句“溪水因山成曲折，山蹊随地作低平”的名言。古往今来，引来中外园林建筑界的大师级人物竞相造访，并写下了不少相关的论文和专著。

多年来，环秀山庄在有关部门的精心保护下，尤其是被列为世界文化遗产之后，环秀山庄归属园林主管部门管理，使之保护、管理和建设发展诸方面都上了一个新台阶。为了进一步传承和发展苏州古典园林的技术和艺术，拙政园管理处主任刘金德等广泛收集和研究了著名文人学者对其管辖下环秀山庄的文献资料，编选了这本《环秀山庄文选》，这是一件十分有益的事，更是园林文化建设中不可或缺的一件大事，它对园林文化的传承和发展，对环秀山庄的保护管理和建设发展都是有益的。鉴于此，写下上文，是为序。

（原载香港天马出版有限公司，2012年5月第一版）

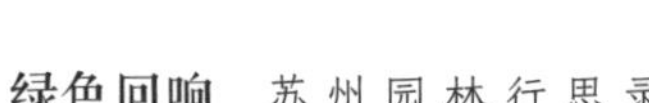

名花异木的魅力

花木植物是我们这个地球上最主要的生命形态之一，与人类生活有着密切联系。随着人类的发展，花木植物被赋予了日益浓郁的人类文化因素和内容，逐步衍化成一门专门的技能和艺术——园林。因此可以说，花木既是最原始的人类伴侣，也是最悠久的“人类文明”。

中国作为世界的植物王国，我们的祖先很早就开始利用和研究花木植物，而有意识地运用花木起码可从三千多年前的殷周时代开始，苑囿的出现，《诗经》的出现，都证明了远久祖先对花木的钟爱。特别是那部中国最早的诗歌总集《诗经》，从中能读到许多优美的花木，令人惊艳，浮想联翩。那种“借花木寄情，以花木言志”的文化精神，一直影响着中华民族后来的造园和园艺活动。发展到唐宋时代，花木已经成为中国园林最重要的要素之一，为造园者所重视。《园冶》这部被誉为“世界最古造园专著”，把运用花木造景提升到理论水平，要求善于借用花木来实现“虽由人作，宛自天开”的艺术准则和独特意境。同时代的另一部专著《长物志》，更是有大量篇幅专论花木，甚至可以当作一部“园艺志”来解读。有意味的是，这两部园林专著的作者都是苏州人，从一个侧面反映了苏州的造园历史和文化，反映了在历代造园家、园艺家的精心耕耘下，苏州园林花木逐步形成具有独特风格的艺术体系。随着历史的演变，园林中的那些古树名木、奇花异草就愈显珍贵，成为园林历史的“活化石”，成为不可多得的文化遗产。

然而，不无遗憾的是，在当代苏州园林文化的研究热潮中，唯独花木文化的研究相对比较薄弱，几成冷门。虽然历年来也有一些论文或作品问世，但总体上看，这些作品分量不足，质量不高。这里面固然有很多原因，但最主要的原因恐怕一是因为花木的植物专业性很强，很多“外行”难以把握；二是花木往往从外观上被人“误导”，只知其美，不知其所以美；三是传统的断层，比如古典园林中的花木文化几成孤本，甚至连当代园林绿化从业者都知之甚少。为此，十几年前，我在苏州市园林和绿化管理局担任局长期间，曾组织开展了《苏州园林风景和城市绿化志》修编工作，当时曾计划专门编撰一卷《苏州花木志》，但因种种原因，在二十一卷都完成的情况下（2017年，此套志书荣获中国风景园林学会科学技术一等奖），唯此卷未能如愿，留下了一个“空白”，乃成一时憾事！

令人欣慰的是，近读蔡曾煜、刘婷的《苏州名花异卉考》一书的出版打印稿，不禁让我十分感动。这不仅仅是因为这本书填补了当代苏州花木史研究上的一个空白，给读者提供了一部解读和鉴赏苏州园林名花异木的美餐，还因为第一作者蔡曾煜先生一直是我尊敬的园艺前辈和教育家，长期在苏州农业职业技术学校担任领导、教学和科研工作者，成果丰盛，桃李满园。2017年，我曾代表苏州市风景园林学会向蔡先生颁发了首届“苏州风景园林终身成就奖”，当时的颁奖词至今犹在耳边，不妨转载如下，以飨读者：

他是苏州园艺教学与研究的领军人物。

他，甘为人梯，从教数十年，创建了苏州第一个园林绿化专业，培养了数以千计的实用人才，为苏州乃至江苏和全国的园林绿化事业提供了人才支撑。

他，潜心钻研，聚焦球根花卉，开创了苏州研究唐菖蒲、郁金香、朱顶红、风信子等球根花卉的先河，为丰富苏州园林绿化的植物种类做出了突出贡献。

他，笔耕不辍，发表学术论文数十篇，让后来者分享自己的研究成果与工作经验。耄耋之年，还伏案奋笔，数载辛勤，《苏州花木志》即将问世，填补了苏州园林绿化事业的空白。

如今回味这段颁奖词，依然感觉那份亲切和感人，他的教学生涯专业而博广，亦如他的人品淡泊而高尚，让人由衷地敬佩！

近年来，蔡老先生又在八十又几的年龄上，依然以提携后辈为己任，诲人不倦，指导“80后”的刘婷女士研究花木历史和文化。刘婷，毕业于北京林业大学，一边勤耕于工作，一边埋首于学术，与蔡老先生合作，严谨考证，精益求精，写出了《苏州名花异卉考》，向广大读者奉献了一部专业而又通俗易懂、严谨而又隽永的花卉文化专著。他们在书中娓娓道来的园林花木信史和文化知识，宛如央视的经典传唱，把园林花木的文化传统传递给我们，让人在经典中回味无穷。为此，我也相信许多读者一定会特别感谢蔡曾煜先生和刘婷女士，因为经典的魅力是无穷的！

谨此为序。

（2019年5月20日于三亦书斋）

胸有丘壑可造园
——明代造园大家计成

计成，字无否，号否道人，生于明万历十年（1582年），卒年不详，约活了60岁，原籍松陵（今苏州吴江市）同里镇。他是中国古代最为杰出的造园家和造园理论家。计成早年生活在吴江同里镇，这里历史文化积淀深厚，文风盛行，千百年来滋养出众多的仁人志士、文人墨客、庙堂官员。明清时期，同里镇营造了大批的宅第园林。至今保护完好的明代园林宅第有耕乐堂、三谢堂、五鹤门楼、承恩堂等十多处，清代有以任兰生所造退思园为代表的园林建筑二十多处。计成家族原本是吴江大姓，明清时期出过不少文人名士。明有计成龙、计大章、计东、计默等，均文望吴江一时。计成从小就熏陶于浓郁的文化氛围和造园艺术中，奠定了他“胸有丘壑”实际造园技巧和理论基础。

从计成所著《园冶·自序》来看，其生活主要分为两个阶段：其一为游学阶段，据张薇《园冶文化论》考证，时段为明万历十年（1582年）出生至天启三年（1623年）41岁之前；其二是作为造园者和造园理论家阶段，前一阶段为后一阶段奠定基础。前一阶段，计成以绘画成名。计成年少时所处的时代和生活的地方，流行的是沈周、文徵明、唐寅、仇英等秀丽的江南山水画，然而，计成却独钟情于五代荆浩和关仝的作品。荆浩画风雄伟、气势恢宏，创造了“开图千里”的新格局，宋人称之为“全景山水”。关仝为荆浩弟子，师法荆浩，成就又超越荆浩，世人称之为“荆关”。

俩人均为中国山水画史上的划时代人物。计成推崇“荆关”画风，更多的是他们“取法自然、超越自然”的人文意境。计成不仅把“荆关”笔意体现在绘画作品中，还把其运用于造园上。《园冶·自序》:“姑孰曹元甫先生游于兹，主人借予盘桓信宿。先生称赞不已，以为荆关之绘……”

计成年轻时喜游历，曾游河北、湖北、湖南等地，搜罗奇山异水。从阮大铖“无否最质直，臆绝灵气，依气客习，对之而尽”的评价，以及自序“性好搜奇”来看，计成游历燕、楚可能是专门去体会“荆关”笔意的。同时，计成文学艺术功底非常深厚。其著作《园冶》中多次提及庄子、扬雄、谢灵运、陶潜、谢朓、王维、李白、杜甫、孟浩然、苏轼、司马光等人的理论著作和风雅韵诗，而且对很多经典著作，如《诗经》《周易》《论语》《庄子》《史记》《左传》《汉书》《文选》《说文解字》等经典之作信手拈来，运用自如。据统计，《园冶》一书涉及的古籍达20余部，提到的古人有40余位。计成还擅长诗歌，阮大铖评其诗歌“有时理清咏，秋兰吐芳泽。静意莹心神，逸响越畴昔”。《园冶》用骈文写成，意境深远，对环境的描绘，优美如同散文，对造园理论描写言简意赅，条理清晰，阐述明确。

计成“中岁归吴，择居润州”，在镇江开始他的造园生涯。经过多年积累，计成已经是“胸有丘壑可造园”了，如郑元勋《园冶·题词》所说的“胸有丘壑，则工丽可，简率亦可”。在《园冶·自序》中，他阐述了自己是如何走上造园之路的。“环润皆佳山水，润之好事者，取石巧者置竹木间为假山：予偶观之，为发一笑。或问曰：‘何笑？’予曰：‘世所闻有真斯有假，胡不假真山形，而假迎勾芒者之拳磊乎？’或曰：‘君能之乎？’遂偶为成‘壁’，睹观者俱称：‘俨然佳山也’；遂播名於远近。”

计成一生究竟造了多少园，现在已经无法统计。代表作有东第园、寤园和影园。东第园是为时任江西布政使司右参政的吴玄所造。园林造成后，吴玄之喜溢于言表，“从进而出，计步仅四百，自得谓江南之胜，惟吾独收矣”。计成所造园林中，最能代表其水平、社会影响最大的当属影园。影园的主人是计成的挚友，崇祯年间的进士郑元勋。《扬州画舫录·城西录》对影园的记载颇为详细，当时的影园成为扬州第一名园，号称“小桃园”。

计成一边造园，一边总结经验完成了中国园林史上第一部专著《园冶》，这是计成实际造园艺术和理论达到顶峰的标志。《园冶》成书于明崇祯四年（1631），最初计成将书定名为《园枚》，后因"姑孰曹元甫……曰：'斯千古未闻见者，何以云"枚"？斯乃君之开辟，改之曰："冶"可矣'"，所以书名改为《园冶》。

《园冶》分三卷，共1.8万字。第一卷有《兴造论》《园说及相地》《立基》《屋宇》《装折》5篇；第二卷专讲《栏杆图式》；第三卷有《门窗》《墙垣》《铺地》《掇山》《选石》《借景》6篇。《园冶》采取总分结合的写作方式，先从大处着眼，再从小处着手。开篇即叙述造园意义，造园时必须把握的原则和要求，如"虽由人作、宛自天开""巧遇因借、精在体宜""园有异宜，构园无格""山水相宜、景到随机"等造园创作的基本准则、要领、法度以及基本理念等。接下来，具体到选址、立基、亭台楼阁栏杆图式、门窗、铺地、掇山选石等，分别陈指，注意讲究艺术美，且均有独到之处。

《园冶》问世后，由于明末声名狼藉的阮大铖为其作序，所以终有清代一直被列为禁书，国内不见踪迹。直到民国二十年（1931）前后由原在北洋政府任要职的董康、朱启钤从日本获得《园冶》残本。1956年，陈植先生正本清源、翔实考订，对《园冶》进行校注和诠释，《园冶》这才得以全新的面貌重见天日。很多著名的专家学者对《园冶》予以高度评价，把它与《考工记》和李诫的《营造法式》相提并论，列为中国古代建筑史上的名著。

计成把造园理论与实际造园艺术完美结合，把胸中丘壑付诸实践，成为壶中天地，方寸乾坤。他不仅留下了景点的园林作品，还创作了景点的理论作品，在中国造园史上，恐怕应该为第一人吧。

（原载《文化遗产研究通讯》创刊号，2010年）

吴门画派之沈周

“吴门画，起苏州。重水墨，笔意遒。意境美，情相酬。文和祝，唐与仇。传彩笔，有沈周。”这首“三字歌”说的是在中国明代画坛占有重要席位的苏州“吴门画派”。

“吴门”的称谓，始于吴王阖闾建都苏州时，历代为文人荟萃的渊薮之区，文苑艺林画家辈出之地，名列画史的画家就有南朝的陆探微、张僧繇，唐代的张璪、张洽，宋代的丁渭、元代的黄公望等1200余人。明代中期，这里云集著名画家达150余人，占全国总数的五分之一，形成一个强大派系——吴门画派。

所谓吴门画派，是指明代中叶百余年间出现于苏州地区（当时吴县、长洲两县分治）的画家群。其中最具代表性人物沈周、文徵明、唐寅、仇英，合称“吴门四家”，又称“明四家”。他们之间亦师亦友，关系密切，其作品突破了南宋院体及“元四家”（黄公望、王蒙、倪瓒、吴镇）的风格，绘画多数表现江南文人优雅闲适的生活，作品风格充满个性，笔墨细致精湛，功力传神，对后世影响颇深。

吴门画派鼻祖沈周（1427—1509），字启南，号石田，晚号白石翁。出身苏州相城的诗礼之家，终身不求仕进，自逸于尘氛之外，却潜心于艺术世界的创造，诗书、绘画皆造诣极深。沈家藏书画古籍颇丰，曾得杜琼、刘珏等著名画家亲授，远学“元四家”，兼取诸家之长。沈周笔下山水皆是以对自然事物的感受来表现家乡的人文景观，不但展示了一种难以企及的艺术个性，同时标志着一种卓尔不群的人文精神，在元明以来文人画领域有承前启后的作用，成为吴门画派的领袖。

经、史、子、集、释、老，乃至稗官小说，沈周似乎无不涉猎。诗宗白居易、苏轼、陆游，并著有《石田诗钞》。他忧时悯俗的怀抱，似与杜甫壮阔的心灵节奏暗暗相合，诗歌竟然很有杜子美的气度和风范，同时仿佛有一种特殊的本领，浑然无迹地挥洒于诗词绘画之中。

沈周在绘画上既重视学习古人传统，又强调师法自然、面向生活，因而能保持旺盛的艺术创造力。所描绘江南一带佳景胜迹，卷、轴、册页占有相当的比重。画风清秀淡雅，独具一格。他擅画山水，间作工细之笔，于严谨中仍具浑沦之势，早期用笔谨细，晚期粗放，有“细沈”“粗沈”之分。沈周画路全面，也擅花鸟，兼工花卉与鸟兽，喜用重墨浅色，别饶韵致，人物绘画亦别具神韵。传世力作有《两江名胜图册》《苍崖高话图》《草庵图》《庐山高图》《京江送远图》《西山雨观图卷》《东庄图册》等，为“吴中第一名胜”。所绘的《虎丘十二景图册》亦为纪游图中的典范，现于美国克利夫兰美术馆珍藏。

吴门画派至沈周

现藏于南京博物院的《东庄图册》，系沈周为挚友吴宽[①]的别业所作，描写人工景物仿佛天成，既有竹洲花坞之胜，又有清流映带之趣，历来被视为艺苑中的珍品。

《东庄图册》纸本，设色，纵28.6cm，横33cm，无款印。原有24开，可惜早在明代万历时已散佚3开，现存21开，每开由精于篆、楷的明代书法家李应祯对图题名，沈周的长跋亦已失去。东庄地处溪流平区、阡陌相连的田畴间，经岁月变迁早已

① 吴宽（1435—1504），字原博，号匏庵，有《匏翁先生家藏集》行世。沈周长吴宽八岁，俩人青年时代便结成莫逆。吴宽成化八年（1472）状元及第，后任天子师，官拜礼部尚书。卒于任上。明孝宗下令赠太子太保衔，赐谥号“文定”，吴宽仗义疏财，威望甚高，郡人在尧峰山寿圣禅寺建有“吴文定公祠”。

夷为平地，所幸《东庄图册》记下了当年的生动画面，为苏州园林史提供了宝贵的形象资料，这是画册除在绘画艺术价值外的另一种珍贵价值。

现藏北京故宫博物院的《西山雨观图》纸本，墨笔，纵25.2cm，横105. 8cm，是沈周1488年62岁之作，其在沈周传世著作中尚未引起足够的注意，其实是沈周一生极为重要的作品。该卷进入乾隆宫中，一直珍藏至清末民初。随着清王朝的灭亡，该卷也遭受了岁月坎坷，几经辗转后，1957年被故宫博物院购藏。《西山雨观图》画面描绘了苏州西山烟云变化、雨霁烟消的景色。沈周仿南宋书画家米友仁的笔法，描绘峰峦连绵起伏，山间云雾出没，林木层叠，村庄、湖泊、小桥被笼罩在烟霭之中。山石和草木均用水墨点成，浑然一体，不见线条及皴擦的痕迹，显示出画家高超的绘画水平和独到的审美韵味。卷后题跋者都是苏州地区的文人墨客，他们常互邀相聚，饮酒赋诗，切磋画艺，探究学问，在诗跋中表达了对《西山雨观图》的赞美，可见该图在明代中后期文人中产生了颇为重要的艺术影响和审美共鸣。

吴门画派至沈周

现藏于台北故宫博物院的《庐山高图》纸本，设色，纵193.8cm，横98.1cm，是沈周41岁时为祝贺老师陈宽[①]70岁寿辰的精心之作，沈周用庐山的崇高来比喻老师的学问与道德，因取庐山的崇高博大赞誉其师，故画面上所画崇山峻岭，层层高叠。《庐山高图》在近于王蒙繁密的笔墨中展现了想象中的庐山之雄伟，从而开创了以山水画象征人品的表现手法。图中山峦层叠，草木繁茂，气势恢宏。在画面右下角的山坡上，两棵劲松虬曲盘缠，形成近景；中景以著名的庐山瀑布为中心，水帘高悬、飞流直下，两崖间木桥斜跨，打破了流水白的呆板，两侧峻岩峭壁，呈内敛之势。瀑布上方庐山主

① 陈孟贤，名宽，字醒庵。五经博士、官拜检讨陈继的长子。从七岁开始，沈周就跟陈宽读书。

峰耸立，云雾浮动，山势渐入高远。另外，构图上由近景的山坡虬松，中景的瀑布、峻岩、峭壁，远景的庐山主峰，自下而上，由近及远，近、中、远景相连，一气呵成，贯串结合而形成“S”形曲线。这种构图法很像南宋院体的程式，近景的处理也和马远的“一角”之景十分相似。

作为吴门画派的奠基人，沈周开创了中国文人写意画之先河，同时在明四家中最具隐逸风格，作品也最为接近元人，从此角度来讲，在吴门画派艺术成就最高。其主要贡献在于：

其一，融南贯北，弘扬了文人画闲、静、幽、雅、文、逸的气质和传统。将北宋的苍劲浑厚与南宋之壮丽清润合二为一，将画面基调由清冷孤寂转向宏阔平和，一扫宋画繁腻之气，使人倍觉亲切。

其二，将诗、书、画三者进一步结合起来。沈周书法早年学沈度，年届40后对苏轼、黄庭坚、米芾等个性极强的宋代书师遂追慕和摹拟，最终基本稳定在黄山谷一体，形成略掺己意的面目。以行、楷为主，结构严整，笔法沉稳，遒劲奇崛，自成一统，与其山水画韵致协调。其书法作品除卷、轴外，大多在其绘画中也得到充分体现，如画卷末尾的长题、立轴空白处的诗题等。

其三，对明代后期水墨写意画的发展具有承前启后的作用。沈周以山水画著称，花鸟画亦有较深造诣，其花鸟画有写意和没骨两种风貌。吸收了历史上公认的花鸟画大家之长，开文人写意花鸟画之先河。创造出“文人画”笔下所绘之物具有平淡、天真的气质，是既生动又空灵的“登神逸品”。他的花鸟画对此后的陈道复（淳）、徐渭、周之冕等的花鸟画有直接的影响，尤其是周之冕，在沈周的花鸟画中发展了“勾花点叶法”。由此可以看出，在沈周笔下不仅为中国花鸟画作进行了创造性的归纳，而且为后来的花鸟画发展奠定了基础。

一个画派的确立包含着诸多因素：一是同时代涌现出杰出的具有影响力的画家；二是画派的承启文脉清晰；三是群体性美学价值趋同；四是作品为世人公认而被载入史册。吴门画派集诸理之全，沈、文、唐、仇执当时绘画之牛耳，规范了“浙派”末流技法粗陋之习，推动了明代绘画深入发展，从而使文人画创作走上“雅俗共赏”“文质相兼”的发展道路。其溯源之王维的文人画派，继董源、李成、范宽、郭熙、李公麟、黄公望、倪云林、王蒙、吴镇等后，推向鼎盛。而后由董其昌推出“南北宗”之说，把南北画派从画理上作了分界，出现了松江派、浙派、娄东派、苏松派、华亭派、海派，尽管各派观念相向交错，但梳理其脉络异同甚微，当属吴门画派的拓展与衍生。画派固然只能说明它存在的价值，其生命力的延续要靠具有创新精神的传承人。吴门画派发展至今，其含义已极为宽泛。

在中国画坛具有重要地位的吴门画派，是中国绘画史上一段绕不开的辉煌过往。一个画派影响全国画坛近600年，仍保持着旺盛的生命力，自然是非常值得重视和研究的文化现象。从力透纸背的泼墨间倾泻而出的深邃意境，足以使人在纷繁的物质世界，深度体会古人内心纯净至简的思维境域。

吴门画派中，开山水风气之先者沈周，以诗、书、画三绝的传世笔墨，与非凡的涵养与雅量而引领风骚，所创累累业绩，迄今仍在中国乃至世界美术史上闪耀着夺目的光芒。

（原载于《中华书画家》2012年第11期）

五、时代脉搏

苏州园林绿化部门在政府机构改革中巩固提升

苏州市政府机构改革已尘埃落定，40个政府职能部门，保留了园林和绿化管理局，在序列中排在第25位。大部分有识之士，特别是园林绿化系统的同志欢欣鼓舞。回顾整个机构改革的过程，真是惊心动魄。

对各级政府实行大部制改革，是党的十七大作出的重要决定，是新一轮政府机构改革的方向。2008年到2009年，从国务院到省政府都做了改革，把人事与社保合并，很多部厅调整了职能。按要求，市一级改革要在2010年完成。

2009年11月，苏州市委、市政府根据江苏省委、省政府改革方案，印发了《苏州市人民政府机构改革实施意见》，正式启动了苏州市新一轮大部制政府机构改革。市园林绿化管理局作为政府组成部门，在大部制改革势在必行、周边城市同行改革环境不利的情况下，市园林和绿化管理局以当代人的智慧和对历史负责的态度，在困境中求突破、在机遇中谋发展，不但保留原有机构设置，而且扩大和强化了职能，提升了部门地位。

一、政府机构大部制改革的背景和环境

局党委多次研究，注意把握政府大部制改革的精神和要求，深入分析园林绿化部门在政府机构大部制改革中所处的内外环境，做到心中有数，积极应对，主动化不利因素为有利因素，这是“上兵伐谋”之道。

（一）大部制改革是大势所趋

新一轮大部制政府机构改革，是我国政府适应市场经济发展要求、增强政府履行职责能力、形成精干高效的政府组织机构而做出的重大决策，并在国务院各部门率先实行大部制改革后，逐步在地方各级政府中推开。政府大部制改革的核心，是指将职能相同或相近的部门整合、归并为一个较大的部门，或者使相同或相近的职能由一个部门管理为主，以减少机构重叠、职责交叉、多头管理。中央要求，从省到市、县，每级政府设立多少个部门，都有明确规定，只能减少不能增加。这是一个大势，任何政府部门均不可置身度外。

（二）周边城市改革具有不利影响

苏州市周边一些城市，在大部制改革前和大部制改革后，原有的园林绿化局相继整合、归并或撤销，给本轮政府机构改革苏州市保留园林绿化部门机构设置造成了巨大压力。如：北京市园林局改为园林绿化局，主要职能是城乡绿化，原园林管理职能由新成立的北京市公园管理中心负责；上海园林局改为上海市绿化市容局，园林属区管理；南京市园林局改为旅游园林局，将原职能拆分给住建委、农委、城管等四个部门管理；无锡市园林局改为市政园林局，原园林管理的职能部分由新成立的无锡公园管理中心负责……这些大部制改革的外部环境都给苏州园林绿化部门带来了非常不利的负面影响。

（三）建设系统地级市有多个职能部门

地级市建设系统有规划、建设、市政、房管、城管、园林绿化等多个部门，对应上级只有一个部门，即：省为住房城乡建设厅，国家为住房和城乡建设部。一般认为，大部制改革可以与上级对应为一个部门，同时园林绿化兼具了文化、旅游等功能，表象上有部分职能与其他部门职能重叠和相近的地方，客观上在坊间给探讨和议论留下了话题。无论是在内部和外部都风传苏州市园林和绿化管理局要撤销或合并，这给我们带来了巨大的压力。

二、积极探寻大部制改革的有效途径

针对上述大势背景与内外不利环境，我们怎样胸怀科学发展的大局，始终站在历史的高度，全面考虑，积极应对，把握主动呢？我结合在部队精简整编时遇到的一些情况（二十世纪八九十年代，我在几个部队都遇到过部队精简整编问题），非常敏感地抓住每一个有利因素，也注意倾听一些专家的意见。审时度势，积极工作，主动出击，把不利因素化解在萌芽状态。

（一）广泛调研，为政府决策提供事实依据

在国家决定实行大部制改革公开时，我就敏锐地感觉到，园林绿化部门机构存在的不确定性，待国务院、省政府机构改革后，更加感到事态严峻，苏州市要保留园林绿化部门，必须要做一番艰苦细致的工作。因此在2009年上半年，我安排了当时已任调研员的吴素芬、副调研员周健生、副调研员组织人事处处长徐学民开展调研。先后调研了杭州市园文局、上海市绿化市容局、南京市园林局、镇江市园林局、青岛市园林绿化局和北京市园林绿化局。主要了解他们是如何认识园林绿化在城市化建设中的地位作用；他们单位准备如何应对这次改革；经过改革的园林绿化部门，在改革前后有何变化，有什么经验教训等。三位同志，特别是吴素芬同志非常认真，每到一地回来都给我写专题报告，有的谈得也很深刻。在多方听取同行在政府机构改革中的思路、做法、经验和教训的同时，认真思考苏州市园林绿化局有别于其他城市园林绿化部门的特殊地位和作用，在分析总结后向市领导呈送苏州市园林绿化管理局机构改革调研报告。

（二）努力工作，扩大园林和绿化部门的影响

政府机构改革必然要涉及部门利益调整和人事安排，机关、基层干部职工非常关注。一方面，我把政府机构大部制改革的政策和当前的严峻形势给大家讲清楚，希望大家要努力工作，干出成绩，不出任何问题来扩大园林绿化局的影响，让领导和有关人员感到园林绿化局撤销可惜。另一方面，要求全系统上下努力工作，积极进取，有

作者陪同蒋宏坤书记周乃翔市长检查刚竣工的相门古城墙修复工程

所作为。2008—2009年，全系统完成了局办公楼建设，石湖景区北入口区域改建，三角嘴湿地公园二、三期建设，火车站地区配套绿化及人民路、广济路北延工程，等等，这些工程在领导层面和社会层面都给予了高度评价。全年入园人次、经济收入增长均在20%以上，安全工作保持了零事故目标，为保留园林绿化局奠定了良好基础。与此同时，我还注意认真听取广大干部职工的意见想法，让他们提出一些好的对策和建议。当时全系统不仅工作干劲儿倍增，而且能积极地为局党委提出很多好的意见和建议，这更增添了局党委积极争取保留园林绿化局的信心和决心。

（三）专家呼吁，广泛营造有利改革的舆论环境

我们充分发挥风景、园林、绿化、建筑、文保、美学等专家在社会上的影响力，多方位、多层面、多渠道地呼吁苏州园林绿化的特殊地位和影响力。在2008年，我们向市委研究室汇报了苏州世界遗产保护的情况，他们向省、市委领导写了《世界文化遗产保护的苏州特色》，特别提到了苏州园林之所以保护得这么好，就是因为苏州自解放以来就专门设立了园林和绿化管理部门，正是在这个部门的直接指挥下，苏州

的古典园林修复、世界文化遗产申报、苏州园林的保护和建设才有了今天这样的成果。我们还向局里的大牌顾问罗哲文、郑孝燮、谢辰生、孟兆祯等专家汇报了情况，他们坚决支持我们的想法，并让罗哲文的弟子丹青专门写了给苏州市委、市政府领导的信，给国务院领导的信，强烈要求苏州在新一轮政府机构改革中要保留园林局。他们也是出于苏州园林在国家和国际上的影响，出于国家要走生态文明发展之路，苏州市应该有这么一个专门的机构，以加强组织领导。当然，他们对苏州园林的感情也深，和我们的关系也好，但因为后来苏州市委、市政府领导没有把园林绿化局撤销的意思，这两封信也没有发出去。同时我们还利用多种媒体宣传周边城市对园林绿化部门的整合、归并的改革做法不适合苏州的情况等，广泛引起全社会和决策者对苏州园林在苏州城市发展中的地位和作用的高度重视。

（四）加强沟通，积极争取上级的理解和支持

我与领导班子及组织人事部门从有利于苏州市园林绿化事业科学发展的大局出发，做好苏州园林有别于其他城市园林的法规、政策和体制、机制的宣传，主动与省、市编办沟通，多次向市编办领导汇报我们的想法，得到了他们的大力支持；苏州大部分干部对苏州园林也是有深厚感情的，也给予我们很多很好的支持。我多次向市领导和编办领导汇报，阐明“园林绿化事业”与“旅游产业”，与农村绿化，与市容市政管理，与城市建设其他工程是有天壤之别的，是不能混为一谈的，晓以利害，以求理解。我们还抓住一切机会向部、省、市业务部门的领导做好汇报，陈述想法，表明态度，争取支持。

我们的想法得到了上级领导的高度重视和支持，国家住房和城乡建设部仇保兴副部长特别给市委、市政府主要领导打电话，强调苏州园林局的重要性，要在政府机构改革中慎重对待。为此，阎立市长还开玩笑地说我：“衣学领，你还告我的状啊？仇部长给我打电话了，我给他汇报，我们苏州从来都没有把园林绿化局拆并的想法。”省厅有关领导也给市领导说过。

据我所知，想把我们局拆并的领导和人员也不在少数，但终为苏州园林的地位和我们的努力所化解。

三、阐明因由，为政府机构改革提供决策依据

国家大部制改革很重要的一条原则，就是实事求是，不搞一刀切。鉴于此，我们在充分调研、认真思考、加强沟通的基础上，向省、市领导和编办领导阐明强化园林绿化部门的六个因由。

（一）苏州园林地位重要，应当建立独立的园林管理部门

“江南园林甲天下，苏州园林甲江南”，苏州园林在明清时有280多处，现在也有53处，庭院20处。它是苏州古城与众不同的特色品牌，在国内乃至国外都具有特殊地位和影响力。自1953年设立苏州市园林管理处以来，几经政府机构改革，园林管理处由正科级建制升格到正处级建制，由管理处升格为管理局，由政府事业局转升为政府主管局，这说明随着苏州市经济社会发展，市委、市政府更加重视苏州园林品牌的作用，更加重视园林管理部门职能的发挥。在贯彻落实中央科学发展观的今天，更应该如此。

（二）苏州城市定位非常明确，园林绿化部门的职能只能加强不能削弱

1982年，国务院批准《苏州市总体规划》给苏州的城市定位为“历史文化名城和著名的风景旅游城市”，以后总规几经修编，仍是这样一个定位。这既是品牌，也是资源，更是遗产。保护、管理、利用和传承好这份珍贵的遗产资源，园林部门的职能只能加强，不能削弱。这是因为支撑苏州成为“历史文化名城和著名的风景旅游城市”的是苏州的古典园林和风景名胜区，而这些都要在苏州园林和绿化局的组织和管理下，才能更具有完整性和原真性，才能世代相传，因此，苏州的城市地位决定了苏州必须设置园林绿化管理部门。

（三）世界文化遗产保护要求很高，园林绿化部门承担的职能十分重要

苏州古典园林是江苏省唯一的一处世界文化遗产（南京明孝陵属于“明清皇家陵寝”的一个点），苏州应当按照联合国教科文组织《保护世界文化和自然遗产公约》

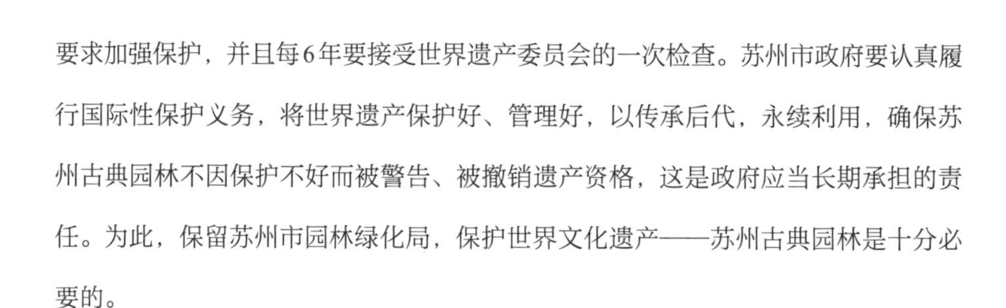

要求加强保护，并且每6年要接受世界遗产委员会的一次检查。苏州市政府要认真履行国际性保护义务，将世界遗产保护好、管理好，以传承后代，永续利用，确保苏州古典园林不因保护不好而被警告、被撤销遗产资格，这是政府应当长期承担的责任。为此，保留苏州市园林绿化局，保护世界文化遗产——苏州古典园林是十分必要的。

（四）园林绿化是综合科学，应设立统一的专业管理部门

园林绿化是一个综合学科，涉及规划、建筑、历史、文化、艺术、植物、生态、美学等，专业性非常强，如：风景园林的规划设计与城市其他规划设计不同，它更讲究景观空间、文化意境、植物美学、生态效应等。风景园林内建筑修复维护、树木的栽培修剪、病虫害防治、古典家具、匾额对联等，都需要非常专业的管理。再如：苏州城市绿化是苏州园林的外延，与大自然中的“绿色”和农村绿化不同，它更讲究城市绿化的文化性、系统性、生态性和景观性，这就需要一批素质高、造诣深的专业人员来承担。苏州园林局长期以来聚集了大量的专业人才，只有在园林绿化局的统一管理下，才能更好地凝聚起来，发挥作用，否则分散到多个部门或流失到社会上，就很难再聚拢起来，这也要求必须设立园林绿化局。

（五）增强苏州城市核心竞争力，园林绿化发挥着重要作用

园林绿化的主要内容是通过对风景园林的保护管理和城市绿化的建设管理，达到改善城市生态环境、美化城市景观空间、建设最佳宜居城市、提升市民生活质量的目的，这是城市经济社会发展的重要基础，也是城市核心竞争力的重要内容。这项生态文明建设的重任，园林绿化部门义不容辞，责无旁贷。苏州要增强核心竞争力，要加强这一方面的工作，设立园林绿化部门和发挥园林绿化部门的职能作用，是不可或缺的。

（六）长期以来的工作实践表明，园林绿化部门有能力担当重任

改革开放以来，园林绿化部门出口海外的苏州园林有60多处，加强了与海外的文化交流与合作。苏州园林的修复与保护成效显著，成功申报9处苏州古典园林成为世界文化遗产，提升了苏州的国际知名度与美誉度。结合工作实践，研究出台了《苏州园林保护和管理条例》《苏州市城市绿化管理条例》《苏州市古树名木保护条例》《苏州市风景名胜区条例》四部地方性法规，进一步规范依法行政工作。近十年来，城市绿化长足发展，先后建成省级园林城市、国家园林城市、全国绿化模范城市、国际花园城市，成为全国首个国家园林城市群的地级市，城市绿化实现由全省落后到全国先进的升级。组织承办第28届世界遗产大会、亚欧城市林业研讨会、中日韩风景园林论坛、第47届IFLA世界大会等重要国际性会议，等等。正是因为园林绿化部门的能力作为，园林绿化部门的地位应该不断巩固和提升，这也是苏州的城市品牌所特有的要求。

由于园林绿化部门的超前介入，把握得当，准备充分，工作到位，在政府机构大部制改革中，不但没有被整合、归并，而且新增了“世界遗产监管、景区资源保护和城镇绿化工程质量监督”三个方面的职能，强化了“推进城乡一体化园林绿化发展、市区古典园林抢救修复和园林风景名胜区、绿化市场行业监督”三个方面的职能。

之后我们在内部的机构“三定工作”中，大大强化了业务处室，撤并了宣传教育

局先进性教育

处，增设了风景名胜管理处、世界遗产监管处、绿化建设处等处室，公务员编制由原来的38个增加为41个，附属编制增加了2个，全局编制人数达到了49人。

机构的保留、职能的强化为苏州园林绿化事业注入了强大动力。全系统上下风正气顺，团结一心，干劲倍增，各项事业都呈现出朝气蓬勃的发展态势。而此时的我非常淡定，虽然这都是苏州市的应有之义，但在经历过风雨之后，感到弥足珍贵；今后我们会更加珍惜这一成果，不断开拓进取，奋发有为，努力创造苏州园林绿化事业新的辉煌。

（2010年10月20日于三亦书斋）

（2018年全国又进行了新一轮政府机构改革，在苏州市园林和绿化管理局新一届班子和全系统的共同努力下，又保留了园林局机构，排位前移。增加农村绿化职能，增挂苏州市林业局牌子，让人感到欣慰。）

加强世界遗产管理体制建设的一点思考
——以环秀山庄为例

2006年初，在世界遗产保护办公室周苏宁、周峥两位同志的陪同下，我去考察了世界文化遗产——环秀山庄。在考察中，发现环秀山庄保护管理情况不太理想，周苏宁和周峥给我介绍了该处遗产现由苏州刺绣研究所管理使用，根据世界遗产委员会的要求和国家的有关政策及当前的保护管理状况，我深感问题比较严重，遂决定向政府报告，建议收回环秀山庄，以提升管理保护水平。

我国政府在每一处世界遗产地被联合国教科文组织列入《世界遗产名录》时，都做出过加强保护的庄严承诺。因此，加强世界遗产管理体制建设是政府部门的神圣职责，是确保世界遗产可持续发展的体制保证，但是，由于历史原因，文化遗产往往分属于不同的部门、企事业单位管理，这就给保护工作带来很大的弊端。为此，我国中央政府要求各级地方政府加强对世界遗产实行统一管理。2002年，文化部、建设部、教育部等9部委联合下发了《关于加强和改善世界遗产保护管理工作的意见》，2004年国务院又下发了《关于加强文化遗产保护的通知》（国发〔2004〕18号文），特别强调："世界文化遗产保护管理属于社会公益性事业，是政府的职责。地方各级人民政府必须加强领导，统筹规划，统一管理，落实责任。"此文旨在结合苏州的实际，针对环秀山庄被列入《世界遗产名录》以后的管理体制变更的实际状况，谈一点本人的思考。

环秀山庄园景以山为主，池水辅之，建筑不多。园虽小，却极有气势。特别是乾隆年间叠石名家戈裕良所叠假山，有“独步江南”之誉。1997年12月，环秀山庄作为苏州古典园林的典型例证，与拙政园、留园、网师园一并列入《世界遗产名录》，足见其文化资源的珍贵价值，但由于历史原因，目前，环秀山庄保护管理面临体制障碍、资金不足、人才缺乏、管理不善等问题，给遗产的真实性和完整性保护带来严重影响。

一、环秀山庄管理体制沿革概况

从1954年起，环秀山庄作为国有资产，由苏州刺绣研究所负责保护、管理和使用（该所原隶属苏州市工艺美术局，为涉外接待单位）。长达40年，环秀山庄的管理基本是封闭性的，花园部分不向社会作商业旅游性开放，其维修经费（5—10万/年不等）由国家或地方财政拨款。2002年底，苏州刺绣研究所完成体制改革，由自收自支事业单位改制成股份制民营企业，其中80%为民营股，20%为国有股（苏州市工业发展投资有限公司），其产权划分：环秀山庄围墙以西，占地面积8000余平方米，产权仍归国家所有（市工投公司），由苏州刺绣研究所有限公司无偿使用和负责维护；环秀山庄围墙以东，占地8000余平方米，为工业用地，土地为国有，地面建筑产权归苏州刺绣研究所有限公司。2004年6月，第28届世界遗产委员会会议召开前，经苏州市政府批准，环秀山庄作为旅游点正式面向游客开放，门票价格为15元，由苏州刺绣研究所有限公司承担具体管理和游客服务工作。

二、现行管理模式凸现的问题

随着刺绣研究所的改制和环秀山庄对社会实行旅游性开放，计划经济时期建立的管理体制和机制已不适应新的政策环境、行业管理和科学保护的要求。突出表现在：一是管理体制不顺。苏州刺绣研究所有限公司在改制前隶属市工艺美术局，其产权为国有，管理模式为事业单位企业化管理。政企分开后，其职责已从事业单位性质

考察环秀山庄维修

转变成民营企业性质，不具有原来的管理属性；其产权作了新的分割，围墙以西（园林部分）仍为国有资产，围墙以东则为民营企业有限公司所有，客观上造成归属权与管理权、经营权的严重分离。二是法律责任不清。环秀山庄作为世界文化遗产，其性质为国有不可移动文物，现由民营企业经营，又无明确的法律责任，游离于国家管理体制之外，这有悖《中华人民共和国文物保护法》第二十四条规定："国有不可移动文物不得转让、抵押。建立博物馆、保管所或者辟为参观游览场所的国有文物保护单位，不得作为企业资产经营"的规定，也有悖于国办发〔2004〕18号文件关于"世界文化遗产保护管理属于社会公益事业，是政府的职责"的精神。另外，作为园林景点开放，已经超出刺绣研究所有限公司法定的经营范围。三是保护资金不足。环秀山庄开放经营以来，购票入园人数维持在20—40人次/天不等，全年门票收入6万余元。2004年，该公司职工人均收入2.5—3万元，门票收入不足6名常设职工的工资支出。由于没有专项财政资金，造成保护管理经费严重不足，如建筑假山维修、水质治理、池塘清淤、卫生、安全设备维护等经费，该公司无正常来源保障。四是专业人才缺乏。根据联合国教科文组织的规定，每6年对被列入《世界遗产名录》的世界遗产地进行一次监测，苏州市已进入监测时间表，并于2005年启动"世界文化遗产——苏州古典园林监测体系"，但由于环秀山庄保护管理体制尚未纳入政府统一管理体系中，其公司是专门从事苏州刺绣艺术研究、创作、生产的自负盈亏的民营企业，主要收入为刺绣工艺品销售，缺乏园林管理专业的业务人员，缺乏保护管理和维修经费，致使监测工作无法开展。这既不利于苏州应对国际组织对世界遗产的监测，也不利于该园林的长期有效保护，将对苏州在世界遗产保护上的整体形象产生负面影响。五是基础工作薄弱。突

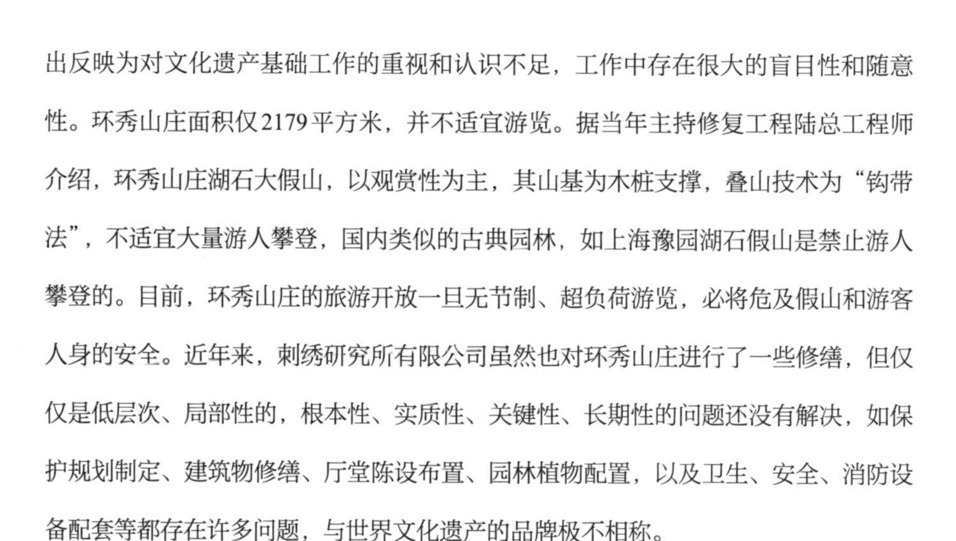

出反映为对文化遗产基础工作的重视和认识不足，工作中存在很大的盲目性和随意性。环秀山庄面积仅2179平方米，并不适宜游览。据当年主持修复工程陆总工程师介绍，环秀山庄湖石大假山，以观赏性为主，其山基为木桩支撑，叠山技术为“钩带法”，不适宜大量游人攀登，国内类似的古典园林，如上海豫园湖石假山是禁止游人攀登的。目前，环秀山庄的旅游开放一旦无节制、超负荷游览，必将危及假山和游客人身的安全。近年来，刺绣研究所有限公司虽然也对环秀山庄进行了一些修缮，但仅仅是低层次、局部性的，根本性、实质性、关键性、长期性的问题还没有解决，如保护规划制定、建筑物修缮、厅堂陈设布置、园林植物配置，以及卫生、安全、消防设备配套等都存在许多问题，与世界文化遗产的品牌极不相称。

三、应切实履行政府部门的责任和义务

世界文化遗产是一项公益性、社会性的事业，保护管理工作专业性、科学性很强，因此，尽快将环秀山庄纳入世界遗产保护管理监测体系，由国家有关部门依法对环秀山庄实施有效保护管理已经成为迫在眉睫、势在必行的大事。一是要强化政府部门遗产保护的责任制度，严格遵循联合国教科文组织《保护世界文化遗产和自然遗产公约》各项要求，认真、完全地履行申报世界遗产时承诺履行的义务和责任，一切开发、利用和管理工作必须首先把遗产的保护和保存放在第一位。二是要收回环秀山庄本体（申报世界遗产时确定的范围），由职能部门在制度上、人员上、经费上实行统一管理，保证其监测、评估、科研、宣传、教育等保护管理职能的顺利实施，避免目前政出多门、条块分割的局面。三是要综合协调园林、文物、旅游、工商等有关部门对环秀山庄开放的特殊性进行分析研究，按功能定位进行保护利用，即：注重对环秀山庄资源品位价值和精神文化功能的保护，平时以教学、考察型、接待型开放为主，一般游客实行预约制和限量制，以确保世界文化遗产的安全。四是要编制保护维修方案，对保护和管理中的重大问题决策前要经专家委员会论证。要着手对环秀山庄进行保护性全面整修，通过调整厅堂陈设、优化园林绿化、完善服务、卫生、安全等管理和旅游设施，全面提升科学保护和服务水平。同时，要充分发挥新闻媒体和群众的监

督作用，对违背法规、损害文化遗产的事件必须依法查处，坚决予以纠正。对各种造成遗产破坏毁坏失职渎职行为，要追究行政乃至法律责任。

（此文为2006年4月，以苏州市园林局名义向市政府写出的专题报告）

（此报告上送后，市政府非常重视，时任市长的阎立、分管副市长朱建胜都作了批示。由分管副秘书长吴文祥亲自协调，后虽几经周折，园林局也出了90余万元，环秀山庄于2007年上半年收归政府，由市园林和绿化管理局负责管理。由于环秀山庄面积较小，不可能再专门成立一个管理处进行管理，经研究由世界遗产地拙政园管理处抽调得力人员负责环秀山庄的管理和对外开放。后经过一年多维修、调整，于2008年正式对外开放，受到专家和社会的广泛好评。至此，苏州市区内的八处世界文化遗产实现了由政府部门的统一保护管理和监测，得到联合国教科文组织世界遗产委员会的高度评价。）

关于加强苏州市城乡园林绿化管理一体化的意见

按照市委蒋宏坤书记的批示精神，市政府研究室卢主任一行对苏州市城乡园林绿化管理一体化进行专题调研，充分体现了市委、市政府对城乡园林绿化的高度关注，这对苏州市贯彻落实科学发展观，加快推进城乡一体示范区和“三区三城”建设，率先基本实现现代化具有重要意义。

根据市政府研究室《调研函》的通知精神，我局结合工作实践，就强化城乡园林绿化管理一体化职能发挥问题进行了认真研究，形成了初步意见：

一、城乡园林绿化管理一体化改革势在必行

推进城乡一体化发展是我国“十二五”时期的重大战略任务，是苏州市建设“三区三城”、率先基本实现现代化的重要内容。根据中央和省委对苏州的要求，苏州已开展了城乡一体化综合配套改革试点工作，加快推进城乡园林绿化管理一体化也是其中的一个重要方面。

（一）城乡园林绿化管理一体化是苏州市率先基本实现现代化的客观要求

最近，蒋宏坤书记在全市率先基本实现现代化动员大会上，从经济、科教、社会、生态、民生等五个方面阐述了苏州率先基本实现现代化的内涵，并在全市城乡一

体化改革发展动员大会上强调：要“加快新型工业化与发展现代农业相结合，推进城市化与建设新农村相结合，生产方式转变与生活方式转变相结合，经济建设与社会建设、生态文明建设相结合”，“坚持以新型工业化推动农村产业新发展，以城市化提升农村建设新形态，以经济国际化塑造农村发展新理念”，“率先形成城乡发展规划、产业布局、基础设施、公共服务，就业社保一体化新格局”。这些都对推进城乡园林绿化管理一体化提出了新要求，赋予了新使命，注入了新动力。

（二）城乡园林绿化管理一体化是苏州市城乡一体化改革发展的重要内容

苏州市作为全省唯一的城乡一体化发展综合配套改革试验区，正从构建城乡经济社会发展一体化体制机制、城乡基本公共服务均等化运行机制、城乡统一的社会管理体制等方面加大改革力度，着力在城乡优化布局、环境优化发展、社会优化管理、体制优化创新、资源优化配置等方面取得更大突破。城乡园林绿化管理一体化应当主动顺应城乡一体化发展综合配套改革的趋势，在统一管理体制、统一规划布局、统一建管标准等方面有所突破，努力构建城乡园林绿化管理一体化新格局，进一步加强城乡生态环境的一体化保护、规划和建设，建立城乡一体的生态绿地系统，实现人与自然的和谐相处，在更高水平上把苏州市建设成为适宜创业发展、适宜人居的生态园林城市。

（三）城乡园林绿化管理一体化是苏州市园林绿化转型升级的迫切需要

当前，苏州市已进入到转型升级、创新发展的关键阶段。从苏州市园林绿化的发展现状来看，土地资源紧缺，城市与农村、中心城区与城郊、镇与村之间的绿化分布不够均衡、布局不够优化、监管标准差异很大等问题仍然存在。加快推进城乡园林绿化管理一体化，是破解体制不顺、管理分割难题的根本出路，是推动城乡园林绿化要素优化组合、促进城乡园林绿化协调发展的根本举措，是缩小城乡园林绿化差别、促进以城带乡提升水平，实现城乡园林绿化整体推进的根本途径。应当通过城乡园林绿化一体化建设和管理，有效促进市域生态环境、资源保护、城市基础设施的协调发展，实现城市带动农村、城乡园林绿化全面对接互动的建设目标。

（四）城乡园林绿化管理一体化是苏州市理顺行业管理体制的现实要求

从苏州市现行的城乡园林绿化管理体制来看，城乡园林绿化涉及园林绿化、市容市政、交通运输、水利水务、农业林业等部门，由于各部门行业的管理要求、建设标准、资金投入、人才技术等不尽相同，造成土地、人才、技术、资金等资源得不到科学配置和合理利用，也造成城乡之间、区域之间、行业之间的园林绿化发展状况差距较大，影响和制约了城乡园林绿化的科学、协调和可持续发展。加强城乡园林绿化管理一体化，有利于破除城乡二元结构和多头管理带来的弊端，促进城乡一体化进程，从根本上实现由零星分散、各自为政向统一规划、整体推进转变，实现由数量型、粗放型向量质并举、建管并重的转变，实现由单纯绿化向绿化、美化、生态化相结合转变，推进城乡园林绿化的统筹发展、均衡发展、和谐发展。

二、城乡园林绿化管理一体化改革发展条件成熟

改革开放以来，苏州市经济社会发展取得了巨大成就，尤其是经过“十一五”发展，苏州市已步入工业化后期，城市化水平较高，县域经济发达，村镇基础设施逐步改善，具备形成城乡一体化发展新格局的基础和条件，也为城乡园林绿化管理一体化改革发展提供了机遇和空间。

（一）城乡园林绿化管理一体化的发展空间全面拓展

苏州市“十二五”发展将逐步形成“东融上海、西育太湖、优化沿江、提升两轴”的空间发展格局，城市发展方式正在从外延式、资源消耗型模式转变为经济、社会、环境协调发展的内涵式、技术提升型模式；城镇空间布局正由分散走向紧凑、由粗放走向集约。近年来，苏州市工业化、城镇化快速推进，城市化率达到67%，尤其是城乡一体化发展综合配套改革实施的“三集中”，即：工业企业向园区集中、农业用地向规模经营集中、农民居住向新兴社区集中，将进一步推进城镇化和城乡统筹发展，预计“十二五”末城市化率将达到72%，全市2.1万个自然村将调整为2514个农

村居民点，75%的农村工业企业进入工业园，33%的农户迁入集中居住点。这些都为城乡园林绿化资源的合理配置和优化布局提供了空间基础。

（二）城乡园林绿化管理一体化的规划布局加快对接

近年来，苏州市编制了《苏锡常都市圈绿化规划》《苏州市城市绿地系统规划》《太湖风景名胜区总体规划》《苏州古典园林保护规划》，正在编制《苏州城乡一体化绿化规划》《苏州风景名胜资源保护规划》，这些规划都将较好地形成区域之间、城乡之间互为融合、相互衔接的绿化规划体系。尤其是《苏州市城市绿地系统规划》，依托苏州山、水、城、林交融一体的自然环境，注重分析城市规划与生态环境保护、区域自然和人文特征的关系，突出“两带、三环、五楔”的城市生态空间，构建以主城绿地系统为核心和辐射，以市域生态防护网为依托和支撑，以道路、滨河绿地为经络和纽带，城乡一体的城乡生态网络框架，并明确了“一镇一园、一镇一环、一镇一景、一镇一圃”的建设原则，城乡绿地布局的系统性和均衡性得到强化。各市（县）在《苏州市城市绿地系统规划》的框架指导下，加紧编制或调整各自的绿地系统规划，苏州大市范围将实现绿地系统规划全覆盖，为城乡园林绿化空间组团发展和生态环境建设提供了支持。

（三）城乡园林绿化管理一体化的建设内容发生变化

近年来，城市园林绿化积极顺应建设“资源节约型、环境友好型社会”的要求，突出生态和文化两大主题，更加注重城市要素的整合，更加注重城市绿化的生态效应，更加注重城市绿化的文化品位，更加注重城市绿化的景观质量，更加注重宜居环境的营造，更加注重城市绿化整体功能的发挥，这些都为引领和带动农村绿化的提档升级，适应率先基本实现现代化需要提供了示范和标杆。从近几年农村的发展情况看，苏州市按照“四个一百万亩”的规划布局，对耕地、园地、林地、居民点及工矿用地、交通用地、水域用地等做出相应调整，农村的产业更多地强调“生态、生活、生产”功能的综合开发，农村绿化推行以“四沿”（沿路、沿水、沿村、房前屋后）、“三区”（绿色基地、绿色通道、绿色家园）、“两点”（单位、庭院）、“一片”（生态

片林）为重点的集约型绿化，农村绿化的建设格局、形式和内容发生的新变化更趋于城市绿化的性质及特点，为城市园林绿化一体化建设创造了条件。

（四）城乡园林绿化管理一体化的监管标准趋于一致

苏州市在城乡一体化发展综合配套改革中，着力形成规划、产业布局、基础设施、公共服务、社保就业等一体化，特别是“三置换”“三集中”的推进，进一步缩小了城市与农村在教育、医疗、住房、社会保障、基础设施等公共服务资源方面的差异，农村的生产生活方式发生了根本转变。这在客观上要求农村绿化必须主动、积极地向城市园林绿化方向发展，切实改变传统的、粗放的、松散的、重建轻管的农村绿化模式，不断满足新农村对高品质人居环境的追求和现代生活方式的需求。应当按照城市园林绿化的建管标准，在农村绿化的规划设计、项目建设、景观营造中，引入“生态、景观、文化、集约”的城市绿化规划理念，运用“精、细、秀、美”的城市绿化艺术手法，注重保护山水自然景观，历史文化名城、名镇、名村，以及物质、非物质遗产和传统风貌资源，继承和弘扬地方文化，充分彰显江南水乡的特色和个性。

三、城乡园林绿化管理一体化改革发展的优势所在

“十二五”时期，是苏州建设“三区三城”、率先基本实现现代化的关键时期，也是城乡一体化改革发展全面突破、整体推进的重要战略机遇期。城乡园林绿化发展应当增强机遇意识、忧患意识、责任意识，充分发挥园林绿化作为改善城乡生态环境、人居环境、旅游环境和投资环境的基础性作用，为苏州市推进城乡一体化发展、加快“三区三城”建设、率先基本实现现代化提供支撑和保障。

（一）城市园林绿化发展成就显著

近年来，我局抓住苏州加速推进工业化、城镇化和现代化的战略机遇，以创建国家园林城市、国家生态园林城市为载体，把加强城市园林绿化建设作为增强苏州新一轮经济社会发展综合竞争力的重点加以推进，基本形成门类齐全、分布合理、层次丰

富、功能显著、景观优美、品味高雅的城市园林绿化体系。“十一五”期间，苏州市绿地率、绿化覆盖率、人均公共绿地面积，分别由36.4%、40.2%和9.8平方米，提升到37.2%、42.7%和14.9平方米，有力促进了城市承载力、凝聚力和综合竞争力的不断提升，以及城市生态环境和人居质量的改善，得到了国家、省、市的高度肯定。2006年，苏州大市建成了全国第一个“国家园林城市群”；2007年，苏州市及下辖的常熟市、昆山市、张家港市被国家住建部列为首批“国家生态园林城市试点城市”；2010年4月，苏州市被全国绿化委员会授予“全国绿化模范城市”荣誉称号，成为全省首个“全国绿化模范城市”地级市。多年来，面对重大挑战和考验，园林绿化系统勇于创新，敢打硬仗，创先争优，保持了城市园林绿化事业又好又快的发展态势。这些实践证明，我局有能力、有实力、更有信心在更高平台上承担全市园林绿化发展的重任。

（二）城市园林绿化彰显苏州特质

苏州作为我国著名的历史文化名城、重要的风景旅游城市，是与遍布古城内外的苏州古典园林分不开的，苏州古典园林的造园艺术在世界造园史上具有独特的历史地位和价值，其宅院合一的形式是居住功能和环境艺术的综合体，是美化人居环境的一种创造，尤其是列入世界文化遗产后，古典园林成为苏州最靓的城市名片。苏州风景名胜区的自然和人文资源十分丰富，总面积836平方公里，占苏州市国土面积的10%，这些独特的自然山水形态、吴越文化古迹等都是苏州重要的生态景观资源和社会经济资源。多年来，在城市园林绿化的建设中，苏州市抓住名城、古园、水乡的特质，根据区位环境、资源优势、历史背景和文化特色，将城市绿化与城市历史、城市文化、城市景观、城市格局有机融合，体现城市绿化的生态性、文化性、艺术性，使城市绿化既保持传统个性和特色，又融入现代文明气息。纵观苏州城市的发展历史，苏州古典园林的保护传承、风景名胜区的保护利用、城市绿化的建设发展，在内在联系上，贯穿着苏州园林的历史传统、园林文化和艺术手法，折射出取法自然而超越自然的意境；在外在形式上，苏州园林走出围墙，延伸到城市经营的方方面面，体现“崇文、融合、创新、致远”的城市精神，彰显了“自然山水园中城、人工山水城中园”的独特风貌，成为苏州区别于其他城市的最大特质和优势。

（三）城市园林绿化职能作用突出

当前，生态环境建设已成为决定一个地区经济发展后劲和发展活力的重要因素，加强城乡园林绿化、建设生态文明，是新形势下城乡建设的基础和灵魂之一，对于改善生态环境、提升城乡形象、实现全面协调可持续发展、提高人民群众的生活质量，都起到十分重要的作用，越来越受到市委、市政府的高度重视。近年来，城市园林绿化部门职能在机构改革调整中不断延伸和完善，尤其是在城市生态文明建设、市区古典园林抢救修复、园林绿化市场监管等方面的职能得到了加强，园林绿化的政策研究、标准制定、科技推广、企业资质等行业指导和管理得到了强化。绿化委员会办公室利用与我局合署办公的优势，积极发挥在推动国土绿化、全民义务植树等方面的职能作用，组织协调规划编制、宣传发动、监督检查和评比表彰等工作，推进了全市国土绿化的健康发展。认真履行《保护世界文化和自然遗产公约》，世界文化遗产苏州古典园林保护在体制、科技、人才、管理等方面领先国内，在世界遗产领域拥有一定的影响。成立联合国教科文组织二级机构——亚太地区世界遗产培训与研究中心（苏州），侧重履行世界遗产保护与修复的职能，推动了世界遗产苏州园林的对外交流与合作。强化对市域各级各类风景名胜区的监管职能，以理顺关系、规范管理、加强监管为重点，积极开展风景名胜区综合整治，机构设置、规划管理、资源保护和利用等工作，进一步强化了我局在风景名胜资源保护与管理中的职能地位和作用。

（四）城市园林绿化技术资源雄厚

长期以来，我局结合城市园林绿化工作实践，注重培养了一批科研技术人才、专业管理人才、规划设计人才、传统技艺人才、行业学术人才，建立了多学科的专家顾问团队，形成了一支素质高、业务强、技术精的专业人才队伍。近年来，我局先后承办了第28届世界遗产大会、亚欧城市林业研讨会、IFLA第47届世界大会等重大国际交流活动，得到国家住建部、中国教科文全委会和国家林业局的高度肯定。实施了环古城绿化景观工程、三角嘴城市湿地公园、石湖景区开发建设、东南环立交绿化、火车站地区综合改造配套绿化工程等。无论是在专业学术研讨、园林文化传承、园林技艺弘扬，还是在国际国内园艺参展、园林绿化规划设计、各项重点工程建设等方面，始终率先全省、领跑全国，彰显了园林绿化较强的人才实力。多年来，重视科学技术在城市园林绿化中的推广和运用，无论在树木花卉栽培、古树名木保护复壮、植物病虫害防治等应用研究，还是在生态湿地、生物多样性、节约型园林绿化、城市热岛效应等基础研究方面，都取得新的突破和成果，体现了园林绿化科研、建设和管理等方面较强的技术力量，这些都为园林绿化的跨越式发展提供了人才和技术支撑。

（五）城市园林绿化制度法规健全

多年来，我局高度重视园林绿化的科学化、制度化和规范化管理，先后出台《苏州市城市绿化条例》《苏州园林保护和管理条例》《苏州市古树名木保护管理条例》《苏州市风景名胜区条例》等法规，这些法规涵盖了园林绿化的全部职能范围，为园林绿化保护、建设、管理提供了法规依据和保障。着眼于新的工作实践和新的发展要求，又相继制定《苏州市城市绿地系统规划》《苏州市城市绿线管理实施细则》《苏州市城市建设项目配套绿地指标踏勘审查规程》《苏州市市、县级风景名胜区审查办法》等配套规章，推进了“绿色图章”管理、市区绿线划定、风景名胜资源监管等工作的施行。尤其是出台《苏州市市区城市绿地养护管理暂行办法》，在全省率先建立起市场化、专业化和规范化的绿地管理机制，实行“两级政府、三级管理、四级网络”管理，促进了城市绿地养护管理的科学化、规范化、精细化和长效化。同时，还建立《政府采购管理实施细则》《行政许可（绿化项目）审批操作规程》《城市绿地系统规划调整审批规程》等75项制度，使行政指导、依法行政、执法监察等更具规范性和可操作性。

（六）城市园林绿化改革逐步深化

1993年，苏州市绿化委员会办公室改设在我局之后，按照职能组织指导全市的国土绿化，并对城乡园林绿化管理一体化改革进行探索和研究。2001年，市政府曾考虑将农村绿化的职能归并到我局，由于某些原因而被搁置。2009年，市委、市政府作出建设“三区三城”的决策部署，对率先基本实现现代化和城乡一体化提出新的更高要求。根据新形势和新任务，我局先后赴北京、上海、杭州、深圳、张家港等城乡园林绿化管理一体化先行城市进行调研。特别是张家港市从1993年成立园林管理局，对城乡园林绿化实行一体化管理之后，无论是公园绿地、道路绿地、居住区绿地、单位绿地、生态廊道、风景林地，还是农田绿化、山体绿化、河道绿化、村庄绿化，都明显优于周边地区的质量和水平。这些城市的实践证明，实现城乡园林绿化管理一体化的方向是正确的，有利于推动城乡一体化发展，有利于以城市绿化带动农村绿化，有利于提高城乡的绿化品质和水平，有利于土地、资金、人才、技术的集约使用，有利于避免职能交叉、多头管理的弊端，这些都是值得苏州市推进城乡园林绿化管理一体化发展可资借鉴的经验和做法。

鉴于上述意见，我们认为：在苏州市园林和绿化管理局增挂苏州市林业局牌子，将农村绿化、部门绿化纳入苏州市园林和绿化管理局的职能范围，更好地加强对园林、城乡绿化、风景名胜区的综合管理，是十分必要的。

（本文为2011年3月8日向市政府政策研究室的汇报提纲）

（值得欣喜的是，这一建议已在新一轮政府改革中得到落实。）

改革，要有利于事业发展

我刚到苏州市园林和绿化管理局工作，就遇上了全市的事业单位改革，我边学边干，边研究边调整，实事求是，稳妥推进，努力使园林绿化系统事业单位改革有利于园林事业的发展。

一、改革的指导思想

中国之所以有今天的发展成就，是与中国的改革开放政策分不开的。改革开放后，党把以经济建设为中心作为政治路线，全国开展了“实践是检验真理的唯一标准”的大讨论，全党都解放思想，对内改革，对外开放。很多改革是从基层开始的，比如农村的联产承包责任制、推广到城市实行厂长负责制，当然也发展私有经济。这对推动中国的生产力发展，繁荣中国的经济起到了巨大作用。

到了20世纪末和21世纪初，改革进入深水区。除了大力推进政府部门的机构改革以外，还在推进国有企业和事业单位改革。当时苏州市的党政领导下决心解决国有企业经济效益不好、事业单位效率不高的问题，除了市属大企业实行归并、企业集团实行公司化运作之外，对一些小型的国有企业还进行转制，即把原国有企业的工人买断，企业卖给私人老板经营，苏州当时的很多国有企业领导转变身份，贷款把企业买下来，成为私营企业的法人。那时园林局的下属古建公司改为了园林股份有限公司，归刚组建的国有企业苏州风景园林集团领导，仍然是国有控股。苏州园林局原下属的

纪念建党90周年文艺汇演

旅游公司、绿化公司则实行了人员买断，企业转制，卖给了私企老板经营管理。

2003年9月，我到苏州市园林局任党委书记时，前面的改革已经做完，不过园林局局长仍兼新组建的风景园林集团的董事长，副局长张树多兼任集团的总经理，主要负责风景园林集团和园林股份公司的工作，但统归园林局党委领导。后来又开始了事业单位的改革。中国的事业单位是政府部门的一个补充，在一定程度上代理政府管理、经营国有资产和代行为社会公益性服务的职能，比如我局负责的各公园管理处，教育局负责的各类学校幼儿园，卫生局负责的各类医院等。当时全国还没有统一的事业单位改革政策，各地也都在观望。由于苏州市各项工作都要率先，要敢闯敢冒当排头兵，所以率先开展起了轰轰烈烈的事业单位改革工作。

为了搞好这项改革，苏州市成立了改革领导小组，由书记、市长任组长，下设改革办公室，由一名政府副秘书长负责，有问题直接向市长、书记汇报，工作也是尽快推进。首先是对事业单位进行分类，比如有行政性事业单位（代政府履行行政性管理职能的），有公益性事业单位（代政府行使为社会公益性服务的），有生产经营性事业单位（从事生产经营和服务的，经费上是自收自支单位）。上级规定，生产服务型事业单位一律转为企业。行政性和公益性的单位要减少人员编制，压缩经费开支，实行管办分离改革。

我们想出了在局与各园林管理处之间不设中间层的管理中心，而是把园林管理处与预设的园林管理中心合二为一仍为管理处。在管理处机关工作的人员和领导为管理层，在其下面进行一线工作的为操作层。这样仍为一个体系，局直接管理各园林管理处。对进入操作层的人员，不进行身份转变，采取新人新办法，老人老办法的方式进行。新进人员为编外人员，实行合同制，是操作层人员；现已是事业单位身份的人员虽然要到操作层工作，仍然是事业单位人员，工资待遇按在编事业单位人员发放，直到退休。这样既能稳定职工队伍思想，又有利于工作开展，也落实了市里要求的压缩人员、提高效率、实行管办分离的改革要求。由于当时与市长不是很熟悉，他对推进改革的态度坚决，我就找到了当时的市委书记，给他汇报了我局事业单位改革的情况，最后建议苏州市推进事业单位改革要有利于工作，不能过于急躁。我讲了四条理由：一是事业单位改革目前国家尚无明确政策，我们可以推进，但不能走得太远，如果走得太远，下一步国家出了政策，我们再退回来，这可能不仅是翻烧饼的问题，还会对事业有一些大的损失；二是事业单位改革要有利于事业发展，如果这样改下去，下一步影响了苏州的各项公益事业发展可能是不对的；三是要对事业单位的职工负责，他们在事业单位工作了大半辈子，这一个命令让他们置换身份，变成企业职工或一下子买断，成为社会人员，这对他们是不负责任的；四是改革要有利于稳定，这么大的力度改革涉及这么大面积人员的切身利益，他们如果思想不通就会上访，就会找领导，就会不干工作，这可能会影响苏州整个社会的稳定，请市委、市政府领导慎重考虑。他思考良久后对我说："我们再研究研究，你说的也有道理。"

回到局里，我心里有了底，与局改革领导小组的同志几经讨论，又多次征求基层、机关及职工的意见，形成了苏州市园林和绿化管理局改革的初步方案。

二、确定改革方案

当时园林局有17个直属事业单位，其中副处级单位1个，正科级单位16个，编制1546人，在编1144人，离退休人员537人，其中公益类事业单位14个，包括园林风景区管理处12个，以及上方山林果场（自收自支事业单位）、少年天文观测站（全额拨款事业单位），行政类事业单位2个，包括绿化管理站、园林和绿化监察所，专业服务类事业单位1个（干训班）。

在改革要求上，主要是按市委、市政府确定的总体思路，并结合园林局的实际情况制定的，即：以党的十六大和十六届三中全会精神为指导，以市委、市政府《改革决定》为依据，精心组织，稳妥操作，积极开展管办分离和精简机构，压缩编制以及人员、分配、用工等方面的改革。人员实行全员聘用，定岗、定责、定酬。通过改革，建立竞争性的人事劳动制度和有效的激励约束制度，逐步形成干部能上能下，人员能进能出，收入能高能低，富有活力和效率的管理运行机制，使世界遗产和风景名胜区得到更好的保护管理，使园林绿化事业得到更快的发展，使人民群众得到更优质的公共服务。

为了顺利而富有成效地推进改革，我们拟定了在改革中要坚持好四条原则：

（1）既积极又稳妥的原则。既要以率先改革的精神，锐意创新，大胆探索，树立志在必得的决心和信心。同时，又要坚持从实际出发，科学论证，精心组织，统筹兼顾，稳妥操作，努力协调好改革进程中的各种利益关系和各项改革措施的配套衔接，使改革平稳有序地推进。

（2）整体推进原则。按照坚决改革、一个不漏、不搞例外、全面推进，开展以精简机构、压缩编制和改革内部人事、分配、用工制度为突破口改革。

（3）责、权、利落实到位原则。实行定岗、定责、定酬，使其依据服务质量和服务效率，取得应有的经济利益，使改革后的事业单位既富有活力又合乎规范，保证为社会提供优质、高效的公共服务。

（4）分类定性、分别改革、分开管理的原则。科学界定事业单位性质，精心设计各种类别事业单位的改革和管理方式，使改革和管理符合实际，确保改革的成功和管理效率的提高。

在改革的范围和模式上，我们经反复讨论，并与市改革办沟通，最后形成了如下意见。

园林风景区单位改革。园林局直属园林风景区单位均实行“管办分离”改革，按照管理与作业分开的要求，撤销原管理处，建立新的作业单位。园林和绿化管理局是苏州市人民政府主管城市园林风景区和绿化的行政主管部门，其内设的相关处室承担对作业单位的管理职能，原管理处的领导和科室人员也承担该园子的管理职能。主要职能是贯彻执行国家和政府的各项法规政策，根据实际拟定本单位相应的管理规定和实施细则。负责园林景区规划编制，挖掘文化内涵，确定建设维修、园艺陈设、票务管理等方案。制定园林景区和城市公园绿化作业工作的定额和技术标准、费用、考核办法，负责核查考核监管等。

作业单位以各园林管理处为基础，在原有基础上精简人员，定员、定岗、定酬。主要职能是按照国家和政府的各项政策法规，根据作业合同和经济合同条文规定的工作内容，组织实施。主要是编报园林风景点建设、维修保护、园艺陈设和票务管理计划并组织实施。保护好世界遗产、园林、风景区、公共绿地，负责园林风景区的清洁卫生、花卉盆景、树木养护和安全保卫；负责对景区内经营点的管理，促进园林、风景区经济发展。受管理部门委托，承担园林风景区对外宣传、促销工作，贯彻落实园林、风景区精神文明和行风建设等。作业单位设主任1名，根据作业范围大小，分别设副主任2—4名。本次改革中，由行政主管部门办理聘任手续，聘期2年，如有缺额，原则上实行公开竞聘上岗的办法。作业单位其他人员一律实行聘用制度竞争上岗，以岗定酬。对已签订聘用合同且在聘用期内人员，进行民主测评，凡合格率低于60%的不能上岗，缺额采取公开招聘的办法进行补充。作业单位的原事业单位人员，原事业编制和工资进入档案，实行定岗、定责、定酬。2004年7月1日（含7月1日）以后进入作业单位的人员一律签订劳动合同，参加城镇企业职工基本养老保险。为了减员增效，原单位人员中，凡工龄满30年，或工龄满20年并距离退休年龄5年之内的，可实行内部退养制度。实行聘用制后，原事业单位人员中，未能竞争上岗的由单位根据岗位空缺情况，进行调剂安排，提供两次上岗机会，对不服从安排的、仍不能胜任的，或考核不合格的，解除聘用（劳动）合同。

党组织和工会组织在改革后仍然设置，属行政主管部门党委领导，支部书记经选举产生后，由主管部门党委任命，享受作业单位正职领导待遇。工会主席及委员经选举产生后，报行政主管部门工会批准，任职期间享受作业单位副职待遇。

石湖景区和枫桥景区管理处的改革参照园林管理处改革模式进行。

其他类型单位改革。保留绿化管理站、园林和绿化监察所两个单位，为行政性事业单位。根据改革要求，重新核定人员编制和经费，健全考核办法，对现有人员按有关规定严格审定，新进人员一律实行公开招聘。深化人员聘用制工作，推进内部人事，分配制度改革，建立有效的运行机制，进一步提高管理水平和服务质量。对有收费项目的，严格实行收支两条线管理。保留青少年天文观测站，作为公益性事业单位，参照行政性事业单位进行改革。苏州园林博物馆和苏州园林档案馆的改革，根据市《定性改革批复》精神，原管理体制不予变动，分别与拙政园、留园实行“两块牌子，一套班子”，并实行“管理与作业分开”的改革方式。撤销园林和绿化管理局干部培训班，其职能划入局宣传教育处，编制内部调剂，进入园林风景区管理部门。

学会和协会改革，按照“自主办会，自理会务，自筹经费，自聘人员，自求发展”的要求进行。主管部门一律不再为学会协会提供经费来源和向企业拉赞助。

各单位的房屋及土地资产管理。按《市委办公室、市政府办公室关于加强市级机关房屋及其土地资产管理的实施意见》〔苏办发（2004）34号〕规定实施。

改革的时间安排分三个阶段。第一阶段为2004年5月至9月上旬，园林局在开展调查研究的基础上，拟定改革方案及人员聘用等相关配套规定和实施细则，上报市改革领导小组，并搞好宣传发动工作。第二阶段为9月下旬至11月，组织实施。第三阶段为12月，对照市改革办的决定进行自查，并接受市改革领导小组组织的验收。

在对改革工作的要求上，要求各单位统一思想，落实工作责任。党委（支部）加强学习，领会上级精神，党委（支部）将改革列入主要议事日程。健全组织机构，明确工作责任。局成立由党委书记、局长衣学领同志任组长和党委副书记、副局长吴素芬同志任常务副组长的推进事业单位改革工作领导小组，班子成员及有关处室领导为组员，进行分工负责，各司其职。各事业单位也参照局成立领导小组，并进行具体分工，同时注意广泛宣传，坚持民主公开，严格依法办事，按程序规范操作。

三、稳妥推进改革实施

改革方案报市政府改革领导小组后，很快得到同意的批复。在改革方案的酝酿阶段，狮子林管理处主任陈中对园林事业单位改革有些意见，在市长信箱中给时任市长写了一封长信，意思是对苏州园林事业单位改革要注意尊重园林管理处的实际，不应凭主观想象进行改革。市政府主要领导在信上批了很长一段话，还批给分管市长，批

局公开选拔科级干部

给我和徐文涛局长，他们两位画了个圈转给我。我找陈中谈了两次，感到他的一些意见和想法还是有些道理的，而且别人是按正常渠道实名制反映，有些不对的想法可向他解释，也可教育一下。

通过组织实施园林局事业单位改革，使我深深地感到，改革会涉及方方面面的利益调整，一定要搞好论证，科学决策，特别是要把改革的目的锁定在能够推进行业的发展上来。改革要实事求是，要结合园林局所属事业单位的实际进行，不能凭空想象，把盲目蛮干当成工作果断有魄力，同时还要照顾到多个单位每个职工的切身利益，不能以牺牲群众的利益来强行推进改革，为个人赢得政绩。要在保证群众的基本利益基础上稳妥推进，才能赢得他们的支持。改革不是把过去所有的东西都推翻，而应该把过去经过多少年实践检验证明是好的、管用的东西坚持和继承下去，把不好的弊端改掉，才能使改革更有意义，更有生命力。

这一次园林局事业单位改革总的看还是好的，各级的职责更清晰了，责任更大了，工作成效更明显了，特别是在园林景区保护管理和干部选拔聘用上，效果都是比较好的，也为这些年园林绿化事业的发展奠定了很好的基础，但在个别地方仍感觉不太合适，没有很好落实，比如各园林、风景区管理处的编制职数问题，管理层与作业层严格分开的问题，还有定岗、定责、定酬的问题，都很敏感，不好操作，后来也没有硬推。即使是落实了的东西，现在看来也有一些不太合适的。比如，园林管理处管理层与局机关干部，与作业层的人员流动问题就很不合理，一个人一旦身份固定，就没有办法流动，这很不利于事业的发展。再比如2004年7月1日后新进人员，过去叫编外职工，现在叫公益性岗位人员，他们年轻，工作干劲大，很多工作任务都是他们完成的，可他们与在编人员拿的工资却相距甚远，少了很多，他们心里也很不平衡，这也不利于凝聚人才，吸引人才，不利于调动每一位职工的工作积极性，不利于园林事业的发展。再比如，园林管理处的人员编制过少，游客逐年增加，一些工作只能委托社会上的物业公司来做，如保洁、安保、绿化、养护等，这些都不利于园林管理处的人才培养和事业延续，因为这些岗位在园林景区中也是需要技术和责任心的。招标到一家公司，公司派出的人员也只是干一年或两年，或者更短，他们不可能去学习园林里的一些技能和方法，也没有很强的责任心，时间久了就会影响园林管理的质量，影响苏州园林的声誉。不利于苏州园林事业的发展，这些问题只能靠后来者不断地通过深化改革和不断地调整来加以解决了。

（2019年3月1日于三亦书斋）

创新检查考核方法，规范园林绿化工作

园林风景区和城市绿化的保护管理是园林局的重要职责和主要工作任务，我在园林和绿化管理局工作期间，进行了一些改革创新，收到了很好的效果。

回顾我在苏州市园林和绿化管理局任党委书记、局长近十年的时间中，下功夫比较大的一项工作就是与时俱进地创新管理方法，抓好各园林、风景区管理处的检查考核，使全系统干部职工始终保持高昂的工作热情，有秩序、按标准、高质量地做好各项保护管理工作，基层单位基础性工作扎实而富有成效。

纪念建党90周年文艺汇演

一、与时俱进，创新园林绿化检查考核方法

2003年9月，我到苏州市园林局上任后，对所有的基层单位和有关处室进行了调研，之后又与全系统60多名副科级以上的干部进行了单独谈话，了解到园林局与其

他局的情况有所不同。作为地级市的政府部门，大部分局的工作都是比较宏观的上传下达，行业指导。而园林局则下辖17个事业单位。这些事业单位又分为：行政性事业单位、公益性事业单位（其中又分为财政全额拨款事业单位，差额拨款事业单位，自收自支型的事业单位），管理的基层在职人员有1100多人，离退休人员500多。负责苏州市大大小小的30多个古典园林、现代公园、风景名胜区和近千万平方米的城市绿化的保护管理工作。对各市（县）及园区、高新区、吴中区、相城区所辖的园林、风景区和城市绿化工作实行行业指导。

长期以来，苏州市园林和绿化管理局都是依托各园林、风景区管理处对各园林、景区进行管理的。这些园林和风景区管理处大都是沿袭过去的做法，按部就班，凭经验管理，每年局里也有一些检查考核，大都是走一走、看一看，凭主观印象来评价单位、评价工作。园林和风景区保护管理标准不是很高，有时还会出现一些差错。比如出现过名贵盆景死亡、门票收款被盗、车辆事故、家具陈设被盗等问题。园林系统干部职工存在着干好干差一个样的思想，工作积极性没有被充分调动起来。

在调研过程中，不少干部给我提出，现在我们已有8座古典园林（园林局系统管理的）成为世界遗产，应该按照世界遗产的标准提高管理质量；目前已经进入社会主义市场经济时代，不讲效益和质量就会被淘汰。当前园林系统“吃大锅饭”的现象仍显严重，应该与时俱进，引入竞争机制，提高干部职工的责任心事业心，提高园林景区保护管理的水平和质量。我在部队连、营、团、师的岗位上都工作过，对部队通过检查考核的方法提高工作标准，加强基层建设的情况较熟悉，这些能否用于各园林景区的管理上？于是我又带领局有关人员对一些企业进行考察，了解当时企业参与市场竞争的情况，达成了共识。在局党委扩大会上，大家认为园林和绿化管理局的主要职能是管理，而管理的有效方法是检查考核。通过检查考核，对每一个单位、每一项工作、每一个具体责任人情况做到全面了解和掌握，再通过细化检查考核方案把管理的内容根据其重要程度和工作量的大小设定可以量化的分数，这样在检查考核中可以一目了然，减少过去凭印象、凭感觉论好坏优劣的现象，达到客观公正地评价一个单位、一项工作和具体责任人的目的。这既遵循了科学的管理理论，也借鉴了成功的管理经验；既可深化过去园林系统检查考核的方法，又可提高检查考核的效果。

之后，我们又用了近半年的时间，按照业务分工，以处室为单位，制定考核内容、考核标准及考核办法，再由局办公室统一汇总为局检查考核方案。经过几上几下的讨论，最后局党委会专门听取了方案汇报，讨论了检查考核的具体内容，明确园林绿化工作标准以及方案的合理性和可操作性，在原方案基础上又增补了一些内容、标准和方法后，通过了该检查考核方案。

二、科学确定检查考核方案

年度检查考核方案不是一成不变的，而是根据年度的工作任务和在实际实施中遇到的问题逐步进行完善的。因此，每年度的检查考核方案都是不一样的，但主要的内容标准、占分比、检查考核的方法又都是相对固定的。

相对固定的部分主要有：在大的分类上，有世界遗产及园林名胜管理、规划建设管理、园林景区事业（法制）管理、党建（党风廉政）工作、财务情况、安全管理、组织人事（宣传）及工团、办公（信息化）业务八个方面，工作全覆盖。总分为100分。

在每一个大的方面中，又细化为若干个内容及标准。如在园林名胜管理中，分为：

（1）园容园貌，包括落实国家、省、市园林风景名胜区相关法规制度，园容环境整洁，在开放区域可视范围内，无影响景观的有碍物，建筑（构筑）物无破损，地面无积水，游览秩序顺畅，无游客投诉；影视拍摄和大型实景演出活动，有报批手续及资源保护措施。占园林名胜管理总分数的20%，检查方法为实测考核，并有具体的扣分标准，由园林管理处和遗产监管处负责检查考核。

（2）树木花卉盆景管理，包括植物配置符合景观要求，栽植和管理符合园管工作规范；古树名木有专门档案，注重复壮和管理；草坪养护规范，无空缺，季相明显，无杂草和病虫危害等；花卉生产和购买有计划，室内外摆花讲究艺术，四季有花，定期更换，重点花卉特色明显。检查方法是实测查核，占园林名胜管理总分数的10%，由园林管理处负责考核。

检查古典园林怡园维修工程

（3）陈设管理包括各类标识系统符合园林特色，制作统一，设置合理，内容醒目；室内厅堂的陈设齐全，无破损，符合历史和景观要求；室外的陈设保护合理，所有陈设登记造册，新增陈设符合流程，采用实测和查档的考核方法，占园林名胜管理类总分的24%，由园林管理处、遗产监管处负责检查考核。

（4）文物管理，要求市级以上的文保单位严格执行国家《文物保护法》，有效落实文物工作“五纳入”规定，严格保护文物单位的地形地貌，山林水景，建筑物、构筑物，植被；以及各种石刻、摆设等，不任意改变原状、原貌。实测考核，占该管理类总分12分，由园林管理处、遗产监管处负责检查考核。

（5）动物饲养，包括动物的引进，繁殖计划周全，档案完整，笼舍完好、整洁，日常管理严格，执行操作规程，及时做好防暑防冻工作；动物的引进、繁殖、死亡及时上报。主要是检查考核动物园，由园管处负责，占该管理类总分5%的份额。

（6）环境卫生，包括卫生设施齐全，布局合理，实行跟踪保洁，厕所有专人管理，整洁无异味；垃圾箱摆放不影响景观，清洁工具存放隐蔽，水面无漂浮物，水质符合景观要求，园林占该管理类15%，风景区占10%。采取实测和查档的方法检查考核，由园林管理处负责。

（7）除四害适时，鼠密度不超标；厅堂清洁符合古建筑保养及家具、字画、赏石等陈列物品的保护要求，二项占该项总分的8%，由园林管理处和遗产监管处负责检查考核。以上内容总分为100分。每一项具体内容都有扣分细则，出现什么问题扣多少分都有明确规定。

在规划建设管理中主要有：

（1）制度管理，包括遵守基本建设程序前期手续各项规定，以及项目的招标制度、审计制度和局“一事一报”制度，占此项比重总分的15%，由规划管理处用实测查档等方法予以检查考核。

（2）建设管理，包括新建、改建以及扩建项目建设方案和选址，须报主管局预审，经批准的方案和选址不得随意更改；各类工程建设项目在实施过程中，如发生工程变更，需严格按照苏州市有关变更办法办理手续；各项应急工程建设项目及时采取合理、有效的应对措施，同时报主管局；局重点项目和各类维修项目，如无特殊及客观原因，必须按计划完成，占该项目总分的38%，检查考核由规划管理处采取实测和查档的方法进行。

检查虎丘西扩工程

（3）组织机构管理，包括日常基建应明确分管领导和科室，有专人具体负责并相对稳定，各项重点工程建设应制订详细的实施计划并报主管局备案等，占该项目总分15%的比重。

（4）日常维护管理，包括各项基本建设维修项目实施前应详细测绘，并由基层单位会同相关单位制定详尽、成熟、可行的维修方案后方可实施。对于直接发包项目（含工程及设计、监理等各类前期）各单位内部应有制度规范，履行各自单位的审批手续，占该项目总分的12%，由规划管理处采取实测和查档的方法进行检查考核。

（5）建设资金管理，建设资金的使用必须专款专用，操作规范，占该项总分10%。

（6）基建档案管理，主要是新建和维修项目建立基建档案并纳入单位日常档案管理内容，所有施工图纸建立电子文档，占比10%，由规划管理处采取查档、听汇报等方法进行检查考核。以上各项均有扣分细则。

园林事业（法制）管理，主要内容是：

（1）法规制度，包括严格执行国务院《风景名胜区条例》《苏州市风景名胜区条例》《苏州园林保护和管理条例》《苏州市古树名木保护管理条例》《价格法》等园林景区业务相关法律、法规，规章制度和岗位责任制健全完善，有自查记录及相关台账，占该大项中的比例为30%。

（2）门票管理，按标准建设游客中心、售检票口，严格执行门票优惠规定，特殊情况报局票务领导小组批准；准时开园闭园，售检票无差错，日报准确，保持“窗口”优良秩序和整洁环境，礼貌待客，管理有序，占比为25%。

（3）经营管理，包括加强商品管理和营业场所的管理，经营网店布局合理，设置统一，并与周围景观相协调，环境整洁，服务主动热情，语言文明，杜绝争吵，着装规范，佩戴胸牌，及时处理各类投诉，按规定及时、准确报送重大节日人次及收入等相关旅游信息，占比25%。

（4）食品卫生，严格执行《食品卫生法》，茶杯、餐具等做到一清、二洗、三消毒，饮食四具符合卫生标准，不出售“三无”食品、过期食品、无独立包装食品。所有营业场所和食库符合卫生要求，做好园林景区质量等级考核工作，占比5%，以上各项均有扣分细则，由园林事业（法制）发展处通过实测、查档等方法进行检查考核。

安全管理包括：

（1）控制目标。主要内容为按立案标准，无一般刑事案件，无责任事故，无职工受过拘留以上处罚；无治安事件，职工无警告处分以上违纪行为（含治安处罚等处理），无因民事纠纷调节不及时引起重伤、致残或死亡；无矛盾纠纷因调解不当，引发职工越级集体上访和非正常上访；无职工参与非法组织；单位机动车与专职驾驶员无损失在3万元以上或致伤残、死亡的交通事故；领导重视社会管理综合治理和平安建设，逐级落实安全责任制和“党政同责”“一岗双责”；安全组织体系健全，按规定配备保卫人员，且胜任本职工作，活动正常；安全管理制度健全并得到有效落实，台账完整，执行情况良好，占该项目总分的49%，由安全保卫处按照实测查档等方法，并根据扣分细则进行考核打分。

（2）工作目标。包括安全防范措施落实，财会室、仓库和贵重陈设、书画等重点部位防范达标；安全检查制度化；隐患整改及时；一时无法解决的，有可靠的临时防范措施；职工法制和安全教育经常化；按要求完成上级统一部署的教育活动，特殊岗位人员持证上岗；按规定配备或设置各类安全设施、设备、标识与消防器材，并保持完好。重大节假日和展览游园活动的治安管理力量和安全措施落实；大型活动有安保预案；履行申报手续，各类安全问题应急预案健全；任务和责任落实到人；每年按预案演练一次以上。监控设施建设的数量、质量和程序符合要求；监控设施日常管理的人员和制度落实；设施保持良好，监控室24小时值守。联营租赁部门和其他务工人员情况清楚，管理制度措施落实，签订安全责任书，并实施考核。坚决落实上级有关安全工作指导材料，完成局布置的各项工作任务，占安全保卫项总分的51%，由安全保卫处按照实测查档等方法，依据扣分细则进行考核打分。

党建（党风廉政）工作，由组织领导党员管理和教育、组织建设、作风建设、党风廉政等内容细化为若干条，总分100分，由组织人事处负责，按照扣分细则进行考核打分。财务审计管理，按照预算管理、经费收入管理、经费支出管理、货币资金管理、专用基金、财产物资管理、基础工作，该项为100分，由财政审计处依据扣分细则，按照实测查档等方法进行考核打分。组织人事及工团工作，包括：组织工作、人事工作、宣传工作、工会工作、团建工作，由组织人事处、工会、团委根据扣分细则实施考核打分。办公（信息化）业务包括：综合协调、文书管理、保密管理、档案管理、政务公开、信访投诉、工单处办、接待事物、信息化管理、信息化建设等项目，由局办公室依据扣分细则实施实测和查档，给予考核打分，总分为100分。

以上各类别考核打分在总分的权重为：园林名胜管理为25分，规划建设管理为15分，园林景区事业（法制）管理为10分，党建（党风廉政）工作为12分，财务管理为10分，安全管理为8分，组织人事（宣传）及工团为10分，办公（信息化）业务为10分，总分为100分。

与此同时，对绿化管理站，园林和绿化监察所、天文观测站的检查考核，参照本方案另外制定了一些检查考核的标准及扣分细则，由绿化管理处和绿化建设处按照标准和细则进分考核打分，共同部分由其业务处室打分。

除以上的一般考核打分评比之外，还规定了一票否决的标准，主要是领导干部违反党风廉政规定，酿成严重问题，受到党纪政纪及撤职以上处理的；单位干部职工发生违法案件，受到刑事处罚的；单位发生重大及以上事故，直接经济损失30万元以上，或者直接经济损失不满30万元，但间接损失超过100万元的给予“一票否决”。凡受到“一票否决”的单位，年内取消文明、先进、模范等荣誉的评选资格；班子成员，考核不得评为优秀等次，一般干部职工考核优秀比例在平均比例的基础上下调15%，同时，每违反一项“一票否决”项目，奖励性绩效工资减6%。

检查考核方案出来后，又多次征求基层意见。局党委讨论决定后，下发各基层单位及机关处室，并要求组织学习，让全系统所有人员都掌握考核的内容及标准。

三、严密组织，严格考核

在检查考核组织的方法上，成立了综合管理检查考核领导小组，局主要领导为组长，各分管领导为副组长，各职能处室主要负责人为成员。其主要职责是：制定和修改综合管理检查考核意见、办法及标准；提出年度综合考核工作重点；研究解决综合管理考核工作中的具体问题；对综合管理完成情况进行经常性的督促检查；总结推广先进基层单位的经验和做法；负责综合管理考核工作的组织实施，情况汇总，结果审定，并向局党委提出年度奖惩的初步建议；向各基层管理单位反馈考核结果、存在问题及改进意见。

综合管理检查考核，分平时检查、阶段督查、半年和年终考核三个部分：

（1）平时检查由局各职能处室，每月不定期、不定点下基层单位进行检查，对基层管理单位存在的问题及弱项提出整改意见，并由局考核小组每季度汇总检查情况反馈各基层单位。平时检查结果是年度综合考核基础分的30%。

（2）阶段督查。对阶段性工作按任务完成标准与时限要求进行考核，年终不再重复考核。

（3）半年及年终考核。由局检查考核小组分别于半年度和年终统一考核。考核前，由考核小组负责人牵头专题召开管理考核部署会，研究制定考核方案，组织各职能处室采取听取汇报、实地考察、查阅台账资料的形式进行考核，对管理重点单位和管理较弱单位多查、细查；重在发现问题、解决问题、讲究实效；各职能处室在集中考核结束两天内，将考核情况汇总至考核小组，在此基础上形成书面情况报告报送局党委，作为综合管理决策和年度奖惩的基本依据，半年及年终考核结果占年度综合管理考核基础分的70%（各占35%）。

检查天平山景区保护管理情况

除此之外，在干部、职工的考核上，也是参照这些检查考核标准评价干部，评价职工，与干部提升、职工评级评奖挂钩，大大激发了干部、职工的责任心和事业心，使园林系统各项工作高质量推进。

四、长期坚持，形成制度

值得欣慰的是，自这种综合检查考核实施之后，全局上下高度重视，对工作高度负责，每年的6月底和12月底，哪怕是工作再忙，也要集中几天时间，集中所有检查考核组成员对基层单位逐个进行检查考核，较好地推动了各基层单位的全面建设。多年来，园林系统未发生领导贪污被查的问题，未出现重大案件和责任事故，每年接待购票入园游客在1500万人次以上，未有重大投诉举报事件，经济效益也由原来的每年1.5亿元左右到我离职（2012年）时的3.6亿元。苏州世界文化遗产保护受到联合国教科文组织的充分肯定，在苏州设立了国际二类机构——亚太世界遗产教育研究培训中心，国家文物局、中国教科文全委会、住建部等领导部门对苏州文化遗产和古典园林的保护都给予了充分肯定，多次来苏州召开重要会议。同行业和广大游客对苏州园林保护管理的情况也给予高度评价，多次在同行业会议上介绍经验。苏州园林多年来都是高等院校的实习基地，如北京林业大学、南京林业大学、同济大学、东南大学、苏州大学、苏州科技大学等十多所学校的园林、规划、建筑专业的教师每年都带学生在园林中实习，一致给予很高评价。由于每年游客量不断增多，不得不采取限制入园人数（部分园林实行预约制）的办法来加以解决。

更为可喜的是，我离开园林和绿化管理局已经7个年头了，这些检查考核工作仍在继续，而且还在实践中不断丰富发展。由于园林局工作出色，苏州市在去年的政府机构改革中不仅保留了园林局，而且把林业局这一块的职能也划给了园林局，园林局在政府机构的排序中大幅提升。园林局还在2018年苏州市政府机构年度绩效考核中，夺得最高奖——优胜奖。这与园林系统多年来坚持综合管理检查考核办法，实施标准化管理，不懈地推进苏州园林绿化高质量发展是分不开的。特别是与广大干部职工追求工匠精神，追求工作高质量、高标准，与时俱进，开拓进取，争创工作佳绩是分不开的。我同时也真诚地感谢园林系统的广大干部职工，正是他们这种按照局里综合管理检查考核标准要求，扎实工作，积极进取，才取得了今天这样好的效果！谢谢苏州市园林绿化系统的每一位辛勤的耕耘者！

（2019年3月于三亦书斋）

努力破解城市绿化难题

城市绿化是城市化进程中的重要内容，我注意在干中学、学中干，用改革创新的方法破解工作中的难题，达到了增绿和护绿的理想效果。这是我在编辑此书时对在任园林局长时抓这项工作的回顾。

城市绿化是城市具有生命的基础设施，更是城市生态、城市环境、城市品位、城市形象的重要构成要素。因此，自新中国成立之后国家就十分重视城市绿化工作，特别是在改革开放后快速的城市化进程中，城市绿化工作更受重视，得到快速发展。也是我在苏州市园林和绿化管理局局长任上花费精力破解难题，极力推进的一项重要工作。

一、破解增绿难题

城市绿化工作是园林局的一项重要职能，但这项工作的难度相对较大。就当时的情况看，主要困难有：

（1）苏州的基础相对薄弱，在1989年苏州市出台的城市绿化达标暂行标准［苏绿委（1989）第2号］中规定各机关、事业单位、部队、群众团体绿化覆盖率在15%以上，医疗、卫生、旅游宾馆覆盖率在20%以上。全市的绿地率只有12%左右，覆盖率也只有15%左右，可见当时苏州市的绿化水平很低，人均绿地在2平方米左右，在江苏省十二个地级市中是最后一名。虽然通过十来年的努力，这些指标有了很大提升，但城市绿化率仍然只有21.2%，绿化覆盖率25.5%，人均公共绿地面积4.5平方米。

（2）管理体制机制不顺，设计施工和养护、队伍不足，且市与区的职责不清。

（3）养护管理难度大。由于这些绿地大都是开放性公园、小游园、街头绿地、行道树及单位、居住区绿地，管理起来难度较大。

（4）社会反响大。苏州是一个旅游城市，外来人员多，对苏州的城市绿化也免不了品头论足。苏州市的领导和群众也十分关注苏州的形象和自己生活的环境，对苏州城市绿化的建设管理要求较高。

在21世纪初，苏州开始创建国家园林城市。全市上下十分重视城市绿化工作，市主要领导要求单位要破墙透绿，见缝插绿，按300—500米建一个小游园的要求拆迁建绿；城市重要节点和空地安排大面积的公园绿化用地，实行规划建绿。几年下来，苏州市增加了不少的绿化面积，并于2003年成功创建为国家园林城市。记得当时的城市绿化率达到了31.2%，绿化覆盖率达到36.1%，人均公共绿地达到了6.8平方米，住建部经过检查验收给苏州发了园林城市的牌子。

2003年下半年，我到园林局工作，目睹和参与了创建国家园林城市后阶段的工作。2004年上半年，我被任命为园林局局长，通过调研感到苏州的城市绿化工作仍有很大差距。一方面创建国家园林城市的成果巩固比较难，比如，随着苏州市建成区面积逐年扩大，外来人口逐年增加，城市绿化中的三大指标，即城市绿地率、绿化覆盖率、人均公共绿地面积三大指标会不断下降；另一方面，创建国家园林城市后，大家都有一种满足感，认为苏州已是国家园林城市，可以歇歇脚，喘口气了，所以在建绿护绿上也不是那么积极了。建成的绿地管理养护的质量和水平也有下降趋势。再加上创建国家园林城市时大部分是靠银行贷款实施的（大约有20亿元），现在开始每年都要还债，局里和市财政已感到吃紧，哪还有多余的资金用于城市的绿化建设和养护呢?

面对这些困难和问题，我只能先当“小学生”，采取到兄弟城市取经，咨询有关专家，组织同行业人员召开研讨会，寻找破解的方法。尔后又向市委、市政府领导沟通汇报，进行逐一破解，取得了较好的效果。比如，针对绿化三大指标下降的问题，我们采取在加大绿化建设力度，增加绿地面积上下功夫，会同市规划局、国土局、各区政府研究每年增加绿地的面积和布局，并以市政府的名义部署任务，大力推动。当时苏州新加坡工业园区，苏州高新区正处在大发展大建设当中，要求他们做好公共绿地的规划和建设工作，园区每年要增加150—200万平方米的建设任务，高新区增加150万平方米以上的绿地建设任务。吴中和相城区也要增加100万平方米左右的建设任务，古城三个区（平江、沧浪、金阊）土地相对较少一些，三个区加起来也要有50万平方米以上的建设任务。任务分到各区后，各区要把建设的区域、时限、投资规模都报到局里，局里再汇总后向市委、市政府汇报，完成情况基本上是每月一报。后来，我们又按照阎立市长的要求，绘制成图上报，也回答了有些人对我们绿化面积数字的质疑。多年坚持下来，三大指标不仅未降，而且逐年提升。再比如针对财政资金紧张的问题，采取各区绿化由各区财政负责，市属工程由市财政负责，划入重大项目中，与该项目一起预算，一起保障。如苏州市火车站改造工程，周围的绿化都打包在该项目工程中一起支付。单独绿化工程和日常养护管理经费，园林局从园林门票中提取8%给予保障，不足部分由市财政兜底解决。长期坚持，形成制度。后除因土地紧张的原因，全市新增绿地面积由原来的每年500万平方米以上降至每年450万平方米左右，其他的还是延续这个方法一直到现在。在这一时期内，苏州增加了许多大型绿地及公园，如石湖滨湖区域绿地、三角嘴湿地公园、白沙公园、金鸡湖公园、太湖湿地公园、荷塘月色公园、相城植物园、沪宁高铁生态廊道、沪宁高速公路生态廊道、高速公路出入口、高架枢纽大型绿地等，有效地提升了城市三大绿化指标。在我离开园林局工作的2012年底，苏州绿地率已达到39%，绿化覆盖率达到43.5%，人均公共绿地面积达到13平方米以上，始终走在了全国的前列，而且成功创建为全国绿化模范城市、全国生态园

在3·12植树节工地上

林城市试点城市。园林局被评为全国绿化先进单位，我与分管市长朱建胜都获得了全国绿化委员会颁发的绿色奖章。与此同时，也提升了城市品位，改善了居民的生活环境，使苏州市成为清水绿城新天堂。增绿工程成为苏州市历年的政府实事工程，连续七年被评为市“十佳”实事工程。

二、破解绿地养护管理的难题

在增绿的问题解决后，苏州的绿地逐年增多，养护管理好建成的绿地就成为重要任务，而且城市绿地养护管理上难度更大，必须改革创新综合施策才能加以解决。

（一）明确分工，区分责任

在计划经济时期，苏州市的城市绿化养护管理基本上各区都有自己的队伍，三个古城区都有一个绿化队，负责本区的绿化建设和养护。市属大型的绿化由市园林局负责建设和管理。园区、新区、吴中、相城等区都没有绿化部门，日常工作有的放在建设局（园区、新区），有的放在城管局（吴中），有的放在农林局（相城），随着政府几轮的机构改革和区划调整，城市建成区面积逐年扩大，在管理体制和机制上必须进行调整。我们根据当时的实际情况，把古城区的市属公园、区级公园、主干道的绿地养护直接交由园林局负责，三个古城区（现为姑苏区）在2003年改革中，撤销了绿化队，没有了队伍和人才，主要负责本区的小游园和小街小巷绿化养护管理。园区、高新区则放在规划建设局（住建局），由专门负责绿化的副局长和专业人员负责本区公共绿化的养护和管理。吴中区、相城区由本区政府负责本区的公共绿地的养护和管理。各住宅小区的绿化由住宅的物业负责养护管理。政府机关、单位、学校、厂矿企业的绿化养护管理则由本单位（或聘请物业）进行养护管理。所有单位按照《苏州市绿化条例》的要求进行养护管理，市园林和绿化局负责行业管理。这样就形成了纵向到底、横向到边的绿地养护管理的体制机制，不让一块绿地处在无人管理的状态中。凡属移植和占用绿地的必须经市园林和绿化管理局批准，哪个区、哪个单位、哪个公园、哪条路的绿化出了问题都可以直接找到具体单位和具体负责人，解决了过去分工不明、责任不清的问题。

（二）搞好顶层设计，让市场选择养护管理队伍

2003年，在园林和绿化管理局事业单位改革中，我们实行了政企分开、政事分开、事企分开、管理层与作业层分开的“四分开”，基本完成了全市的绿化管理体制改革。之后我们又多次到深圳、广州、上海等地调研城市绿地养护管理工作，结合我们的现状（管理队伍较少、管理面积较大、管理标准较低），研究出了一些新的养护管理办法，报市政府同意后，于2005年以市政府名义出台了《苏州市市区城市绿地养护管理暂行办法》，建立了绿化养护管理市场化、专业化和规范化管理机制，实现了绿化养护管理市场化运作，建立起“二级政府，三级管理，四级网络”的运作模式，逐步推行末位淘汰制。在此基础上，制定实施了《苏州市城市绿地养护管理标准》《苏州市城市绿地养护管理检查考核办法》《苏州市绿地养护管理招投标评标标准与办法》等配套性文件。从此以后，苏州市城市绿地养护管理实行政府采购，实施公开招投标制度。在每次招投标前，都多次召开绿化、财政、建设、监察等部门参加的联席会议，对投标单位的条件、延长养护周期、统一招标时间以及对养护的要求、检查考核办法、评标标准进行修改和调整。一开始，我们心中也不是很放心，还怕出问题，只将中心城区范围内的市管绿地养护管理推向了市场。经过一年多的实践，感觉效果很好，又把我们管辖的所有公共绿地都推向了市场。后来又要求各区把公共绿地的养护管理推向市场，通过招投标方式选择养护管理队伍。同时，还采取定员、定岗、定责、定额等措施，把养护管理质量直接与单位和职工个人利益挂钩，实现了绿化养护管理由粗放型向精细型、突出型向长效型的转变，养护管理水平和质量明显提升，有效地保证了绿化建设成果。

（三）引入竞争机制，实行合同化管理

在深化绿化体制改革，积极探索绿化养护工作的新模式过程中，按照《苏州市市区城市绿地养护管理（暂行）办法》的要求，由园林和绿化管理局负责对市区主要干道及主要公共绿地的养护进行公开招投标。在实施中我们力争公平、公正、公开，把

工作做细、做实、做优。首先把现有的绿地按就近原则划分成若干个标段，每一个标段中要标定面积、标定主要植物景观数量、标定养护等级、标定养护时间、标定养护资金，然后在网上公开发布信息。各园林和绿化公司报名十分踊跃，每一个标段都有十几家，甚至几十家公司竞争。我们又组织联合工作组对参与竞争的园林绿化公司的资质（那时还没有取消资质）、信誉、人员配置、机械配备、管理水平等方面进行了综合评定和审核，再由市招标办组织公开招投标，本着公平、公正、公开的原则，择优确定专业的优秀的园林绿化公司进行养护管理。队伍选定后，又由绿化管理站代表园林局与选出的公司签订合同，在合同中明确中标单位为提高养护管理水平应采取的措施，比如修剪、浇水、施肥、保暖、治虫等都有具体要求，同时，还明确养护管理所发生的费用以及付款的方式，明确承包方必须服从招标单位安排的抢险及其他应急活动。为促使中标方遵纪守法，协议中预留了部分经费作为质量保证金，该部分经费需养护期满且养护缺陷改正后（如发生部分植物枯死，必须更换好）方可支付给中标方。第一次招标，我们选择了12支队伍，都是苏州市最好的园林绿化队伍，他们在实施养护管理中也十分珍惜这次中标的机会，严格按照与我们签订的合同工作，这不仅大大提高了管理效率，而且提高了市区绿地养护管理的水平。

（四）制定规范分级管理，合理使用养护资金

为了使城市绿地养护管理工作逐步走向规范化、制度化，做到有章可循，有规可依。我们又在广泛征求意见的基础上，先后制定了《城市绿地养护定额》《城市绿地养护管理技术标准》《城市绿地养护管理考核细则》等一系列规范性文件。结合绿地的分布情况，将绿地管理进行分级，分别制订出不同的管理标准，并对每块绿地的养护经费根据其不同的基础条件、不同的植物配置，采用单位核算的办法，进行科学测算，明确达到一级、二级、三级绿地管理水平所需的养护费用，从而为合理使用养护资金提供了依据。例如干将路、三香路、桐泾公园等地方的绿化有名贵树木，有景观树，而且人流量、车流量较大，要求相对要高一些，每平方米的价格也就高一些。而郊区绿地、沪宁高铁、沪宁高速两侧的防护绿地则要求标准低一些，价格也低些。在绿地养护管理技术标准上，我们对总体要求、养护技术要求，包括对园林植物养护的

局系统3·12义务植树

修剪、浇水、松土、除草、病虫害防治、施肥、保护、补植、专项养护（草坪、覆地花卉）等的技术进行了细化和标准化，对设施维护、卫生保洁、绿地保护、绿地养护台账都明确了一些技术上的标准。这不仅为中标单位的工作提供了具体的标准要求，也为我们的检查考核提出了很好的依据，这既节约了财政的养护资金，又避免了管理者与养护者之间的矛盾，同时也能大大提升城市绿地养护管理的质量。

（五）强化考核制度，实行精细化管理

加强城市绿地的养护管理，特别是在实行了市场化养护管理机制之后，没有强有力的检查考核是达不到预期目的的。一开始，有些养护单位为节约养护成本，对我们的要求和合同中的规定落实大打折扣，该施肥时不施肥，该浇水时不浇水，该修剪时不修剪，该治虫时不治虫，该投入的职工人数大为减少等。我们发现后及时应对，很快出台了《苏州市区城市绿地养护管理检查考核办法》《苏州市区城市绿地养护管理检查考核细则》，并且以园林局文件的名义正式下发执行。在遇到新情况、新问题后还要再进行修订。比如，2008年，我们根据养护管理的实际情况就进行了重新修订，修订后的检查考核办法的主要内容有5大项，除了保留以前的考核范围、考核内容、考核标准外，还对考核办法进行了明确，规定市管绿地养护管理实行两级考核制，即苏州市绿化管理站负责日常的检查考核，苏州市园林和绿化管理局负责抽查、组织

季度考核及年度排名。绿化管理站负责每月全面考核，采用定期巡查与专项检查相结合的方式对市管绿地进行全覆盖检查，并进行打分，考核结果于次月5日前上报市园林和绿化管理局。绿化管理站每月要召开养护工作例会，通报上月绿地养护管理情况，并以书面形式将最终考核结果通知养护单位。市园林和绿化管理局负责对月度考核结果进行审批，报送市财政局，在苏州绿化网公布考核结果。养护期结束后，苏州市园林和绿地管理局负责进行综合排名，实行末位淘汰制。养护管理排在最后一名的队伍不得参与下一轮招投标。对考核评分也进行了细化，共分16个项目，即：①绿地保洁和垃圾清理；②色块内杂草清除；③草坪及地被植物内杂草清除；④乔灌木修剪（包括剥芽和抹芽）；⑤色块修剪；⑥草坪地被修剪；⑦草花管理；⑧病虫害防治；⑨树穴松土，切边整形；⑩设施维护和维修；⑪绿地保护和保安；⑫抗旱浇水；⑬施肥；⑭涂白；⑮木结构油漆；⑯造型树管理。考核实行百分制，每月考核由定期考核、巡查考核和专项考核组成。定期考核（每月至少二次）得分是综合得分的60%，巡查考核成绩占得分的20%，专项考核成绩占总得分的20%。绿地又分为公园绿地、道路绿地及风景林带三种类型，每种类型有不同的技术标准，还明确了不同等级考核时的扣分标准，共分5个等级，有不同扣分，每个等级相差5分，第5级为85分以下，属不合格养护，其他的每扣一分都要扣相应的养护费，还有未及时完成园林和绿化局下达的任务的直接扣。因养护管理不当造成严重影响或受到上级部门点名批评，直接扣分，被媒体曝光属实的扣分。

在绿化工地上

关于养护经费核算我们是这样规定的：一是考核分数与当月养护经费挂钩，考核得100分者不扣养护费，97—99分，每扣一分减养护经费的0.25%；94—96分，每扣一分扣减经费的0.5%；90—93分，扣减经费的1%；88—90分，每扣一分扣减经费的1.5%；85—87分，每扣一分扣减经费的2%；85分以下为不合格，扣除当月全部养护管理经费。还有在日常检查中发现职工名额不够、不参加会议、职工不履行责任、草花管理不好、未按时完成绿化养护数据库建立的都要扣分扣款。这给养护管理单位的压力很大，各单位工作起来也就非常认真。同时我们还制定了检查考核细则，包括养护技术考核、养护人员考核、绿地保护法考核、设施维护考核、绿地保洁考核、养护台账考核等内容。这样工作起来就更加科学规范，养护企业还可以互相监督。检查考核工作量很大，人手不够，我们专门向市里申请了绿地养护协管员（20余名），还给大家配发了自行车、照相机等，协管员在自己负责的区域内，每天不停地巡查，并记录下来作为检查考核的得分。这样，谁也不敢马虎，大大提升了精细化养护管理的水平。

（六）加强业务技术培训，提高职工的业务素质和技能

为提高绿化养护管理人员的理论水平和操作技能，我们利用冬季相对空闲的时间，对检查、巡查人员及各养护管理单位的主要骨干进行技术培训，讲授乔、灌、花草的生长特点及植物病虫害的识别与防治，园林机械的使用与保养，树木修剪、施肥等技术要点，并定期组织部分养护管理单位的技术能手外出参观学习，交流技术，拓宽视野，扩大知识面，从而使员工的技术水平不断提高，专业技能更加精湛。

通过以上的多措并举，这些年来，苏州市的绿地养护管理的质量大大提升，不仅有效地解决了以前难以解决的问题，还为以后创建国家生态园林城市打下了很好的基础。我们作为2005年以后国家住建部确定的十个生态园林城市创建试点市之一，多批次专家学者来苏州市检查考核都给予了高度评价。2010年，还成功创建全国绿化模范城市，受到全国绿化委员会的表彰。2015年，成功创建成为第一批全国生态园林城市。后来在各县级市范围内也推广了市区的做法，受国家住建部推荐，全国很多城市的同行都来苏州考察学习，使我们的城市绿地养护管理办法在全国许多城市开花结果。如今回顾起来，虽然当时的工作是辛苦的、身心是疲劳的，但坚持下来，得到认可，解决了城市绿地建设管理中的难点，为当代城市建设做一些贡献，心中还是感到很快乐的！

（2019年6月27日于三亦书斋）

我在苏州市风景园林学会

我在苏州市风景园林学会担任理事长近十三年，既学到了一些知识，也结交了一批专家朋友，同时也为推进苏州园林绿化行业发展做了一些事情，现将有关情况做一些记录。

苏州市风景园林学会成立于1979年。成立之初，主要是由苏州园林科研所的一批老专家、老学者组成的，当时的园林局（处）也给予了相当大的支持。学会的业务主管单位是苏州市科协，行政主管单位是苏州市园林和绿化管理局，接受社团登记管理机关市民政局的业务指导和监督管理。

学会的英译名：Suzhou Society of Landscape Architecture，缩写：SZSLA，是苏州市及辖区四县市风景园林绿化工作者及相关学者自愿结成的依法登记成立的学术性、科研性、非营利性的地域性法人社会团体，是苏州市科学技术协会的组成部分，是研究和发展苏州风景园林事业的重要社会力量。学科领域涉及城市绿地、园林、风景名胜、城市生态、大地景观等，其专业范围包括风景园林历史、文化、艺术理论和历史园林、文化和自然遗产保护研究；城市绿地系统规则，风景、园林规划；风景、园林、绿化、景观工程设计与施工；风景园林动、植物保护研究；城市生态系统与人居环境，风景园林经济与管理的研究等方面。

一、把行政工作与学会工作结合起来

2006年，风景园林学会要进行换届。学会理事长黄玮（园林局原副总工程师）找到我，说自己年纪大了，不再适合当下一届理事长了，建议由我来担任第六届理事长。我当时感到自己担任园林局长平时工作任务很重，又不是园林专业出身，专业技术水平也达不到理事长的要求，故没有答应。后来，又有一些退休的老专家和局里副局长、处长向我建议，由我出任学会理事长比较合适，因为风景园林学会是苏州园林系统学术研究和咨询的团体，是行政主管部门的参谋和助手，这既可使局里更好地领导全市的园林绿化行业，又可以让学会工作得到园林局的更大支持。从我到园林局工作的三年多时间看，完全有能力领导好学会的工作，而且当时没有更合适的人选担任此职务，没有办法，我只得勉强答应。

为了不影响局里的工作，也便于学会开展工作，我提议由园林局副局长茅晓伟任学会常务副理事长，遗产保护办公室主任周苏宁任学会秘书长（他们二人业务能力强，工作认真踏实，可以协助我抓好学会的工作），其他领导成员由茅晓伟副局长、周苏宁主任与黄玮及学会第五届理事会拟出。他们很快拟出了第六届学会领导的建议名单，提交园林局党委研究后，又报市科协、市委组织部同意。在2006年11月召开的风景园林会员第六届大会上一致通过。至此，我又有了一个新的任务，要全面抓好苏州风景园林学会的工作。

当时，园林局经常性的园林景区和城市绿化的日常保护管理，每天都要处理大量事务，当时还有石湖滨湖区域、三角嘴湿地公园等政府实事项目，投资巨大，任务繁重，恨不能把一天当作两天用。因此，我就把学会的工作交给了常务副理事长茅晓伟、秘书长周苏宁，可他们平时的工作任务也很繁重，只能让园林管理处的左彬森顶上去做好学会的上传下达工作。由于这些人员都还在职（当时还没有规定不让在职人员兼任社团组织职务的规定），学会的办公室只能设在了园林局。

过了一段时间后，我感觉这样不太合适，这会把风景园林学会弱化，时间久了会出现有没有学会都无所谓的状态，这会严重影响学会的建设和声誉。我就与茅晓伟、周苏宁一起商量，要把学会工作与园林局工作一起来做。与学会其他领导商量，大家非常赞成，故在以后开展的工作中，就把局里的行政工作与学会的工作结合起来去做，发挥各自的优长，使双方的工作做得更好。由于我是学会理事长，茅晓伟副局长是学会的常务副理事长，周苏宁主任是学会的秘书长，我们都是“双面绣”，我们干的既是园林局的工作，也是风景园林学会的工作，特别是与学会关系比较密切的工作，就尽量以双重身份去做。比如，当时正在修志，除了我们都是修志领导小组的成员之外，还把已退居二线的原狮子林管理处主任陈中（他是风景园林学会的常务理事），抽调到局修志办公室，一起做好《苏州园林风景和城市绿化志丛书》的编撰工作。又如，编辑出版苏州园林文化丛书（共七本），就由衣学领、茅晓伟、周苏宁、金学智、周峥等（风景园林学会会员）一起共同编写；再如，园林局每年都组织一些讲座、研讨会、干部培训，“3·12”植树活动，园林绿化科普活动都是学会与园林局一起开展的，还有《苏州园林》杂志的编辑出版也是由风景园林学会副秘书长周峥具体负责的，也算是承担了一项重要工作。还有一些课题研究、重大工程的规划设计方案等都是园林局与园林学会共同努力做好的。虽然表面上看学会没有单独开展多少工作，但实际上与园林局工作结合，还是做了很多贡献的。就连学会的经费管理，也放到了局计财处，而计财处长也是风景园林学会的理事。这样，每做一项工作大家要么是双重身份，要么是两家结合共同承担，也干出了许多有声有色的工作。苏州市风景园林学会工作较好，在全省、全国都有一定的影响。我在2008年全国风景园林学会换届大会上被选为全国风景园林学会理事，茅晓伟被选为经济与管理专业委员会的副主任委员。后来，我又被江苏省风景园林协会选为副理事长。

二、新班子，新气象

时间过得很快，按照学会章程每四年都要进行换届。但2010年世界风景园林师（IFLA）大会在苏州召开，实在太忙没来得及换届，到了2011年我们才进行了学会的换届工作。会员大会是在2011年12月30日召开的，由于学会章程规定学会领导一般不超过二届，我们都才干了一届。我、茅晓伟、周苏宁等人也都快到了退休的年龄，感到退休后，到风景园林学会再干几年自己喜欢的事情也是乐意的。在广泛征求广大会员意见和报请上级批准时，大家都很赞成，于是我们又当上了新一届学会的领导。

学会工作会议

在学会新一届领导班子选配时，我们高度重视学会的组织建设。除了连任的领导外，我们建议了苏州农业职业技术学院的成海钟院长（副厅级）、园林设计院贺凤春院长、风景园林集团副总经理顾庆平、园林和绿化管理局副局长杨辉、园林局原绿化处处长陈英华等人为副理事长，并在会员大会上得到通过。后来，学会吸收了一批园林绿化企业加入。园林股份公司董事长嵇存海、金螳螂景观公司董事长张军、园林局人事处处长徐学民退休后也进入学会，他们与周苏宁一起被增补为学会的副理事长。各县级市的园林局长、园林局各有关处室的领导、园林局下属较大的事业单位领导、园林绿化较大企业的领导、在苏有关院校的领导都被选为了常务理事或理事。

学会的理事长、副理事长、常务理事、理事确定之后，我们又把上一届的专业小组调整为专业委员会，共设立7个专业委员会：①历史文化艺术专业委员会，由周苏宁兼任主任委员；②规划设计专业委员会，由贺凤春兼任主任委员；③工程建设专业委员会，由邵雷任主任委员；④园林植（动）物专业委员会，由成海钟兼任主任委员；⑤经济与管理专业委员会，由向华明任主任委员；⑥科技信息专业委员会，由钱新锋任主任委员；⑦专家咨询委员会，由黄玮任主任委员（黄玮去世后，由陈英华兼任主任委员）。秘书处秘书长为周苏宁，副秘书长为徐学民、周峥、左彬森、孙志勤等人。还专门聘请了一名会计，借调了一名工作人员。这样，学会新一届班子就健全了，与上一届相比，这一届覆盖面更广、专业水平更高、经验更丰实、年龄结构更合理、更加富有朝气。与此同时，还注意吸收新会员，会员单位由第六届的26个上升

到了66个，个人会员由150多人增加到470多人。

组织健全后，我们又注重建立健全规章制度，规范学会工作。经研究先后建立健全了秘书处例会制度、理事会职责分工、专职人员考核、会费收缴和管理、科研服务、印章使用管理、财务管理、档案管理等制度规定十多项。新一届学会每年都召开二次以上的常务理事会和一次理事大会；每月都召开秘书处工作例会。有四个人长期驻会，负责日常工作，使学会工作开展得有声有色。

学会以前是在园林局办公，后来在苏州公园找了两间办公室用作办公。由于财务从计财处拉出来要有财会室，苏州园林杂志从局里迁出也要有编辑部，秘书处及学会领导（大部分领导已退居二线或退休，平时要到学会工作）都需要办公室，原来的办公地点显然是不够的。后由拙政园管理处主任刘金德推荐，经园林局办公会研究，将拙政园管理的园林博物馆内办公区几间闲置的房子用作风景园林学会的办公地点，大家都很满意。这样，风景园林学会的组织基础、制度基础、物质基础、经济基础都比以前更扎实、更好了，这为以后学会很好地开展工作，奠定了坚实的基础。

三、履职尽责，有所作为

2012年5月，我被苏州市人大常委会任命为环境资源和城市建设委员会主任。由于当时园林局正在热火朝天地进行石湖滨湖区域工程和相门、平门古城门、古城墙的修复工程，一时无人接替，市委就把我的任命压了下来，以园林局党委书记的身份主持园林局工作。直到这二项重点工程全部完成，在10月1日召开了相门、平门古城墙修复工程竣工大会之后，才于2012年11月离开园林局到人大赴任。到了人大工作相对轻松，已有了较多时间思考风景园林学会的工作。后来，茅晓伟、徐学民、周苏宁相继退休，苏州农学院的成院长也离开工作岗位。由于大家比较熟悉又都热爱风景园林事业，在一起心情比较愉快，相聚的机会也多了起来，投入工作的精力和时间也就多了。苏州风景园林学会的建设至此加快了步伐！

在此之后，我们按照学会宗旨，认真履行职责，积极进取，与时俱进，努力有所作为，各项工作均取得明显成效。

（一）发挥专业特长，抓好课题研究

学会注意发挥会员单位和个人会员的专业特长，与苏州大学、苏州科技大学、苏州农业职业技术学院和苏州旅游与财经高等学校一起，开展课题研究，取得了很好的效果。2013年，开展了《苏州热岛效应与园林绿化的相互关系研究》《苏州乡土树种园林应用现状调查与保育》；2014年，开展了《城市绿化生态效应评估方法体系研究——苏州节约型植物树群群落绿地生态效应评价方法》《苏州古典园林传统花卉厅堂摆花应用研究》；2015—2016年，开展了《苏州市园林绿化工程质监规范研究》《生态园林休闲城市研究——探讨苏州国家历史文化名城功能优化之路》《新苏式园林发展研究》；2017—2018年，开展了《世界遗产青少年教育研究》《苏州园林绿化精细化管理研究》；等等。这些课题大部分是行政部门委托，或是会员单位在工作实践中遇到的实际问题。在研究的过程中，我们分工一名副理事长负责，组织会员中大专院校师资力量、老科技工作者、具有研究能力的企业承担责任单位、责任人。在规定时间拿出研究成果，经过专家评审，最后完成课题送委托单位。这些研究成果都得到了委托部门和单位的好评和肯定，促进了苏州园林绿化事业的发展，较好地体现了学会职能作用的发挥。有的课题还获得了市科协的奖励。

（二）组织学术讲座，开展科普活动

学会每年都组织二次以上的学术讲座，大都是围绕学科热门话题和行业需求来确定，受到了园林绿化行业的赞扬。2012年，重点进行了湿地及湿地公园建设为主题的学术讲座；2013年，邀请了日本千叶大学园林专家三谷彻、铃木弘树、章俊华三位教授作了苏州园林建筑与泉池的相关性研究、不同功能建筑悬挂匾额反映的空间特征的讲座；2014年，邀请美国的乔·布莱恩·布雷教授作了关于公园景观设计的讲座，国内请南京植物研究院任全进研究员讲《湿地水景中的植物选择和配置》，苏州园林设计院院长贺风春作《多学科研究探索湿地公园建设新思路》讲座；2015年，邀请中科院院士孟兆祯作《苏州园林传承与发展》专题讲座；2016年，邀请学会专家作了《苏州园林传承与保护》《海绵城市本土化应用的几点思考》等讲座，邀请复旦大学、同

济大学4位教授就旅游与园林发展的内容进行学术讲座；2016年，开展了《乡建·乡境：历史与理论研究》研讨会；2017年，邀请国务院参事刘秀晨作《生态文明大背景下城市园林的机遇与挑战》，北京林业大学教授唐学山作《国学与园林》的讲座；2018年，邀请中国园林专家原杭州市园文局局长施奠东等6位专家作了三天的《园林绿化花境建设》学术讲座。在开展科普活动方面，我们每年结合“3·12”植树节、“5·18”博物馆日与行政机关一起组织城市绿化法规、家庭养花知识、博物馆中的园林知识导游；还走进苏州老年大学、苏州有关中小学、苏州大讲堂等场所，为市民和中小学生讲世界文化遗产知识、家庭栽培郁金香、盆景艺术、苏州园林建筑与文化等方面的知识，受到了广大市民和中小学生的欢迎和赞赏。

（三）评选优秀工程，办好园林杂志

为了提高苏州园林绿化工程质量，向省推荐优秀园林绿化工程。自2013年至2018年，协助苏州市园林和绿化管理局对每年苏州的园林绿化工程项目进行评选，已组织了6届。根据《评比办法》规定，每年三、四月份下发通知，请企业申报，尔后我会与绿化行业协会一起组织专家初审，现场考核，提出入选工程名单，提交终审专家评定。到七、八月份公示，颁发奖状；且每年都将入选工程项目（姑苏杯）汇编成册。之后，又将前几名（每届不等）送省园林绿化协会，参与江苏省园林绿化优秀工程（扬子杯）评比。这项工作对于提高苏州市城市园林绿化的整体规划建设水平和施工质量起到了很好的推动和促进作用，受到了省住建厅、省风景园林协会的肯定和表扬。

自2011年以来，学会接受园林和绿化管理局委托，编辑出版《苏州园林》。先是由学会副秘书长周峥任主编，后又由学会副理事长、秘书长周苏宁任主编，刊物质量不断提升，影响越来越大。几年来，杂志在保持传统园林文化特色的基础上，增加了自然科学的相关内容，扩大了信息量和可读性。为了满足会员要求，还开设了“名园要闻”“企业之声”“行业资讯”“科研论文”等栏目，在质量和品位上有明显提升。杂志每期出版3000册，其中寄往住建部、文化部、联合国教科文组织中国委员会、省住建厅、苏州市四套班子及相关部门的领导，以及全国同行、大专院校、会员单位

等，每期都不够用，还有在网上求购的读者，我们都无法满足。这些年来，杂志对宣传弘扬苏州园林文化和世界文化遗产、苏州城市园林绿化建设，推动苏州园林绿化各项事业发展都起到很好的作用，各界都给予了高度的赞扬。

（四）设立和评选首届“终身成就奖”“十佳园林绿化企业”

苏州已有9座古典园林列入世界遗产名录，成为苏州最靓丽的城市名片。苏州创建成为首批国家园林城市群、首批国家生态园林城市，成为宜业宜游宜居的新天堂，这与许多从事园林绿化规划建设、教育科研、管理保护工作的老同志和企业的辛勤耕耘、默默奉献是分不开的。为表彰他们所做出的突出贡献，学会经研究决定组织和评选首届“苏州风景园林终身成就奖”和“苏州市十佳优秀园林绿化企业”活动。终身成就奖从2016年3月启动，首先制定了评选办法、评选标准及相关细则，成立专家评审委员会。经会员单位、专家和各界推荐，评审委员会审查评选，经过社会公示，评选出了詹永伟、匡振鶠、张慰人、蔡曾煜、金学智、曹林娣、怀志刚7位同志为首届“苏州风景园林终身成就奖”获奖者，并于2017年4月26日举行了颁奖仪式，请国务院参事刘秀晨、苏州市科协主席程波、苏州市园林和绿化管理局局长陈大林及学会领导给获奖者颁发了奖杯、证书和奖金，并在苏州日报、姑苏晚报等媒体上做了宣传，这一活动在苏州市及全国行业内引起了强烈反响。

为首届苏州风景园林终身成就奖获得者颁发荣誉证书

开展“苏州市十佳园林绿化企业”评选活动，旨在推动苏州风景园林绿化企业持续、稳定、健康发展，鼓励表彰本行业优秀会员企业，在本行业中树立标杆，支持优秀企业走向全国，从而达到提高苏州园林绿化企业的知名度和美誉度，推动苏州园林绿化工程质量，树立苏州园林绿化品牌形象的目的。该活动于2018年11月启动，学会专门下发了《评选办法》《评选标准》，通知企业自动申报，成立由专家组成的评审委员会。秘书处对申报单位进行资格筛查和材料审核，最后经评审委员会认真会审和综合考评，评选出苏州金螳螂园林绿化景观有限公司、苏州园林发展股份有限公司、苏州园科生态建设集团有限公司、苏州新城园林发展有限公司、苏州工业园区园林绿化工程有限公司、苏州基业生态园林股份有限公司、常熟古建园林股份有限公司、苏州吴林园林发展有限公司、苏州工业园区景观绿化工程有限公司、海光环境建设集团有限公司10家单位，后又经公示认可，才正式成为“苏州市十佳园林绿化企业”。学会专门下发表彰通报，授予奖牌、证书，还在《苏州园林》杂志和公众号上进行了专题宣传。这两个活动都是由我倡导并担任评审委员会主任，应该说评比都是公平、公正的，在行业中的影响也是巨大的。

苏州市风景园林学会文件

苏园学〔2019〕10号

关于表彰苏州市十佳园林绿化企业的决定

各单位会员、各专业委员会:

为推动苏州风景园林绿化企业持续、稳定、健康发展，鼓励表彰本行业优秀会员企业，在本行业中树立榜样和标杆，为企业走向全国、走向海外提供支撑，本会于2018年底按照本会理事会决定（苏园学〔2018〕14号文），全面启动“苏州市十佳园林绿化企业”评选活动。经公开申报、资格筛查、材料审核和初评，评审委员会对18家入围单位进行认真会审、综合考评，对最终入选的10家单位进行社会公示，并报市政府主管部门备案。现根据评选办法，决定授予以下单位为首届“苏州市十佳园林绿化企业”:

苏州金螳螂园林绿化景观有限公司

苏州园林发展股份有限公司

苏州园科生态建设集团有限公司

苏州新城园林发展有限公司

苏州工业园区园林绿化工程有限公司

苏州基业生态园林股份有限公司

常熟古建园林股份有限公司

苏州吴林园林发展有限公司

苏州工业园区景观绿化工程有限公司

海光环境建设集团有限公司

希望受到表彰的“十佳”企业要珍惜荣誉，再接再厉，进一步提高管理、建设、科研等方面的水平，进一步促进行业发展，争取更大成绩，在传承、发扬和创新中，为苏州风景园林和城市绿化事业做出新的贡献，在生态文明建设中再创佳绩。

此决定

苏州市风景园林学会

2019年5月20日

报送：市园林绿化局、市科协

抄送：各单位会员、各专业委员会

2019年5月20日印发

2019-10号市文学会关于十佳企业评选结果的决定

（五）参与全国行业重大学术活动，成为重要力量

中国风景园林学会2019年年会“老专家座谈会”

苏州市风景园林学会一直是中国风景园林学会中的积极分子，特别是苏州在承办2010年的国际风景园林师第47届世界大会之后，与中国风景园林学会的联系更加紧密。我在中国风景园林学会担任过二届理事。我们还是中国风景园林学会经济与管理专业委员会的副主任委员单位，这在全国地级市中是少有的。我们也在行业内的学术活动中做出了应有的贡献。①参与编撰“中国风景园林学名词”。2015年，中国风景园林学会接受全国科学技术名词审定委员会编撰“中国风景园林学名词”的任务，在对相关条目进行反复调整增补后，分工我们学会承担了经济与管理中的园林意境、周边环境、家具、陈列物品和建筑、假山保护、水体、世界遗产保护方面的遗产监测、管理平台和体系、信息系统及管理、应急预案、档案管理等40余条词条的编撰工作，我们及时组织专家编写，按时提供给中国风景园林学会，受到了肯定和表扬。②参与编撰《中国大百科全书（第三版）》中国风景园林卷的编写。应主编施奠东的邀请，学会承担了其中苏州古代园林及其风景园林建筑、相关人物、匾额楹联的编撰工作。为此，我与茅晓伟副理事长、周苏宁秘书长、左彬森副秘书长一起专门拜访了施奠东主编（他是原杭州市园文局局长，也是我们的老朋友），听取了他对苏州编撰工作的要求，回来后学会立即组织人员查找资料、实地察看、请教专家、编写文字。于2016年底，完成所选120余条词条（大的词条要4000字左右，中的在2000字左右，小的也有1000字左右）的编写。初稿提交后，施奠东主编认为质量较高，多次在有关会议上给予表扬，并发给其他地方参照，成为样板。2017年10月，又经初

审专家及编辑反馈做了修改，还配发了照片。目前，我们编撰的部分已定稿，不久将上网和成书。③参与编撰《中国风景园林史》。中国风景园林学会名誉理事长、中国工程院院士孟兆祯主编《中国风景园林史》，分工我会副理事长贺风春担任《江南园林史》中江苏部分的负责人。贺风春又想把苏州园林史部分写成100万字左右的书稿，在满足《江南园林史》需要后，单独出书，故邀请了我和学会秘书长周苏宁、常务理事卜复鸣参与编撰，分给我们的是清代园林史及现代园林史部分的园林绿化建设管理和景观风貌维护，以及苏州古典园林的保护与修复部分。我们正在收集材料，组织编写，力争高质量完成任务。能参与这些重要的学术活动，是对我们学会的认可和信任，也是我们应尽的职责，我们都努力去完成。④编撰《苏州园林艺文集丛》。经学会领导商定与中国水利水电出版社、北京文通天下图书有限公司合作出版董寿琪编著《林泉卧游：苏州园林山水画选》，茅晓伟、周苏宁、沈亮编著《史迹留痕：苏州园林名胜旧影》，詹永伟编著《经典营构：苏州园林建筑鉴赏》，金学智著作《诗心画眼：苏州园林美学漫步》，衣学领著作《绿色回响：苏州园林行思录》和周苏宁编著《名典品读：拙政园文史揽胜》六本书。这也是我们学会单独组织的一次学术活动，效果可期，以此纪念中华人民共和国成立70周年和苏州风景园林学会建会40周年。

（六）积极参加全国行业评比，取得优异成绩

近年来，学会积极参加中国风景园林学会的各项评比活动，取得了突出成绩。①参与优秀管理奖评选。中国风景园林学会先后于2012年、2013年、2015年三次组织优秀管理奖评选。每一次学会都积极响应，组织和推荐有关单位积极参加。三次共计5个行政主管部门获综合管理奖、11个园林绿化设计建设企业获建设管理奖、6个单位获养护管理奖，获奖单位达22个，为全国获奖总数（165个）的13%，名列全国各省市前列。2015年、2017年的两次复查，也都获得通过。每次评比，学会从材料初审、推荐申报、专家评审、现场确定、汇报材料都认真把关，才有了这样好的成绩。②组织申报科技进步奖。中国风景园林学会基本上是两年一次开展科技进步奖评选活动。学会先后于2013年、2015年、2017年三次发动会员单位及个人申报。经过中国风景园林学会组织的专家评审，我们每次都有获奖。特别是在2017年评选活动

中，苏州风景园林学会与园林局编撰的《苏州园林风景志》《苏州城市绿化志》《拙政园志》《虎丘志》等21卷获得科技进步一等奖，这是我会首次获得全国科技进步一等奖殊荣。在三次评选中，我们推荐会员单位的《古典园林建筑的恢复技术研究》《中国世界文化遗产动态信息系统及监测预警系统》《水培郁金香精准调控技术集成与应用示范》等项目获得全国风景园林行业科技进步二等奖3个，三等奖3个。能取得这样好的成绩也是出乎我们意料之外的，因为能在全国行业内获得这样多的奖项实在是不容易的。③积极参加中国风景园林学会星级会员单位和优秀园林工程评比。2016年，中国风景园林学会开展星级会员单位评比，我会与下属8个单位积极参加。评选结果是苏州市风景园林学会与张家港市园林建设工程公司两个单位获得四星级单位会员，苏州园林股份公司等7个单位获三星级单位会员。中国风景园林学会工程专业委员会每年都开展优秀园林工程项目评比，我们有一批单位会员也参与其中，几乎每年都有金奖工程和银奖工程项目。这反映了我们的一些会员单位在园林绿化工程项目的设计、施工的水平和质量，在全国同行业中处于领先地位。

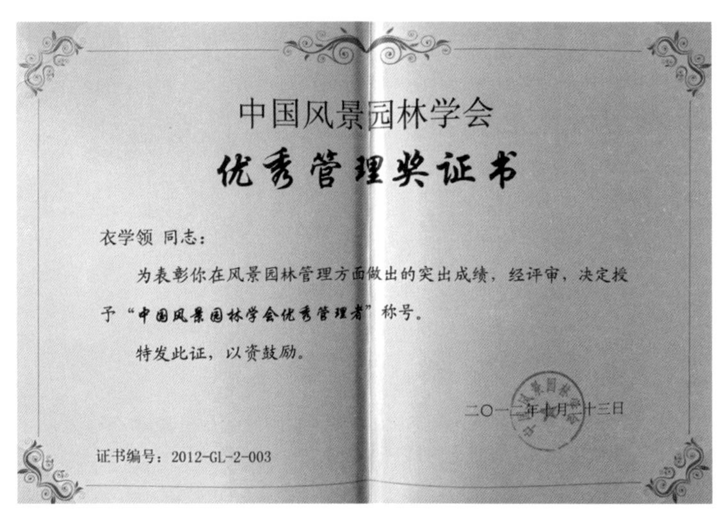

中国风景园林学会
优秀管理奖证书

衣学领 同志：

为表彰你在风景园林管理方面做出的突出成绩，经评审，决定授予"中国风景园林学会优秀管理者"称号。

特发此证，以资鼓励。

二〇一二年十月十三日

证书编号：2012-GL-2-003

获中国风景园林学会优秀管理者

（七）面向全国及世界，为发展园林事业和生态文明建设作贡献

这些年来，我们积极配合政府做好风景园林行业有关工作，取得了可喜成绩。①协助政府做好全国和省的园林博览会工作。由国家住建部和风景园林学会组织的每两年一次全国园林博览会，苏州基本上是每届都会参加。自我任苏州风景园林学会理事长之后，就有济南、北京、武汉、郑州、南宁等地分别组织了园林博览会，每次苏州园的设计和建设都是我们学会的会员单位，并多次获得设计和建设大奖。江苏省政府

在省内也是每两年组织一次，我们学会和会员单位也都参加了设计和建设，并多次获奖。特别是在苏州（2015年）、扬州（2017年）举行的园艺博览会，我会的会员单位参与的更多。苏州园博园是由苏州园林院设计，金螳螂景观公司、工业园区园林绿化公司等多家会员单位参与建设；扬州园博园则由园林股份公司总承包，工业园区园林绿化公司等会员单位负责建设。这为展示苏州园林技术艺术水平，宣传苏州风景园林学会会员单位起到了很好的作用。②协助政府部门做好重大园林绿化工程。苏州园林和绿化管理局既是我会的挂靠单位，又是我会的理事长单位会员，平时对我会工作支持力度很大。在他们组织的一些重大园林绿化工程中，通过招投标手续，也大部分由我会会员单位进行设计和建设，如近年实施的人民路绿化改造工程、环古城风貌带提升工程、石湖景区植物园建设、三角嘴湿地公园二期工程建设、古典园林可园的修复工程等都做得很好。我会常务副理事长茅晓伟还担任了一些重点项目的技术指导和顾问。园区生态科技公司还用PPP模式对苏州高铁新城景观绿化工程进行规划设计和建设。张家港、常熟、昆山、太仓、吴江等市（区）的大型园林绿化工程也大都是由我会会员单位负责设计和施工的，而且工程质量较好，受到了各级政府的赞扬。③走出苏州，面向全省、全国搞好园林绿化和生态文明建设。苏州园林绿化企业数量多、质量高，很多会员单位都走出去或被邀请，走向全国做好园林绿化工程的设计和建设。如苏州园林设计院就在北京、河北、河南、陕西、山东等地设立了分院，负责这些地方部分园林绿化工程的规划设计，前不久还中标了雄安新区景观绿化的规划设计。苏州园林股份发展有限公司在扬州、泰州、上海、南京、杭州、河南、山东等地设立分公司。金螳螂景观公司在海南、贵州、河南、山东、南京、南通等地设有分公司。他们在外的业务量每年都有十亿以上的工程，既发展了公司，也为全国生态文明建设做出了贡献。目前，我会大部分企业会员单位都在全国各地有设计和工程业务。④走出国门展示苏州园林的文化艺术水平。自苏州园林明轩出口美国大都会博物馆之后，先后出口和援建海外的苏州园林有60多处。它们大都是由我会会员单位负责设计和建造的，受到世界人民的赞扬，特别是近年来在美国洛杉矶亨廷顿植物园内由苏州园林设计院设计和苏州园林股份公司建造的流芳园，由苏州农业职业技术学院在荷兰建造的中国园更是显得出众，受到该国政府和人民群众的高度赞誉，参观人员络绎不绝，充分展示了苏州园林深厚的文化内涵、高超的技术艺术水平，也为我会的工作增添了光彩。

（八）尽心尽职，服务会员

风景园林学会是社团组织，也是由会员单位自动加入的群众组织，这就要求学会尽力做好服务会员的工作。这方面我会尽心尽责做了大量卓有成效的工作，大大提高了学会的吸引力和凝聚力，受到广大会员单位的好评。单位和个人会员逐年增加。近年来，我们每年都要到会员单位调研，了解他们在发展中的困难和问题，并想办法帮助解决。针对国家取消园林绿化企业资质后，企业有些不知所措的情况，我们多次召开座谈会，分析情况，研究对策，并积极向省、市政府部门反映企业呼声，在工程招投标中把业绩和人才放在重要位置，也要求企业积极适应新情况练好内功，以实绩和人才赢得业主和市场的认可。针对会员单位提出的眼界不宽、加强学习的想法，我们每年都组织1—2次外出考察学习，参观国家园博园、花博园、绿博园，参观省的园博园，参观全国一些重要园林景区并进行座谈，学习先进的造园理念和技术，学习保护管理先进经验。针对会员单位领导忙于业务、信息闭塞的情况，学会加强与中国风景园林学会、省风景园林协会、苏州市科协、市园林和绿化管理局沟通联系，一旦有政策调整，工作动态都及时通过园林杂志、公众号、电话、微信、文电的形式传递给会员单位，使他们一边工作，一边掌握行业的重要动态，在实际工作中做出正确决策。多年坚持下来，效果很好，受到会员单位的赞扬。

通过这些卓有成效的工作，不仅会员们热爱学会，支持学会，而且上级也给予学会很多荣誉和奖励。2013年，我会被评为中国4A级社会组织；2014年、2015年、2016年连续三年被市科协评为优秀科技社团；2016年，被中国风景园林学会授予四星级单位会员；2017年，被中国风景园林学会评为先进集体，被苏州市科协评为先进学会。就这样我会从过去苏州市科协系统中等偏下的学会，近年来一跃成为市科协同行中职能提升最快、绩效显著，名列前茅的学会。

谨以此文对我在苏州风景园林学会工作的十三年足迹作一记录。

（2019年6月8日晚22时于三亦书斋）

新角色，新征程

转业地方工作已经16年了，目前已退休，在出版此书时，是否收录此文还有些踌躇，因为这是我转业不久给转业干部培训班的讲课提纲，时间显得久远，但认真想想，我在此书中记录的在园林和绿化管理局及风景园林学会工作的行与思都有这篇文章的影子，故给予收录。

地方对军转干部上岗前培训工作非常重视，每年都组织军转干部进行1—2个月的培训工作。我是2003年底参加培训的，培训的内容非常广泛，有苏州的经济、社会发展状况介绍，有公务员基本知识，有电子计算机，也有老军转干部谈体会等课程。我从转业的第二年开始，连续5年都给市军转干部培训班做“老战友谈体会”，每次都很惶恐，怕贻误各位战友，故反思自己的工作，看别人的经验，所以质朴的道理、率真的语言，给战友们介绍转换岗位之方法，以期对战友们有所帮助。

我自1973年底入伍至2003年8月转业，从军30年，可算是一名老兵。面对“转业”这一话题，我个人在地方工作的实践中体悟也是逐步深化的。

经过学习和实践，我对地方工作环境有了较好的适应，对园林和绿化局的工作职能及特点有了较好的熟悉，与上级机关、兄弟部门和本系统干部群众建立起了融洽的工作关系，各项工作也开创了新的局面。

在实践中使我感受到，要转换好角色，适应新的环境，在新的征程上干出成绩必须要注意三个方面的问题。

一、认清优势，增强信心

军队转业干部是党和国家的宝贵财富，是社会主义现代化建设的重要人才资源。军队转业干部在多年的军旅生涯中，培养和造就了过硬的政治素质、顽强作风、吃苦精神和奉献意识等，这些无论是部队还是地方都是不可多得的。因此，军队转业干部从一开始就要认清优势，增强信心，尤其是在党的十七大确定的全面建设小康社会，加快推进社会主义现代化建设的新形势下，更加有用武之地。

军队转业干部具有十大优势。

（一）信念坚定，具有敏锐的政治头脑

过硬的政治素质，正是军转干部首要的优势所在。这一优势在市场经济中仍大有用武之地。作为一名军人，长期在部队接受教育和培养，理想信念更加坚定，执行政策更加自觉，政治鉴别更加敏锐，道德品质更加纯洁。

（二）善于运筹，具有较好的谋略能力

谋略策划是军人必备的基本素质。市场如战场，要想在激烈的市场竞争中把握先机，赢得主动，抢占“制高点”，就必须要有高人一筹的谋略。军事与经济虽属不同领域，但市场与战场是有共性的，军人和官员思考和处理问题的方法是相通的，军事谋略在经济领域同样适用。

（三）长于管理，具有较强的组织能力

军队是一个严密组织、严格管理的集体。长期的军旅生涯，使军转干部具有良好的管理水平和实践经验。俗话说，隔行不隔理。随着市场竞争的日趋激烈，一个单位、一个部门能否稳定和长远发展，内部的管理是至关重要的，而这一点正是广大转业干部具有的看家本领。许多转业干部把部队的管理经验运用到行政管理之中，获得了巨大成功。

（四）勇于进取，具有强烈的创新意识

军队的各种专业比赛和评比活动，使广大官兵始终置身于一个浓厚的争先创优、催人奋进的环境之中，形成了强烈的进取意识、创新意识、竞争意识。这种竞争、创新的道理是相通的，非常适合市场经济的需求。军转干部中的许多人正是凭借着这种创新意识，已成为地方各行各业的佼佼者。

（五）遵纪守法，具有自觉的服从意识

严格遵纪守法是军人过硬素质的重要表现。管理专家通过对众多军转干部成长轨迹的跟踪调查分析表明，遵章守纪、严于律己是军转干部施展才华，获得成功的重要保证。

（六）坚韧不拔，具有顽强的意志品质

事业的成功，离不开吃苦耐劳、顽强拼搏的意志品质。军人职业的危险性、艰苦性决定了军人要与艰苦做伴，要经受各种艰难困苦的磨炼，要有百折不挠的意志和顽强进取的精神。许多干部转业到地方后，成为市场经济的“弄潮儿”，创造了非凡的业绩和辉煌的人生。他们取得成功的重要一条就是得益于军旅生活中形成的吃苦耐劳、坚忍顽强的意志品质。

原南京军区政委雷鸣球带工作组与装甲十师领导班子合影

（七）雷厉风行，具有果敢的工作作风

兵贵神速，这是军事上的常识，同时也造就了军人雷厉风行的品质和作风。在市场上，时间就是效益，雷厉风行就意味着把握商机和成功。转业干部的这种作风运用到经济工作中，可以转化为快速应变和高效工作的能力，有助于在激烈的市场竞争中把握商机，赢得主动。

（八）忠于职守，具有执着的敬业精神

安心本职，爱岗敬业，是一名合格军人的基本素质，也是转业干部军旅人生的真实写照。如果把这种优良的职业道德品质渗透和转化到地方新的岗位上去，一定能向党和人民交出满意的答卷。

（九）注重学习，具有较高的文化水平

广大转业干部在部队系统地学习了有关军事、政治、经济等方面的基本理论和科学文化，储备了许多部队管用、地方需要的知识，为适应地方新的工作岗位创造了必要条件。军队转业干部绝大部分都是大专以上学历，可以说有文化、有技术、懂管理，具有参与市场竞争的基本条件。

（十）善于团结，具有牢固的集体观念

在军队这个大环境中，每位军人始终都接受着团结的教育，学习着团结的方法，享受着团结的温暖，这也造就了转业干部具有强烈的团队精神、热爱集体和善于团结的宝贵品质。这种精神和品质就像强力的“粘合剂”，会使一个单位、一个团体形成一条心，拧成一股绳，精诚合作，同舟共济。

以上所罗列的十大优势，是军转干部内在潜质的反映，如何调整好心态，给自己定好位，尽快转换角色，把这些优势转化为地方工作的实际能力，以适应新的工作岗位的要求，这是摆在军转干部面前现实而又迫切的课题。

二、继承创新，转换角色

军队转业干部大多在部队摸爬滚打了一二十年甚至三十来年，离开部队回地方工作，可以说是人生道路上的一大转折。那么，怎样才能尽快实现角色转换适应地方，在新岗位上开创新局面呢？

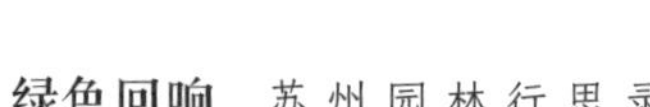

（一）岗位变了，对党忠诚的原则不能变

军队干部转业，是工作的转换，岗位的变更。有的同志却认为自己把青春年华献给了国防事业，服役期间做出了许多奉献和牺牲，结束了军旅生涯到地方工作，担心安置不理想，工作不适应，存在失落感。事实上，从中央到地方各级党委、政府对军转干部十分关心，给予厚爱、寄予厚望，特别是在地方机构压缩、人员精减的情况下，以高度负责的精神，千方百计地安置好每一位军转干部及其家属，因此，军转干部要保持和发扬信念坚定、对党忠诚、纪律严明等政治优势，自觉顾全大局，体谅地方党委、政府的困难，勇于为党分忧，服从组织安排，尽心尽职干好党的事业。

（二）职务变了，为人民服务的思想不能变

军队干部转业到地方，昔日的得心应手从此不会再有，这一明显反差导致有的同志感到委屈，甚至无所适从。究其思想根源，是“官本位”和“名利思想”在作祟。军队干部转业后，虽然职务降了，权力小了，但为人民服务的宗旨不能变。要以“宠辱不惊，闲看庭前花开花落”的平常心态看待个人职务、岗位的安排，克服“官本位”思想，自觉转变“官”念，树立正确的权力观。要准确评估自身条件，客观分析自己优势，正确给自己定好位，不论安排什么职务、分配到什么岗位，都要坚持为人民服务的思想，“俯首甘为孺子牛”，努力为人民多办实事、多做好事。

（三）任务变了，勤学实干的精神不能变

军转干部刚到地方工作，面对新岗位、新任务、新领域，客观上要求军转干部更要加倍努力学习，才能胜任本职。首先要有危机感，抓紧自我“充电”。干部年轻化、知识化、专业化，是体制改革、经济建设和党的事业后继有人的需要。相对而言，地方干部普遍学历较高、文化素养较好，有着丰富的知识底蕴、深厚的理论功底、精湛的业务技能。因此军转干部必须学习、学习、再学习，尽快迎头赶上。其次，要自加压力，大胆实践。要根据上岗后自己的工作需要和知识需求，自加压力刻苦学习专业知识和技能，尽快熟悉情况，掌握套路，大胆工作，不用扬鞭自奋蹄，坚持在干中学，在学中干，在实践中提高自己的业务素质和发现问题、分析问题、解决问题的能力。再次，要勤于思考，善于总结经验。要经常反思自己的工作，及时总结经验教训，注意把握内在规律，力争通过自己的工作、学习和实践，在最短的时间内改善知识结构，做一个头脑清醒、做事清楚、为人清白的干部，以自己学习工作的业绩和积极肯干的形象，赢得单位欢迎、领导信任、群众满意的评价。

（四）人际关系变了，诚信待人的态度不能变

地方人际交往微妙复杂，各种关系盘根错节。军转干部初来乍到，如何入网进局、融洽关系？因此，军转干部必须谨慎对待。上岗后，要放下架子，少说多干，尊敬领导，关心部署，尽职不越位，扎实工作不争权争利；说话办事变急为缓，待人接物由刚变柔，与人交往以诚相待，以真心换诚心，以善意换真情，以自身良好形象和人格魅力感召人。做到这些，同事关系与战友关系一样能友善团结。

（五）工作方式变了，扎实高效的作风不能变

军队和地方领导艺术、运作方式有所不同。作为军转干部，要主动适应这种变化，本着对人民、对单位领导高度负责的态度，坚持与时俱进，开拓创新，有所作为。要依法办事，对政策规定不明确、一时拿不准的事宜，要加强请示报告，不擅自做主。决策拍板，不打“擦边球”，坚持秉公处理。要发扬敢闯敢冒的精神，继承军队干部雷厉风行、说干就干的作风，勇于啃“硬骨头”，打“攻坚仗”，优质高效地完成领导赋予的各项工作任务。要带头讲究机关效能，提高办事效率，全身心投入到工作中去，坚持多谋事、少谋人，多讲究实效、少搞花架子。采取适应地方温和、商量的工作方式，遇事多向同事请教，对分内工作敢于负责，不拖拉、不推诿，碰到矛盾困难不回避、不退缩，以扎实的作风、顽强的意志、吃苦耐劳的品质，促进各项工作落到实处。

（六）生活环境变了，廉洁自律的要求不能变

军旅生活相对封闭，管理约束比较严格；地方公务人员业余时间相对宽松，接触

面宽，涉及面广，交往活跃。军转干部到地方工作，虽然生活环境变了，可自由支配的业余时间多了，“有形”的纪律约束少了，更应该自重、自省、自警、自励，严于律己，克己奉公，廉洁从政，谨慎处事，切实净化个人的“生活圈”“娱乐圈”“工作圈”，洁身自好，不闯“红灯”，把握“底线”，经受住权利、金钱、美色的考验。要坚持正确的世界观、人生观、价值观，找准人生坐标，牢记两个“务必”，始终保持革命军人的气节，不左攀右比，不争名于朝、争利于市，老老实实做人，踏踏实实做事，清清白白做“官”，严防一失足成千古恨。

军转干部要适应新的工作岗位，只要能做到上述“六个不变”，就能较好地实现角色转换，顺利实现二次“就业”，走好今后的人生道路。

三、适应新环境，创造新业绩

转业地方工作，对每一个转业干部来说都是到了一个新岗位置身一个新环境。在这“新”字面前，我们要自觉适应，积极进取，有所作为，创出新业绩，但在开始阶段一定要注意克服一些“常见病”。

（一）成功的关键在自我

转业干部到地方工作后，能不能成就一番事业，关键靠个人。有句俗话，“师傅领进门，修行在个人”，说的就是这个道理，这是许多转业干部的成功经验。

首先，自我评价要客观。古人云：“人贵有自知之明。”转业干部要搞清楚自己的优长和弱项，是什么类型的人，以便“量才揽活”。切忌自以为是，自命不凡。有的转业干部曾在报刊上发表过一些稿件，转业时进了机关，从事文秘工作，便以为“专业”对口了，可以应付自如。岂知文秘工作不光要能写，还要会协调，善公关，而这些正是自己的弱项，所以工作很难打开局面。

其次，确立目标要实际。转业干部大都不甘平庸，总想一展抱负。但如果所选择目标脱离实际，就难以达到预定的目的。要从个人特长、社会需要和岗位特点出发确立目标。目标选错了不行，没有目标更不行。转业干部必须选准目标，坚定目标，自立自强，把前途和命运牢牢地掌握在自己手中。

第三，提高素质要“充电”。对转业干部来说，要想有所作为，最实际的是立足本职岗位学习成才，不间断地向书本学，向实践学。有的转业干部一事无成，而有的脱颖而出，根源在哪里？是知识、是素质。“干涸的江河，绝不会有所作为”，也让我们记住斯大林说过的一句话：“为了建设，就应该学习。顽强地学习，耐心地学习。”

（二）尽快适应新环境

“变”与“不变”在每个人的人生旅途中，是经常碰到的。这既是机遇，又是挑战，而更多的是考验。

一是尽快适应新环境。军人转业地方工作，环境变了，职务变了，待遇变了，工作任务和工作对象也变了。面对这些变化，你不必惊慌和忧虑。军人本来就是“拿起武器能打仗，脱下军装能做工”的特殊人才，要勇敢地面对现实，接受挑战。转业到地方，有的环境变差了，职务变低了，任务变重了。我们不要消极，要深信这更能体现转业军人的人生价值。我们不必与别人比名誉地位、比环境条件，那样越比越泄气，越比越糟糕，到头来，一事无成。

二是尽快适应新方法。“物竞天择，适者生存”，转业军人如不适应新的情况则难以立足。要适应走出军营的环境变化。无论是从基层进机关，还是从机关到基层，都要尽快适应当地、当时的环境和条件。有些转业干部开口闭口“我在部队怎样怎样”“我当兵时如何如何”，无形中疏远了与同志间的关系。有些同志在部队“大声”惯了，到地方也“大声”对同志和部属，叫人受不了。久而久之，越“大声”越没人听，威信随着“大声”下降了。军人转业到地方，要先当小学生，虚心学习地方同志的长处，学会与人相处。这样，才能为搞好工作打下基础。

三是尽快适应新角色。军人转业到地方，是一种角色的转换，要“保节留本”，坚持“三不”“四要”，即：为人民服务的思想不能变，党的优良传统不能忘，军队的战斗作风不能丢；要学习，要团结，要廉洁，要拼搏。转业干部只有转业不转志，永远保持革命本色，以新的战斗姿态投入到新的环境、新的岗位，才能最终绘出更新、更美的人生画卷来。

（三）“头三脚”悠着点儿踢

唱戏中有压轴，干事要看头三脚。如果用现代市场经济的话说，叫“创牌子”。“头三脚”怎么踢？牌子怎么创？我认为，还是悠着点儿，稳扎稳打、步步为营，一股劲用到底是上策。

凤头美丽，猪肚丰实。军转干部刚刚走上岗位，以只争朝夕的精神打开工作局面，给人一个良好印象，其心情是可以理解的，但如果急于求成，心绪浮躁，往往弄巧成拙，欲速则不达，甚至可能引起人们的误解或非议。

部队的同志常说，不打无准备之仗。军转干部应有虎劲儿和闯劲儿，不甘于人后，但也需讲究方法。从部队到地方，从军官到地方干部，是岗位和职业的转换。地方工作与部队工作相比，有着性质、环境、方法等方面的差异。一个单位的工作过去如何，好的基本经验是什么，哪些问题还有待解决？如何解决？这些都要做深入细致的调查研究。没有调查研究就没有发言权，当然更谈不上决策权。仅凭满腔热血和良好愿望，猛打猛冲没有不出乱子的。尤其要指出的是，我们有些同志踢“头三脚”，动机就是急于显示自己。在这种主观意识下行事，栽跟头也就在所难免了。我不一概赞同“沉默是金”的说法，但有时也必须承认沉默比金子更可贵。作为具有一定素质的军转干部，一味地沉默是不对的，急于表现自己也不可取。有的同志念念不忘自己在部队带兵如何，地方如何不能相比，这也不好、那也不好。诚然，我们有些是不该忘记的，也是不能忘记的，如我军的光荣传统，为人民服务的宗旨，见第一就争、见困难就上的革命英雄主义，等等，但用部队的标准和作风来评判地方，乃至产生英雄无用武之地的情绪，就值得商榷了。平心而论，地方的工作环境、人员构成、工作性质与部队有很多不同。这就要求我们入境问路、慎重行事。我的体会是：只争朝夕，不急于求成。自己的才能要在实践中由别人去评价，心急吃不了热豆腐。

（四）少说多做开好头

空谈误国，实干兴邦，一个人的成败也是如此。转业干部初到地方工作，能否开好头、起好步，关键是尽职尽责，埋头苦干。这里就有一个要放下架子、平衡心态的问题。转业干部在部队大多担任领导职务或从事技术工作，是指挥员或管理人员，是有经验的“老兵”，也都在基层部队苦干过。到地方工作后，大家都成了“新兵”，要从头做起。从埋头苦干做起，在心理上都会有一个适应过程。到一个新单位，说三道四、指手画脚，容易引起领导和同志们的反感，不越权、不越位，争取好的第一印象，是起好步的良好开端。埋头苦干有时可能不被人理解，甚至引起别人的嫉妒，这就需要有耐心和毅力，只要对事业有利的就要坚持下去。

少说多做，而且要做好，这里的关键是多学，因为学是做的基础。向书本学，可以丰富理论知识，业务知识；向领导学，可以提高眼光，增强组织能力；向群众学，可以丰富实践经验，融洽干群关系；向时间学，可以检验知识、能力，不断充实自己。

（五）亮好“四相”是转业干部成功的基础

转业干部告别军营到地方工作，亮好第一次相，留好第一印象至关重要。因此，刚转业的同志要把初次亮相当成打开局面的重要一环，下功夫亮好。

一是亮好仪表相，即端庄得体，落落大方。当你踏入新单位的大门时，大家是用看军人而不是用看老百姓的眼光打量你的。所以，你应时时处处显出军人本色，展示军人的阳刚之气，衣着打扮要适当，不要过分地追新潮赶时髦，也不能衣冠不整，不修边幅。言谈举止要得体，要慎其言行，切不可端军官的架子。与领导交流，敬而不媚；与部属和群众接触，谦而不傲。举手投足，要落落大方。

二是亮好品德相，即严于律己，诚实正派。良好的品德，是为官、立业、立身之本。人们识别一个陌生人，也往往从品德开始。转业干部初来乍到，一定要重品德，讲涵养。要诚恳待人，实在办事，处理好利与义、苦与乐、荣与辱的关系，注重以品德和诚信取信于人，以感情凝聚人心，以政绩站稳脚跟。要事业第一，淡泊名利，服从组织分配。切忌稍不如愿就发牢骚、说怪话，甚至撂挑子，更不要为了一官半职、一点待遇斤斤计较，甚至吵吵闹闹。与其怨天尤人，不如埋头苦干，做一个让组织和群众放心的“公仆”。

三是亮好能力相。即把握机遇，施展特长。近年来，不少转业干部在地方公开选拔领导和公务员考录中脱颖而出，成为“抢手人才”，奥妙之一就在于抓住机遇，施展特长。首先必须坚定信心，认清自身优势。比如任过主要领导的组织管理能力，任过机关干部的文字写作和协调能力，任过技术干部的攻关革新能力，都是十分宝贵的。这些本领在什么地方都有用武之地。其次，要善于创造条件，把握机遇，好钢用在刀刃上，特长发挥不到适宜的场合和时机，非但起不到应有效果，还会带来负效应。因此，转业干部走上新的工作岗位后，要在熟悉环境和工作岗位的基础上，选准踢好“头三脚”的突破口，淋漓尽致地发挥特长。当然，转业干部毕竟是进入一个新的领域，要看到自己的不足，必须在新的岗位上尽快补“短”。否则，很快就会显现出后劲不足，特长也会黯然失色。

四是亮好作风相。即稳健果敢，雷厉风行。无论哪一级领导，都喜欢思维敏捷、办事干净利落的部属；无论哪一方百姓，都希望自己的领导是一个有主见，敢说、敢做、敢闯的“领头雁”。因此，转业干部要把指挥部队的沉稳果断，训练场上雷厉风行的作风延续到新的工作岗位上。党组织赋予你一项困难较大的任务，委以重任，要勇挑重担，勇争第一，集众人的智慧和力量，向困难开刀，用一流的佳绩，证明我们转业干部的实力。

（六）军转干部上岗“五忌”

军转干部走上地方新的工作岗位之后，首要的是迅速转换角色，尽快打开工作局面，上岗后应做到“五忌”。

一忌“怯”。一些转业干部认为，自己刚到地方，业务不熟，人际关系生疏，因而信心不足，工作缩手缩脚，这是看不到自身优势的结果。除了我们前面讲的转业干部的十大优势之外，还有比较强的思想政治工作能力、管理教育能力，这都是军、地所通用的。即使一些专业素质只是暂时不具备，通过不断学习，也会由外行变为内行。至于人际关系，只要公平待人，公正办事，以诚相待，总会赢得领导和同事的信任和理解。

二忌“躁”。有的转业干部走上新的工作岗位，往往急于踢“头三脚”，烧“三把火”。这种急躁情绪往往事与愿违，有的不但“头三脚”踢不好，还会影响威信，损害形象。必须慎待初战，力争做一事成一事、干一事像一事。走上新岗位要多调查研究，多熟悉各方面情况，力争对自己所从事的工作有一个客观、全面的了解，然后因地制宜地开展工作。

三忌“混”。当今社会竞争无处不在，一些转业干部竞争意识淡薄，缺乏拼搏进取精神；有的“混”字当头，不求有功，但求无过。这样“混”，必然在激烈的竞争中成为落伍者。

四忌“傲”。有的转业干部自恃经过军旅生涯的锻炼，甚至经过急难险重任务的洗礼，曾经“统帅千军万马”“一呼百应，说一不二”，转业后居功自傲，与人交往居高临下。对此，地方干部和群众很反感。部队干部转业后，面临新的工作环境、新的生活节奏、新的人际关系、新的知识领域，应当放下架子，甘当“新兵”，从头学起，从零做起。

五忌“跑”。有的转业干部错误地相信“关系学”，热衷于“跑”门子，拉关系，找靠山。结果，有的鸡飞蛋打，财物两空；有的虽一时得意，谋到了“好处”，但因素质不高，不久又被淘汰下来。“有作为才能有地位”，靠素质立身，凭政绩进步，这才是转业干部应走的正道。

（以上是在苏州市2008转业军官党政综合培训班上的讲课提纲，
此次收录时有较大删改）

后记

近二十多年来，苏州和全国一样处在经济大发展、城市大扩张、环境大提升的重要时期。在这一时期，苏州有9座古典园林被列入世界遗产名录；创建成为国家园林城市群；被国家命名为绿化模范城市；市和下辖的四个县级市被评为国家生态园林城市，成为全国首个生态园林城市群；市域风景名胜区保护、管理和建设都取得了很大的成绩。召开了风景园林绿化专业的三次大型国际会议。这有国家发展战略的指引，有各级政府的坚强领导，也有园林工作者的辛勤劳动，特别是园林管理工作者的思考与实践发挥了不可替代的作用。以前关于苏州园林的书籍和文章较多，但大都是从文化、艺术和某一个专业的角度写的，以苏州园林绿化保护管理者的角度成书者不多，而在实际工作中，不论是风景名胜区、古典园林，还是现代公园、城市绿化，主要的是一些保护和管理工作，就是一些建设项目也需要科学的管理。因此，就想把我在园林绿化系统工作期间的一些真实情况记录下来，分享给大家，既能给苏州乃至全国园林绿化管理保护工作者提供一些思路和借鉴，也可以抛砖引玉，引起同行对园林绿化行业管理保护工作规律性的认识，逐步上升到园林绿化管理学的高度加以研究和发展。

“绿色回响”蕴含着我在部队工作时所穿的绿军装，也囊括了我到苏州园林绿化行业所从事的绿色工作。“苏州园林行思录”则是指我在这个行业工作期间的思考与实践。全书共分为五个篇章，“经典增辉”是我在苏州古典园林和世界文化遗产保护管理方面的工作与思考；“山水文章”是我在苏州风景名胜区和湿地公园保护管理和建设方面的思考与实践；“古韵今风”是我对苏州城市绿化建设和管理方面的思考与行动；“追根溯源”是我对苏州风景园林绿化历史文化的研究与思考，大部分收集了我在苏州园林和绿化管理局出版书籍时撰写的序言；“时代脉搏”则是我在国家改革开放时代的大背景下对苏州风景园林绿化行业在管理机构、事业单位和一些重大工作中的改革创新。有一些文章无法归类，只能分散在各个部分中。

本书包括总序和后记，共收录了大大小小70篇文章，其中有30余篇曾被《园耕》

一书收录，但这一次都做了修改，重大修改的有十余篇。主要是因为在文章发表多年之后，又找到一些新的材料，还有许多事情又有了一些新的进展和思考，这一次在收录中都作了修改和说明。另有30余篇文章是新收录的，其中以前发表和出版过的有20余篇，收录时也有一些修改，有14篇是新近写出的。该书对《园耕》一书文章的归类做了较大调整，使之与工作更契合、结构更严谨。在《园耕》后记中我也说到，所有收录的这些文章有的是我亲自写出的，有的是集体研究写出的，还有的是别人写出经我审定，以我的名义发表的。总之，这是我十多年来的所思所想、所作所为。书中的照片也是经过多次筛选，精心挑选了200余张，可以代表我在各个时期的工作、思考和学习的情况。

出版此书旨在庆祝中华人民共和国成立70周年，纪念苏州市风景园林学会建会40周年！而在编撰此书过程中，还是克服了一些困难的。首先，我离开苏州市园林和绿化管理局工作已经七年，很多资料要到园林档案馆、局档案室查找，请绿化管理站、园林设计院等人提供。有的是自己的日记和笔记，还有的是凭自己的一些记忆撰写和修改的。其次，我不会电脑，只能写在稿纸上，又请人打出来，再修改再打印，有时候要经过多次反复，显然是辛苦的。再次，我虽然已经退休，还有苏州市人大研究会和苏州市风景园林学会的工作及一些社交活动，真正坐下来思考写作也很不容易，只得牺牲一些旅游和娱乐，挤时间写出。

书的序言是请中国工程院院士、中国风景园林学会名誉理事长孟兆祯先生写的。当我怀着忐忑不安的心情请老先生作序的时候，他欣然答应，令我十分感动！在我任苏州园林和绿化管理局局长时，他对苏州的园林绿化事业给予了很多指导和帮助，石湖风景名胜区、三角嘴湿地公园的开发建设都有他的智慧。他主编了《中国大百科全

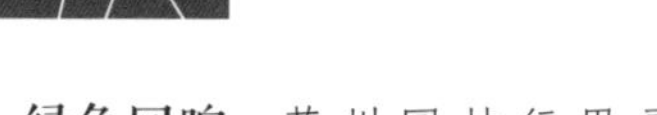

书——风景园林卷》，最近又在领衔撰写《中国风景园林史》。在业界他有着崇高的威望，也是我非常尊敬的长辈和大师。对他在八十七岁高龄还垂爱为此书写序，我深为感谢！祝他老人家健康长寿！

此书得以出版，应该感谢的人很多，有我在苏州市园林和绿化管理局任局长和在苏州市风景园林学会任理事长期间的同事同仁，也有苏州市园林绿化行业的干部职工，还有业界的专家朋友，是他们的支持、帮助和努力工作才有了这些年来苏州园林绿化工作的成绩，才有了一些文章的发表和书籍的出版。值得提出感谢的还有三位同志：周峥，苏州市风景园林学会副秘书长，是《园耕》的编辑，是她收集和整理了我多年来的文章和资料，使《园耕》得以出版；而此书正是在《园耕》的基础上修改深化完成的。周苏宁，苏州市风景园林学会副理事长兼秘书长，也是最早建议出版《园耕》和《苏州园林艺文集丛》的人，他不仅是这套集丛的联络人，还承担了二本书的写作任务。对此书的修改、编辑提出了很多很好的意见。程斯嘉，风景园林学会办公室副主任，这部几十万字的书稿都是她加班加点帮我打印出来的，有的还经过了多次修改，可谓不厌其烦。书中选用的近二百张图片也都在他的帮助下从上千张的照片中挑选出来的，非常辛苦。我对他们要致以诚挚的谢意！

人生能出书，这是过去做梦都不敢想的事情，如今我也主编和编著了一些书籍，这是时代和事业对我的厚爱，因此我也要感谢这个时代和我所从事的事业！是部队三十年间各级领导和战友们的教育帮助，使我成长为一名正师职干部，养成了努力工作、善于思考、勤于动笔的习惯。也是在我回地方工作的十多年间各级领导和同事们的支持帮助，使我由外行逐步熟悉园林绿化专业工作，并做出了一些成绩，产生了一些心得，也才有了这本书。在此，我也要对他们表达深深的感谢！

由于水平所限，本书难免会有一些疏漏和谬误，敬请各位专家、学者、同事、朋友及广大的读者不吝赐教！

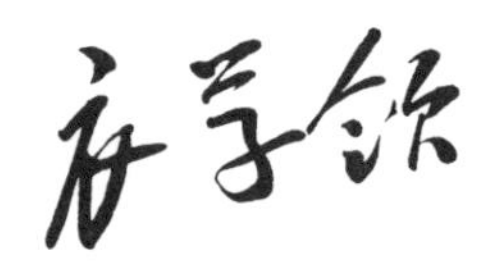

2019年8月8日于三亦书斋